先进陶瓷力学性能评价方法与技术

包亦望 著

中国建材工业出版社

图书在版编目（CIP）数据

先进陶瓷力学性能评价方法与技术/包亦望著. --
北京：中国建材工业出版社，2017.6
ISBN 978-7-5160-1820-0

Ⅰ.①先… Ⅱ.①包… Ⅲ.①陶瓷—力学性能—评价
—研究 Ⅳ.①TQ174.1

中国版本图书馆 CIP 数据核字（2017）第 069453 号

内 容 简 介

　　本书共分为 10 章，系统地介绍了先进陶瓷材料及陶瓷基复合材料的力学性能评价技术，特别是一些非常规性能的评价与表征技术和技巧。包括陶瓷的损伤容限、脆性、能量耗散、超高温极端环境下的力学性能特征和测试方法、陶瓷材料寿命预测、陶瓷损伤与强度的时间空间效应。对于一些无法用常规方法检测的材料性能，提出一种间接法技术——相对法，较好地解决了陶瓷材料高温力学性能和陶瓷涂层性能等疑难问题的评价。

　　本书可作为陶瓷和玻璃领域的研究人员和研究生以及无机非金属材料领域的检测和试验人员的教材，亦可作为从事陶瓷和脆性材料的设计、研制、开发与生产工作的工程技术人员的参考资料。

先进陶瓷力学性能评价方法与技术

包亦望　著

出版发行：中国建材工业出版社
地　　址：北京市海淀区三里河路 1 号
邮　　编：100044
经　　销：全国各地新华书店
印　　刷：北京雁林吉兆印刷有限公司
开　　本：787mm×1092mm　1/16
印　　张：21
字　　数：520 千字
版　　次：2017 年 6 月第 1 版
印　　次：2017 年 6 月第 1 次
定　　价：98.00 元

本社网址：www.jccbs.com　　微信公众号：zgjcgycbs
本书如出现印装质量问题，由我社市场营销部负责调换。联系电话：（010）88386906

序　言

陶瓷，作为中华民族的一个骄傲元素为世人所知。人类社会的进步与陶瓷材料的革新发展密切相关，且经历了一个从粗糙到精细、从无釉到施釉、从低温到高温的过程。近几十年来，先进陶瓷材料，亦称之为精细陶瓷，包括结构陶瓷和功能陶瓷，已成为许多高技术领域发展的关键材料，在航空航天、机械、冶金、化工、电子、国防、生物医学等领域得到越来越广泛的应用。一方面，其优良的力学、热学性能和化学稳定性，如高比强、高硬度、耐高温、耐磨损、耐腐蚀，使得结构陶瓷成为极端环境下服役的重要首选材料；另一方面，功能陶瓷的能量转换、信息传递和存储、环境改善以及热敏、光敏、气敏等特殊效应使得它成为传感器、新能源和环境改善等领域的重要材料。先进陶瓷的应用涉及力、热、电、光、磁、声、化学等诸多方面，其中力学性能是陶瓷材料及构件安全应用和功能特性得以发挥的基础。

陶瓷力学性能是衡量材料在不同的受力状态下抵抗破坏的能力和构件安全设计的重要指标，是决定其能否安全服役的关键。由于陶瓷的本征脆性，力学性能不足或对其认识不准确，则容易导致使用中突发性甚至灾难性事故的发生。因而，陶瓷力学性能的评价对于先进陶瓷的发展和陶瓷构件的设计与安全应用非常重要。

对于先进陶瓷材料常规力学性能测试，已经建立了一系列的国际、国家标准或行业标准体系，但先进陶瓷在很多特殊条件下的评价存在着常规方法无法解决的技术难题，例如陶瓷与其他固体材料的界面结合强度的评价、陶瓷涂层的物理性能以及热应力评价、超高温极端环境下的强度和刚度以及服役构件的非破坏性评价等。功能陶瓷的结构功能一体化问题和使用寿命问题也离不开力学性能评价与表征技术。因此，针对陶瓷发展中出现的评价难题和空白研究领域，建立新的评价技术和测试方法，并制订相关测试方法的评价标准是先进陶瓷发展与应用中势必解决的重要问题。

该书作者数十年来一直从事脆性材料力学性能评价与表征技术的研究，在陶瓷材料力学性能测试技术、评价方法和仪器设备研发等方面积累了丰富的理论和实践经验。特别是在高温和超高温极端环境下陶瓷力学性能测试技术、复合结构中陶瓷局部性能的评价、异形陶瓷构件的力学性能测试等方面取得多项成果。作者已有6项创新测试技术和方法被制定成了国际标准，十多项技术被制定为国家标准。将这些测试方法和技术编著成书，必将对我国先进陶瓷材料的发展、质量保障和安全应用起到积极作用，同时对从事材料性能评价、检测以及材料与结构设计的工作人员或研究人员有重要的参考价值。

中国工程院院士
哈尔滨工业大学校长

前　　言

现代工业、国防、航空航天、智能化技术的发展离不开先进陶瓷材料的发展，而陶瓷材料的发展和性能提高依赖于评价与表征技术的发展。虽然陶瓷材料具有脆性大、抗冲击性能差等弱点，但它具有高强度、高模量、高硬度、耐高温、耐腐蚀、耐磨损等众多优点，使得它在很多特殊领域成为无可替代的材料。尤其是它具有很高的比强度（强度与密度之比）和比模量（弹性模量与密度之比），在航天和航空领域显得非常重要。先进陶瓷不仅包含能在特殊条件下保持良好力学性能的结构陶瓷，也包含各种应用于能量转换、信息处理、环境改善的功能陶瓷。无论何种陶瓷材料，结构功能一体化和使用安全性都是至关重要的。在陶瓷部件的设计和使用中，必须对材料的力学性能和服役可靠性有充分的了解，才能保证这类脆性材料构件在使用中的安全，防止突发性和灾难性的事故发生。因此，陶瓷力学性能测试与评价在工程应用中越来越重要。

近几十年来，随着先进陶瓷在国内外的快速发展，陶瓷材料常规力学性能测试技术也得到了相应的发展，并制定了一系列国际和国内标准。但是在实际工程和材料研发中还是存在一些空白和薄弱环节，特别是对于特殊环境下的陶瓷材料和陶瓷涂层的性能评价等领域，基本上属于研究空白，例如陶瓷与其他固体材料的界面结合强度的评价，陶瓷异形构件的性能评价，陶瓷构件在服役状态下的残余性能评价，超高温极端环境下材料力学性能的评价，陶瓷涂层的模量、强度、界面结合强度以及涂层残余应力等评价与测试均为薄弱环节甚至空白。

作者几十年来一直从事脆性材料力学性能表征与评价研究工作，对于陶瓷材料的力学性能进行了较广泛的研究，从静态到动态力学性能，从常温到高温再到超高温环境以及多因素耦合环境的力学性能测试与相关仪器设备的研发，在测试技术和方法上积累了较丰富的经验，并制定了一系列的国际标准和国家标准。为尽快与行业专家以及科技工作者共享陶瓷测试领域的新技术，本书力求对非常规或非标的力学性能评价新技术和技巧给予重点介绍，例如采用相对法评价和测试极端环境的材料力学性能和陶瓷涂层的性能具有事半功倍的效果，特别是对于工程实际中一些过去无法解决的性能评价问题具有实用价值。

本书在笔者长期研究的基础上，结合现行国家标准和规范，系统地介绍了先进陶瓷的力学性能评价技术以及特殊条件下的检测和预测技巧。这些工作也聚集了中国建材检验认证集团中央研究院同事和研究生们的心血，感谢他们辛苦的编辑工作和对本书的贡献。在书稿内容的研究、编辑和整理过程中得到研究院的万德田、刘小根、田远、邱岩、王艳萍、潘瑞娜等同事的大力支持，同时，研究生聂光临、马德隆等人做了大量的编辑稿件工作，特别是博士生聂光临同学，花费大量精力对全稿进行了认真细致的整理、编辑和校对工作，同时也参考了早期毕业研究生苏盛彪、卜晓雪的学位论文。为此向他们致以衷心的感谢。

为了反映国内外相关研究动态，本书参考和采用了不少公开发表的论文、标准和书籍等资料，在此对这些资料的作者表示感谢。作者知识面、能力及时间有限，书中难免出现错误及疏漏之处，诚恳希望读者在阅读和使用过程中予以批评指正，以达到共同的进步。

作者

2017 年 5 月

目　　录

中国建材工业出版社
China Building Materials Press

我 们 提 供

图书出版　广告宣传　企业/个人定向出版　图文设计　编辑印刷　创意写作　会议培训　其他文化宣传

编 辑 部　010-88376510	邮箱　jccbs-zbs@163.com
出版咨询　010-68343948	网址　www.jccbs.com
市场销售　010-68001605	
门市销售　010-88386906	

发展出版传媒　　　服务经济建设

传播科技进步　　　满足社会需求

第1章 概　论

1.1　陶瓷材料的基本特性

先进陶瓷材料，包括结构陶瓷和功能陶瓷，是现代经济建设和国防建设中的一类重要材料。陶瓷材料的化学键大都为离子键和共价键，键合牢固并有明显的方向性，相比其他固体材料，陶瓷具有耐高温、耐腐蚀、耐磨损、高强度、高硬度等优点[1]，同时，由于它的脆性，这类材料也最容易发生突发事故，是最不安全的材料。脆性构件在服役中的破坏和失效绝大部分是由于冲击、动态疲劳载荷或环境腐蚀几种因素导致强度衰减所引起。例如汽车、火车和飞机的挡风玻璃，陶瓷发动机以及航空航天器的表面损伤和破坏，陶瓷部件和陶瓷涂层的破裂与失效等往往源于三种形式：1）机械载荷或热应力导致粉碎性破坏；2）硬颗粒小能量冲击产生表面微裂纹或因环境腐蚀而使部件强度和寿命缩减；3）动态疲劳载荷或者热疲劳下材料中的微裂纹扩展或强度衰减而导致的破坏。随着无机非金属材料在国防和国民经济建设中越来越广泛的应用，对陶瓷材料的静态与动态力学性能及影响动态服役功能的关键科学问题的研究显得更加紧迫和重要。在我国高科技新产品开发进程中，要求材料不仅要有高强度，更要有高抗冲击性和高可靠性。现代科技产品的发展很大程度上受制于材料的可靠性。在很多情况下，玻璃也被归到陶瓷一类材料，例如微晶玻璃制品既含有非晶态的玻璃，也含有多晶陶瓷相，固也称之为玻璃陶瓷。

严格意义上的陶瓷是指在高温下煅烧原料粉末制备的无机非金属多晶固体，且陶瓷材料在烧成的过程中会发生一系列的物理化学变化。由于化学成分、组织结构以及性质的不同，陶瓷本身具有很广的分类，一般可分为传统陶瓷和特种陶瓷。传统陶瓷即普通陶瓷，是以黏土类及其他天然矿物原料（如长石、石英等）经过粉碎混练、成型、煅烧等工艺制成的。制品包括日用陶瓷、建筑卫生陶瓷、化学化工陶瓷、电瓷等。特种陶瓷也称为新型陶瓷、精细陶瓷、先进陶瓷、高技术陶瓷、工程陶瓷、高性能陶瓷等，是以精制的高纯天然无机物或人工合成的无机化合物为原料，采用精密控制的制造加工工艺烧结，具有优异特性，在电子、机械、航空、航天、生物医学等领域具有广泛的用途，可分为结构陶瓷和功能陶瓷两大类。我们通常所谓的陶瓷是普通陶瓷与特种陶瓷的总称。而在美国和日本，陶瓷不仅包括我们所谓的陶瓷，也包括耐火材料、水泥、玻璃与搪瓷[2]。

其中结构陶瓷是指用于各种结构部件，主要发挥其力学、热学等功能的高性能陶瓷，具有优越的强度、硬度、绝缘性、热传导、耐高温、耐氧化、耐腐蚀、耐磨耗、高温强度等特性。因此，可在非常严苛的环境或工程应用条件下服役，并展现出较高的稳定性与优异的机械性能，在材料工业上已备受瞩目，其使用范围亦日渐扩大，已广泛应用于能源、空间技术、石油化工等领域。功能陶瓷是指那些可利用电、磁、声、光等功能性质或其耦合效应以实现某种使用功能的先进陶瓷，且功能陶瓷材料在服役过程中也要承受一定的载荷作用，因此其力学性能是保证其功能性得以正常发挥的前提。综上，研究先进陶瓷的力学性能对保障其服役安全和促进陶瓷材料的进一步发展至关重要。

现代工业中大量使用的先进陶瓷分为氧化物陶瓷和非氧化物陶瓷两类。氧化物陶瓷是完全由一种氧化物或这种氧化物占主体制备的具有优良性能的陶瓷材料，主要包含氧化铝、氧化锆、氧化镁、氧化铍等。非氧化物陶瓷包括碳化物、氮化物、硼化物等以及可加工陶瓷，碳化硅和氮化硅是较为常见的具有良好高温使用特性的陶瓷。

近几十年，先进陶瓷和陶瓷基复合材料在世界范围内显示了巨大的应用前景和潜力。但另一方面，结构陶瓷的产业化和实用化受到了材料性能本身以及使用者对其认识不够等因素的制约。目前，陶瓷材料的微观组织结构和微区成分的分析方法可借鉴一般工程材料的测试手段，已有较为成熟的表征方法，且被许多高校建设为材料和热加工专业的公共技术基础课程。[3]而结构陶瓷材料能否广泛应用于工程实际取决于我们能否对它的力学性能及可靠性有深刻了解，其中最关键的就是它的服役性能和动态可靠性。换句话说，若没有先进的材料评价技术和测试方法的配合发展，结构材料的研究和应用就无法得到安全保障。如何评价脆性材料在不同服役条件和不同载荷形式下的材料性能及其变化规律，并由此分析构件的可靠性和耐久性，预测构件的残余寿命，这对于无机非金属材料在国民经济建设中的广泛且安全的应用，对于材料和工程质量的在线检测，对于构件的可靠性评估以及材料研究中降低成本等方面均具有重要的理论意义和巨大的实用价值。显然，只要无机脆性材料的应用需求还在，脆性构件的服役性能和寿命评价等条件保障性的研究就成为紧迫而重要的工作。

实际上陶瓷材料或构件的力学性能具有很大的随机性，它们随载荷形式、结构的形状和尺寸、环境和温度等多种因素的变化而变化。许多状态是实验室和标准方法无法完全等效和实施的。因此有必要建立和开发新的材料性能评价与表征方法以及无损在线性能测试的方法和仪器，为材料研究或构件在给定使用条件下的服役可靠性和耐久性评价等服务提供系列手段。

对于工程应用而言，更重要的是要将各种理论和研究结果综合并转化为简单易懂、便于操作、准确有效的性能评价手段和规范，并为材料设计和结构设计提供理论指导。材料强度理论和评价方法研究的最终目的是为了有效地指导工程实践。通常，寿命预测理论需要知道构件内部的裂纹情况，而服役过程中的脆性构件通常表面没有明显缺陷和裂纹，也无从知道缺陷的发展过程如何。在这种情况下，寿命预测往往可以通过在一定条件下强度的衰减规律来进行估测。对于工程上的实际构件，残余寿命预测是非常重要的。而残余寿命的估测又跟无损、在线测试是分不开的。如果能够测出现场构件的残余刚度、残余强度等参数以及它们随时间的变化，则可预测材料的使用寿命和残余寿命。值得注意的是，无损在线性能测试与传统的无损探伤不是一回事，前者是测出现场构件的材料性能，后者是检测构件内部的缺陷分布及其尺寸大小。显然，如果能把无损测试与无损探伤结合起来，则可更精确地评价构件的可靠性和寿命。在很多特殊工作环境下，例如，太空环境、高温环境、海底环境等，无法利用常规的实验室方法对服役材料的性能进行测试和评价，就需要用模拟的方法和残余痕迹的方法进行估测。另外，根据材料不同的脆度、强度和弹性模量等参数以及它们对断裂阻力的影响，研究在特定使用目标下的复相材料的最优配置，使其达到工程应用的要求，对推动新材料的发展具有实际意义。

传统陶瓷和工业陶瓷的基本性能通常具有较大的离散性，但是在规律上是变化不大的，下面列举几种陶瓷的一般性能。

表 1-1　硅酸盐陶瓷的一些性质[4]

	硬瓷	高铝瓷	滑石瓷	董青石	耐火土
密度（kg·m⁻³）	2300～2500	2450～2650	2600～2800	2600～2800	1900～2300
热导（W·m⁻¹·K⁻¹）	1.2～1.6	1.2～1.6	2.0～2.8	2.0～2.6	1.4～1.5
热膨胀系数（×10⁻⁶K⁻¹）	4～6	4～6	6～8	2～3	4～7
使用最大温度（℃）	1100	1100	1000	1000	1200～1500
弹性模量（GPa）	70～80	120～160	70～100	100	30～100
泊松比	0.17	0.17	0.24	0.24	0.25
弯曲强度（MPa）	40～100	130～200	80～140	50～100	—
压缩强度（MPa）	300～550	300～550	850～950	200	10～50

注：普通耐火土的拉伸强度以及弯曲强度很低，所以未测得其弯曲强度。

表 1-2　一些氧化物陶瓷的性质[4]

	85%～95%Al₂O₃	99.5%Al₂O₃	ZrO₂	MgO	BeO
密度（kg·m⁻³）	2600～3300	3980	5400	2500～3200	2900
热导（W·m⁻¹·K⁻¹）	5～10	10	2	30	200
热膨胀系数（×10⁻⁶K⁻¹）	5～6	8.5	10	13.5	8.5～9
使用最大温度（℃）	1600	1800	2000	2000	1800
弹性模量（GPa）	200～400	400	150～210	200～300	300～400
泊松比	0.23	0.27	0.27	0.17	0.34
弯曲强度（MPa）	200～300	300～400	100～200	100	100
1200℃弯曲强度（MPa）	50～100	100～150	80	60	10～20
压缩强度（MPa）	2000～3000	3000～4000	2000	1400	800

注：上述 ZrO₂ 陶瓷是指纯氧化锆陶瓷，部分氧化锆的弯曲强度值是其几倍大小。

表 1-3　一些非氧化物陶瓷的性质[4]

	重结晶 SiC	反应烧结 SiC	热压 SiC	反应烧结 Si₃N₄	热压 Si₃N₄
密度（kg·m⁻³）	2600	3120	3200	2600	3200
热导（W·m⁻¹·K⁻¹）	20～25	50～80	50～100	15～25	15～30
热膨胀系数（×10⁻⁶K⁻¹）	4.5	4.3	3.2～4.5	2.7～3.2	3.2～3.5
使用最大温度（℃）	1700	1700	1800	1400	1600
弹性模量（GPa）	240	400	380～440	140～220	210～310
泊松比	0.24	0.24	0.24	0.27	0.27
弯曲强度（MPa）	100～300	400～500	500～700	200～250	600～800
1200℃弯曲强度（MPa）	100～300	400	500～600	200～250	300～400
压缩强度（MPa）	500～800	2000～3000	3000～4000	1000	3000～4000

注：表 1-1 至表 1-3 中的使用最大温度均是在不承受载荷时测得的。

表 1-4　一些硅酸盐玻璃性能参数[4]

	石英玻璃	钠钙玻璃	硼玻璃	铝玻璃	铅玻璃
密度（kg·m⁻³）	2200	2500	2230	2680	3000
热导（W·m⁻¹·K⁻¹）	1.38	1.00	1.05	1.03	0.75
热膨胀系数（×10⁻⁶K⁻¹）	0.6	8.5	3.3	5.2	9.4
软化温度（℃）	980	520	470	590	390
弹性模量（GPa）	73	70～72	64	83	58
泊松比	0.16	0.22	0.2	0.24	0.21

注：soda-lime 玻璃为普通窗玻璃；铅玻璃中含有 28%氧化铅。

表 1-5　典型三元层状可加工陶瓷的性能[5]

化合物	密度（g/cm³）	电导率×（10⁶Ω⁻¹·m⁻¹）	室温热容[J/（mol·K）]	热导率[W/（m·K）]	热膨胀系数×（10⁻⁶/K）	硬度（GPa）	体模量（GPa）	杨氏模量（GPa）	剪切模量（GPa）	抗弯强度（MPa）	抗压强度（MPa）	断裂韧性（MPa·m¹ᐟ²）
Ti_2AlC	4.1	4.4	78	46	8.2	2.8	144	270	116	275	540	—
Cr_2AlC	5.21	1.4	84	17.9	8	3.5	138	285	121	494	625	—
V_2AlC	4.03	4	—	48	9.4	2.8	152	235	116	—	603	5.7
Nb_2AlC	6.44	3.4	86	20	8.1	4.5	165	294	117	481	—	5.9
Ta_2AlC	11.46	3.91	94	28.4	13.3	4.4	—	292	121	360	804	7.7
Ti_2AlN	4.31	4	—	5.9		4.3		286	124	371	612	—
Ti_3AlC_2	4.21	2.9	—	40	9	3.5	165	297	124	340	764	7.2
Ti_3SiC_2	4.53	9.6	110	37	9.1	4	206	333	134	450	900	7
Ti_3GeC_2	5.03	3.5	—	38	—	2.2	169	323	142	—	467	—
Cr_2TiAlC_2	5.04	—	—	—	—	5.55		315	133	486	1394	6.08
Ti_4AlN_3	4.6	0.5	150	12	9.7	2.5	216	310	127	350	475	—
Nb_4AlC_3	6.97	1.33	158	13.5	7.2	2.6	214	306	127	346	515	7.1
$\beta—Ta_4AlC_3$	13.28	2.59	185	38.4	8.2	5.1	261	324	132	372	821	7.7
$Zr_2Al_3C_4$	4.73	0.91	157	15.5	8.1	10.1	195	362	152	405	—	4.2
$Zr_3Al_3C_5$	5.02	0.69	193	14.3	7.7	12.5	202	374	157	488	—	4.68
$Zr_2Al(Si)_4C_5$	4.44	0.74	199	12	8.1	11.7	188	361	153	302	—	3.88
$Zr_3Al(Si)_4C_6$	4.81	1.16	214	14.7	7.7	12.4	191	367	156	312	—	4.62
$Hf_2Al(Si)_4C_5$	6.68	—	230	11	8.2	15.5	196	368	155	296	—	3.52
Hf_3AlN	11.2	0.69	124	11.7	7.6	6.3	149	246	100	159	—	3.2
Al_3BC_3	2.58	—	—	—		11.1	123	163	64	185	—	2.3

由表 1-1～表 1-5 可知，先进陶瓷（氧化物陶瓷和非氧化陶瓷）的弹性模量、弯曲强度、最大使用温度、热导率要比普通陶瓷（硅酸盐陶瓷）和玻璃高得多。其中陶瓷材料的显著特点是具有较高的脆性，即在外载荷的作用下，陶瓷材料会发生突然断裂破坏。而新型制备的三元层状陶瓷的断裂韧性较好，具备一定的加工性能，可改善其脆性。

1.2 陶瓷的力学性能与服役安全

工程陶瓷是一类典型的脆性材料，它具有强度高、硬度高、耐高温、抗腐蚀、化学稳定性好等优点，但也有断裂韧性低、冲击阻力低、损伤容限低等弱点。因此在工程应用中应扬长避短，发挥其优势、避开其弱点。脆性材料的抗压强度均远大于抗拉强度，故破坏大都是源于最大拉应力处。因此可以说脆性材料的破坏基本都是由拉应力引起的，构件设计时应注意最大拉应力的位置和尽量减少应力集中。无论是陶瓷还是玻璃构件，应尽量避免尖锐的边角，在边角处和拐角处做成圆弧状，并倒角抛光，减少表面微裂纹和应力集中，这种简单的处理可以使得构件服役安全性大大提高。

1.2.1 陶瓷材料的强度

陶瓷材料在现代科学和生活中正发挥着越来越重要的作用，其强度问题是工程应用中最根本的问题。陶瓷材料最本质的力学特征就是其固有的脆性，这使得其在断裂之前几乎不发生任何形式的塑性变形，因而对陶瓷材料强度特性的研究主要是指其断裂强度。陶瓷作为一种固体材料，其理论断裂强度（晶体中原子面上原子间结合力的临界值）可由式（1-1）进行计算[6]。

$$\sigma_{th} = (E\gamma/r_0)^{1/2} \tag{1-1}$$

式中 σ_{th}——理论强度（Pa）；

       E——弹性模量（Pa）；

       γ——表面能（J/m^2）；

       r_0——原子间距（m）。

由式（1-1）可知材料的强度与其弹性模量、表面能、晶格常数等参数有关，而与形状和尺寸无关，因此强度为一材料常数。欲提高材料的断裂强度，就应该提高材料的弹性模量和表面能，而减小结构中原子间的平衡距离。

式（1-1）是假定理想晶体作完全弹性脆断时的计算值，因此它是无缺陷材料强度的上限值，而实际陶瓷材料的强度却仅为理论强度值的 1/10～1/100。例如氧化铝陶瓷的理论强度按式（1-1）计算约为 46GPa，几乎无缺陷的氧化铝晶须强度为 14GPa，表面精密抛光的单晶氧化铝细棒强度约为 7GPa，也处于 GPa 的数量级[7]。但是普通烧结氧化铝陶瓷的强度一般只有 200～270MPa[8]。这是由于陶瓷材料在制备及加工过程中会在其表面及内部形成各种缺陷，如位错堆积、气孔、微裂纹、杂质富集、表面损伤等，这些缺陷会产生应力集中，从而使得裂纹扩展而断裂，这就是 Griffith 微裂纹理论，也是当代断裂力学的主要理论基础。由此可见，若能将裂纹长度控制到与原子平均间距同一数量级，则材料的实际强度则会接近其理论强度，当然这在实际中是很难做到的。

Griffith 理论应用于陶瓷、玻璃等脆性材料已取得较大的成功，其认为断裂并非晶体同时沿整个原子面拉断，而是裂纹沿着某一存在缺陷的原子面发生扩展的结果。利用这一理论很容易解释固体材料的实际强度低于理论强度的现象，据此提出了实际强度的计算式：

$$\sigma_f = \frac{1}{Y}\sqrt{\frac{2E\gamma}{c_0}} \tag{1-2}$$

式中　σ_f——实际强度（Pa）；

$\quad\quad$ E——弹性模量（Pa）；

$\quad\quad$ γ——表面能（J/m²）；

$\quad\quad$ c_0——裂纹初始尺寸（m）；

$\quad\quad$ Y——数值常数，与裂纹的几何形状及位置、外加应力的作用方式、待测试样的几何尺寸及形状等有关[9]。

由此可见，强度作为一材料常数，但实际上却是受到多种因素的影响。

影响强度的因素主要有[10]：①受力状态和应力状态：单向拉或压、平面或三向应力、应力分布梯度及应力集中等。根据不同的应力状态可测得陶瓷材料的拉伸强度、压缩强度、弯曲强度以及涂层/基体复合体系中涂层的弯曲强度等。②材料微观结构和内部缺陷：晶粒大小、晶界状态、气孔、夹杂、裂纹等缺陷的形状和尺寸大小。由于陶瓷材料在制备、加工、运输、安装及使用过程中会产生一些裂纹缺陷，因而材料在服役期间其缺陷种类和数量变化的同时，其强度也在变化，因此开展服役状态下的力学性能在线评价是很有必要的。③构件形状和尺寸：长度、厚度、体积、纤维直径等。由于微裂纹在材料中的分布是随机的，所以待测试样的尺寸和形状对其强度数据有影响，材料试件强度、构件强度、结构强度三者差别更大，这种现象称为强度的尺寸效应。针对裂纹缺陷分布的随机性，陶瓷材料的断裂强度也具有一定的统计分布规律（韦伯分布）。④受力时间及应变速率：根据不同的加载速度可获得材料的冲击强度（应变率大于 10s^{-1}）、动强度（应变率为 $0.1\sim10\text{s}^{-1}$）、静强度（应变率为 $10^{-5}\sim0.1\text{s}^{-1}$）和持久/疲劳强度；应变率小于 $10^{-5}\ \text{s}^{-1}$ 称为蠕变。因此陶瓷强度具有一定的时间效应，即断裂速度越快，材料所能承受的最大载荷值越高。如果陶瓷纤维或陶瓷晶须的横截面积非常微小，使得它的断裂只有一个点的断开，没有裂纹的扩展过程，故其断裂强度显得很高。例如块体玻璃的强度才80MPa，单根玻璃纤维的强度可是它的十倍以上。针对陶瓷材料在服役时会受到不同应变率的载荷作用，研究其不同的强度性能是很有必要的。⑤环境因素：温度，氧气，湿度，酸、碱性腐蚀环境条件等。针对陶瓷材料的服役环境，开展服役条件（特别是极端环境）下陶瓷力学性能评价对确保陶瓷构件的服役寿命及安全性具有重要意义。⑥材料的脆性性质：不同材料或不同工作温度下的材料发生破坏的现象是不同的，脆性材料在轴向拉伸时，还未发生明显的塑性变形时就会突然断裂，其破坏应力有时只有材料强度的几分之一。材料的脆性是强度与塑性的综合反映，提高强度并不会明显改善脆性，但是降低脆性对提高材料的使用安全性和可靠性有利。

1.2.2　陶瓷的高温耐久性

随着现代科技的迅速发展，对结构材料的性能提出更为苛刻的要求，除了要求其具有良好的模量、强度、刚度、抗氧化性、耐磨性、耐腐蚀性等，还要求其能够在各种高温和超高温等复杂极端环境下一次或多次使用。对这些材料而言，仅考虑常温短时静载下的力学性能是不够的，还要考虑相关材料的高温力学性能和高温耐久性。

陶瓷高温力学性能包括蠕变与应力松弛，高温疲劳，热冲击和高温氧化等。

在高温条件下，陶瓷试件或部件受到载荷作用后并非马上出现主裂纹并缓慢扩展，而是在很长时间内由于高温蠕变或氧化等因素而产生各种损伤效应，继而产生出主裂纹并经过短时间的扩展而破坏。结构陶瓷在高温下的变形和强度随着时间而变化是导致材料最终发生破坏和失效的一个主要原因。这种失效主要包括在高温载荷条件下经历一定时间后发生断裂而失效（断裂失效）和变形超出一定范围而失效（蠕变失效）。通常高温断裂是由综合影响因素造成的，仅考虑蠕变或裂纹扩展或环境腐蚀都可能不够准确。但无论哪一种影响因素都可以导致强度衰减，因而采用强度随时间的衰减来描述服役寿命更为可靠和全面。

结构陶瓷的高温耐久性不能只用高温强度来评价，而应考察在一定温度和载荷条件下的强度衰减速率或蠕变速率，它们分别对应于构件的断裂破坏和变形失效。有些材料高温强度虽然不高，但是耐久性和持久强度很好。例如，碳化硅陶瓷具有较好的高温性能，高温下几乎没有蠕变和氧化等问题，在一定范围内弹性模量和强度还随着温度升高而增加；且其损伤过程是不连续的、突发性的；因而在疲劳断裂之前强度衰减很少，有时甚至没有强度衰减，是一种良好的高温耐久材料。

对于断裂失效的情况，在给定的载荷和环境条件下，陶瓷的寿命或耐久性可由强度衰减速率与最大强度衰减容限之比进行估测[11]：

$$t_f = \frac{\sigma_f - S}{\bar{v}} \tag{1-3}$$

式中　　t_f——陶瓷断裂失效的寿命（s）；

σ_f——给定的载荷和环境条件下的初始强度（MPa）；

S——恒定载荷（外加应力）或循环载荷的应力峰值（MPa）；

$\bar{v}$——相应条件下的平均强度衰减速率（MPa/s）。

利用上式可以很容易地比较出不同材料在一定载荷条件下的持久强度和耐久性，该比值越大，材料的服役安全性和耐久性越好。

对变形失效的情况，取便于测试的一个时间段的应变速率进行计算即可。蠕变失效的寿命可按式（1-4）进行计算

$$t_d = \frac{\varepsilon_c - \varepsilon_0}{\bar{v}_\varepsilon} \tag{1-4}$$

式中　　t_d——陶瓷变形失效的寿命（s）；

ε_c——在给定的载荷和环境条件下的最大允许应变；

ε_0——相同条件下的初始应变；

$\bar{v}_\varepsilon$——相应条件下的平均应变速率（s^{-1}），它可用稳态阶段的蠕变速率来表示。

此外，研究表明陶瓷高温失效过程是一个蠕变与静疲劳以及环境腐蚀同时作用的综合损伤过程。断裂发生可能由于微裂纹扩展到一个临界值，也可能由于蠕变使应变达到极限值，还可能由于应力和环境腐蚀以及表面氧化使晶界强度逐渐衰减。在各种损伤因素共同作用下的最终宏观结果是材料的残余强度不断下降。显然，单一地分析某一种因素的作用或发展过程是不全面、不准确的。

通常，在一定载荷下高温耐久性依赖于材料的高温强度、高温弹性模量和高温断裂韧

性以及蠕变性能的高温稳定性，因此评价材料的高温力学性能对保障其高温服役耐久性是至关重要的。

1.2.3 耐磨性与其他性能的关系

磨损是材料失效的主要形式之一，许多动态工作设备的损坏往往是由于摩擦导致的磨损失效。陶瓷等脆性材料的耐磨性在实际应用中发挥着巨大的作用，耐磨性能影响着构件整体性能和可靠性。如输送管线的内衬、轮机和泵体的叶片、轴承、研磨体、切削刀具等不断运动、转动，且承受着不同介质的冲击与磨损，如果没有足够的耐磨性，当其受到长时间冲击与机械作用后会很快磨损，甚至剥落，磨损物会对构件表面完整性带来影响，同时使基材失去表面层的防护作用。在工程应用中，希望磨损量越少越好，提高耐磨性是工程机械、设备及构件延长寿命的关键之一。陶瓷的磨损包括不同的方式，可以由两表面或表面间的颗粒滑移运动而产生，也可由于颗粒的撞击使表面碎裂剥落而产生。

陶瓷材料的耐磨性受很多因素影响[12]，如材料的种类、原料的制备方法、制造工艺、添加剂、应用环境及材料表面状态等，是一个综合性的问题。材料接触面光滑度越高，颗粒的滑移运动越小，磨损量越小。原料的起始颗粒越细、级配合理，烧结后制品的耐磨性越好。选择合适的添加剂，能有效地提高陶瓷的耐磨性。坯体愈致密，其耐磨性愈好。陶瓷的耐磨性还与硬度、强度、弹性模量和断裂韧性有一定关系。一般来说，材料的硬度越高，韧性越好，其耐磨性越好。然而陶瓷材料的硬度与韧性常常是相互矛盾的，即硬度高的材料，其韧性必然会差；反之，韧性好的材料，其硬度则又较低。在这种情况下，要使材料的耐磨性达到最佳，就只有优化材料硬度和韧性达到一个比较合适的值。

评价材料的磨损性时，应考虑环境腐蚀的影响。例如氧化或腐蚀与磨损同时作用比单一因素的影响严重得多。氧化或腐蚀会使材料表面致密度降低，很容易被磨损掉，而新的表面暴露出来后马上又受到进一步的氧化腐蚀。

因此，耐磨性能依赖于硬度、韧性和抗腐蚀性的结合。当然也跟摩擦介质材料和环境介质有关。

1.2.4 陶瓷材料的抗冲击性

陶瓷具有高硬度、耐磨、耐腐蚀及高比强度等优点，但是其脆性较大、抗冲击性能较差，且易发生脆性碎裂。陶瓷材料脆性的表现是抗冲击性能差，原因在于陶瓷材料的极限应变小、裂纹扩展速率快、断裂能和变形能小。陶瓷材料的破坏在多数情况下是由动载特别是冲击载荷引起的，例如飞沙对汽车玻璃的破坏、鸟撞对飞机玻璃的破坏、陶瓷器件的碰伤以及高速运转时蒸汽对陶瓷汽轮机的破坏等。材料的这种抗冲击性能是其服役安全性和可靠性的重要影响因素，而且对陶瓷材料的冷加工及脆性物料的破碎等领域也有重要意义。

由于脆性材料或构件大都会因冲击或振动而导致破坏，因而抗冲击性能是脆性材料力学性能中最重要的性能之一。脆性材料的破坏大都是拉应力引起的弹性范围内脆断，因为抗拉强度远低于抗压和抗剪强度。研究表明，脆性材料的临界破坏应力随应力梯度的增加而增加，因此其破坏准则不能用最大应力而应以局部体积应力来表征，称为均强度准则[13]，即当材料内某一小区域内的平均拉应力达到材料临界强度值时开始破坏。这个小区域称为破坏发生区，它是脆性材料的重要特性。材料越脆，破坏发生区越小，越容易达到均强度条件而开裂，因此裂纹扩展速率与破坏发生区尺寸成反比。

可用一个冲击阻力参数，来表征材料抵抗瞬态破坏的能力，该参数与破坏发生区尺寸和材料的极限应变成正比，选择一个参照材料（如玻璃）作为参比，可计算得待测材料的相对冲击阻力。而将脆性定义为冲击阻力的倒数，继而可利用某一材料（玻璃）为参比物，可求得其他材料的相对脆性[12]。冲击阻力或脆性仅反映材料抵抗瞬态破坏的能力，或者说是缓冲能力的大小，并不反映抗冲击能力的大小。抗冲击能力还与材料强度有关，因此将冲击阻力与强度的乘积定义为冲击模量，它代表了材料抗冲击破坏的能力。根据冲击模量的大小，可判断材料抗冲击性能的好坏，这对于抗震部件的选材具有指导意义。

1.2.5　陶瓷材料特殊条件下的力学性能

随着科学技术的不断发展进步，陶瓷材料的应用领域也在逐渐发展扩大，包括厚度很薄的陶瓷涂层、陶瓷异形构件（圆环或圆筒）、极端环境（高温及超高温）及多因素耦合条件（热、力、氧等）下服役的陶瓷材料等。而在先进陶瓷材料的性能评价领域，大多数常规性能的测试都有相关测试标准及测试方法，而特殊条件下的力学性能评价是陶瓷材料性能评价领域中的一个短板，且随着现代工业的不断发展进步，表现出越来越紧迫的需求。例如，由于陶瓷涂层具有高硬度、高强度、耐腐蚀、耐磨损、抗高温、耐氧化等优点，使其在航空、航天、国防、化工、机械、电力电子等领域得到广泛的应用，陶瓷涂层的力学性能评价对其服役安全性是至关重要的；陶瓷的异形构件，特别是圆环或圆筒形构件，比如航空航天发动机喷火管、高温炉内的热电偶套管、发动机的耐磨活塞环等，通常评价其力学性能之前需要制备相同材料及组成的块体试样，然后按照块体材料的试验方法进行测试，因此开发出一种可直接评价异形陶瓷构件力学性能的测试方法是非常有意义的；航空航天领域中的高超音速导弹、高超音速飞行器等器件的热防护系统，如翼前缘、端头帽、发动机的热端等，通常需要在超高温（1600℃以上）及氧化环境（大气层）下工作，因此开展陶瓷材料极端环境下及多因素耦合作用条件下的力学性能评价是十分重要的。

由于陶瓷涂层通常很薄，难以从基体上直接剥离，因此无法作为单独的块体材料在试验机上进行安装加载测试。且涂层剥离后，其残余应力状态会发生改变，无法实时表征其在升温/降温过程中的力学性能变化。作者提出了一种相对法的测试思路，可解决涂层弹性模量及弯曲强度的测试难题，即无须对涂层进行剥离，而是根据基体、涂层、涂层/基体复合体系三者力学参数间的理论解析式求算得涂层的力学性能参数。同理，应用该方法亦可测得涂层的热膨胀系数及密度。

针对管状陶瓷异形构件，可采用缺口环法测试技术，即对管状或圆环状试样进行缺口加工制得缺口环试样，然后施加压缩载荷，根据推导的计算关系式，可求算出构件的弹性模量及弯曲强度。由于该方法中待测试样的挠度变形较大，使得变形测量相对较容易，且精度较高，所以也可用于高温及超高温弹性模量的测量。缺口环法用于高温及超高温弹性模量的测量时，须结合相对法的基本思路测得缺口环试样的真实挠度变形，根据试样的几何尺寸、挠度变形及对应的载荷增量即可计算其弹性模量值。

针对陶瓷材料高温及超高温力学性能评价的技术难题，根据所提出的相对法、痕迹法、局部高温同步加载法，制得了相应的测试装置，可实现陶瓷材料2500℃大气环境下的力学性能测试。超高温环境下的弹性模量测试在国际上被认为比超高温强度更加困难的测试，因为高精度位移测试在这种极端环境下难以实现。相对法可用来测量高温和超高温弹性模量，即根据待测试样常温及高温下加载曲线的变化，利用其常温弹性模量值可求算出其高温弹性模量值；痕迹法是利用陶瓷球或陶瓷锥体在高温环境下对陶瓷表面冲击后所形成的残留痕迹的几何尺寸，利用相关计算公式可计算出待测材料的高温弹性性能；局部高温同步加载法的设计思路是保证样品破坏部位处于超高温局部区域，而夹具和压头处于较低的温度区域，且设置了循环冷却系统，即超高温环境不会影响压头和夹具的正常工作。结合相应的测试装置，可实现大气或氧分压可调环境下的力学性能测试，从而可应用于热、力、氧多因素耦合条件下材料力学性能评价。

1.3　陶瓷及玻璃的弹性与脆性

所有固体材料在不同的外荷载作用过程中，会分别出现弹性、弹塑性、塑性以及脆性响应。一般在较低应力条件下所发生变形（或应变）可以恢复，在较高应力条件下所发生的变形则只恢复其中一部分。对于可恢复的变形，可在卸载后立即恢复的称为弹性变形；卸载后缓慢恢复的称为迟弹性或弹性滞后。对于不可恢复的变形，卸载后立即可显的变形部分称塑性变形，它与时间无关，只决定于加载历程；在较小应力条件下随着时间不断增加的不可恢复变形称为黏性流动，即蠕变变形，它的大小与载荷作用时间有关[10]。在弹性范围内发生断裂的现象称为脆性破坏，此种破坏具有突发性，破坏前无明显的变形或其他征兆，与塑性破坏相比，其具有更大的危险性。

1.3.1　陶瓷与玻璃的弹性

室温下对玻璃和陶瓷施加很小的瞬间载荷，这两种材料均表现遵循虎克定律的弹性行为，即形变和压力成正比。对于一维的受力问题，弹性模量为应力与应变的比值，它是一个材料常数。对于三维应力状态，一般性的应力应变关系如式（1-5）所示[4]。

$$\begin{cases} \varepsilon_x = [\sigma_x - \nu(\sigma_y - \sigma_z)]/E \\ \varepsilon_y = [\sigma_y - \nu(\sigma_z - \sigma_x)]/E \\ \varepsilon_z = [\sigma_z - \nu(\sigma_x - \sigma_y)]/E \end{cases} \tag{1-5}$$

式中　ε——应变；

σ——正应力（MPa）；

E——弹性模量（MPa）；

ν——泊松比。

剪切应力导致的变形可通过剪切应变和剪切模量来表征，如式（1-6）所示。

$$\gamma_{xy} = \tau_{xz}/G, \ \gamma_{xz} = \tau_{xz}/G, \ \gamma_{yz} = \tau_{yz}/G \tag{1-6}$$

式中　γ——相对剪切位移；

τ——剪切应力（MPa）；

G——剪切模量（MPa）。

剪切模量和弹性模量间的关系式见式（1-7）。

$$E=2(1+\nu)G \qquad (1-7)$$

另外，材料在弹性变形阶段三维应力状态下的体积变化与体积模量有关。体积模量等于压强的增量与体积变量的比值，用 K 来表示。

$$E=3(1-2\nu)K \qquad (1-8)$$

陶瓷的体积模量在测试中很少用到，即使需要也只要测试出弹性模量即可确定体积模量，它们之间成正比关系。陶瓷弹性模量范围在 70GPa（瓷器）至 480GPa（热压碳化硅）之间。某些材料具有较高的弹性模量（如碳化钛和碳化钨等煅烧的碳化物），而某些材料的弹性模量却很低（如热绝缘的多孔陶瓷）。陶瓷的泊松比 ν 在 0.17 至 0.26 间变化，多数陶瓷材料泊松比为 0.2 左右。陶瓷复合材料的弹性模量和陶瓷组分及其含量有关。因此很容易得到它的上限和下限值，总体模量将介于该上限和下限值之间。玻璃的弹性模量从 50GPa 至 85GPa。多数的弹性模量约为 70GPa，比钢材弹性模量低三倍，泊松比 ν 约为 0.20，玻璃网络结构越完整牢固，则弹性模量值越大。

绝大多数陶瓷材料破坏之前的变形都是在弹性范围内，因此应力应变曲线就是一条直线，其斜率就等于弹性模量，最高点等于断裂强度，最大应变能等于斜线投影下来的三角形面积。陶瓷材料在常温下极少发生蠕变，可利用陶瓷这种特性制作测力用传感器的元件。

1.3.2 陶瓷与玻璃的脆性

脆性是陶瓷与玻璃的典型特征，也是其致命缺点，它是由材料的化学键及显微组织结构所决定的。脆性间接反映在陶瓷或玻璃材料较低的抗冲击强度和较差的抗温度骤变性能，表现为脆性材料一旦受到临界的外加载荷时，将会发生突发性断裂破坏，且破坏前无明显的塑性变形。

陶瓷和玻璃是典型的脆性材料，脆性的特征是极限应变小，裂纹扩展速度快，表现为抗冲击性差，这是因为材料局部能量耗散低，几乎没有塑性变形，受到磕碰时的应力集中很高。引起局部瞬态拉伸应力集中而导致脆性破坏。这些典型的特征使得脆性材料在应用和设计上要尽量承受压应力，避免拉应力。评价材料脆性对产品或结构的选材、抗震设计、可靠性保证等具有重大意义，如赵州桥的每块石头都只受压应力，不受拉应力，故寿命很长。脆性特征不能单用断裂韧性、弹性或塑性来衡量。脆性的最重要的标志是抗冲击性差。绝大多数脆性材料及产品的破坏都是由冲击力引起的瞬态破坏，脆性越大，破坏速度越快。显然，用抗冲击性能来定义脆性是合理的。

普通钠钙玻璃可以看作一般工程材料中脆性较大的常见材料，若把它作为基准脆性材料，不同材料相对玻璃的脆性程度为相对脆度[14]，即某材料的脆性是玻璃的几倍，其物理意义明确直观，计算方便，也可用其他材料作为对比材料。

在结构陶瓷的研究中最主要的问题是改善脆性，或者说增强韧性，但至今没有明确的判据来定量表明脆性是否得到改善，使改善脆性工作带有盲目性。对于金属材料（弹塑性材料），强度-韧性关系常常是此消彼长，这主要因为塑性的存在和塑性区大小变化所致。因此可以仅从断裂韧性值的改善情况判断增韧效果。而对于断裂前不出现任何塑性和屈服的准脆性材料，由于断裂韧性的物理意义实质上是[15]：（1）缺陷条件下的强度水平；（2）裂纹扩展阻力。对于脆性材料特别是陶瓷材料，强度的提高往往使断裂韧性也有所提高，而提高断裂韧性则往往也会提高强度，这种特征与金属相反。因此，利用前面所述脆性指标，可很好地判别陶瓷、玻璃类脆性材料的韧性好坏。

需要指出的是，陶瓷材料的增韧效果不能只看断裂韧性值是否提高，而是要提高断裂韧性与强度的比值，或降低弹性模量。韧性与强度的比值正好把断裂韧性物理意义中的第一项除掉了，所以它反映了断裂韧性的第二个物理意义：裂纹扩展阻力。通常改善陶瓷材料脆性的方法是在材料中人为地引入一些弱的界面结构，从而在裂纹扩展过程中通过弱界面的解离来吸收能量，而不至于损害整个材料。常见的增韧材料主要有：相变增韧陶瓷、纤维或颗粒增强陶瓷基复合材料、复相陶瓷材料、自增韧陶瓷、层状复合材料。这些材料都是通过在陶瓷材料内部引入纤维、晶须、晶粒等，形成弱界面，从而达到强化与增韧的效果。另外也可通过对陶瓷材料的晶界应力进行设计，在材料的界相间引入适当的应力状态，从而对外加能量起到吸收、消耗或转移的作用，以达到对陶瓷材料强化与增韧的目的。

1.4　性能评价技术与技巧

1.4.1　相对法技术

工程材料的性能测试中有两种特殊情况是当前材料性能评价的难题：1）在超高温、真空和腐蚀等极端环境下材料的性能评价；2）复合材料或复合构件中某种不能分离出来的单质材料的性能评价，如陶瓷涂层的强度和弹性模量等。对于这两类难题，最近几年发展起来的相对法技术是一个很好的解决途径。

相对法测试技术最初是一种为了解决陶瓷材料性能中无法测试或难以直接测试项目的一种间接测试方法。这种相对比较的方法可以追溯到我国古代，如三国时候的曹冲称象的故事。当时大象的重量无法直接测量，将船载大象后的入水深度刻下记号，大象下船后用已知重量的物品放入船上直至达到这个刻度，物品总重量就是大象重量了；相互划刻比较硬度——材料莫氏硬度测试；杠杆原理的杆秤，通过利用一个已知质量的物体就可测量出不同物体的质量。这些都是相对法的现实应用。这种不需要建立参数之间本征关系的相对比较的方法我们称为简单相对法。需要建立参数之间数学关系时我们称为特殊相对法。相对法不仅简单易行，而且适用于不同结构下材料的性能测试和不同环境下材料的性能测试，这正是本方法被提出并重点研究的主要原因。

在实验室环境下块体材料的物理性能如弹性模量和断裂强度等都已有相应的测试仪器及测试方法来评价，例如纳米压痕法、弯曲法、赫兹压痕法、超声波法，而且有些已经有标准可参照和执行。但是对于一些在极端环境下工作的材料，如太空的低温真空环境、飞行器的超高温环境和海洋的高压腐蚀环境等，在这些环境下材料的物理性能评价是很困难的。而且直接模拟真实环境建立实验条件所需成本也很巨大。如果建立一种容易实现且测试结果可靠的评价特殊环境下材料性能的方法，对于材料在真实的服役条件下的性能安全性及稳定性有着重要的意义。简单地说，相对法是通过两种状态的比较来评价待求参数。

1.4.1.1 相对法的基本原理

相对法的基本原理是采用间接的方法或者说是迂回的方法来获得难以测试或根本无法测试的材料参数，这种相对比较的方法可达到事半功倍的神奇效果。图 1-1 为相对法的基本原理示意图，对于一个无法测试的材料参数，只要确定与它相关的性能参数，即可算出该所求参数。通常求解难测参数时所需的相关参数不止一个，例如求陶瓷涂层弹性模量时往往要考虑带涂层复合体样品的弹性模量与基体样品的弹性模量。这里假设难测参数 X 和与之相关的可测参数 A 和 B，其基本原理描述如下：如果参数 X 是难以测试的或不可能直接测试的，但参数 A 和 B 是已知的或容易测试的，通过建立参数 X 与 A 和 B 之间的理论解析关系，便可以很方便地通过 A 和 B 确定参数 X。

这是一种解决难题的思路，核心是要建立几个参数之间的本构关系：$X = f(A, B)$。将易测得的或已知的参数 A、B 代入构建的解析关系式中，即可算出该所求参数。

X为无法测试的参数

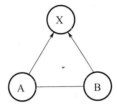

A,B可以通过已有方法测得或已知

图 1-1　相对法模型表达参数 A、B、X 之间的理论关系

相对法的前提是要有一个已知的参照系。例如，为了确定钢化玻璃的表面应力，用球压法测试玻璃在钢化之前和钢化之后局部强度，即可得知钢化玻璃的表面应力。对于一根已知常温下弹性模量的梁试样，在常温和高温下施加相同的弯曲载荷得到不同的挠度，就可以通过挠度比值算出样品在高温与常温下的弹性模量的比值，从而通过已知的常温模量获得高温模量。

相对法的切入点通常是找到与待测参数相关的联系。对于具有特殊结构的材料，可以从常规结构材料的同种性能测试方法进行分析，建立不同结构材料性能之间的关系，从而求得特殊结构材料的性能；对于在高温、腐蚀等极端环境下工作的材料，可以从分析一般环境与这些特殊环境下材料性能之间的关系，从而利用材料在一般环境下的性能求得其在特殊环境下的性能。这种相对比较的方法对于无法直接测试获得的材料性能具有巨大的应用潜能。其中，该方法在材料力学性能评价领域已经获得的研究成果包括：1) 相对法评价陶瓷涂层在室温下的弹性模量与弯曲强度[16]；2) 利用残余压痕评价固体材料的弹性参数和能量耗散能力[17]；3) 利用位移敏感压痕技术研究材料的弹性模量、硬度及恢复阻力三者之间的关系[18]；4) 相对法评价材料在高温下的弹性模量和恢复性能[19]；5) 利用赫兹压痕评价玻璃的局部强度和残余应力[20]；6) 用相对法解决了国内外长期以来一直没法测试的超高温弹性模量问题[21]。

1.4.1.2 相对法基本流程

相对法是作者从 2000 年开始陆续提出的一系列评价材料力学性能的方法[16-21]。它是一种间接的评价方法，可分为两大类[21-22]（图1-2）：1）简单的相对法；2）复杂的相对法。简单的相对法可分为横向与纵向的比较。横向对比是通过相同服役环境或相同试验条件下对已知材料与未知材料之间的比较，分析评价得到未知材料的力学性能；纵向比较是根据同一种样品在不同服役环境或不同时期的力学行为响应的比较，评价该材料在某一状态下的材料力学性能。而复杂相对法的核心思路则是建立未知参数与已知参数/易测得参数之间的定量解析关系式，从而得到未知参数。所涉及的解析关系式又可以分为简单计算和复杂计算。

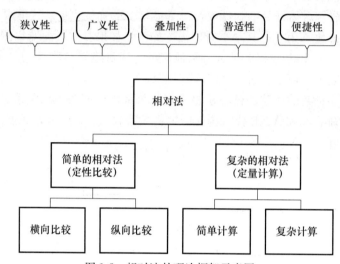

图1-2　相对法的理论框架示意图

基于上述对相对法的描述，相对法具有以下特点及优势（图1-2）：

1）狭义性：即相对法最基本的应用——假设参数A、B已知或容易获得，若要评价未知或较难得到的参数X，建立A、B、X三者之间的关系就可得到X；

2）广义性：即相对法最基本的应用——通过横向比较或纵向比较得到材料所需性能、性能最优值及变化趋势等；

3）叠加性：如果处理更为复杂问题时，可以尝试将相对法叠加使用，或者与其他方法结合应用，将会达到事半功倍的效果；

4）普适性：相对法不仅适用于解决各种力学性能评价的难题，对于其他直接方法难以处理的问题也能够迎刃而解；

5）便捷性：相对法是一种简便、快捷、高效、无损的力学性能评价手段，往往只要利用常规的设备和测试方法，具有很高的研究意义和实用价值。

1.4.2　痕迹法

痕迹法是通过实验后的残余痕迹来评价材料的性能。例如维氏硬度，就是压痕实验后通过分析压痕的尺寸与载荷计算出材料的维氏硬度。强度试验后的断裂横截面分析，可以确定材料的破坏原因和破坏过程以及是否有内部缺陷的作用等。痕迹法类似于侦探破案时利用现场的各种残留痕迹来分析当时的案发情况，是一种还处于初期的测试评价方法。痕迹法除了断口分析之外的破坏性试验痕迹，还包括挤压、接触痕迹和小能量冲击损伤痕迹以及老化或腐蚀痕迹的评价。痕迹法在材料性能评价里面的最初体现是球压法[23]，采用一个已知性能和尺寸的硬质小球对材料光洁表面垂直压到一个设定的压力值，卸载后受压点留下一个痕迹，这个痕迹可能是一个圆坑，也可能是一个圆环裂纹，首先可判断出材料属于弹塑性还是脆性，进而可分析它的弹性模量和硬度等。痕迹法包括断口痕迹分析、压痕痕迹分析、腐蚀表面痕迹分析、冲击破坏痕迹分析以及脆性破坏痕迹等方面。接触痕迹分析是最为流行的性能评价手段，实际上包含压痕痕迹和弹性接触痕迹。严格来说接触痕迹法也属于相对法的一种形式，因为需要用到两种材料的相互性能，通常压头材料比被测材料要有更高的弹性模量和强度。通过接触或压痕方法评价材料性能类似于中医号脉诊断病情，需要很多的经验和可靠的接触信息。

1.4.3 推测法

很多陶瓷材料应用和服役特性可以用材料的基本性能来估计和推测。最简单的例子如材料在拉伸或压缩状态下断裂时刻的临界伸长量可以用极限应变和总长度的乘积来表示，而极限应变可通过断裂强度和弹性模量的比值确定。

$$\varepsilon_f = \sigma_f / E \tag{1-9}$$

式中　ε_f——极限应变；

　　σ_f——断裂强度（MPa）；

　　E——弹性模量（MPa）。

1.4.3.1 陶瓷材料损伤容限预测

损伤容限是材料的一种非常重要的特性，在文献中经常被提到。但陶瓷等脆性材料的损伤容限没有一个精确的定义和定量评价。一般情况下，材料的损伤容限从两方面描述[24]：1）临界裂纹的最大尺寸 a_i，其代表了材料对缺陷的容限能力，只有当材料中缺陷尺寸大于 a_i 时才会使得材料强度值降低，a_i 值越大，材料的抗损伤能力越强；2）能量耗散能力，由位移敏感压痕分析可知，材料的能量耗散占比是恢复阻力 R_s 的增函数，即 R_s 越大，材料的能量耗散能力越强。综合考虑这两方面，作者将损伤容限 D_t 定义为 4 个基本参数（断裂韧性、弹性模量、弯曲强度、硬度）的函数，据此就可以定量地评价不同的陶瓷材料的损伤容限，使用时比较方便[25]。

1.4.3.2 寿命预测

寿命预测对于结构材料的应用和安全至关重要。传统的方法采用亚临界裂纹从起始尺寸 a 增长到临界尺寸 a_c 所用的时间作为固体材料的寿命[23]。一般认为，陶瓷的失效是由于众多微缺陷中逐渐发展出来一条主裂纹，而后主裂纹亚临界扩展达到临界状态最后断裂。但许多陶瓷是主裂纹一出现立刻断裂，慢裂纹扩展很难观测到，有些阻力曲线测试也是裂纹一起始就快速卸载来避免失稳断裂[26]。因此，用裂纹扩展模型分析陶瓷的寿命在操作上和可靠性方面有相当难度。而用强度衰减理论进行寿命预测是一个值得重视的方向。在给定的载荷和环境条件下，如果强度衰减速率已知，就可以很容易评价寿命。由于残余强度是时间的减函数，并且总是高于外加载荷应力，在一定时间后，当残余强度衰减到与外加载荷相等时，将发生断裂，这个衰减过程所用的时间便是工作构件的使用寿命。当强度和外载荷都是时间的函数时，两条函数曲线的交点为断裂点[27]，断裂点所对应的时间坐标即为其使用寿命。必须强调，以上寿命评价理论仅代表了一种失效规律，所以它只适合于某一类情况。经验表明，在静载荷下强度逐渐衰减的陶瓷最适合此模型。疲劳寿命过程可看作为一种运动状态，而断裂失效是以这种运动从初始值到达某种临界状态为判据。

另一种新的寿命预测的方法是极限应变模型预测蠕变寿命。在给定的环境条件和载荷条件下，蠕变断裂时的极限应变是作用应力的函数。对没有亚临界裂纹扩展的蠕变，常常认为极限应变或危险应变为常量来确定寿命。对含有亚临界裂纹扩展的蠕变，往往裂纹长度随应变而增加，临界应变随着作用应力的增加而减小。很多材料的蠕变是一个晶界滑移，孔穴形成到裂纹扩展的过程。极限应变随蠕变应力的增大而减小。已知极限应变后，通过恒速蠕变速率可以预测达到极限应变时所需要的时间（寿命）。

综上所述，寿命预测的基本规律可简单地表示为：时间＝距离/速度。寿命即从一种状态到另一种状态经历的时间；距离可表示为从一种状态到另一种状态经历的距离，如亚临界裂纹扩展的总长度，原始强度与外载作用应力之间的差距，蠕变失效时刻的应变量；速度即从一种状态发展到另一种状态的速率，是影响寿命的关键，是建模对象，如裂纹扩展速度，强度衰减速率，蠕变速率。因此，寿命的评价可以简化成一个运动方程，即时间—速度—距离三者关系，运动的距离是已知的，性能退化速度可通过试验求出，进而可以预测到达终点的时间（寿命）。对于不同的失效模式，运动的起点和终点的设置有所不同，例如，裂纹扩展从初始裂纹长度到临界裂纹长度；材料的初始强度到临界残余强度；或者从初始变形到临界允许变形所需要的时间。这样就把寿命预测变成了很简单的一种方式，尤其是当性能退化速率为常数时就更为简单。当速度为变量的情况可以设法求出平均速度，即可预测寿命。

1.4.3.3　可靠性评价

对于脆性材料，Weibull 模数是描述强度的可靠性和损伤容限的一个重要参数[28]，这个参数在安全应用程序和风险评估中扮演了重要的角色。一般来说，陶瓷是脆性材料并且对缺陷十分敏感，缺陷的随机分布导致强度数据的可靠性较差，常用 Weibull 模数来表征其强度的均匀性。陶瓷的 Weibull 模数通常为 5 到 20[29]，较低的 Weibull 模数说明其可靠性低，这也是陶瓷在工程应用中的主要障碍。如果材料对缺陷不敏感，Weibull 模数应该很高。一般来说，Weibull 模数的值主要取决于两个关键因素：（1）损伤容限；（2）材料的均匀性。

在三参数韦伯分布函数中，利用试算法选定作用应力 σ_i 的门槛值 σ_u（最小断裂强度），且此时 $\lg\lg\left(\dfrac{N+1}{N+1-n}\right)$ 与 $\lg(\sigma-\sigma_u)$ 的相关系数可以达到接近于 1.0 的最大值，而 $\lg\lg\left(\dfrac{N+1}{N+1-n}\right)-\lg(\sigma-\sigma_u)$ 曲线的斜率即为韦伯模量。为简化计算，通常可将 σ_u 值设为 0，则可得到两参数韦伯分布函数的表达式，利用最小二乘法可计算得韦伯模量值。也可利用快速法，直接通过强度的平均值和标准差获得韦伯模量值，该方法使用比较方便，但是计算过程中需要查伽马函数表，工作量较大。作者针对韦伯模量介于 5～20 之间的脆性材料，采用了一种线性函数计算其韦伯模量，且计算过程简单，计算结果与最小二乘法、矩量法的结果相近[28]。

根据国际标准[30]，用极大似然估计来进行 Weibull 参数估计是一种精确的方法。如果有足够多的测试样品，这种方法较其他的方法更有效。通过对单缺陷样品似然函数的对数做微分得到方程组：

$$\begin{cases} \dfrac{\sum_{i=1}^{N}(\sigma_i)^{\hat{m}}\ln(\sigma_i)}{\sum_{i=1}^{N}(\sigma_i)^{\hat{m}}} - \dfrac{1}{N}\sum_{i=1}^{N}\ln(\sigma_i) - \dfrac{1}{m} = 0 \\ \hat{\sigma}_0 = \left[\left(\sum_{i=1}^{N}(\sigma_i)^{\hat{m}} \dfrac{1}{N} \right) \right]^{1/m} \end{cases} \tag{1-10}$$

式中　σ_i——第 i 个测试样品断裂时的最大应力（MPa）；

　　　N——测试样品的数量；

　　　$\hat{m}$——Weibull 参数（$\hat{m} > 0$）；

　　　$\hat{\sigma_0}$——特征强度（MPa）。

极大似然方法的一个优点是，可以在样品尺寸的基础上利用式（1-11）估计 Weibull 参数的上限 $\hat{m}_{\text{up}}$ 和下限 $\hat{m}_{\text{low}}$。

$$\begin{cases} \hat{m}_{\text{low}} = \hat{m}/q_{0.95} \\ \hat{m}_{\text{up}} = \hat{m}/q_{0.05} \\ \hat{\sigma}_{0\text{low}} = \hat{\sigma}_0 \exp(-t_{0.95}/\hat{m}) \\ \hat{\sigma}_{0\text{up}} = (\hat{\sigma}_0) \exp(-t_{0.05}/\hat{m}) \end{cases} \tag{1-11}$$

式中，$q_{0.05}$，$q_{0.95}$，$t_{0.95}$ 为约束条件，取决于样品尺寸，保证置信区间为 90%，取值可参照国际标准[30]。

在概率统计学的基础上利用无偏极大似然估计进行参数评估，可得到较为精确的韦伯模量值，但是其要求样本数量较大。而对于陶瓷类试件，其加工制备较为困难且成本较高，故要求在保证精度的情况下，试样数越小越好。

一般来说，强度数据的标准差与测试材料的损伤容限有关，即损伤容限越高，标准差越小，Weibull 模数越高。因此，损伤容限是影响陶瓷 Weibull 模数的一个重要因素。已经证明准塑性可加工陶瓷 Ti_3SiC_2 的损伤容限远高于脆性陶瓷材料，因此其 Weibull 模数相对来说较高；材料内缺陷分布越均匀，其韦伯模量越大，玻璃的强度对表面缺陷非常敏感，因此 Weibull 模数往往很低。所以评价材料的均匀性和强度稳定性的关键就是看其 Weibull 模数的高低。

1.4.4　高通量测试技术

高通量测试技术实际上是材料基因组计划伴生出来的新名词，目的是能够多快好省地进行材料性能测试，提高测试效率。美国率先提出了"材料基因组计划"，旨在提高材料从发现到应用的速度，降低新材料研发成本。高通量材料性能试验，作为"材料基因组技术"的三大要素之一，需要在短时间内完成大量样品的制备与性能表征，可快速提供有价值的研究成果，加速材料的筛选与优化[31]。其中材料的高通量力学性能测试大都只局限于硬度和模量的测试，采用纳米压痕技术对其微区力学性能进行表征评价。利用纳米压痕仪的二维运动控制装置，可对于微小点布阵样品（类似缩小的围棋盘），实现材料微区每一行和每一列位置力学性能的点阵式测量，可在短时间内获得材料表面硬度与弹性模量的分布云图，从而可快速判断不同组成材料力学性能的优劣，进而可进行材料优化设计。

利用纳米压痕仪在水平方向的二维运动，在材料表面进行 $x-y$ 的点阵压痕实验，基于二维运动控制装置可自动控制两方向上的压痕点数及各点间距，从而可对待测区域内各点的硬度和模量进行测量，并可绘制单项力学性能的形态分布图。薄膜沉积工艺是较为常用的高通量组合制备技术，因此常需对薄膜样品的力学性能进行评价。一般而言，薄膜材料的力学性能与体材料的力学性能有所区别，但薄膜样品的成分—结构—性能相图也可以预测材料的性能的趋势，并可制备相应的体材料进行验证性测试，以确定最终的材料性能参数区间。同时可通过大量的实验，可以逐步建立起薄膜样品与体材料之间的关联特性，从而进一步提升组合材料芯片技术应用于结构材料研究的适用性和准确性[32]。

对于块体材料的宏观力学性能，特别是一些特殊环境下测试效率较低的检测，研究高通量测试具有较大实用价值。例如高温弯曲强度的测试，过去从升温到降温耗时半天或一天只能测试一根样品的强度，为了提高测试效率，中国建材院于 1993 年研发的旋转式高温夹具，可在温度达到实验温度后通过每旋转 $60°$ 测试一根样品，一次可测试 6 根样品，也就是说，提高效率 6 倍。用现在的话来说，这就是一种高通量的高温性能测试方法。对于高通量的应变测试，除了常规的应变片方法，采用二维或三维应变仪摄像，可将某一区域的每一点的应变大小同时展现出来，若是均匀材料，弹性模量已知，则不同点位的应力状态也可得到。

总之，高通量测试不是一种新的测试技术，它只是一种方法或措施，用于提高已有测试技术的测试效率。

参考文献

[1] 周玉. 陶瓷材料学 [M]. 北京：科学出版社，2004.

[2] 林宗寿. 无机非金属材料工学（第 3 版）[M]. 武汉：武汉理工大学出版社，2009.

[3] 周玉. 材料分析方法（第 3 版）[M]. 北京：机械工业出版社，2011.

[4] Menčik, Jaroslav. Strength and fracture of glass and ceramics [M]. Amsterdam：Elsevier，1992.

[5] Zhou YC，He LF，Lin ZJ，et al. Synthesis and structure - property relationships of a new family of layered carbides in Zr-Al（Si）-C and Hf-Al（Si）-C systems. Journal of the European Ceramic Society，(2013) 33 (15-16)：2831-2865.

[6] 凯利 A. 高强材料 [M]. 北京：中国建筑工业出版社，1983.

[7] 韩杰才，王华彬. 自蔓延高温合成的理论与研究方法 [J]. 材料科学与工程学报，1997 (2)：20-25.

[8] 梁光启. 工程非金属材料基础 [M]. 北京：国防工业出版社，1985.

[9] 龚江宏. 陶瓷材料断裂力学 [M]. 北京：清华大学出版社，2001.

[10] 金宗哲，包亦望. 脆性材料力学性能评价与设计 [M]. 北京：中国铁道出版社，1996.

[11] 包亦望，王毅敏，金宗哲. Al_2O_3/SiC 复相陶瓷的高温蠕变与持久强度 [J]. 硅酸盐学报，2000，28：348-351.

[12] 陈达谦. 工程陶瓷的磨损机理与氧化铝陶瓷耐磨性的提高 [J]. 陶瓷，2000 (4)：9-11.

[13] Bao YW，Jin 22. Size effects and a mean-strength criterion for ceramics [J]. Fatigue & Fracture of Engineering Materials & Structures，1993，16 (8)：829-835.

[14] 包亦望，金宗哲，孙立. 脆性的定量化和冲击模量 [J]. 材料研究学报，1994，8 (5)：419-423.

[15] 包亦望，金宗哲. K_{IC} 测试试件的尺寸要求和理论依据 [J]. 材料研究学报. 1991，5 (4)：362-367.

[16] Bao YW，Zhou YC，Bu XX，et al. Evaluating elastic modulus and strength of hard coatings by relative method [J]. Materials Science & Engineering A，2007，458：268-274.

[17] Bao YW，Liu LZ，Zhou YC. Assessing the elastic parameters and energy-dissipation capacity of solid materials：A residual indent may tell all [J]. Acta Mater，2005，53：4857-4862.

[18] Bao YW，Wang W，Zhou YC. Investigation of the relationship between elastic modulus and hardness based on

depth-sensing indentation measurements [J]. Acta Mater, 2004, 52: 5397-5404.

[19] Bao YW, Zhou YC. Evaluating high-temperature modulus and elastic recovery of Ti_3SiC_2 and Ti_3AlC_2 ceramics [J]. Mater Lett, 2003, 57: 4018-4022.

[20] Bao YW, Su SB, Yang JJ, et al. Nondestructively determining local strength and residual stress of glass by Hertzian indentation [J]. Acta Mater, 2002, 50: 4659-4666.

[21] 卜晓雪. 相对法及其在脆性材料力学性能评价中的应用 [D]. 北京: 中国建筑材料科学研究总院, 2007.

[22] 魏晨光. 陶瓷涂层物理性能评价的相对法模型及验证 [D]. 北京: 中国建筑材料科学研究总院, 2015.

[23] 包亦望, 陈志城, 苏盛彪. 球压法在线评价脆性材料的强度特性和残余应力 [J]. 无机材料学报, 2002, 17: 833-840.

[24] Bao YW, Hu CF, Zhou YC. Damage tolerance of nanolayer grained ceramics and quantitative estimation [J]. Materials Science & Technology, 2006, 22: 227-230.

[25] 包亦望. 陶瓷及玻璃力学性能评价的一些非常规技术 [J]. 硅酸盐学报, 2007, 35 (S1): 117-124.

[26] 包亦望. 氧化铝、氮化硅和碳化硅的疲劳特性与寿命预测 [J]. 硅酸盐学报, 2001, 29: 21-25.

[27] Bao YW, Sun L. On Lifetime Estimation for Engineering Material Under Static Load [J]. Key Eng Mater, 2003, 249: 323-328.

[28] Bao YW, Zhou YC, Zhang HB. Investigation on reliability of nanolayer-grained Ti_3SiC_2 via Weibull statistics [J]. J Mater Sci, 2007, 42: 4470 - 4475.

[29] Papargyris A D. Estimator type and population size for estimating the weibull modulus in ceramics [J]. Journal of the European Ceramic Society, 1998, 18 (5): 451-455.

[30] ISO 20501: 2003, Fine ceramics (advanced ceramics, advanced techaical ceramics) -Weibull statistics for strength data, 2003.

[31] 汪洪, 向勇, 项晓东, 等. 材料基因组——材料研发新模式 [J]. 科技导报, 2015, 33 (10): 13-19.

[32] 王海舟, 汪洪, 丁洪, 等. 材料的高通量制备与表征技术 [J]. 科技导报, 2015, 33 (10): 31-49.

第2章 陶瓷的常规力学性能及其评价方法

陶瓷的力学性能是衡量陶瓷材料在不同的受力状态下抵抗破坏的能力和构件安全合理设计的重要指标，是决定其能否安全使用的关键。对陶瓷材料力学性能的检测和评价直接关系到构件的安全可靠性和对破坏失效的预测性。陶瓷材料的主要力学性能（常规力学性能）包括抗拉强度、抗压强度、弯曲强度、弹性模量、断裂韧性和硬度等。对于高温结构陶瓷而言，其主要力学性能是高温强度、高温疲劳和蠕变等；对于耐磨材料而言，人们关注的力学性能是磨损性能；对于耐火材料来说，主要是抗热震性能等。根据不同的使用要求，需要针对性地选定其常规力学性能内容。对所有脆性材料来说，抗冲击强度是主要的力学性能指标之一。对所有材料来说，拉伸强度是材料力学性能的第一重要指标。但是，由于脆性材料测量拉伸强度比较困难，因此，常把弯曲强度作为其第一力学性能指标。随着科学技术和测试技术的发展，材料的主要力学性能的内容也在不断地增加和调整，须根据其主要用途的需要来决定。

2.1 抗拉强度

抗拉强度也称拉伸强度，是陶瓷材料在均匀拉应力的作用下断裂时刻的平均应力，其反映了材料的断裂抗力，计算公式如下：

$$\sigma_t = \frac{P_t}{A_t} \tag{2-1}$$

式中 σ_t——抗拉强度（MPa）；

P_t——材料断裂时刻对应的最大拉伸载荷（N）；

A_t——材料试件断裂处的横截面积（mm²）。

由于拉伸试验要求试件内的应力是均匀拉应力，这对于陶瓷类脆性材料是很难实现的。因为这不仅要求试件做得绝对光滑、对称，还要求试验机夹头绝对垂直对中，没有偏斜，在试验中负荷顺序要排列得好。这就使得拉伸试验费用高而且精度难以保证，这也是陶瓷的强度测试广泛采用抗弯强度，而很少采用抗拉强度的原因。即使以上条件都能得到保证，试样内部的微缺陷也可以导致应力集中而无法得到绝对均匀应力。从本质上说，弯曲强度是代表局部拉伸条件下的抗拉强度。或者说是在一定应力梯度条件下的拉伸强度。

抗拉强度也可以采用其他方法来测试。例如，可对薄壁空心圆柱形试件的内部施加水力静负荷来测量，近似于把薄壁的拉应力看做是均匀的；也可用圆形试样进行压载试验，测出中心轴上的应力，但这种试样加工困难。总之，要设法在某一截面上产生均布拉应力直到破坏便是成功的。

自 1994 年国际标准组织精细陶瓷委员会 ISO/TC-206 成立以来，已把拉伸测试方法列入计划。为了解决偏心度的影响，日本 JISRl606 标准中规定，在拉伸试验系统中引入对中保持装置、轴承或缓冲保持装置等，将弯曲应变成分限制在 10% 以内。而美国的 ASTM 标准中，弯曲应变成分限制在 5% 以内。GB/T 23805—2009《精细陶瓷室温拉伸强度试验方法》也提出在进行陶瓷材料拉伸强度试验时，须对其弯曲度进行校验以保证轴向对中。具体做法如下：三到四个应变片等距放置在两横截面的圆周上，应变片面应对称地放在标距区轴向中点，并相距至少 3/4 标距区长。当标距区长度不足以放置两个应变片面时，使用一个面，这种情况下，应变片应位于标距区的轴向中点部分。当应变片粘贴好后，应变片轴向应与应力轴向一致，偏离不能超过 2°。理想情况下，应对每个试验试样进行对中校验。但是，如果这样的条件不可能达到或者达不到，可以使用有固定应变片的模拟试样，模拟试样与试样有完全相同的形状，建议模拟试样和实际试样材料也相同。使用夹具固定试样，加载到预期断裂一半的载荷水平，测量应变量，采用式（2-2）和式（2-3）计算弯曲度[1]：

对于四个应变片，

$$B = 2 \times \frac{\left[(\varepsilon_1 - \varepsilon_3)^2 + (\varepsilon_2 - \varepsilon_4)^2 \right]^{1/2}}{\varepsilon_1 + \varepsilon_2 + \varepsilon_3 + \varepsilon_4} \times 100 \tag{2-2}$$

对于三个应变片，

$$B = 2 \times \frac{\left[\varepsilon_1^2 + \varepsilon_2^2 + \varepsilon_3^2 - \varepsilon_1 \varepsilon_2 - \varepsilon_2 \varepsilon_3 - \varepsilon_1 \varepsilon_3 \right]^{1/2}}{\varepsilon_1 + \varepsilon_2 + \varepsilon_3} \times 100 \tag{2-3}$$

式中　　　　B——弯曲度（%）；

ε_1、ε_2、ε_3、ε_4——应变片的应变读数。

已经进行对中校验的每个试样，在预期断裂应变一半时，弯曲率不应超过 7.5%；当试验系统使用固定应变片的模拟样品进行对中校验时，弯曲率应不超过 5%。

为了解决拉伸试验中产生的不可避免的误差和试样加工中的困难以及节约试验费用，可以用弯曲强度来估算脆性材料的拉伸强度（陶瓷弯曲强度的测试见 2.3 节）。因为拉伸强度和弯曲强度都是由于拉应力引起的破坏，它们的区别只是应力状态不同（即均匀拉伸和非均匀拉伸）以及在整个试样中受拉作用区域大小不同。实际上，脆性材料的断裂是由一个跟材料性能有关的破坏发生区（process zone，也叫过程区）内的平均应力控制，而非由一点的最大应力（应力峰值）决定。因此，对于非均匀的弯曲应力状态，在过程区内的平均应力达到临界值（拉伸强度）时发生断裂，破坏时的应力峰值（弯曲强度）σ_b 与拉伸强度 σ_t 和破坏发生区 Δ 的关系[2]为：

$$\sigma_t = (1 - \Delta/h) \sigma_b \tag{2-4}$$

式中　h——弯曲试样的厚度（mm）；

Δ——弯曲试样的破坏发生区尺寸（mm）。

式（2-4）是考虑应力梯度的差异所得到的拉伸强度与弯曲强度的关系，称为应力梯度效应，适用于样品厚度大于 2Δ 的弯曲强度试验。由式（2-4）可知，拉伸强度是弯曲强度的下限，试样的厚度越大，二者值越接近。这是因为试样厚度较大时，破坏发生区内的弯曲应力分布接近于单向均匀拉伸应力；而当试样的厚度较小时，弯曲应力梯度大，弯曲强度比拉伸强度大得多。

严格地说，实际工程材料的抗拉强度并不是一个常数，而是与待测试件的体积大小有关，我们可以采用有效裂纹效应进行解释，进而可推导出弯曲强度与拉伸强度间的理论关系。脆性材料的破坏主要由材料内部或表面微裂纹引起，由于压力区的裂纹导致断裂的概率很小，认为只有受拉区域内的裂纹才是有效裂纹。考虑受拉区域大小的不同，受拉区域越大则有效体积越大，进而有效缺陷越多，强度越低。拉伸试样具有最大的拉伸区体积，比弯曲试样含有更多的有效裂纹，所以拉伸强度值低于弯曲强度。单向拉伸较符合最弱连接链模型，对于相同材料，按 Weibull 统计断裂理论求得两种受力状态下不同有效体积的强度关系为[3]：

$$\frac{\sigma_1}{\sigma_2} = \left(\frac{V_2}{V_1}\right)^{1/m} \tag{2-5}$$

式中　m——Weibull 模数；

σ_1——有效体积为 V_1 时试样的强度（MPa）；

σ_2——有效体积为 V_2 时试样的强度（MPa）。

有效体积可表示为拉应力在总体积内的积分：

$$V_e = \int_V \left[\frac{\sigma(x,y,z)}{\sigma_{\max}}\right]^m dV \tag{2-6}$$

如果拉伸和弯曲试样体积相同，均为 V_0，可求得三点弯曲试样的有效体积为：

$$V_e = \frac{V_0}{2(m+1)^2} \tag{2-7}$$

均匀拉伸试样的有效体积等于原体积 V_0。所以在试样大小相同的情况下，从缺陷概率角度考虑拉伸与弯曲强度的关系为：

$$\sigma_t = \left[\frac{1}{2(m+1)^2}\right]^{1/m} \sigma_b \tag{2-8}$$

由式（2-8）可以看出，如果有绝对均匀材料，即 m 趋于无穷大，则拉伸强度等于弯曲强度。一般情况下陶瓷的 Weibull 模数在 10 左右，$\sigma_t \approx 0.5776\sigma_b$，所以拉伸强度比弯曲强度低。这是经典的从缺陷概率角度分析弯曲强度与拉伸强度之间的关系。

2.2　抗压强度

抗压强度也叫压缩强度，是指一定尺寸和形状的陶瓷试样在规定的试验机上受轴向压应力作用时，单位面积上所能够承受的最大压应力。陶瓷材料的抗压强度按下式计算：

$$\sigma_c = \frac{P_c}{A_c} \tag{2-9}$$

式中　σ_c——抗压强度（MPa）；

P_c——材料压碎破坏时刻对应的最大压缩载荷（N）；

A_c——材料试件压缩受载横截面积（mm²）。

进行脆性材料抗压强度测试时，可选用直径为（5±0.1）mm，长度为（12.5±0.1）mm 的圆柱形试样，每组试样为 10 个以上。若按照 Weibull 统计理论对强度统计数据进行分析，样品数量不应小于 30 个。也可以用正方形截面的方棱柱试样，边长为(5±0.1) mm，高度（12.5±0.1）mm[4]。抗压强度是陶瓷材料的一个常用指标，陶瓷材料的抗压强度比拉伸强度高得多，通常为 10 倍甚至更高。陶瓷基复合材料可采用与陶瓷相同的方法进行测试。有些复相可加工陶瓷的压-拉强度比很小，只有 2～3，这种材料的脆性相对要小得多，且在压缩状态下也不是粉碎性的破坏，而是剪切破坏。所以抗压强度与拉伸强度的比值有时候也被看做是一种脆度的指标。抗压试验的样品上下表面的平行度要求非常重要，否则难以达到均匀压缩的条件。

陶瓷材料的抗压强度试验方法参见 GB/T 8489—2006《精细陶瓷压缩强度试验方法 》和 GB/T 4740—1999《陶瓷材料抗压强度试验方法》。

2.3　抗弯强度

虽然零部件的设计一般需要以材料的抗拉强度为依据，但是，陶瓷类脆性材料的断裂强度通常采用弯曲方法测定。这是因为脆性较大的材料在进行拉伸试验时，试样容易在加持部位发生断裂，加之夹具与试样轴心的不一致所产生的附加弯矩的影响，在实际拉伸试验中往往难以测得可靠的抗拉强度值。另外，陶瓷拉伸样品的制备也非常昂贵，不易普及应用。抗弯强度又叫弯曲强度，它反映试件在弯曲载荷作用下所能承受的最大弯拉应力。目前，一般把试件做成标准矩形梁，进行三点或四点弯曲试验，三点弯曲和四点弯曲法示意图如图 2-1 和 2-2 所示。通常精细陶瓷的三点弯曲强度的样品尺寸按照国家标准的下跨距、宽度和厚度分别为 30mm、4mm 和 3mm。样品需要四面抛光和倒角，以降低表面缺陷的影响。四点弯曲的上跨距一般为下跨距的三分之一。加载方式通常采用位移加载，加载速率为 0.5mm/min。

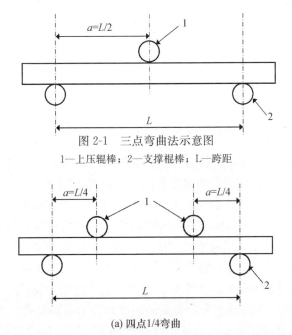

图 2-1　三点弯曲法示意图

1—上压辊棒；2—支撑棍棒；L—跨距

(a) 四点1/4弯曲

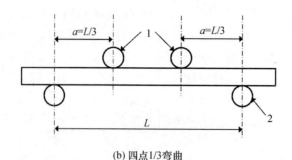

(b) 四点1/3弯曲

图 2-2　四点弯曲试验示意图[5]

1—上压辊棒；2—支撑棍棒；L—跨距；L-2a—内跨距

三点弯曲强度计算公式如下：

$$\sigma_{\mathrm{f}} = \frac{3P \cdot L}{2b \cdot h^2} \tag{2-10}$$

式中　σ_{f}——三点弯曲强度（MPa）；

P——试样断裂时的最大载荷（N）；

L——试样支座间的距离，即为夹具的下跨距（mm）；

b——试样宽度（mm）；

h——试样厚度（mm）。

四点弯曲强度计算公式如下：

$$\sigma_{\mathrm{f}} = \frac{3Pa}{bh^2} \tag{2-11}$$

式中　a——试样所受弯曲力臂的长度（mm），对于四点 1/4 弯曲，$a=1/4L$；对于四点 1/3 弯曲，$a=1/3L$（如图 2-2 所示）。

在采用弯曲试验测定陶瓷材料的断裂强度时，存在一些可能导致测试误差的因素，其中主要包括：①加载构型。由于三点弯曲试验只能测得试样的一小部分局部应力，有效体积较小，而四点弯曲试样所承受的最大拉应力作用的区域较三点弯曲要大，有效体积大一些。对于三点弯曲，有效体积为 $V_3 = \dfrac{V_0}{2\,(m+1)^2}$；对于四点 1/4 弯曲，有效体积为 $V_4 = \dfrac{V_0(m+2)}{4\,(m+1)^2}$，$V_0$ 为试件的整个体积，例如当 $m=10$ 时，$V_3 = 0.004V_0$，$V_4 = 0.025V_0$，即 $V_3 < V_4$。从而使四点弯曲试样由最危险裂纹导致断裂的几率相对较大，或者说有效缺陷多，故三点弯曲强度经常比四点弯曲强度要高一些；基于同样的原因，上跨距越大的四点弯曲试验将获得越低的弯曲强度测试结果。三点弯曲与四点弯曲试验的强度相差大小取决于 Weibull 模数的大小，当 Weibull 模数较高的情况，这两种受力方式得到的强度相差越小。②支撑点。支撑点与试样间的摩擦约束、接触点处的应力集中、支撑点的非对称分布均会影响弯曲强度测试结果。③试样形状。三点弯曲和四点弯曲强度的计算公式是基于材料力学导出的，推导过程中仅考虑了弯曲正应力，公式适用于梁试样。若试样的厚度大于 a 的 1/5 时，剪应力就变得重要起来，相应的强度计算结果将偏高。当然，如果厚度很小，样品的弯曲挠度和应力梯度很大，也可导致强度偏高。④试样表面状态。在外力作用下，

脆性材料表面缺陷是高度应力集中点，其所受的拉应力是平均拉应力的数倍，因此断裂源往往开始于这些应力集中度很高的地方。一般来说，常规机械加工获得的试样表面含有大量的加工损伤（划痕）而表现出较低的强度；而经过抛光和倒角处理后，其强度值会有所提高。GB/T 6569—2006《精细陶瓷弯曲强度试验方法》利用了纵向研磨使得试样表面大多数微裂纹平行于试样的张力作用方向，从而使得测得的强度值尽量接近于材料的真实强度[5]。

基于常温弯曲强度的测试原理可以进行高温环境下的弯曲强度测试，在高温环境下于空气、真空或惰性气氛中进行试验，通过载荷与时间或载荷与位移的关系图来监测载荷的变化以及弹性模量的估测。假定试样材料为各向同性和线弹性，对横截面为矩形的长条试样施加弯曲载荷直到试样断裂，通过试样断裂时的临界载荷、跨距和试样尺寸计算出试样的弯曲强度[6]。高温弯曲强度试验的夹具通常采用高温性能良好的碳化硅陶瓷或氧化铝陶瓷制作。

2.4　弹性模量

弹性模量也称杨氏模量，是工程材料重要的性能参数。从宏观角度来说，弹性模量是衡量物体抵抗弹性变形能力大小的尺度；从微观角度来说，则是原子、离子或分子之间键合强度的反映。机械力对固体物质作用时会产生变形，如果它是可逆的则称为弹性变形。这种变形与作用力成比例，当力的作用消除时又恢复原状，这种性质称为弹性。固体物质在弹性变形过程中的应力增量与应变增量的比值称为弹性模量，剪应力与剪应变之比为剪切模量[7]。弹性模量也可理解为产生单位弹性应变所需要的应力值。其关系式如下：

$$E = \frac{\sigma}{\varepsilon} \tag{2-12}$$

式中　　E——弹性模量（MPa）；

　　　　σ——拉伸应力（MPa）；

　　　　ε——拉伸所产生的应变。

$$G = \frac{\tau}{\gamma} \tag{2-13}$$

式中　　G——剪切模量（MPa）；

　　　　τ——剪切应力（MPa）；

　　　　γ——剪切应变。

一般弹性模量是以 GPa 为单位，计算时须进行单位换算。

弹性模量是一种材料常数，从原子尺度上看，其是原子间结合强度的一个表征参量。对于陶瓷材料而言，其弹性模量不仅取决于原子间结合力，还与材料的组成、显微结构、所包含的缺陷与所处的温度有关，但与构件的尺寸大小和所处的受力状态无关。弹性模量可视为衡量材料产生弹性变形难易程度的指标；其值越大，说明材料的刚度也越大，在一定应力作用下，发生弹性变形的形变量就越小，即越不容易变形。陶瓷材料的弹性模量评价通常可以采用弯曲法和脉冲激励法进行测试。

2.4.1 弯曲法测试弹性模量[8]

弯曲法包括三点弯曲法和四点弯曲法。待测试样一般为矩形截面梁，通过测定试样的应力-应变曲线或应力-挠度曲线，在曲线的线弹性范围内（以弯曲强度的70％对应的载荷作为载荷上限）确定材料的弹性模量。其具体测试流程为：①测量待测试样中部的宽度和厚度。②调整跨距，把试样放在支座正中，使试样与支撑辊轴线垂直。③以小于或等于0.1mm/min的位移速率加载，加载过程中记录载荷-应变曲线（图2-3）或载荷-挠度曲线（图2-4），应变测量是将应变片粘贴于试样受拉一侧，且位于跨距中央；挠度测量可利用电感量仪测试其跨中挠度（图2-5）；为了保证测试精度，通常需要在测量载荷-应变曲线或载荷-挠度曲线之前，先在低载荷范围内对试样进行几次反复加载、卸载，以消除试样在承载初期可能出现的各种非线性变形，如试样与支座或加载压头间的虚接触等。④将所测得的载荷、应变或挠度值带入式（2-14）～式（2-17）即可计算出材料的弹性模量。

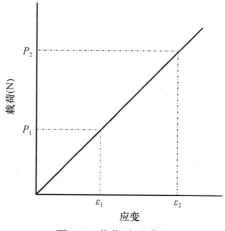

图 2-3　载荷-应变曲线

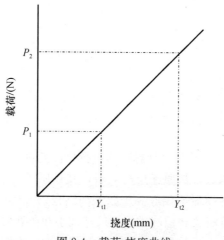

图 2-4　载荷-挠度曲线

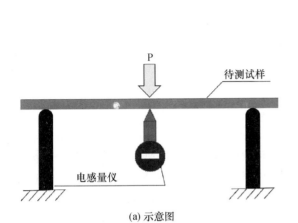

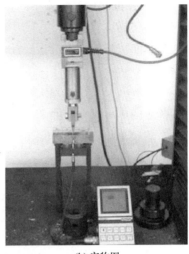

(a) 示意图　　　　　　　　　　　　　　(b) 实物图

图 2-5　电感量仪测量三点弯曲试样跨中挠度

三点弯曲加载时，参照图 2-3，利用应变片测得试样跨距中央位置的应变值变化，按式（2-14）计算弹性模量：

$$E_{b3}=\frac{3L(P_2-P_1)}{2bh^2(\varepsilon_2-\varepsilon_1)}\times10^{-3} \tag{2-14}$$

式中　E_{b3}——三点弯曲法测得的弹性模量（GPa）；

P_1、P_2——材料在线弹性范围内加载的初载荷和末载荷（N）；

L——试样支座间的距离，即下跨距（mm）；

b——试样宽度（mm）；

h——试样厚度（mm）；

ε_1、ε_2——P_1、P_2 对应的试样跨中位置的应变值。

三点弯曲加载时，参照图 2-4，利用电感量仪测得试样跨中位置处挠度在加载过程中的变化，按式（2-15）计算弹性模量：

$$E_{b3}=\frac{L^3(P_2-P_1)}{4bh^3(Y_{t2}-Y_{t1})}\times10^{-3} \tag{2-15}$$

式中　Y_{t1}、Y_{t2}——与载荷 P_1、P_2 对应的跨中挠度值（mm）；

其余各项同式（2-14）。

四点弯曲加载时，参照图 2-3，使用应变片测得试样跨距中央位置的应变值变化，按式（2-16）计算弹性模量：

$$E_{b4}=\frac{L(P_2-P_1)}{bh^2(\varepsilon_2-\varepsilon_1)}\times10^{-3} \tag{2-16}$$

式中　E_{b4}——四点弯曲法测得的弹性模量（GPa）；其余各项同式（2-14）。

四点弯曲加载时，参照图 2-4，利用电感量仪测得试样跨中位置处挠度在加载过程中的变化，按式（2-17）计算弹性模量：

$$E_{b4}=\frac{23L^3(P_2-P_1)}{108bh^3(Y_{t2}-Y_{t1})}\times10^{-3} \tag{2-17}$$

式中　E_{b4}——四点弯曲法测得的弹性模量（GPa）；

其余各项同式（2-15）。

采用弯曲法测试弹性模量要注意的几点：样品不能太短粗，尽量使得跨距与样品厚度的比值大一点，至少大于10，建议跨厚比为50/3；另外支撑夹具最好是整体的而不是几个小部件组合的，这样是为了减少各种接触变形的影响，特别是一些陶瓷变形很小的情况下，以减少测试误差；样品上下表面一定要平行。

2.4.2　脉冲激励法测试弹性模量[9]

脉冲激励法的基本原理是利用脉冲激励器来激励矩形截面的梁试样，测量样品的弯曲或扭转响应频率。对于一个自由振动的梁试样，其固有频率是样品质量、尺寸和弹性模量的函数。如果弹性模量是未知的，但样品的固有频率是可测得的，则反过来可以把弹性模量计算出来。作用在试样上的瞬时激励是通过自动激发装置或手动小锤的敲击来实现的。激励引起样品的自由振动，通过试样上方的信号接收器采集到振动信号，传输到计算机后通过快速傅里叶变换得到自由振动的前几阶频率，首先利用弯曲振动的基频计算出试样的弹性模量，进而利用扭振主频率计算出其剪切模量。由于梁试样自由振动的基频是由样品尺寸、弹性模量和样品质量所唯一确定的，因此，当基频已经测到，并且试样的质量和尺寸已知的情况下，可以计算出弹性模量。弹性模量取决于弯曲响应频率，剪切模量取决于扭曲响应频率。泊松比由材料的杨氏模量和剪切模量决定，三者只有两项是独立的[10,11]。

动态弹性性能测试仪应能够准确地测量和分析试样的振动频率并得出弹性性能。测试仪器包括：试样支撑架、脉冲激励器、信号接收传感器、信号放大器、信号采集器和数据分析系统等。图2-6是测试仪器的基本框图；图2-7是测量试样的弯曲响应示意图，在1处给一个激励信号，在2处就可以得到试样的弯曲响应频率；图2-8是测量试样的扭转响应示意图。通过上述两种不同的试样安放方式，可以得到试样的弯曲响应频率和扭转响应频率。

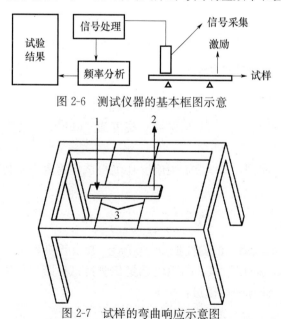

图2-6　测试仪器的基本框图示意

图2-7　试样的弯曲响应示意图

1—激励信号；2—响应信号接收；3—弯曲振动支撑弹线

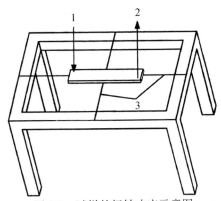

图 2-8　试样的扭转响应示意图

1—激励信号；2—响应信号接收；3—扭转振动支撑弹线

　　试验仪器为固体材料动态性能测试仪，如图 2-9 所示。样品为规则的矩形截面条状样品。试验时保证样品自由振动并不对振动频率有明显影响的任何方法都可以选择。样品一般可用弹性细线或钢丝悬挂，也可用接触式的支撑（如橡胶等）。较简单的方法是将样品平放在两根平行的弹性尼龙线上，尼龙线通过两根弹簧安装在长方形支撑架上面，支撑架长度须大于样品长度。首先测量样品的质量及长、宽、厚三个方向的尺寸，利用脆性材料动态性能测试系统计算此样品的跨距，并调整尼龙线间距与计算跨距值相同，然后将激励器与接收器放置在相对应的位置，以便试验开始后采集数据。将样品放在尼龙线上，用小力锤轻轻敲击样品，利用脆性材料动态性能测试系统采集相关数据、波形图等，计算出样品的弹性模量等参数。

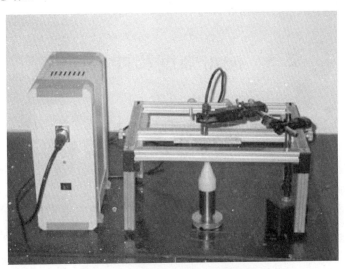

图 2-9　固体材料动态弹性性能测试仪

　　弯曲振动时，样品摆放位置如图 2-7 所示，试样两端伸出的长度相等，约为其长度的 0.224 倍，两支撑线间距为试样长度的 0.552 倍，激励点可在试样表面两端或中央。测得弯曲响应频率后，按式（2-18)可得矩形截面梁试样的动态弹性模量：

$$E = 0.9465 \frac{mf_f^2}{b} \left(\frac{L}{t}\right)^3 \left[1 + 6.585 \left(\frac{t}{L}\right)^2\right] \qquad (2\text{-}18)$$

式中　E——动态弹性模量（Pa）；

　　　m——试样的质量（g）；

　　　f_f——弯曲响应频率（Hz）；

　　　b——试样的宽度（mm）；

　　　L——试样的长度（mm）；

　　　t——试样的厚度（mm）。

扭转振动时，样品摆放位置如图 2-8 所示，两根支撑线的交叉点应位于试样的中点，脉冲激励器和信号接收器分别位于试样的两个对角位置。测得扭转响应频率后，按式（2-19）可得矩形截面梁试样的动态剪切模量：

$$G = \frac{4Lmf_f^2}{bt} \left(\frac{B}{1+A}\right) \qquad (2\text{-}19)$$

式中　G——动态弹性模量（Pa）；

　　　f_f——扭曲共振频率（Hz）；

　　　B——与试样宽度、厚度有关的形状参数，$B = [(b/t) + (t/b)] / [4(t/b) - 2.52(t/b)^2 + 0.21(t/b)^6]$；

　　　A——与试样宽厚比有关的经验修正参数，$A = [0.5062 - 0.8776(b/t) + 0.3504(b/t)^2 - 0.0078(b/t)^3] / [12.03(b/t) + 9.892(b/t)^2]$；

其余参数各项同式（2-18）。

且脉冲激励装置应用于高温条件下时，可测得材料的高温弹性模量，详见 4.2.3 节。

2.5　冲击强度及冲击韧性

冲击强度是在冲击载荷作用下，材料破坏时的最大应力，它比静强度要高得多。冲击强度的大小不仅与试样的尺寸和形状有关，而且与冲击速度成正比，但它有一个上限值，达到上限值后则不再与速度成正比了。冲击强度试验的载荷传感器通常采用动态力传感器，但是对于亚高速冲击也可以用高采样频率的万能材料试验机来做载荷速率效应的试验，试验机采样频率应能达到 1000Hz，这是为了在断裂瞬态采集到载荷峰值。如果采样频率较低的普通万能材料试验机，在高速加载弯曲破坏的瞬态，显示的最大载荷往往不是真实的最大载荷，这也是为什么有时候得到高速加载测试弯曲强度反而低于常规测试的值。

由于材料的冲击强度的测试需要测出断裂时的最大冲击力和冲击时间，这就需要较复杂的装置和设备。因此，目前大多采用测定陶瓷材料的冲击韧性来衡量陶瓷材料的冲击强度[7,12]。

陶瓷材料的冲击韧性系指一定尺寸和形状的试样，在规定类型的试验机上受冲击载荷的作用，一次断裂时单位横截面上所消耗的平均冲击功。试验机通常采用摆锤式冲击试验机。摆锤的原始位置的势能与冲断试样后摆锤的残余势能的差值近似等于试样断口所消耗的冲击功。样品的断裂能越大，摆锤的残余势能就越小。陶瓷材料的冲击韧性值的计算公式如下：

$$\alpha_K = \frac{G}{b \cdot h} \tag{2-20}$$

式中　α_K——冲击韧性（kJ/m²）；

　　　G——击断试样消耗的冲击功（kJ）；

　　　b——试样宽度（m）；

　　　h——试样厚度（m）。

试验前须测量试样中间部分的宽度和厚度；然后对摆锤式冲击试验机零点进行校准，使摆锤自由下垂，被动指针紧靠主动指针并对准最大打击能量处，然后扬起摆锤空打，被动指针应指示零位；试样应稳定地贴在支座上，利用摆锤冲击试样，记录摆锤击断试样后的表盘示值，即为冲击功。如果试样未被击断，应更换试样尺寸、摆锤大小，重新进行试验。

2.6　断裂韧性

断裂力学阐明裂纹尖端区域的应力强度因子 K_1 是裂纹扩展导致材料断裂的动力，材料固有的临界应力强度因子是裂纹扩展的阻力，断裂强度 σ_f 是样品在含有裂纹条件下断裂时刻的临界应力。上述临界应力强度因子常称为材料的断裂韧性（K_{IC}），它是应力强度因子使裂纹失稳扩展导致断裂的临界值，是衡量材料抵抗裂纹扩展能力的一个常数。在工程陶瓷材料的设计中，提高材料的 σ_f 和 K_{IC} 值以增强其抵抗破坏的能力具有十分重要的作用，日益受到人们的重视。

陶瓷材料的断裂韧性测试方法甚多，较常见的有单边切口梁法（SENB）以及由这种方法发展过来的山形切口梁、斜切口梁和预裂纹梁方法，还有压痕法以及压痕弯曲法。最为普通且试样制备和试验过程较为简单的方法是单边切口梁法。因此，该方法已被许多国家制定为标准方法。

GB/T 23806—2009《精细陶瓷断裂韧性试验方法　单边预裂纹梁（SEPB）法》介绍了陶瓷材料断裂韧性的试验方法——单边预裂纹梁法（SEPB）。在室温下，用三点或四点弯曲法测量单边预裂纹梁试样断裂时的临界载荷，根据预制裂纹长度、试样尺寸以及试样两支撑点间的跨距，可计算出被测试样的断裂韧性，且试样中的直通裂纹是通过维氏压痕或切口试样（包含直通切口和斜切口）预制所得[13]。该标准是参考了美国、欧洲、日本等试验方法后，根据我国国情和有关研究结果起草的。美国标准（PS070-97）包含了三种方法：山形切口梁法（CNB）、单边预裂纹法（SEPB）和表面裂纹弯曲法（SCF）。日本标准（JIS R1607）包含两种方法：单边预裂纹梁法（SEPB）和压痕断裂法（IF）；德国标准（DIN NMP 5O109）包含两种方法：单边切口梁法（SENB）和单边预裂纹梁法（SEPB）。他们的共同点是都有 SEPB 法。我国一向是以单边切口梁法来评价结构陶瓷的断裂韧性，这种方法易于操作，对任何材料都可行。其缺点是人工切口毕竟不能完全等效于自然裂纹，人工切口无法做到像自然裂纹的切口那么尖锐，这使得 K_{IC} 测试值偏高。故现行国家标准中结合 SEPB 法，跟国际接轨。根据不同要求和材料特性，选一种方法进行 K_{IC} 测试。用桥压法预引发裂纹时，裂纹深度可由桥宽控制和调节。压痕或压痕弯曲法虽然极为简易和经济，但可靠性和适用性较差，而且建立在经验公式上，缺乏普遍性。所以各国都只将其作为参考方法使用。不同材料的断裂韧性评价宜采用同一种试验方法，SEPB 法测得数据比 SENB 法测得的数据值低，二者之间不宜直接比较。最为方便的预裂纹法的斜切口预裂纹法，原理是先在样品上切一个 $45°$ 角的斜切口，利用切口尖端应力集中效应，采用桥压法预制自然裂纹，从而测得较为真实的断裂韧性值[14]。这种方法中裂纹长度的确定很关键，可采用着色剂渗透的方法解决。

陶瓷材料的断裂韧性测试试样的制备也因评价方法的不同而有所不同，对于单边切口梁法，其试样尺寸要求如下：

$$B,\ a,\ w-a \geqslant \begin{cases} 17.5\left(\dfrac{K_{IC}}{\sigma_b}\right)^2 & \text{精细陶瓷} \\[3mm] 7.5\left(\dfrac{K_{IC}}{\sigma_b}\right)^2 & \text{粗晶陶瓷} \end{cases} \tag{2-21}$$

式中　B——梁的宽度（m）；

a——切口深度（m）；

w——梁的厚度（m）；

σ_b——弯曲强度（MPa）。

断裂韧性的计算公式[14,15]为：

$$K_{IC} = \sigma_f \cdot \sqrt{a} \cdot Y\left(\frac{a}{w}\right) \tag{2-22}$$

式中　K_{IC}——断裂韧性，（MPa·m$^{1/2}$）；

σ_f——断裂强度，（断裂应力，MPa），$\sigma_f = \dfrac{3PL}{2Bw^2}$；

$Y\left(\dfrac{a}{w}\right)$——与试样形状有关的常数，称为几何形状因子。

因此，对试件必须要求形状一致。对于单边切口梁，当跨长：厚度：宽度＝8：2：1时，几何形状因子 $Y\left(\dfrac{a}{w}\right)$ 的值为：

$$Y\left(\frac{a}{w}\right) = 1.93 - 3.07\frac{a}{w} + 14.53\frac{a^2}{w^2} - 25.07\frac{a^3}{w^3} + 25.8\frac{a^4}{w^4} \tag{2-23}$$

为了避免式（2-23）的计算麻烦，国家标准里面附录了一份表格（表 2-1）[13]，可以根据裂纹深度与样品厚度的比值（0.3 到 0.6 范围内）直接查表获取形状因子的值。

表 2-1　断裂韧性计算中形状因子数值

a/W	Y (a/w)									
0.30	0	0.001	0.002	0.003	0.004	0.005	0.006	0.007	0.008	0.009
0.31	1.868801	1.870596	1.872404	1.874225	1.876061	1.87791	1.879773	1.88165	1.88354	1.885445
0.32	1.887363	1.889295	1.891241	1.893201	1.895174	1.897162	1.899164	1.90118	1.90321	1.905254

a/W	$Y(a/w)$									
0.30	0	0.001	0.002	0.003	0.004	0.005	0.006	0.007	0.008	0.009
0.33	1.907313	1.909385	1.911472	1.913573	1.915688	1.917818	1.919962	1.92212	1.924293	1.92648
0.34	1.928682	1.930898	1.933129	1.935374	1.937634	1.939909	1.942199	1.944503	1.946822	1.949156
0.35	1.951505	1.953869	1.956247	1.958641	1.96105	1.963474	1.965913	1.968368	1.970837	1.973322
0.36	1.975823	1.978338	1.980869	1.983416	1.985978	1.988556	1.991149	1.993758	1.996383	1.999023
0.37	2.00168	2.004352	2.00704	2.009744	2.012465	2.015201	2.017954	2.020722	2.023507	2.026309
0.38	2.029127	2.031961	2.034811	2.037679	2.040563	2.043463	2.046381	2.049315	2.052266	2.055234
0.39	2.058219	2.061221	2.064241	2.067277	2.070331	2.073402	2.076491	2.079597	2.08272	2.085861
0.40	2.08902	2.092197	2.095391	2.098604	2.101834	2.105083	2.108349	2.111634	2.114937	2.118258
0.41	2.121598	2.124957	2.128334	2.131729	2.135144	2.138577	2.142029	2.145501	2.148991	2.152501
0.42	2.156029	2.159578	2.163145	2.166732	2.170339	2.173966	2.177612	2.181278	2.184965	2.188671
0.43	2.192397	2.196144	2.199911	2.203699	2.207507	2.211336	2.215186	2.219056	2.222948	2.226861
0.44	2.230794	2.23475	2.238726	2.242724	2.246744	2.250785	2.254848	2.258934	2.263041	2.26717
0.45	2.271322	2.275496	2.279693	2.283912	2.288154	2.292419	2.296707	2.301018	2.305353	2.30971
0.46	2.314092	2.318497	2.322925	2.327378	2.331854	2.336355	2.34088	2.345429	2.350003	2.354602
0.47	2.359226	2.363874	2.368548	2.373247	2.377971	2.382721	2.387496	2.392298	2.397125	2.401979
0.48	2.406859	2.411765	2.416698	2.421658	2.426644	2.431658	2.436699	2.441768	2.446864	2.451987
0.49	2.457139	2.462319	2.467527	2.472763	2.478028	2.483322	2.488645	2.493997	2.499378	2.504789
0.5	2.510229	2.515699	2.5212	2.52673	2.532291	2.537883	2.543506	2.549159	2.554844	2.56056
0.51	2.566308	2.572088	2.5779	2.583744	2.58962	2.59553	2.601472	2.607447	2.613456	2.619498
0.52	2.625574	2.631684	2.637828	2.644007	2.65022	2.656469	2.662752	2.669071	2.675426	2.681817
0.53	2.688243	2.694707	2.701207	2.707743	2.714317	2.720929	2.727578	2.734265	2.740991	2.747755
0.54	2.754558	2.761399	2.768281	2.775201	2.782162	2.789163	2.796205	2.803287	2.810411	2.817575
0.55	2.824782	2.83203	2.839321	2.846655	2.854031	2.861451	2.868915	2.876422	2.883973	2.89157
0.56	2.899211	2.906897	2.914629	2.922407	2.930232	2.938103	2.946021	2.953986	2.962	2.970061
0.57	2.978171	2.98633	2.994538	3.002796	3.011104	3.019462	3.027871	3.036332	3.044844	3.053408
0.58	3.062025	3.070695	3.079418	3.088195	3.097026	3.105912	3.114853	3.123849	3.132902	3.142011
0.59	3.151177	3.1604	3.169682	3.179022	3.18842	3.197879	3.207397	3.216975	3.226614	3.236315
0.60	3.246078	3.255903	3.265791	3.275743	3.285759	3.29584	3.305986	3.316197	3.326475	3.33682

2.7　抗热震性

陶瓷材料的热震也称为热冲击，它是由于急冷或急热而产生冲击内应力的一种形式，即部件的表面和内部或不同区域之间的温度差而产生的热应力。陶瓷的抗热震性能是其力学性能和热学性能对应于各种受热条件的综合表现。

一般脆性陶瓷材料的热稳定性是比较差的，其热震损伤破坏可以分为两大类，一类是材料发生瞬时断裂，称为热冲击断裂；另一类是在热冲击循环作用下，材料先是出现开裂、剥落，并不断发展，最终碎裂或变质，称为热震破坏损伤。不改变外力作用状态，材料仅因热冲击而造成开裂或断裂损坏，这是由材料在内外温差作用下产生的内应力超过了材料本身的力学强度所致。这种内外温差是由急冷或急热的温度变化引起的，例如将一块陶瓷从高温炉中快速投入室温水浴，则陶瓷表面会急剧降温，而陶瓷内部降温稍有迟缓，这就导致了陶瓷材料表面温度低于内部温度，表面层的冷却收缩量也较内部大，从而在陶瓷表面产生张应力，内部产生压应力。由于陶瓷类脆性材料对张应力比较敏感，当表面张应力大于材料的抗拉强度时，就会在材料表面产生裂纹或破损。

抗热震性能的表述和测试方法有多种，简单介绍以下几种：

① 将待测试样升至不同的试验温度后，淬冷（风冷或水冷），测得具有可见缺陷的试样数量及缺陷类型；若试样均未产生可见缺陷，可进行多次升温—淬冷循环[16,17]。

② 将待测试样升至预定温度后，淬冷（风冷或水冷），并循环一定的次数，测量试样急冷后在一定弯曲应力作用而不发生断裂破坏的最大循环次数[18]，或测量试样表面开始出现目视可辨裂纹时对应的循环次数[19]。

③ 将待测试样升至预定温度后，水冷，干燥后测量试样受热端面的破损程度，可用方格网直接测量试验前试样受热端面的方格数 A_1 和试验后破损的方格数 A_2，按下式计算试样受热端面破损率[20]：

$$P = \frac{A_2}{A_1} \times 100\%$$ (2-24)

式中　P——试样受热端面破损率（%）。

④ 将待测试样升至不同的温度后，水冷，测其残余弯曲强度后进行渗透探伤，确定弯曲强度发生不明显下降的最大温差，或者试样不产生开裂所能承受的最大温差，以此温差值的大小表征材料抗热震性能的优劣[21]。

⑤ 将待测试样升至预定温度，保温一段时间后从加热炉中取出，置于空气中冷却，以试样热震前、后抗折强度的保持率评价其热震损伤程度。抗折强度保持率可由式（2-25）进行计算[22]：

$$R_t = \frac{R_a}{R_0} \times 100\%$$ (2-25)

式中　R_t——抗折强度保持率（%）；

　　　R_a——热震试验后试样的抗折强度（MPa）；

　　　R_0——热震试验前试样的抗折强度（MPa）。

无论用哪种方法来表征热震阻力，核心都是要通过试验求出某种性能的突变拐点以及相应的表征参数。

2.8　硬　度

硬度代表材料局部抵抗硬物压入表面的能力。常见的硬度指标有莫氏硬度、布氏硬度、洛氏硬度、维氏硬度、努氏硬度和显微硬度等。陶瓷材料的硬度常用维氏硬度和努氏硬度来表示，其测试可参考 GB/T 16534—2009《精细陶瓷室温硬度试验方法》。

陶瓷及矿物材料常用的划痕硬度叫莫氏硬度。莫氏硬度是表征矿物硬度的一种标准，是矿物抵抗外力摩擦或划刻的能力，须预先设定不同硬度等级的多种矿物为标准参照物，应用划痕法相对比较任何固体材料在这些参照物体上刻划后的划痕，直到划痕不出现，则说明该样品的莫氏硬度低于所对应参照物的硬度等级。莫氏硬度测试是一种相对比较的简便方法，但是不够精确，莫氏硬度值并非为绝对硬度值，而是硬度的顺序表示值。传统的莫氏硬度分为 10 级，由于人工合成的高硬度的材料的出现，又将莫氏硬度分为十五级。表 2-2 为莫氏硬度分级顺序。

表 2-2　莫氏硬度分级顺序

顺序	材料	顺序	材料	顺序	材料
1	滑石	6	正长石	11	熔融氧化锆
2	石膏	7	SiO_2 玻璃	12	刚玉
3	方解石	8	石英	13	碳化硅
4	萤石	9	黄玉	14	碳化硼
5	磷灰石	10	石榴石	15	金刚石

维氏硬度试验是采用两向对面夹角为 136° 的金刚石正四棱锥形压头，在载荷的作用下，压入陶瓷材料表面，保持一段时间后卸除载荷，而在材料表面留下压痕。测量压痕对角线的长度并计算压痕表面积，求出压痕内表面上单位面积上所承受的载荷[23]，即为维氏硬度 HV，计算式如下：

$$HV = 0.001 \times \frac{2F \sin \frac{136°}{2}}{d^2} = 0.001854 \frac{F}{d^2} \qquad (2\text{-}26)$$

式中　HV——维氏硬度（GPa）；

　　　F——试验力（N）；

　　　d——两压痕对角线 d_1 和 d_2 的算术平均值（mm）。

维氏硬度试验中试验力可根据试样的大小、厚薄和压痕状态而定，陶瓷材料一般选用 4.903N～196.1N。对于粗晶材料或压痕仅能覆盖个别晶粒的多相材料，可采用较大的试验力。

努氏硬度试验是采用长棱夹角为 172.5°、短棱夹角为 130° 的金刚石菱形锥体压头（努氏压头），以一定的试验力压入陶瓷材料表面，保持一段时间后，卸除载荷，而在试样表面留下棱形压痕，棱形压痕长短对角线为 7∶1。因而原理上只需要测量长对角线长度，具有较高的测量精度。载荷除以根据压痕长对角线长度计算出的压痕投影面积所得的值即为努氏硬度[23]，其计算式如下。

$$HK = 0.001 \times \frac{F}{0.07028 d^2} = 0.01423 \frac{F}{d^2} \qquad (2\text{-}27)$$

式中　HK——努氏硬度（GPa）；

　　　F——试验力（N）；

　　　d——压痕长对角线长度（mm）。

努氏硬度试验中试验力一般选用 4.903~49.03N，可根据试样尺寸及压痕状态进行调整。也有用表面积而非投影面积作为硬度计算分母的，这样得到的硬度值稍微低一点。

陶瓷显微硬度与维氏硬度相类似，只是压头的精度更高一些，加载范围较小。测试一般选用 0.4903N~9.807N，由于使用载荷较小，压痕尺寸也较小（以 μm 为单位），因此利用显微硬度试验可对微观组织中不同的相或不同晶粒分别进行测试。常见的显微硬度测试通常有维氏和努氏两种，须针对不同试样的具体情况选择载荷的试验力和保载时间。原则是工件较薄或表层硬度较低时选用 1.961N 以下试验力，反之选用 1.961N 以上试验力。保载时间的选择：推荐使用 15s 的保载时间，硬度低的试样选用 15s 以上，反之使用 15s以下。对试样硬度不确定的可以选用 1.961N 试验力和推荐保荷时间 15s，根据实际观察压痕后逐步调整，原则是使试样压痕的对角线大小适中，便于观察测量。

硬度试验应在光滑、平整并且无污染的试样表面进行，试样上、下表面须平行，测试表面应抛光，以确保精确测量压痕对角线的长度。试样的厚度不应小于 0.5mm，至少大于压痕对角线的 1.5 倍。同一试样上至少测定不同位置 5 个点的硬度值，求出其平均值作为该试样的硬度。试验在常温下进行，且须使压头与试样表面接触，垂直于试样表面施加试验力。加载过程中不应有冲击和振动，直至将试验力施加至最大载荷设定值。从加载开始至全部试验力施加完毕应在 1~5s 之间，最大恒定试验力的保持时间推荐为 15s。

对于微小试样或薄膜试样，近些年流行的纳米压痕试验被广泛采用。纳米硬度的测试不能从表面观测压痕尺寸和形貌来计算硬度，而是通过压入载荷与压入深度的关系曲线来获得纳米硬度。需要非常精确的压入深度测量和微小的载荷测量。通常压入深度的分辨率为 0.1 到 1 纳米，载荷的分辨率可达到微牛顿。

金属材料的硬度测定时，压痕反映了其塑性变形程度，因此金属材料的硬度和强度之间更容易建立起对应关系。而陶瓷材料属于脆性材料，硬度测试时，在压头压入区域会发生压缩剪断等复合破坏的伪塑性变形，因此陶瓷材料的硬度很难与强度直接对应起来。

2.9　损伤容限

作为脆性材料的一种重要材料特性，损伤容限经常在许多文献中被提及[24-28]，但是对陶瓷和其他脆性材料却没有一种明确的定义和定量的评定。大多数对损伤容限的评定只局限于在定性描述和实验现象的表现，如非线性应力-应变关系[25]，微裂纹和分层[24,26]，连锁微结构，阻力曲线（R 曲线）和颗粒粒径大小的影响效应。当给定不同的材料，很难对每一种材料的损伤容限给予评定或定量计算。虽然从某种意义上说阻力曲线反映了损伤容限，但是大多数陶瓷并没有精确办法测定阻力曲线，因此很难用阻力曲线去定量评价损伤容限，特别是对那些没有阻力曲线的陶瓷来说。

一般说来，材料的损伤容限可从如下两个方面进行表述：1) 不会影响材料强度的临界裂纹最大尺寸，2) 能量耗散能力。通常，陶瓷类脆性材料的实测强度远低于其理论强度，主要是因为材料表面或内部不可避免地含有缺陷。主裂纹对断裂强度的影响可以用断裂力学理论来评价，断裂韧性 K_{IC} 和断裂强度 σ_f 之间的关系依赖于主裂纹的尺寸[29]。

$$K_{IC} = \sigma_f \cdot Y \cdot \sqrt{a} \tag{2-28}$$

式中　Y——与试件形状和裂纹尺寸有关的几何因子；

　　　a——裂纹的半长（m）。

对于给定的试样，如不考虑环境和疲劳因素的影响，我们通常把 K_{IC} 与 Y 当做材料常数。因此断裂强度就是了裂纹尺寸的减函数，如下式：

$$\sigma_f{}^2 = \left(\frac{K_{IC}}{Y}\right)^2 \cdot a^{-1} = B \cdot a^{-1} \tag{2-29}$$

式中，B 是取决于试样的断裂韧性和几何形状的常数。

式（2-29）表明，随着裂纹尺寸减小，断裂强度在增大。如果裂纹尺寸趋于零，那么断裂强度将趋于无限大。很显然在实际中这是不可能的，因为实际材料不会不存在缺陷。一个表面光滑的试样的强度代表了具有内在缺陷的材料的本征强度。材料的内在缺陷尺寸通常与其颗粒尺寸大小成正比，因此那些细晶陶瓷强度往往大于晶粒尺寸粗大的陶瓷强度。由图 2-10 可以看出，随着裂纹尺寸的减小，材料的强度在不断提高，材料的内在缺陷决定了材料的本征强度。因此，材料的内在缺陷尺寸 a_i 能够通过本征强度 σ_i 计算出来，计算方程为：

$$a_i = \left[\frac{K_{IC}}{Y \cdot \sigma_i}\right]^2 \tag{2-30}$$

这里的材料本征强度 σ_i 是通过表面光滑、没有人为裂纹的试样测出来的，而不是材料的理论强度。对于陶瓷材料，弯曲强度广泛用来表征材料的力学性质[30,31]，因此将弯曲强度作为陶瓷材料的本征强度。因此，式（2-30）可表述为：

$$a_i = \left[\frac{K_{IC}}{Y \cdot \sigma_b}\right]^2 \tag{2-31}$$

式中，σ_b 为试样的弯曲强度。

毫无疑问，如果一条人为的裂纹比材料内在裂纹更小，则不会导致材料强度的衰减，故常把它看成是无效的裂纹。对于 a_i 值，即无效裂纹尺寸的上限值，这种对缺陷的容许值反映了脆性材料损伤容限的第 1）方面。作为脆性部件，a_i 值越高，则其对损伤的容许程度也越高。

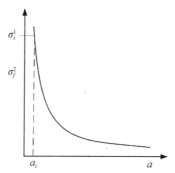

图 2-10　断裂强度与裂纹尺寸关系图

注：这里内在裂纹尺寸 a_i 是由试验测得的光滑表面试样强度来决定的。

另一方面，在受到局部冲击或接触破坏时，材料的能量耗散能力也能反映材料的损伤容限。局部能量耗散能力已经被证明了与接触模量和硬度的比值成正比[32]：

$$R_s = 2.263 \frac{E_r{}^2}{H} \qquad (2\text{-}32)$$

式中 R_s——恢复阻力，它反映了在压痕试验加载（卸载）过程中的能量耗散能力 R_s 值越大，压痕过程中材料的能量耗散占比越大，弹性恢复能占比越小；

E_r——接触模量，其与材料的弹性模量 E 呈线性关系；

H——硬度。

由此，陶瓷的损伤容限不仅与 K_{IC}/σ_b 值有关，还与 E/H 的值有关，因此我们通过四个基本的材料参数定义了损伤容限参数 D_t 为[29]：

$$D_t = \frac{K_{IC}}{\sigma_b} \cdot \frac{E}{H} \qquad (2\text{-}33)$$

其中 σ_b 是弯曲强度，E 是弹性模量。D_t 值显示了材料抵抗脆性破坏的能力，它能够对不同材料的损伤容限进行定量计算。如果材料的 D_t 值越低，则其对表面缺陷和冲击载荷就应当越敏感，而且表现出更大的脆性。而较高的 D_t 值，就意味着材料具有良好的加工性能、较高的能量耗散能力和抗裂能力，同时其耐磨性较差，剪切强度较低。通过陶瓷材料已知的力学参数，就可计算出它们的损伤容限[33,34]，一些常见陶瓷材料的损伤容限见表 2-3。

表 2-3 几种陶瓷的基本材料参数及其损伤容限计算结果

材料	K_{IC} (MPa·m$^{1/2}$)	σ_b (MPa)	E (GPa)	H (GPa)	D_t (m$^{1/2}$)
钠钙玻璃	0.65	80	70	6.6	0.086
SiC	3.1	356	415	32	0.113
Si$_3$N$_4$	6.5	700	300	15.5	0.180
ZrO$_2$	12	950	200	13	0.194
细晶 Al$_2$O$_3$	3.5	380	416	15	0.255
TiB$_2$	6.2	400	565	25	0.350
粗晶 Al$_2$O$_3$	2.2	180	360	12	0.366
Ti$_3$SiC$_2$	7.0	436	310	4.0	1.241
Ti$_3$AlC$_2$	6.9	340	288	3.0	1.949

计算结果表明，损伤容限是一种依赖于四个基本材料特性的综合参数。从表中可以看出，玻璃的损伤容限最低，纳米层状可加工陶瓷的损伤容限最高。通常说来，对于一个给定的材料，它的颗粒尺寸越小，则它的损伤容限值越低，单独使用断裂韧性并不能表征材料的损伤容限或脆性。

2.10 磨 损

精细陶瓷材料具有良好的耐摩擦磨损性能。耐磨性是指材料抵抗对偶件摩擦或磨料磨损的能力。陶瓷的耐磨性主要取决于该材料和与之接触的材料的相对硬度以及材料的密度和韧性。陶瓷的磨损由两表面或表面间的两颗粒之间的滑移运动而产生，也可由颗粒的撞击使表面破碎而产生，因此，磨损量的大小跟接触面的光滑度或颗粒尺寸有关，表面越光滑，颗粒的滑移运动越小。同时磨损量的大小还与摩擦面的正压力有关。除此之外，陶瓷的磨损还与许多其他因素有关，如陶瓷材料的相对硬度、强度、弹性模量、密度以及使用环境等。

评价材料的磨损性时，应考虑综合因素的影响，例如氧化或腐蚀与磨损同时作用，比单独一项的影响严重得多。氧化或腐蚀后的表面比原有表面软，很容易被磨损掉，而新的表面暴露出来后，马上又会受到进一步的氧化和腐蚀。精细陶瓷的磨损试验尚未建立标准方法，可参照锦砖、陶瓷地砖磨损度试验方法、搪瓷玻璃层耐磨损性试验方法等标准进行摩擦磨损试验[35,36]，根据其磨损前后的质量损失量或磨削形貌来评价材料耐磨性的优劣。

2.11　疲劳及寿命计算

2.11.1　静疲劳

静疲劳，即静载荷下的应力腐蚀，是指构件或试样受到一个恒定载荷，经过一段时间后发生断裂或失效的过程。疲劳破坏过程通常认为是固体在一定应力或交变应力作用下从众多微缺陷中发展出一条主裂纹，它是一个疲劳损伤过程，可称为第一过程。而后主裂纹在应力作用下发生慢速裂纹扩展，直至达到该应力状态下的临界尺寸而失稳扩展破坏。第二过程为裂纹的亚临界扩展，常常是疲劳研究的主要范围。但是陶瓷材料的疲劳破坏机理与金属有很大区别，陶瓷材料的静疲劳往往是一出现主裂纹随即断裂，很难观测到亚临界裂纹扩展。因此陶瓷的疲劳过程主要是指第一过程，即疲劳损伤的过程。陶瓷的静疲劳试验大多在高温下进行，受载方式一般为三点或四点弯曲，它的失效评价包括疲劳断裂和变形失效。当只考虑断裂失效时，也称为持久强度试验或应力腐蚀。在静载荷下考虑变形失效的试验实际上属于蠕变试验，需要记录下一定载荷下的受力时间和变形的关系曲线。

陶瓷材料的静疲劳过程分析采用残余强度或强度衰减率是合适的。它的疲劳控制方程式如下：

$$\frac{d\sigma_r}{dt} = -A\sigma^n t^{-m} \tag{2-34}$$

式中　　σ_r——t 时刻的残余强度；

σ——静疲劳载荷应力；

σ_0——初始强度（当 $t=t_0$ 时，$\sigma_r=\sigma_0$），对于弯曲疲劳，它等于相同实验条件下的弯曲强度；

A，n，m——跟环境有关的材料常数，$A>0$，$n\geqslant 1$，$0\leqslant m\leqslant 1$。

失效条件是当残余强度衰减到与外加载荷应力相等时发生断裂，即残余强度等于外加载荷值。材料强度由初始强度 σ_0 逐渐衰减至外加载荷值所经历的时间即为材料的使用寿命。载荷与寿命的关系曲线往往随材料的不同而不同。陶瓷的静疲劳试验大都采用三点或四点弯曲方法，测出不同外载作用下，材料发生断裂时的疲劳时间；也可根据外载作用不同时间的材料残余强度，预测材料的使用寿命。

2.11.2　动疲劳

广义来说，动疲劳是指载荷随时间而慢速增加的疲劳形式，它是加载速率为常数，而载荷值持续增加的疲劳形式，即载荷以恒定的速率增加直至发生断裂，即外加载荷值是时间的函数。疲劳试验主要有三种形式，即静疲劳、动疲劳、循环疲劳。循环疲劳也可以广义地看做是动疲劳的一种。

实践表明，许多陶瓷的疲劳特征表现为与疲劳周次关系不大，而与疲劳时间关系很大，即载荷频率对时间寿命影响不大。

陶瓷材料往往是一出现主裂纹马上就发生断裂，这是陶瓷脆性的特征。由于受到金属疲劳特征的影响，以往对陶瓷疲劳研究的重点，仍是研究裂纹的慢速扩展，而且往往是人工预制一条裂纹，然后通过一种疲劳应力使其慢速扩展，但这种方法也只对于循环疲劳可能实现，对于静疲劳和动疲劳条件下仍是突发性断裂。值得注意的是，人工制造的宏观裂纹并不能代表实际陶瓷部件中的本征缺陷。

陶瓷的疲劳损伤有多种因素，其中也包含了微裂纹的扩展。由于陶瓷材料的脆性和力学性能的离散性，在不同的试验条件和环境下，起主导作用的疲劳损伤因素往往不一致。但总的宏观效应是一样的，即残余强度衰减。强度衰减速率代表了该材料的疲劳阻力。衰减速率越小，疲劳阻力越大，可靠性越好。陶瓷材料的动疲劳常采用残余强度的衰减速率来表征疲劳过程[37]。将式（2-34）疲劳控制方程的常应力项改成变应力项即可。

$$\frac{d\sigma_r}{dt} = -A\left[\sigma\left(t\right)\right]^n t^{-m} \qquad (2-35)$$

式中，$\sigma\left(t\right)$ 为随时间而变化的外加载荷应力，它可以是周期性的循环载荷，也可以是连续的单调递增载荷或任何变化形式的载荷。

金宗哲等[37]针对陶瓷静疲劳时间过长且不易预测等问题，提出用逐级加载法进行疲劳试验，使疲劳试验时间得以控制，并以此推测静疲劳的寿命。这种方法后来被进一步发展成连续增载试验法，具有较大的实用价值。陶瓷的动疲劳试验主要采用弯曲试验方法。

2.11.3　寿命预测

陶瓷材料或部件的寿命预测是比较困难的，因为很多的破坏都是由不确定因素造成的。陶瓷材料的寿命预测就是要找出一定疲劳条件下发生破坏时的临界条件和相应的时间，包括不同加载方式与寿命的关系以及寿命与材料性能间的关系。通常可采用短期疲劳破坏试验来预测材料长期疲劳寿命，或者用一种加载条件下的疲劳寿命来预测另一种加载方式下的疲劳寿命。传统的寿命预测通常是在断裂力学基础上采用裂纹扩展模型，考虑主裂纹在疲劳载荷下的亚临界裂纹扩展，从原始裂纹尺寸扩展到临界裂纹尺寸所经历的时间过程即为寿命。裂纹扩展速率则成为控制寿命的关键因素。但是对于陶瓷，这种模型在操作上很难实现并且可信度差。

陶瓷材料的疲劳失效过程属于损伤积累过程，宏观表现为材料的残余强度降低，因而可利用残余强度衰减率来表征陶瓷材料的疲劳性能。当残余强度降至与外载荷相同的大小时，材料就会发生断裂破坏，而材料由原始强度降至外载荷大小的残余强度值所经历的时间即为其使用寿命。因此，寿命的评价可以简化成一个运动方程，运动的距离是原始强度与外载荷之差，运动速率为材料强度的衰减率，运动完成所需的时间即为材料的寿命。陶瓷材料的使用寿命不仅与材料的组成、结构有关，还会受到材料使用环境（氧分压、湿度、温度等）、加载方式（静载、动载）等的影响。陶瓷材料的高温静疲劳和循环疲劳的工作量较大，尤其是在应力水平不高的情况下，疲劳破坏需要较长的试验时间，所以采用连续增载疲劳法来预测或估算其在一定条件下的寿命是经济高效的[7]。

2.12　蠕　变

蠕变是指固体材料在恒定应力作用下应变随时间延长而增加的一种现象。它与塑性变形不同，塑性变形通常在应力超过弹性极限后才出现，而蠕变只要应力的作用时间较长，它在应力小于弹性极限时也会出现。陶瓷在常温下几乎没有蠕变行为，当温度高于其脆-延转换温度，陶瓷材料具有不同程度的蠕变行为。与蠕变相对应的是应力松弛，即维持材料变形不变的前提下，其应力会随着时间的延长而减小。通常，蠕变速率与作用应力的 n 次方成正比，n 被称为蠕变速度的应力指数，通常陶瓷材料的组成结构不同，其蠕变指数也不相同。

典型的陶瓷蠕变曲线可分为三个阶段：①紧接着瞬时的弹性应变之后的第一阶段为减速蠕变阶段，该阶段的特点是应变速率随时间递减；②稳态蠕变阶段，这一阶段的特点是蠕变速率几乎保持不变，这是陶瓷蠕变的主要过程和重点研究对象；③最终导致断裂的加速蠕变阶段，其特点是蠕变速率随时间的增加而增大，即蠕变曲线变陡，直至断裂。随着应力、温度、环境条件的变化，蠕变曲线的形状将有所不同，陶瓷材料的三个阶段不够明显，主要是第一和第二阶段的蠕变。

影响陶瓷高温蠕变的外界因素有应力和温度，本征因素有晶粒尺寸、气孔率、晶体结构、第二相物质、组成等。蠕变试验是在恒定负荷和温度下测量变形，根据受载方式不同分为抗弯蠕变、抗拉蠕变和抗压蠕变三种，不同方法得出的数据是不可比的。蠕变试验对试样尺寸的要求与强度测试相同[7]。

2.12.1　弯曲蠕变

陶瓷的蠕变试验大多数采用弯曲蠕变，这是因为陶瓷材料的拉伸蠕变在试验操作上有很大的难度，包括样品制备、样品两端的夹持、变形的测量等。弯曲蠕变试验主要应用于高温环境，其试验装置与静态疲劳试验装置类似，通常采用耐高温性能较好的碳化硅夹具。使弯曲应力保持为常数而测出试样在高温下的挠度变形随时间的变化，变形由带有传感器的位移测量系统测量，该系统带有主、副引伸杆，主引伸杆测量受拉面中点位移，副引伸杆测量在试验过程中由于高温及受力引起的整个系统的变形。通过副引伸杆的校正，可准确测得试样蠕变变形情况。通过变形情况，可得出试样内部应变变化。

2.12.2　拉伸蠕变

拉伸蠕变试验是在温度和应力不变的条件下，利用与抗拉强度试验相似的装置，测出试样随时间而变化的变形。该方法的原理及应力分析较为简单，但试验实施比较困难。拉伸蠕变对于陶瓷材料应用很少，但是对于一些可加工陶瓷材料和一些陶瓷基复合材料以及纤维编制复合材料，则可以采用拉伸蠕变。

2.13　Weibull 模数评价

脆性材料的断裂强度最常见的统计分布即为 Weibull 概率分布，它是起源于固体材料强度的尺寸效应。文艺复兴时代，达·芬奇对铁丝进行了一系列试验，发现相同截面积的短铁丝的断裂载荷较长铁丝大。从经典力学来看，强度是材料常数，承载能力只与截面积有关，而与长度无关，于是"材料存在缺陷以及缺陷的随机性分布"便成为这一现象的解释。Weibull 假定构件是由许多单元串联组成，每个子单元都具有内在的断裂强度，通过假设一个特定的强度分布，便可预测通过构件体积引起的强度变化。这个模型也叫最弱连接链模型，就像一根链条，只要最弱的一个链环断了，整个链也就断了。Weibull 理论被广泛应用于解释强度的尺寸效应以及不同形式受力时强度的关系问题，Weibull 模数作为统计断裂力学中 Weibull 分布函数中的一个参数，已成为反映材料均匀性和可靠性的一个指标，对 Weibull 理论及其应用的研究成了统计断裂力学的核心部分。最弱连接链类比于细长杆的受拉是容易理解的，但它的结论是强度只跟体积有关，与形状无关，即对于细长杆同体积的短粗杆强度是相同的。跟串联模型相对应，有人提出并联模型，它好像许多单元并联在一起，当一个单元断了，系统仍有一定强度，这就是所谓的"束"理论。根据 Griffith 微裂纹理论，断裂起源于材料中存在的最危险裂纹。由于材料弹性模量和断裂表面能均为材料常数，材料的断裂强度只随材料中最大裂纹尺寸而变化。由于材料中存在大量的微裂纹，这些微裂纹的尺寸分布是随机的，所以同一种材料制得的不同试样的断裂强度也是有大有小，具有分散的统计性。为了有效地利用这类材料和提高结构的可靠性，对强度的分布特性和失效概率的研究是材料强度学中的一个重要分支。在强度分布的描述中，建立在最弱连接链模型上的 Weibull 统计函数最为广泛地被接受和应用。针对应力分布函数的求解，Weibull 提出了一个半经验公式：

$$n(\sigma) = \left(\frac{\sigma - \sigma_u}{\sigma_s}\right)^m \tag{2-36}$$

式中　$n(\sigma)$——应力分布函数；

　　　　σ——作用应力（MPa）；

　　　　σ_u——最小断裂强度，又称为 σ 的门槛值（MPa）；

　　　　σ_s——经验常数（MPa）；

　　　　m——Weibull 模数。

式（2-36）就是著名的 Weibull 函数，它是一种偏态分布函数。Weibull 模数 m 是表征材料均一性的常数，m 值越大，材料越均匀，材料的强度分散性越小。Weibull 函数认为材料的强度主要由缺陷控制，缺陷概率越大，强度越低。而缺陷概率又跟体积成正比。Weibull 分布函数表征的破坏概率为：

$$P = 1 - \exp\left[-\int_V \left(\frac{\sigma - \sigma_u}{\sigma_s}\right)^m dV\right] \tag{2-37}$$

式中，P 是在应力 σ 下的断裂概率。

式（2-37）称为三参数 Weibull 方程。有的研究者认为，三参数 Weibull 分布在操作上存在两个缺点：参数的确定复杂，形状参数 σ_u 有时会得出负值，故不易推广。由于脆性材料对缺陷非常敏感，如果认为只有不受力时的断裂概率为零，因而令门槛应力 σ_u 为零，得到工程上常用的两参数 Weibull 方程为[38]：

$$P = 1 - \exp\left[-\int_V \left(\frac{\sigma}{\sigma_s}\right)^m dV\right] \tag{2-38}$$

式（2-38）也可写成：

$$P = 1 - \exp\left[-\left(\frac{\sigma_{\max}}{\sigma_s}\right)^m V_e\right] \tag{2-39}$$

式中，$\sigma_{\max}$ 为试样所承受的最大拉应力；$V_e = \int_V \left(\frac{\sigma}{\sigma_{\max}}\right)^m dV$，称为有效体积，它相当于与承受均匀应力作用情况等效的体积。对于单向拉伸试验，应力分布为一常数，所以 $V_e = V$；对于三点弯曲试样，$V_e = V/[2(m+1)^2]$；对于四点 1/4 弯曲试样，$V_e = [V(m+3)]/[6(m+1)^2]$；$V$ 为试样的体积。按韦伯分布求均值，可得平均强度为：

$$\bar{\sigma} = \sigma_0 \frac{\Gamma(1+1/m)}{V^{1/m}} \tag{2-40}$$

式中，Γ 为 Γ 函数。因此对应于两种不同尺寸的平均强度分别为：

$$\bar{\sigma_1} = \sigma_0 \frac{\Gamma(1+1/m)}{V_1^{1/m}}$$

$$\bar{\sigma_2} = \sigma_0 \frac{\Gamma(1+1/m)}{V_2^{1/m}} \tag{2-41}$$

式中，V_1、V_2 分别为两种试样的体积。由式（2-41）变形可得：

$$\frac{\sigma_1}{\sigma_2} = \left(\frac{V_2}{V_1}\right)^{1/m} \tag{2-42}$$

式（2-42）表明 Weibull 理论下尺寸与强度的关系实质上是体积与强度的关系，即试样的强度与试样的形状和受力方式无关。对此进行了相关研究，测得了几种同体积、不同高宽比的氧化铝陶瓷试件的三点弯曲强度[3]，测试结果见表 2-4。由表 2-4 可以看出，同体积、不同厚宽比的试样弯曲强度是不相同的，即材料强度不仅与试件体积有关，还与试件的形状有关。

表 2-4　同体积、不同高宽比的氧化铝陶瓷试件的三点弯曲强度

体积（mm³）	240		360		1440	
厚×宽×长（mm）	2×4×30	4×2×30	3×4×30	4×3×30	6×8×30	8×6×30
三点弯曲强度（MPa）	267.5	229.3	224.6	185.4	231.4	226.3
试件数量	5	5	5	5	5	5

另外，利用韦伯模数表示的尺寸效应关系未考虑到受力方式的差异，笼统地将体积效应概括为各种受力方式的尺寸效应，也就是说，单向拉伸、三点弯曲、纯弯曲、多向拉伸、复合应力等不同的受力方式的强度，具有同一种尺寸效应，这显然是不可能的。而且

如果材料的均匀性很好，韦伯模量较高，即 $1/m$ 趋近于 0，σ_1 接近于 σ_2，也就是说尺寸效应将不存在，这种推论对于弯曲强度而言也是不成立的。

由于材料强度存在一定的尺寸效应，因此评价材料强度的韦伯模数时，须保证材料的几何尺寸一致（长宽高均相等），受力方式相同，这样测得的韦伯模数才最接近于其真实值。根据前人的研究[39]，对于单纯的试验研究而言，确定 Weibull 模数所需的最小样本容量应为 16；如果试验研究的结果将直接用于指导材料设计的话，则最小样本容量应为 23；对于材料的鉴定性试验，则必须采用容量为 36 以上的大样本，以保证测试结果的可比性和精度。

参考文献

[1] 全国工业陶瓷标准化技术委员会. GB/T 23805—2009 精细陶瓷室温拉伸强度试验方法 [S]. 北京：中国标准出版社，2009.

[2] 包亦望，金宗哲. 脆性材料弯曲强度与抗拉强度的关系研究 [J]. 中国建材科技，1991（3）：1-5.

[3] 包亦望. 工程陶瓷的均强度破坏准则及弯曲强度与断裂韧度的尺寸效应 [D]. 北京：中国建筑材料科学研究院，1990.

[4] 全国工业陶瓷标准化技术委员会. GB/T 8489—2006. 精细陶瓷压缩强度试验方法 [S]. 北京：中国标准出版社，2006.

[5] 全国工业陶瓷标准化技术委员会. GB/T 6569—2006. 精细陶瓷弯曲强度试验方法 [S]. 北京：中国标准出版社，2006.

[6] 全国工业陶瓷标准化技术委员会. GB/T 14390—2008. 精细陶瓷高温弯曲强度试验方法 [S]. 北京：中国标准出版社，2008.

[7] 金宗哲，包亦望. 脆性材料力学性能评价与设计 [M]. 北京：中国铁道出版社，1996.

[8] 全国工业陶瓷标准化技术委员会. GB/T 10700—2006. 精细陶瓷弹性模量试验方法弯曲法 [S]. 北京：中国标准出版社，2006.

[9] 全国工业陶瓷标准化技术委员会. JC/T 2172—2013. 精细陶瓷弹性模量、剪切模量和泊松比试验方法脉冲激励法 [S]. 北京：中国建材工业出版社，2013.

[10] 中国建筑材料科学研究院玻璃科学研究所. JC/T 678—1997. 玻璃材料弹性模量、剪切模量和泊松比试验方法 [S]，北京：中国标准出版社，1997.

[11] ISO 17561：2002（E）. Fine ceramics（advanced ceramics，advanced technical ceramics）- Test method for elastic moduli of monolithic ceramics at room temperature by sonic resonance [S]. 2002.

[12] 全国工业陶瓷标准化技术委员会. GB/T 14389—1993. 工程陶瓷冲击韧性试验方法 [S]. 北京：中国标准出版社，1993.

[13] 全国工业陶瓷标准化技术委员会. GB/T 23806—2009. 精细陶瓷断裂韧性试验方法—单边预裂纹梁（SEPB）法 [S]. 北京：中国标准出版社，2009.

[14] Bao YW, Zhou YC, A new method for precracking beam for fracture toughness experiments, Journal of the American Ceramic Society，2006，89（3）：1118-1121.

[15] ISO 15732：2003（E）. Fine ceramics（advanced ceramics，advanced technical ceramics）- Test method for fracture toughness of monolithic ceramics at room temperature by single edge precracked beam（SEPB）method [S]. 2003.

[16] 全国建筑卫生陶瓷标准化技术委员会. GB/T 3810.9—2006. 陶瓷砖试验方法第9部分：抗热震性的测定 [S]. 北京：中国标准出版社，2006.

[17] 全国陶瓷标准化中心. GB/T 3298—2008. 日用陶瓷器抗热震性测定方法 [S]. 北京：中国标准出版社，2008.

[18] 冶金工业部洛阳耐火材料研究院. YB/T 376.2—1995. 耐火制品抗热震性试验方法（空气急冷法）[S]. 北京：冶金工业出版社，1995.

[19] 冶金工业部洛阳耐火材料研究院. YB/T 376.3—2004. 耐火制品抗热震性试验方法. 第3部分：水急冷—裂纹判

定法 [S]. 北京：冶金工业出版社，2004.

[20] 冶金工业部洛阳耐火材料研究院. YB/T 376.1—1995. 耐火制品抗热震性试验方法（水急冷法）[S]. 北京：冶金工业出版社，1995.

[21] 全国建筑卫生陶瓷标准化技术委员会. GB/T 16536—1996. 工程陶瓷抗热震性试验方法 [S]. 北京：中国标准出版社，1996.

[22] 冶金工业部洛阳耐火材料研究院. YB 4018—1991. 耐火制品抗热震性试验方法 [S]. 北京：中国标准出版社，1991.

[23] 全国建筑卫生陶瓷标准化技术委员会. GB/T 16534—2009 精细陶瓷室温硬度试验方法 [S]. 北京：中国标准出版社，2009.

[24] Kuo D H，Kriven W M. A Strong and Damage-Tolerant Oxide Laminate [J]. Journal of the American Ceramic Society，1997，80（9）：2421-2424.

[25] Suzuki A，Baba H. Assessment of Damage Tolerance and Reliability for Ceramics [J]. Journal of the Society of Materials Science Japan，2001，50（3）：290-296.

[26] Li S，Xie J，Zhao J，et al. Mechanical properties and mechanism of damage tolerance for Ti_3SiC_2 [J]. Materials Letters，2002，57（1）：119-123.

[27] Shen Z，Zhao Z，Peng H，et al. Formation of tough interlocking microstructures in silicon nitride ceramics by dynamic ripening [J]. Nature，2002，417（6886）：266-269.

[28] Jae-Yeon Kim，Hyun-Gu An，Young-Wook Kim，et al. R-curve behaviour and microstructure of liquid-phase sintered α-SiC [J]. Journal of Materials Science，2000，35（15）：3693-3697.

[29] Bao Y W，Hu C F，Zhou Y C. Damage tolerance of nanolayer grained ceramics and quantitative estimation [J]. Materials Science and Technology，2006，22（2）：227-230.

[30] R. W. Davidge. Mechanical behavior of ceramics，Cambridge Univ. Press，London，England，1979.

[31] B. R. Lawn. Fracture of Brittle Solid，2nd Edition，Cambridge University Press，1993.

[32] Bao Y W，Wang W，Zhou Y C. Investigation of the relationship between elastic modulus and hardness based on depth-sensing indentation measurements [J]. Acta Materialia，2004，52（18）：5397-5404.

[33] NIST Property Data Summaries，SRD Database Number 30，2003，(http：//www. ceramics. nist. gov/srd/summary/scdtib2. dtm).

[34] Database-J. American Ceram. Society，Ceramic Source，Vol. 8，Table 99，TD 39（1992）.

[35] 咸阳陶瓷非金属矿研究所. JC 329—1982. 锦砖、陶瓷地砖磨损度试验方法 [S].1982.

[36] 全国搪玻璃设备标准化技术委员会. HG/T 3221—2009. 搪玻璃层耐磨损性试验方法 [S]. 北京：化学工业出版社，2009.

[37] 金宗哲，包亦望，岳雪梅. 结构陶瓷的高温疲劳强度衰减理论 [J]. 高技术通讯，1994，（12）：31-36.

[38] Bao Y W，Zhou Y C，Zhang H B. Investigation on reliability of nanolayer-grained Ti_3SiC_2 via Weibull statistics [J]. Journal of materials science，2007，42（12）：4470-4475.

[39] 金宗哲，马眷荣，汪林生. 脆性材料强度统计分析中 Weibull 模数估计的试样数量的优化 [J]. 硅酸盐学报，1989，17（3）：229-434.

第3章 尺寸与时间对样品力学性能的影响

陶瓷与玻璃作为典型的脆性材料，基于 Weibull 统计理论和均强度准则，其强度测试值会表现出两种依赖性，即尺寸依赖性和时间依赖性。强度与试样的尺寸大小有关，也与载荷作用时间有关。时间效应表现为裂纹扩展与应力腐蚀的时间相关性、应力松弛和蠕变。了解了材料力学性能的尺寸效应可帮助材料研究者或使用者对所测得的力学参数有更清晰真实的认识，力学性能的时间效应的研究可为材料的安全可靠性服役或寿命预测提供基础。

3.1　陶瓷与玻璃强度的时间与空间效应

断裂力学的启蒙是 20 世纪 20 年代格里菲斯对脆性材料的尺寸效应试验，他对不同厚度的平板玻璃进行了一系列的试验，随着板厚度的减小，断裂强度不断增加，他推断厚度趋于零时，强度将趋于理论强度，并认为厚度效应实际上是裂纹尺寸的效应。他利用能量平衡的方法导出了临界断裂应力与裂纹尺寸及表面能的关系。这一研究称为材料强度学的一个里程碑，从此人们开始对裂纹进行定量的分析，推动了断裂力学的形成和发展。从格里菲斯的开创性工作到现在，人们从未怀疑过，裂纹是造成理论强度与实际强度不符的根源，也是尺寸效应的根源。这种认识容易使人一遇到问题就往裂纹或缺陷方面考虑，而忽略了其他方面的因素。脆性材料试件长度的尺寸效应可用裂纹含量或最弱连接链模型来解释，弯曲强度的厚度效应就不好理解，因为玻璃的弯曲强度主要由表面缺陷控制，表面缺陷概率与表面积大小成比例，但厚度变化并不影响玻璃的表面积，厚度减小引起强度提高应该另有原因。对于弯曲强度的厚度效应将在后续章节具体介绍。

3.1.1　钢化玻璃的内应力分析

钢化玻璃的自爆是一种在家庭日用品或建筑物上时常发生的灾难性事故，自爆的直接原因是玻璃内含有的微小杂质颗粒在一定条件下在产生局部应力集中，并且应力水平达到杂质颗粒所在位置的局部强度。通常产生这种应力集中的情况有两种，一种是硫化镍颗粒相变引起体积膨胀，另外就是由于玻璃基体和其他杂质颗粒之间的热膨胀系数不匹配而产生玻璃与颗粒之间的挤压，这种挤压产生的应力集中超过局部强度将产生钢化玻璃的自爆破坏。为了解变形不匹配引起的局部应力，以处在无限弹性介质中的一个球形颗粒为研究对象，颗粒所受的由于温度变化产生的最大静水压力 P 由下式给出[1]：

$$P=\frac{\Delta\alpha \cdot \Delta T \cdot E_m}{[(1+\nu_m)/2]+[(1-2\nu_P) \cdot E_m/E_P]} \tag{3-1}$$

式中，下标 p 和 m 分别表示杂质颗粒和介质；E 为弹性模量（Pa），α 为热膨胀系数

（K^{-1}）；ν 为泊松比。如果 ΔT 和 $\Delta \alpha = (\alpha_m - \alpha_p)$ 的乘积为负值，颗粒将受到静水压力作用。此时，包裹杂质相颗粒的玻璃基体将受到切向拉应力的作用，当拉应力的大小达到某一水平的时候就会发生钢化玻璃的自爆。

假设颗粒半径为 a，距离颗粒中心 r 处的环向应力 σ_t 可由静水压力 P 求出：

$$\sigma_t = -\frac{P}{2} \cdot \left(\frac{a}{r}\right)^3, \quad r \geqslant a \tag{3-2}$$

值得注意的是，最大静水压力 P 与颗粒的尺寸 a 无关。对于给定温差下的任何尺寸范围的颗粒，在玻璃中 $r = a$ 的位置点的最大环向应力为一常数 $0.5P$。观察已出现自爆的钢化玻璃断面，结果表明发生自爆的颗粒尺寸均在某一水平之上。换句话说，能发生自爆的杂质颗粒存在某个临界尺寸，在此临界尺寸之下，即使最大拉应力超过了玻璃的本征强度也不会引起玻璃自爆。

玻璃是一种典型的脆性材料，其抗拉强度远低于抗压强度。玻璃的断裂过程实际上就是在拉伸应力作用下裂纹的扩展过程。一旦裂纹扩展到某个临界尺寸，整个玻璃就失效了。使得玻璃失效必须具备两个条件，即施加一定的应力和在某一应力下维持足够长的时间。在恒定应力的作用下，由于静态疲劳和应力腐蚀的作用，裂纹自身也将扩展[2]。裂纹扩展速度取决于应力强度因子。在高速率加载情况下，裂纹扩展速率将滞后于载荷的增加速率，导致测得更高的强度。换句话说，玻璃或陶瓷的强度依赖于加载速率的大小。因此，可以假设，如果强度试验中加载速度足够快并且实验设备的采样频率足够高，例如样品能在一微秒之内断裂并能准确获取载荷历程，则断裂临界应力可以接近理论强度值。

3.1.2　陶瓷与玻璃破坏的空间效应与临界颗粒尺寸

对于玻璃和陶瓷类脆性材料，杂质颗粒周围应力分布梯度对材料开裂有很大影响，应力分布梯度越大，开裂所需的峰值应力越高，材料越不容易开裂，这种现象称为空间效应。

前面的应力分析表明在给定的温度变化下，杂质颗粒表面受到的挤压力不受颗粒尺寸影响，但是对于周边的玻璃基体材料来说，应力分布是与颗粒尺寸相关的。可用有限元程序模拟发生体积膨胀后的颗粒周围的残余应力分布以及损伤演变过程[3]。在模拟过程中，考虑了不同的颗粒尺寸，设热应变值为常量，$\Delta \alpha \cdot \Delta T = 0.0002$，模拟结果如图 3-1 所示。

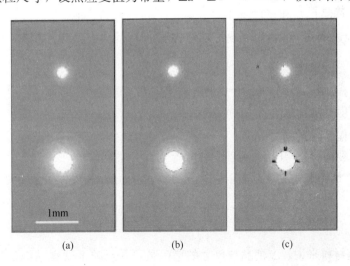

1mm

(a)　　　　　　(b)　　　　　　(c)

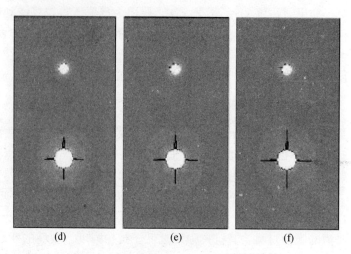

图 3-1　颗粒附近产生的破坏有限元模拟

（a→f 颗粒的尺寸逐渐增大）

从图 3-1 可以发现，在同等温差条件下，虽然颗粒周围的应力峰值相同，但是大颗粒周边率先出现裂纹。应力区域与环绕颗粒的裂纹增长速度随颗粒尺寸的增加而增大。体现了两个明显的特征：1）颗粒周围的应力场范围与颗粒尺寸成正比；2）在大颗粒周围的区域，裂纹萌发更早，增长速度更快。

由式（3-1）确定的颗粒周围的静水压力 P 与颗粒尺寸 a 无关，但颗粒周围应力梯度范围随着颗粒尺寸半径增加而增大。沿颗粒半径方向上的切向应力分布可通过式（3-2）计算，对不同颗粒半径，在大颗粒周围应力下降速度较慢。较大尺寸的颗粒将会引起较大的应力梯度区域，对破坏与断裂的影响会更大。

对处在非均匀应力场下的脆性材料来说，已经发现峰值应力可以比材料的本征强度高很多而不会引发裂纹。均强度破坏准则指出脆性材料裂纹萌生的临界状态取决于特定小区域（过程区）内的平均应力，而不是该面区域内某点的峰值应力[4]。当过程区内的平均应力达到临界值 σ_0，脆性材料将在该区域发生断裂破坏。该区域的宽度为一材料常数，取决于材料性能但与样品尺寸和形状无关。定义 σ_0 为材料的拉伸强度，对于玻璃或陶瓷，可用弯曲强度表征。确定该区域的宽度可通过将平均应力代入裂纹尖端的应力场，并令 $K_I = K_{\mathrm{IC}}$[2]。

$$\Delta = \frac{2}{\pi}\left(\frac{K_{\mathrm{IC}}}{\sigma_b}\right)^2 \tag{3-3}$$

式中　σ_b——断裂强度（MPa），由弯曲强度表示；

　　　Δ——过程区的宽度（mm）；

　　　K_{IC}——断裂韧性（MPa·mm$^{1/2}$）。

考虑到裂纹是由膨胀颗粒周围环向应力（拉应力）造成的，裂纹起裂的条件可表示为：

$$\int_a^{a+\Delta} \sigma_t dr = \Delta \cdot \sigma_0 \tag{3-4}$$

一般对脆性材料来说，Δ 是晶粒尺寸的增函数，它反映了微观结构上相互作用和限制的尺度，通常玻璃的 △ 值小于陶瓷。对于玻璃，实测 K_{IC} 为 $0.5\sim0.6\mathrm{MPa}\cdot\mathrm{m}^{1/2}$，强度为 80MPa，其破坏过程区的宽度 △ 为 $0.02\sim0.03\mathrm{mm}$。平均应力准则证明，临界峰值应力取决于应力梯度且不为常数。由颗粒膨胀引起的应力梯度与颗粒的尺寸有关。均强度准则下不同颗粒尺寸和破坏发生区附近的应力分布如图 3-2 所示。

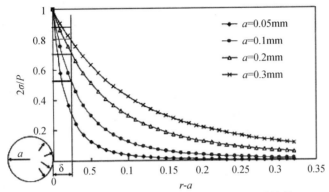

图 3-2　玻璃内颗粒膨胀所产生的切应力的计算值

从图 3-2 可以看出，相对大颗粒而言，小颗粒周围的扩展区域的平均应力更难达到某一给定值。注意钢化玻璃的临界应力 σ_0 应该是低于初始强度 σ_i 的残余强度。残余强度用 $\sigma_0=\sigma_i-\sigma_t$ 估计，这表明钢化玻璃的局部残余强度将随表面压应力的增加而下降。这是由于拉伸区域的拉应力叠加应等于临近两表面的压应力叠加，如图 3-3 所示。另一方面，表面压应力使得弯曲强度增加，即 $\sigma_b=\sigma_i+\sigma_c$，中间区域的拉应力导致支配形成自爆的杂质颗粒的局部强度降低。一般来说，钢化玻璃中间层的最大拉应力约为表面最大压应力的30%～40%。

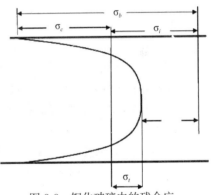

图 3-3　钢化玻璃中的残余应力沿厚度分布示意图

结合式（3-2）和式（3-4），可得：

$$\int_a^{a+\Delta}\sigma_t dr=0.5Pa^3\cdot\int_a^{a+\Delta}r^{-3}dr=0.25Pa^3\big[a^{-2}-(a+\Delta)^{-2}\big]=\Delta\cdot\sigma_0 \tag{3-5}$$

因此可得：

$$\frac{4\sigma_0}{P}=\frac{a}{\Delta}\cdot\left[1-\frac{1}{(1+\Delta/a)^2}\right] \tag{3-6}$$

为确定临界半径 a，设 $S=4\sigma_0/P$，$x=a/\Delta$，则式（3-6）可写为 $S=x-x^3/(1+x)^2$，进一步设 $A=2-S$，$B=1-2S$，式（3-6）可写为：

$$Ax^2+Bx-S=0 \tag{3-7}$$

通过求解式（3-7），得到

$$x=\frac{-B\pm\sqrt{B^2+4AS}}{2A} \tag{3-8}$$

裂纹起裂时，$r=a$ 处的环向峰值拉应力大于局部残余强度，即：

$$P>2\sigma_0 \tag{3-9}$$

$A>0$，颗粒半径值应为正，即 $x>0$，式（3-7）只有一个根：

$$x=\frac{-B+\sqrt{B^2+4AS}}{2A} \tag{3-10}$$

该公式可用来估计对于给定颗粒尺寸的临界压力与温度变化，或者预测在已知材料性能环境参数的条件下的临界颗粒尺寸。

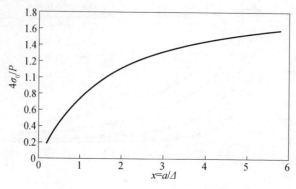

图 3-4　$S=4\sigma_0/P$ 与 $x=a/\Delta$ 的理论关系

图 3-4 表示了 $S=4\sigma_0/P$ 与 $x=a/\Delta$ 的理论关系。结果表明 x 值随 P 值的上升而下降。换句话说，由小颗粒引发的自发裂纹必须伴有较大的压力 P。然而，在实际应用中由温度或相变引起的压力 P 很少超过某个水平，所以，一定存在某一最小尺寸，低于此尺寸的颗粒在任何环境下均不会引起玻璃自爆。假定 $\Delta=0.02$mm，不同残余强度 σ_0 下的 P-a 关系如图 3-5 所示。结果表明，对局部裂纹的临界压力随颗粒尺寸的增加或残余强度的下降而下降。由于压力与温差 ΔT 成正比，温度差受相变温度与蠕变温度的限制，大约为 500～600℃，压力通常为 80～150MPa，因此在钢化玻璃中最常见引起破坏的颗粒半径通常为 0.1～0.2mm。

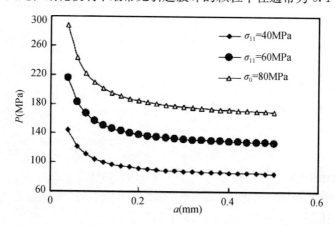

图 3-5　在临界条件下由颗粒膨胀引起的压力 P 与颗粒半径的关系随残余强度变化
（设 $\Delta=0.02$mm）

此外，当已知颗粒尺寸时，我们还可以用图 3-5 的关系来预测自爆风险。从图中可以看出，当颗粒的半径小于 0.1mm，所需压力随颗粒尺寸的减小而急剧上升，这时钢化玻璃的自爆风险很小。以上分析结果证实了玻璃构件中应力分布对玻璃破裂的空间效应。可以看出，对某一特定的峰值应力，应力分布的梯度对玻璃的破裂有重要影响。具有较大梯度的应力分布需要更高的峰值应力才能导致玻璃破裂。

3.1.3　断裂强度的时间效应

3.1.3.1　玻璃断裂强度的时间效应

众所周知，玻璃的实测强度比理论强度低得多。理论强度与实际测量强度的差异通常是源于玻璃表面或内层的微观缺陷。然而，仍然有两个未解决的问题：1）断裂位置的每一个点（原子键）的应力在断裂时是否达到理论值？2）若没有任何缺陷，测得的强度值会和理论强度一样高吗？第一个问题的答案是肯定的，因为这正是理论强度的定义。但这将引起一个更容易混淆的争论：如果每一点的强度与理论强度相等，那么所有点的平均强度也应该与理论强度相等。那为何实测强度会低很多呢？事实上，此问题最根本的解释是断裂表面的每一点并非同时断开，因为脆性固体材料的断裂实际上是一个裂纹快速生长并扩展的过程。这可以通过拉链的模型来理解。通过施加均匀拉力很难分开一个拉链，但从一端撕扯则很容易办到。对前者所需应力为理论强度的平均值，后者为真实强度。换句话说，如果整个区域的原子键同时发生断开，相应的强度为理论强度；否则，如果是一个裂纹扩展过程，测量所得的强度将远低于其理论强度。很明显，裂纹扩展过程的速率将会影响到强度的测量。缺陷或微裂纹对强度的影响表现在以下两个方面：1）受力面积的减少（横截面的受力面积须减去缺陷所占面积）；2）裂纹尖端的应力集中和断裂的裂纹扩展过程。从裂纹萌生到裂纹扩展直至断裂，裂纹尖端不断前移，由于应力集中引起的应力峰值应接近于理论强度。玻璃作为典型的脆性材料，其强度对表面微裂纹非常敏感。通常材料表面裂纹是不可避免的，因此测到的断裂强度总是低于理论强度。对普通钠钙硅窗玻璃的扫描电镜（SEM）观察显示，光滑的玻璃表面存在着无数纳米尺度的微观裂纹，如图 3-6 所示。

由于裂纹的扩展过程需要时间，即使材料内部无任何缺陷，实际强度也无法达到理论强度水平。除非样品断裂横截面积小到一个原子键尺度的程度，在此区域内，没有裂纹扩展过程，断裂时间接近零。这也就是细玻璃纤维的强度比块体样品高很多的原因。材料断裂的时间效应导致了材料强度的离散性，对一给定的固体材料，断裂过程进行得越缓慢，测量所得的断裂强度将越低。因此，加载速率的大小对玻璃强度与断裂会有非常明显的影响。如果加载速率远高于裂纹扩展速度，或者大体积玻璃的断裂时间与玻璃纤维断裂时间一样短，所测断裂强度将大幅度提高（当然需要试验仪器的采样频率足够高）。断裂强度随加载速率提高的这种现象已在陶瓷材料中得到了证实[5]。对于已知材料，断裂强度在静态加载（持续载荷）下有较低的极限，在高速冲击载荷下有较高的极限。固体材料的断裂能包含两部分：裂纹萌生所需能量和裂纹扩展所需能量，前者远高于后者，即，

图 3-6　窗玻璃表面纳米尺度微
观裂纹的 SEM 照片

$$W_f = C_i W_i + C_e W_e \qquad\qquad (3\text{-}11)$$

式中　W_i——裂纹开裂单位面积所需的能量（J/m²）；

　　　W_e——裂纹扩展单位面积的能量（J/m²）；

　C_i 和 C_e——加权系数，$C_i + C_e = 1$。

　　因此，断裂能 W_f 实际上是断裂面上的平均值，它随加权系数 C_i 的增加而增加，而 C_i 随加载速率的增加而增加。所以如果加载速率高于裂纹扩展速率，则缺陷的影响将被消除，断裂能会非常高。

　　为了研究由残余应力引起的裂纹扩展的时间效应，用维氏压头在钠钙硅玻璃与钢化玻璃上进行了压痕测试。采用光学显微镜监测在卸载后的压痕裂纹萌生和扩展过程，如图3-7所示，可以看出，由压痕引起的残余应力致使在卸载后裂纹萌生，由于残余应力释放完使得裂纹扩展停止。这些现象证实了玻璃中裂纹扩展与应力腐蚀的时间相关性。

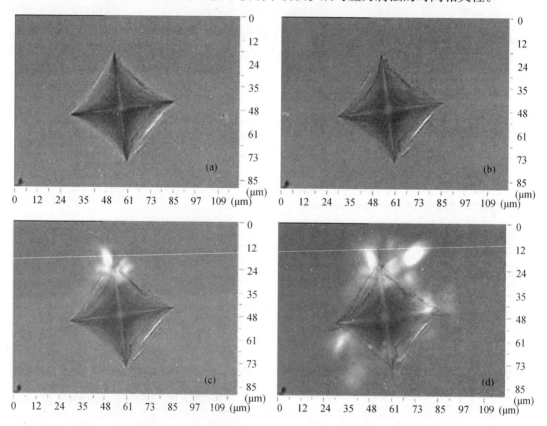

图 3-7　钠钙硅玻璃维氏压痕（500g）试验中裂纹生长的时间相关性
(a) 卸载后 1s；(b) 卸载后 5s；(c) 卸载后 10s；(d) 卸载后 20s

　　作为对比试验，用类似的方法对化学钢化的玻璃进行了测试，以研究表面钢化应力对断裂的影响。卸载之后，压痕表现出有趣的破坏产生过程，裂纹起源于压痕的四个边角并缓慢扩展。当裂纹穿过玻璃表面压应力区，许多裂纹从压痕角扩展并形成裂纹群，如图3-8所示。如果微观裂纹或缺陷位于拉应力区域，工作中的玻璃存在破坏的潜在风险。裂纹生长的过程实际上是能量释放的过程。

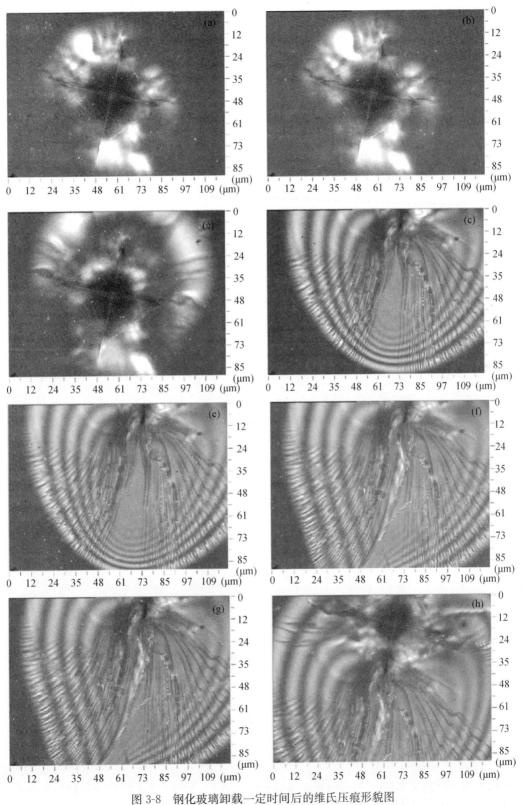

图 3-8　钢化玻璃卸载一定时间后的维氏压痕形貌图

(a) 5s；(b) 8s；(c) 15s；(d) 20s；(e) 23s；(f) 25s；(g) 27s；(h) 30s

为了研究断裂强度的时间效应，采用球环法检测钠钙硅玻璃的二维弯曲强度，加载速率分别为 0.05mm/s、0.2mm/s、1mm/s、5mm/s 及 20mm/s，样品尺寸为 100mm × 100mm×5mm。支撑环的直径为 90mm，钢珠直径为 5mm。球环法的强度计算可由双环法计算公式（3-12）得出，

$$\sigma_b = \frac{3P}{2\pi h^2}\left[(1+\nu)\ln\frac{r_1}{r_0} + (1-\nu)\frac{r_1^2 - r_0^2}{2r_2^2} \right] \tag{3-12}$$

式中　P——破坏荷载（N）；

　　　h——样品厚度（mm）；

　　　ν——样品的泊松比；

r_0 和 r_1——分别是内环和外部支撑环的半径（mm）；

　　　r_2——圆形试样的半径（mm）。

若试样为边长为 $2l$ 的正方形，式（3-12）中 r_2 应为等效半径：

$$r_2 = 0.5l \cdot (1+\sqrt{2}) \approx 1.21l \tag{3-13}$$

球环法试验内环半径 r'_0 取值按如下公式计算：

$$r'_0 = \sqrt{1.6r_0^2 + h^2} - 0.675h \approx h/3 \tag{3-14}$$

以上公式适用于接触半径远远小于样品厚度时的情况。不同加载速率下的强度测试结果如表 3-1 所示。

表 3-1　球环法测试钠钙硅玻璃在不同加载速率下的强度值

	加载速率				
	0.05mm/s	0.2mm/s	1mm/s	5mm/s	20mm/s
弯曲强度（MPa）	92	111	114	132	153
标准偏差（MPa）	7	12	9	8	10

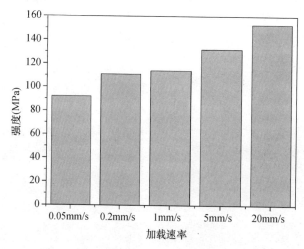

图 3-9　钠钙硅玻璃球环法测试的强度测量结果与加载速率关系图

结果表明采用球环法测得的弯曲强度随载荷速率的上升而增加，如图 3-9 所示。低速率加载下的强度降低是由于表面的亚临界裂纹的生长。如果载荷速率大大提高，或样品更小且无缺陷，测得强度值将接近于理论强度水平。

3.1.3.2　陶瓷断裂强度的时间效应——加载速率的影响

理论强度实际上是理想材料（不含缺陷）的强度上限值。而对于实际工程材料而言，存在缺陷但又不知缺陷的大小和分布情况，其是否也存在一个强度值的上限呢？这是本节讨论的重点之一。固体断裂不仅需要外力作用，还需要一定的外力作用时间，虽然最终结果均是材料断裂破坏，但不同断裂速度所消耗的能量是不一样的，许多研究表明陶瓷强度随加载速度的增加而增加[6,7]。Wiederhorn 等人[8]曾用疲劳裂纹扩展理论来解释强度与加载速率的关系。以往的研究试验大多限于小范围的速度变化区间，究竟这种变化能达到多大，有何规律，这是本节讨论的重点之二。

在高速载荷下，裂纹来不及失稳扩展就已断开，断面消耗较大的断裂能，故表现出较高的强度。当载荷速率高于裂纹扩展速率，断面上各点几乎同时断开，或者说断裂过程非常快，这时的强度值即为材料的本征强度，它代表了材料在本征状态（非理想状态，包含缺陷）下的强度上限值，亦称为本征理论强度。高速载荷作用下，材料内部的缺陷和裂纹对强度的影响达到了最小值，其影响仅限于截面受力面积的减少。从理论上来说，本征强度的测试要求破坏时整个受力截面上各点同时断开，即断裂过程的时间近似于零。但是，实际工程材料的断裂破坏都有一个破坏过程，即从裂纹起始到完全断裂的时间过程。本征强度是指破坏时没有裂纹的扩展过程，至少是断裂过程达到最快时的强度。显然，截面积越小的试样，其断裂过程越快，因此本征强度的另一种情况就是：试样的截面积足够小，以至于小到几乎没有裂纹扩展过程，如纳米碳管的强度也近似为其本征强度。对于无缺陷的理想材料，本征强度即为理论强度。因此，一根细晶须的强度可接近理论强度[9]，而一束同样晶须或一根单晶试样的强度很难达到这么高的强度值，正是因为断裂过程和完全断裂所需的时间不一样。

工程上感兴趣的是实际工程材料在一定条件下的实际强度，这种强度不仅随着载荷速率的增加而增大[10]，还会受到试样尺寸、形状、外部环境等因素的影响[11,12]。但对强度影响幅度最大的是加载速率，它可使断裂强度变化几倍甚至十几倍。由于陶瓷材料不可避免地存在各种微缺陷，而微缺陷又和材料组成、晶粒尺寸、烧结工艺等因素有关，因而可把这些微缺陷（孔隙、裂纹、第二相杂质等）看作材料的本征性质。不考虑这种本征性质，只通过原子结合力导出的理论强度实际意义不大[13]。而在考虑材料本征性质的情况下，按照常规的测试方法测得的强度——静强度（常规强度）往往低于其理论强度和本征强度，其原因主要在于断裂过程和断裂时间的影响，而不完全是材料的微缺陷造成的。

陶瓷材料的断裂通常可分为两步：①启裂，这一过程中裂纹开裂单位面积所消耗的能量为启裂能；②裂纹失稳扩展，对应单位面积上所需要的能量为裂纹扩展能。由式（3-11）可知断裂能等于启裂能和扩展能的加权之和，式（3-11）也可改写成断裂能的比值形式：

$$C\frac{W_i}{W_f}+(1-C)\frac{W_e}{W_f}=1 \tag{3-15}$$

式中，C 是启裂区在断裂表面上的比例，是加载速度的递增函数。由此可见，断裂能并非材料常数，而是加载速度的函数。对于高速冲击载荷，C 值接近 1，这时断裂能达到上限值，断面上各点几乎都是在同一瞬间断开，即断面上只有启裂区，没有扩展区。即使冲击速度进一步增加，断裂能也不会再提高，因此断裂能的上限值等于启裂能：

$$W_f \text{ (upper limit) } = W_i \tag{3-16}$$

对于加载速度很小的动疲劳断裂或蠕变断裂，启裂区很小，系数 C 近似于零，这时断裂能达到下限值，即下限值等于扩展能：

$$W_f \text{ (lower limit) } = W_e \tag{3-17}$$

对于给定的材料，启裂能和扩展能作为断裂能的上、下限是材料常数，而断裂能则是一个介于上、下限之间的变量，且为加载速率的增函数，即扩展能≤断裂能≤启裂能。因此，从材料性能评价的角度来说，启裂能和扩展能比断裂能更有意义。

从某种程度上，可以将强度随载荷速率变化看做是缺陷对强度的影响随载荷速度的变化。对表面光滑且含有相同裂纹的氮化硅试样进行三点弯曲试验，试验结果见表 3-2[13]。由测试结果可见，载荷速率越快，缺陷对强度的影响越小。

表 3-2　缺陷对强度的影响随载荷速率的变化

编号	样片状态 3mm×4mm×36mm	加载速率 （mm/min）	弯曲强度 （MPa）	缺陷影响 $1-\sigma_r/\sigma_b$
0	光滑表面	0.5	760	0
1	0.4mm 缺口	0.005	210	0.72
2	0.4mm 缺口	0.5	360	0.52
3	0.4mm 缺口	1000	752	0.01

注：测试材料为 HP-Si$_3$N$_4$；σ_b 为光滑表面的弯曲强度，作为参照值；σ_r 为含有缺陷试样的弯曲强度。

当外部载荷速率高于裂纹扩展速率时，断面上各点几乎同一时刻断裂，裂纹扩展区很少，我们不妨近似称这种断裂为同步断裂。显然，横截面积越小的试样越易达到同步断裂，从而表现出较高的强度，这也是强度尺寸效应的原因之一。同步断裂所对应的强度即为本征强度。

材料的本征强度并不反映其实际强度性能，因为结构在比它低的应力水平下持续一定时间也会断裂。从某种意义而言，强度的上限值只具有理论意义，而下限值（缓慢加载）更具有工程和现实意义。图 3-10 显示了氧化铝陶瓷的弯曲强度随载荷速率变化的试验结果[13]。

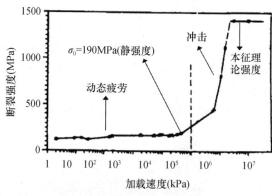

图 3-10　氧化铝陶瓷弯曲强度随载荷速率的变化

注：Al$_2$O$_3$ 试样尺寸为 3mm 厚、4mm 宽；三点弯曲试验跨距为 30mm；冲击试验采用高精度存贮示波器接收冲击信号和力值。上述测试均在室温下进行。

上述试验的加载速率变化范围很大，从慢速动疲劳到高速冲击断裂，强度变化非常大。碳化硅和氮化硅等工程陶瓷也都有类似的试验结果。由图 3-10 也可以看出，断裂强度与载荷速率的关系在动疲劳范围和冲击范围服从两种不同的规律；且达到上限值后，冲击强度不再随加载速率而增加。

由以上分析可得到一些推论：①微小截面试样的强度对加载速率不敏感，因为小截面试样的破坏表面上几乎没有裂纹扩展区。试样的尺寸越大，其断裂强度随加载速率的变化幅度也越大。②工程结构材料的测试强度在常规的测试方法下不可能达到理论强度，即使是无缺陷材料也不例外。③如果外载荷速度足够快且应力波传递速度也足够快，则脆性材料将发生粉碎性的破坏而不是断裂破坏。

3.2　强度的尺寸效应

陶瓷的强度测试值呈现随着试样尺寸的增大而减小的变化规律，这种现象称为强度的尺寸效应。这使得用小试样的试验室数据来评价结构材料的力学性能存在一定误差。因而找出不同尺寸试件之间强度的关系是很重要的。

3.2.1　长度效应

固体强度的尺寸效应现象是一种具有启发性并具有纪念意义的简单现象。可以说是它导致了许多有意义的研究甚至断裂力学的开创。早在 15 世纪达·芬奇就发现在恒定直径的情况下，铁丝的长度与临界载荷成反比[14]，结果被理解为强度与铁丝长度有关。17 世纪伽利略提出了最大正应力破坏准则，并认为强度只与截面积有关，与长度无关。因此早期的研究者得出结论：固体中存在着裂纹和缺陷，体积越大，裂纹就可能越长，或含裂纹概率越大，因而强度降低。但当时这只是一种定性的解释，直到 20 世纪 20 年代，格里菲斯首先定量地将强度与裂纹长度联系在一起，这也许是断裂力学的最初起源。

无论是大试件还是小试件里的裂纹和缺陷都是无法测得的，它主要通过强度统计学方法对强度的离散型和尺寸效应进行分析，最有代表性的统计分布为 Weibull 统计方法。不论什么统计方法都是以缺陷的尺寸和含量来解释强度的离散性，尺寸效应被归结为体积效应。

如果厚度和宽度都不变，只改变长度而引起弯曲强度的变化，我们称为长度效应。通常表现为长度越大，强度越低，长度的改变使试件下表面积发生改变，而且不引起厚度方向应力梯度的变化，所以长度效应的起因是缺陷所控制的破坏概率，它可以用 Weibull 理论来分析。但跨距的变化必须保证试件是弯曲应力状态，即跨距不能小到偏离梁的弯曲受力而形成深梁（即小跨厚比时，三点弯曲梁主要受剪切应力作用）。

如果将缺陷分成不同的种类，认为强度同时受到多种缺陷的影响，每种影响服从 Weibull 分布，则可得不同体积试样强度间的关系，详见 2.13 节，式（2-42）$\frac{\sigma_1}{\sigma_2} = \left(\frac{V_2}{V_1}\right)^{1/m}$ 是应用较广的尺寸效应公式，表明 Weibull 理论下尺寸与强度的关系实际上是体积与强度的关系，它与形状和受力方式无关，符合均匀拉伸时的尺寸效应，适合具有相同截面面积试样抗拉强度的长度效应。这种尺寸效应关系式存在以下几个方面的缺点和疑问：

（1）它仅考虑体积而不考虑形状，认为只要体积相同强度就相同，这与实际不相符。尤其是对弯曲强度，而弯曲强度可随着形状和受力方式的不同而变化，试件的高度越小，强度越大，这种差异随尺寸的减小而更加显著[4]。弯曲强度的尺寸效应的本质原因是应力梯度的变化而不是缺陷含量。

（2）Weibull 模数表示的尺寸效应关系不考虑受力方式的差异，笼统地将体积效应概括为各种受力方式的尺寸效应。也就是说单向拉伸、三点弯曲、纯弯曲、多向拉伸、复合应力等各种不同的受力方式的强度具有同一种尺寸效应，这也是不可能的。如果材料均匀性很好，Weibull 模数很高，则尺寸效应将不存在，这种推论对弯曲强度也不成立。

（3）用 Weibull 模数 m 来表示尺寸效应首先必须求得 m 的值，而这个值是通过弯曲强度的试验数据来计算的，如果说弯曲强度受到各种因素的影响（包括尺寸效应），那么 Weibull 模数同样受到这些因素的影响，因而用这种方法来确定尺寸效应还是不够完善的。

3.2.2　厚度效应

格里菲斯的玻璃弯曲强度厚度效应是非常经典的试验。工程陶瓷材料的强度指标通常也使用弯曲强度。弯曲应力的特点是沿厚度、长度方向非均匀分布，这就使得不同位置的缺陷对强度有不同的影响。对强度有重要影响的微缺陷仅为位于弯曲试样跨中下表面部位的缺陷。弯曲强度的尺寸效应可分为厚度效应、跨度（长度）效应与宽度效应，每种效应对弯曲强度的影响程度并不相同，原因也不同，所以不能笼统地称为体积效应。对于小尺寸试件，厚度效应最为明显，即弯曲强度随着厚度的减少而显著增加，而且厚度的改变与表面缺陷量的关系最小，因为厚度的增加或减小不改变试件的下表面积，而对弯曲试验来说主要是下表面上的微缺陷对强度有较大影响，所以厚度效应不能以缺陷概率和 Weibull 假说来解释。

试样厚度的变化会引起试样厚度方向上应力梯度的变化，这是引起厚度效应的关键。因此说试件下表面的微缺陷对强度影响最大是因为弯曲试件截面上各点的拉应力与该点至中性层距离成正比，下表面的应力最大，同样尺度的缺陷在高应力处产生破坏的几率比低应力处大。另外，即使应力是均匀的，根据断裂力学理论，表面裂纹处的应力强度因子大于体内应力强度因子，这两种因素加在一起，使表面缺陷起决定作用，从试验断口分析看也证明破坏源大都在试件受拉表面。

由于工程陶瓷材料价格和试样加工费用昂贵，弯曲试样大都采用较小的试样，而且试件的长、宽、高尺寸有一定比例，因而弯曲强度尺寸效应中起主导作用的是厚度效应，或者说是应力梯度效应。表现为试样厚度越薄，应力梯度越大，测到的强度越高。均匀脆性材料的破坏无疑是从最大应力点附近开始的，破坏时该点附近的应力状态成为反映材料强度的关键。例如对弯曲试验，根据不同的观点可以认为应力是按线性分布，也可以认为应力峰值处有微小的屈服，可能由于损伤区的弹性模量的变化使局部应力非线性，也可能由微裂纹引起不同的应力集中使该局部的应力分布起伏交错。所有的这些可能情况，均会使最大应力值也具有不确定性。但是，对以上各种应力状态来说，虽然在某一点的应力值不同，但各自在某一范围内应力的总效应是等价的。因此，我们可不必追究应力到底是什么样的作用形式或者哪点的应力最大，而是用一个破坏发生区内的平均应力或总应力来衡量材料的破坏，不管在这区域内的最大应力值是多少，也不管应力状态如何。这就是均强度破坏准则的基本思想。它表明当一点的应力值达到强度临界值时，材料不会发生破坏，这是由于周围组织的相互约束和相互支持，使得这一点处的应变不会无限增大[15]。

首先假设材料是线弹性的，材料本身以及微缺陷的分布都是均匀的，宏观各向同性。则当材料内部某一小区域 S 内的平均拉应力达到某一临界值 σ_c（材料的特征抗拉强度）时，材料从该区域开始发生破坏。这一微小区域称为"破坏发生区"，它在断裂方向的宽度为 Δ，这是一个与材料性能有关，而与材料的尺寸、形状及载荷形式无关的材料常数。

根据上述均强度的定义，断裂条件为：

$$\frac{1}{S}\int_s \sigma \mathrm{d}s \geqslant \sigma_c \tag{3-18}$$

式中　S——区域面积。

考虑安全系数 n 后，上式可写成：

$$\frac{1}{S}\int_s \sigma \mathrm{d}s \geqslant \frac{\sigma_c}{n} \tag{3-19}$$

对于矩形截面梁的三点弯曲或四点弯曲试验，如图 3-11 所示，弯曲应力 σ_x 与试样的宽度无关，而与试样的高度呈线性关系，因此式（3-18）中的面积分可以化成线积分，弯曲应力下的断裂临界条件为：

$$\frac{1}{\Delta}\int_0^\Delta \sigma_x \mathrm{d}y = \sigma_c \tag{3-20}$$

式中　Δ——破坏发生区沿试样下表面厚度层的尺寸；

σ_x——弯曲产生的拉应力，MPa，根据图 3-11 建立的坐标系，可由下式进行计算：

$$\sigma_x(y) = \frac{3P_cL}{BW^3}\left(\frac{W}{2}-y\right) \tag{3-21}$$

式中　P_c——破坏的临界载荷（N）；

L——三点弯曲试验的跨距（mm）；

B——试样的宽度（mm）；

W——试样的厚度（高度）（mm）。

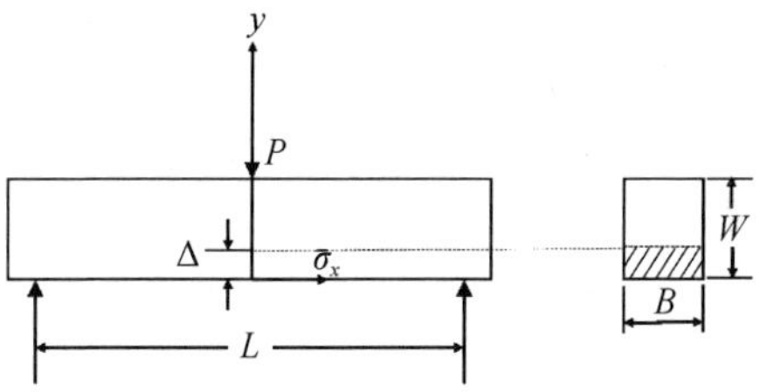

将式（3-21）代入式（3-20）可得：

$$\sigma_c = \frac{3P_cL}{2BW^2}\left(1-\frac{\Delta}{W}\right) \tag{3-22}$$

图 3-11　弯曲试样的几何
尺寸及破坏发生区

根据三点弯曲强度计算公式，上式可写成：

$$\sigma_c = \sigma_b\left(1-\frac{\Delta}{W}\right) \tag{3-23}$$

式中，σ_b 为弯曲强度（MPa）。式（3-23）表明了弯曲强度与材料特征抗拉强度之间的关系。式中 Δ 是评价陶瓷材料力学性能的一个重要参数，其反映了弯曲强度值随试样厚度变化的快慢程度及破坏前局部能量积累的门槛值，它代表了材料在临界状态下微观结构相互作用和相互制约的范围。可将均强度准则用于直通裂纹尖端，以确定破坏发生区的宽度 Δ，在临界状态下裂纹尖端应力场满足下式：

$$\sigma_c = \frac{1}{\Delta} \int_0^\Delta \sigma_{r0}(x)\,dx \tag{3-24}$$

式中 $\sigma_{r0}(x) = \sigma_r|_{\theta=0} = \dfrac{K_{IC}}{\sqrt{2\pi x}}$，代入上式可得：

$$\sigma_c = \frac{1}{\Delta} \int_0^\Delta \frac{K_{IC}}{\sqrt{2\pi x}}\,dx = \sqrt{\frac{2}{\pi\Delta}}\,K_{IC} \tag{3-25}$$

将式（3-25）变形可得：

$$\Delta = \frac{2}{\pi}\left(\frac{K_{IC}}{\sigma_c}\right)^2 \tag{3-26}$$

由上式可知：破坏发生区（过程区）的尺寸大小 Δ 代表了本征强度和断裂韧性的关系，在等强度的情况下反映了材料的断裂韧性。由于材料的特征抗拉强度 σ_c 及断裂韧性 K_{IC} 均为材料常数，因此 Δ 也是一材料常数。

由于 σ_c 和 Δ 是材料常数，由式（3-23）很容易看出弯曲强度是试件厚度的函数[16,17]，即随着厚度的降低，其弯曲强度呈增大趋势。均强度准则揭示了这样一种原理：脆性材料的破坏并非取决于某一点的应力状态，而是依赖于一个小区域内的平均应力。这说明材料破坏时的应力峰值可以不一致，它允许微小局部的应力集中超过 σ_c，应力变化梯度对强度有影响。

为了便于比较分析，设基本尺寸为 L_0，B_0，W_0，对应的弯曲强度为 σ_{b0}；任意试件的尺寸与基本尺寸成比例，即任意尺寸为 αL_0，αB_0，αW_0（α 称为尺寸比例系数），对应的弯曲强度为 σ_b，这样便使得各比较试样在形状上一致。将两种不同尺寸代入式（3-23）可以得到不同尺寸试件的弯曲强度的关系[18]为：

$$\frac{\sigma_b}{\sigma_{b0}} = 1 - \frac{(\alpha-1)\Delta}{\alpha h_0 - \Delta} \tag{3-27}$$

从式（3-27）中可以看出，弯曲强度的尺寸效应跟材料的本征性能有关，即对于破坏发生区 Δ 大的材料，尺寸效应也大，如果破坏发生区很小，则 $\sigma_b/\sigma_{b0} \approx 1$，即无尺寸效应。因此尺寸效应是随材料种类不同而不同的。对于给定的材料，尺寸效应的规律为：

$\alpha > 1$ 时（尺寸增大），$\sigma_b < \sigma_{b0}$

$\alpha = 1$ 时（尺寸不变），$\sigma_b = \sigma_{b0}$

$\alpha < 1$ 时（尺寸减小），$\sigma_b > \sigma_{b0}$

这种规律可以用解析的函数曲线表示出来，弯曲强度 σ_b 是尺寸比例系数 α 的函数，α 越小，弯曲强度的值越大。但 α 不能无限地小，为保证破坏发生区内的应力同向，则有 $W \geqslant 2\Delta$，即 $\alpha \geqslant 2\Delta/W_0$。如果令试件的参考厚度为 $W_0 = 2\Delta$，该情况下的弯曲强度为 $\sigma_b = 2\sigma_c$。对于大试件，令 α 趋于无穷大，则有 $\sigma_b = \sigma_c$。可见随着尺寸的变化，弯曲强度 σ_b 大致可以在 $\sigma_c \sim 2\sigma_c$ 之间变化。尺寸效应的理论函数曲线及氧化铝陶瓷弯曲强度的测

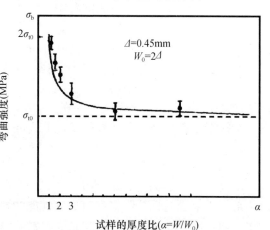

图 3-12　弯曲强度尺寸效应的
理论曲线和试验结果

试结果如图 3-12 所示。

　　从图 3-12 中可以看出尺寸效应在小尺寸范围内非常严重，当尺寸大于一定量值时这种变化趋于缓慢和稳定。这个理论曲线已被陶瓷材料的试验结果所证实，而且它与格里菲斯二十世纪二十年代对不同厚度的玻璃所做的试验结果一致。这有力地证明了强度的厚度效应的真正原因是应力梯度的变化所致，同时也说明了均强度理论用于解释这种效应是可行的，这种可行性仅限于脆性材料。长期以来，人们一直将格里菲斯的试验结果解释为是因为厚度的减小使存在缺陷的概率减小，因而使强度提高[19]，这种解释是不够完善的，它只是把弯曲应力下的厚度效应与拉伸状态下的长度效应等同起来考虑。

　　用均强度理论解释弯曲强度的尺寸效应，更直观的方法就是通过作图来看弯曲强度随厚度的变化。满足均强度准则时就相当于图 3-13 中（a）（b）的两个面积相等，对于给定的材料，Δ 为一常量，图（b）相当于图（c）中的弯曲应力中的下表层附近破坏发生区上的应力，从放大了的图（d）上可以看出在同样满足均强度准则的条件下，随着厚度的不同即应力梯度不同，使弯曲强度有较大的变化，当厚度较大时，弯曲应力梯度小，弯曲强度 σ_{b1} 接近特征抗拉强度 σ_c，这是因为大尺寸时破坏发生区的弯曲应力分布近似于均匀拉伸应力。随着厚度的降低，应力梯度逐渐增大，应力最大值 σ_b 也随之增大，从图（d）中可以看出这种规律即 $\sigma_c < \sigma_{b1} < \sigma_{b2} < \cdots < \sigma_{bn}$，当厚度 $W = 2\Delta$ 时，$\sigma_{bn} = 2\sigma_c$，虽然这里大、小试件的弯曲强度不同，但在均强度意义下它们的本征强度是相同的。

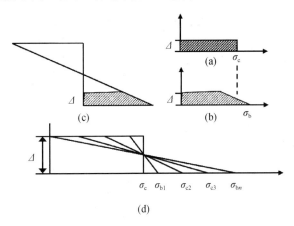

图 3-13　不同厚度弯曲梁在均强度意义下 σ_b 的变化

　　通过在相同的应变速率下测得了不同尺寸的粗晶氧化铝和热压氮化硅的三点弯曲强度[15]，见表 3-3 和表 3-4。由测试结果可以看出，氧化铝和氮化硅陶瓷的弯曲强度随着试样厚度的减小而增大，表现出明显的厚度效应，且变化趋势较符合图 3-11 的理论值变化趋势。

表 3-3　不同尺寸氧化铝试件的弯曲强度值

厚×宽×跨距（mm）	1×2×10	1.5×2×15	2×4×30	3×4×30	7×13×90	13×13×90
σ_b（MPa）	338.69	308.7	267.5	204.82	183.23	195.02
标准差（MPa）	45.8	34.3	27.0	30.2	28.1	24.6
试件数	8	6	8	10	6	6

表 3-4　热压氮化硅弯曲强度的尺寸效应

厚×宽×跨距（mm）	1×2×10	2×3×20	3×4×30	6.3×3.5×50
σ_b（MPa）	769.9	720.5	693.3	611.2
标准差（MPa）	57.3	63.4	52.3	43.3
试件数	8	8	6	4

　　显然，任何一种理论或试验方法都有一定的适用范围，超过这种范围便容易产生错误的结果。例如，以上尺寸效应公式仅适用于厚度 $W \geq 2\Delta$，当厚度小于破坏发生区尺寸时，弯曲应力无法满足均强度条件。因此，应力梯度效应分析不适合微小样品和超薄样品。

3.2.3　宽度效应

　　为了研究宽度效应产生的原因，对玻璃分别按照图 3-14（a）和 3-14（b）的方式进行三点弯曲试验[15]，测得的试样的载荷-挠度曲线如图 3-14（c）和 3-14（d）所示。图 3-14 中，（a）和（b）试样具有相同的体积，（a）试样是 6cm 宽的玻璃板；（b）试样由 6 条 1cm 宽的玻璃条拼接而成，其总宽度也为 6cm，但是存在 12 条边界，所以（b）试样表面微裂纹要比（a）试样多。从缺陷理论而言，（b）试样所能承受的最大载荷将比整块玻璃试样（a）的最大载荷值小，但是试验结果却是相反的，（a）试样的破坏载荷值要小于（b）试样的最大载荷，如图 3-14（c）和 3-14（d）所示。且宽度越小，试样的极限挠度越大。以上现象说明宽度效应的一个主要原因是沿宽度方向的载荷及支承不均匀。对于组合梁，每根细梁之间没有联系，受力和变形能保持均衡；而对于整梁，由于脆性材料的极限变形较小，微小的不均匀载荷将引起较大的应力偏移和剪应力，所以承载能力反而较组合梁低。

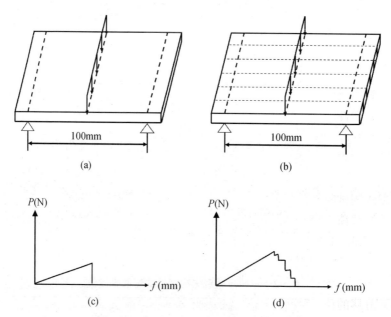

图 3-14　弯曲强度的宽度效应

（a）单梁；（b）组合梁；（c）单梁的载荷-挠度曲线；（d）组合梁的载荷-挠度曲线

P—载荷；f—挠度

　　同样宽度效应也存在一定的适用范围，即试样宽度变化不能太大，否则梁试样就变成了板试样，一维问题就变成了二维问题。

3.3　超小截面试样的力学性能评价

3.3.1　细纤维的强度与弹性模量测试

　　均强度准则认为脆性材料的破坏临界状态是当破坏发生区的平均应力达到某临界值，那么对于微小截面的杆件，当截面尺寸小于破坏发生区时，弯曲应力正负抵消，无法满足均强度准则。如何解释它们的破坏，可认为细纤维状脆性材料的破坏主要是由单向拉应力或剪应力引起，而不是弯曲应力所致，这一点可通过微小试件的四点弯曲试验来证明[15]。氧化铝研磨至 $0.1 \sim 0.2$mm 厚的小棒，厚度小于该材料的破坏发生区尺寸（$\Delta \approx 0.45$mm）按四点弯曲方式加载，试件断点不在纯弯曲受力的上跨距区间内，而是大都在上跨距区间的外边，这说明破坏是由剪应力所致。另外由于支承点与试件之间的摩擦力作用，可使试件产生纵向拉应力，也导致拉断。对于多晶陶瓷，主要由微小截面上的剪切而破坏，对于玻璃和单晶材料，轴向应力起主要作用。上述结果意味着纤细的脆性材料可以承受弹性范围的任意纯弯曲而不破坏。这也恰恰解释了为什么玻璃棒拉成细纤维后便成了柔性的且可用于织布这种现实。

　　对于多晶陶瓷材料，由于存在原始微缺陷，在加工成微小试件的过程中又难免产生损伤，使强度减弱，晶界抗剪能力下降，所以很容易断裂，主要是晶界断裂，但断裂原因不是弯曲应力所致。对于玻璃或单晶陶瓷，只要细到一定程度，变成柔性纤维是完全可能的，纯弯曲或受折都难以使它破坏。

　　金属纤维、陶瓷晶须/纤维、玻璃纤维等材料已在航空航天、电子信息、生物医用材料等领域得到广泛的应用。在纤维增强树脂基/陶瓷基复合材料领域，弹性模量和强度是纤维的基本力学性能，在构件的力学性能设计和结构设计中经常需要纤维的弹性模量和强度值，因此研究纤维强度及弹性模量的测试技术是很有必要的。

　　虽然测试常规固体材料的弹性模量和强度有很多种方法，但是对于纤维或细丝的弹性模量和强度的测试几乎是空白，由于金属细丝或者纤维非常细小，且承受的载荷较小，易变形，动态法测试时激励所产生的振动信号无法被信号接收器采集，造成测试困难，常规的万能试验机载荷分辨率达不到，伸长量也难以测试。因此，载荷测量可以采用高精度天平来进行。可设计这样一种测试纤维材料弹性模量和强度的装置（图 3-15），它包括加载控制系统、支撑架、夹具、电子天平、纤维固定系统以及纤维控制系统[20]。加载控制系统位于支撑架上部且具有一个可垂直运动的压头，精密电子天平置于支撑架的下部，一个带有可上下滑移的压杆（滑块）的夹具置于电子天平上，单根纤维样品的上端固定在夹具的顶部中央，纤维下端固定在滑移压杆的下端弯头。纤维受到的初始载荷为滑块的重量。加载控制系统的压头向下运动可正对滑块上端弧形顶部，使得待测纤维受拉伸长。纤维的伸长量测试可先用头发丝垂直粘结在纤维的观测段（约 50mm 长）的两端作为观测点，如

图 3-15 中的 14，受力后两点的位移之差可以视为标距区的伸长量。在受力过程中采用数显显微镜观测该纤维样品的两个观测点的垂直位移，注意下端点的位移一定大于上端点的位移。

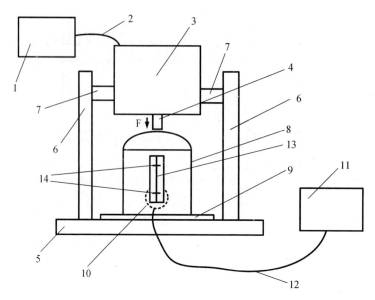

图 3-15　纤维拉伸精密试验装置示意图

1—电脑；2—导线；3—加载控制箱；4—平底压头；5—底托；6—圆形支柱；7—悬梁；8—夹具；
9—电子天平；10—可调显微镜镜筒；11—显微镜主机；12—信号线；13—纤维样品；14—样品标记条

首先对天平上夹具系统的重量清零（夹具整体重量必须小于天平的量程一半），用加载控制系统施加垂直压缩载荷，通过所述夹具将压缩载荷转换为对纤维的拉伸载荷，用显微镜测量施加载荷前后两个测量点的位移，记录下载荷增量与伸长量的一一对应关系。弹性模量可由其定义求得，即纤维在其线弹性范围内，应力的增量除以相应应变的增量。首先给定一个初始载荷使得纤维绷直，对这纤维施加一个拉力增量 F，这个拉力增量除以纤维的截面积 S，即为应力增量；纤维在力 F 的作用下，其长度由 L 增加到 $L+dL$，则 dL 除以 L 即为相应的应变增量。则弹性模量可表示为：

$$E=(F/S)/(dL/L) \tag{3-28}$$

纤维或细丝断裂时的临界载荷为 F_c，根据断裂时的临界载荷和截面积 S，可由下式计算其拉伸强度 σ：

$$\sigma=\frac{F_c}{S} \tag{3-29}$$

注意，这里强度计算时的临界载荷需要将滑块重量加到天平所测到的载荷里面。利用该方法测得铂银合金细丝（$0.0075\times0.075mm^2$）的弹性模量和强度。根据弹性模量计算公式，计算载荷增量分别在 10g 力、15g 力、20g 力、25g 力、40g 力下，细丝的弹性模量分别为 212.67GPa、205.58GPa、220.27GPa、208.36GPa、224.27GPa，标准差为 7.06GPa。为进一步了解其数据的可靠性，整理了 5 个不同载荷增量下的应力增量-应变增量数据拟合图（图 3-16），从图 3-16 中可以看出数据点都非常靠近拟合直线，相关系数 $R=0.9978$，非常接近 1，说明线性相关性良好，数据可靠。

增载至细丝发生断裂破坏，根据式（3-29），可计算出细丝的拉伸强度为 1305.8MPa。

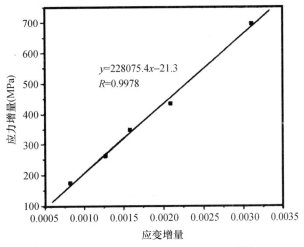

图 3-16　铂银合金细丝的应力-应变曲线

3.3.2　超薄试样的弯曲强度

随着科技的不断进步，产品轻量化、小型化发展是大势所趋，因此出现了一批超薄材料，比如超薄玻璃和超薄陶瓷基片等。随着液晶显示器、智能手机、平板电脑等日益普及并向轻薄化发展，为超薄玻璃（通常把厚度小于 1mm 的玻璃称为超薄玻璃）的发展与应用带来了新的机遇[21]，微米级厚度的柔性超薄玻璃已成为国内外竞相开发的热点[22,23]。过去几年中，国际市场对超薄玻璃的需求量以每年 20％的速度递增。我国超薄玻璃的需求量也与日俱增，据估算，目前国内超薄玻璃的年需求量已超过 5000 万 m²。在我国十二五规划与执行中，超薄玻璃被称为未来最具潜力的新材料之一，其生产与应用技术已成为我国玻璃行业重要发展战略之一。超薄陶瓷基片可为电子元件的微型化以及超大规模集成电路的实现提供广阔的前景，例如 Al_2O_3、AlN 电路基板，$BaTiO_3$ 基多层电容器，ZrO_2 固体燃料电池等[24-25]。

超薄材料由于其厚度非常薄，因此在环境载荷，例如振动、冲击、静态载荷及热冲击的作用下更容易损伤和破裂。且超薄材料必须具有足够的强度才能保证其安全可靠性应用，强度性能测试是超薄材料性能检测的关键参数之一。三点弯曲试验是常用的脆性材料强度测试方法，但是对于超薄试样，其在三点弯曲试验

图 3-17　超薄试样的三点弯曲试验
1—试验前试样的位置；2—断裂时试样所处的位置

中发生断裂时的弯曲挠度远大于试样的厚度，属于大变形，属几何非线性问题。如图 3-17所示，其弯曲尺度非常明显，此时再按照小变形理论给出的计算公式（详见 2.3 节）进行计算，结果会存在明显的偏差。由于超薄试样弯曲时是非线性问题，静力分析非常复杂，目前还没有精确的理论解析解，因此，已有的脆性材料强度测试方法不适用于超薄材料的强度测试。

由 3.2.2 节强度的厚度效应可知，由于应力梯度的不同，材料所测得的弯曲强度值是不一样的，即试样厚度越薄，其应力梯度越大，所测得的弯曲强度值也越大。根据 GB/T 6569—2006《精细陶瓷弯曲强度试验方法》对不同厚度的玻璃试样进行三点弯曲试验，测得其弯曲强度与试样厚度、应力梯度的关系，见表 3-5。由表 3-5 可以看出，应力梯度只对厚度小于 2mm 的玻璃试样强度产生明显影响，其对应的应力梯度值 76.1MPa/mm，也说明了玻璃内部应力梯度值大于该值时，应力梯度才会对玻璃强度产生明显影响。

表 3-5　玻璃厚度、应力梯度与弯曲强度的对应关系

玻璃厚度（mm）	1	2	3	4	5	10	15	20
应力梯度（MPa/mm）	166.4	76.1	50.4	36.7	29.1	13.9	8.37	5.84
弯曲强度（MPa）	83.2	76.1	75.6	73.4	72.8	69.5	62.8	58.4

对此，中国建筑材料科学研究总院[26]开发了一种可以精确评价超薄玻璃弯曲强度的测试方法，且该方法也能应用于其他超薄脆性材料（超薄陶瓷基片）的强度评价领域。该测试方法能够消除应力梯度（厚度效应）对超薄材料强度测试结果的影响。以超薄玻璃为例，具体操作方法是：①样品制备。将超薄玻璃与一已知弹性模量和厚度的标准梁（可选用不锈钢或铝合金）胶接在一起，形成一具有足够刚度的复合梁，如图 3-18（a）所示。这样超薄玻璃就可类比于基体梁表面的一层涂层。②试验。将复合梁的玻璃面朝下，按已有弯曲强度测试标准进行常规三点或四点弯曲试验，获得超薄玻璃断裂时刻对应的临界载荷，典型的复合梁载荷-时间曲线如图 3-18（b）所示，其中玻璃断裂后载荷会有一个明显的向下跃迁现象，跃迁前载荷峰值即为玻璃断裂载荷。试验过程中要求复合梁的胶接界面无滑移及剪切破坏，且标准梁不产生屈服及塑性变形。③玻璃弯曲强度计算。三点或四点弯曲试验复合梁的横截面厚度方向上的弯曲应力分布示意图如图 3-18（c）所示，在已知标准梁和超薄玻璃的弹性模量及厚度前提下，根据变形协调关系，复合梁的中性轴距下表面（玻璃外表面）的距离计算公式如下：

$$y_c = h_1 + h_2 - \frac{h_1^2 \gamma + 2h_1 h_2 + h_2^2}{2\,(h_1 \gamma + h_2)} \tag{3-30}$$

式中　γ——$\gamma = \dfrac{E_1}{E_2}$；

　　　　E_1——标准梁弹性模量（GPa）；

　　　　E_2——玻璃弹性模量（GPa）；

　　　　h_1——标准梁厚度（mm）；

　　　　h_2——玻璃试样厚度（mm）。

以三点弯曲为例，计算得到通过"等效涂层法"测量得到的超薄玻璃弯曲强度计算公式如下：

$$\sigma_b = \frac{3P_c l y_c E_2}{4b\{E_2[(h_2 - y_c)^3 + y_c^3] + E_1[(y_c - h_2)^3 + (h_1 + h_2 - y_c)^3]\}} \tag{3-31}$$

式中　P_c——超薄玻璃断裂载荷（N）；

　　　　l——三点弯曲法试验夹具的下跨距离（mm）；

　　　　b——复合梁试样的宽度（mm）。

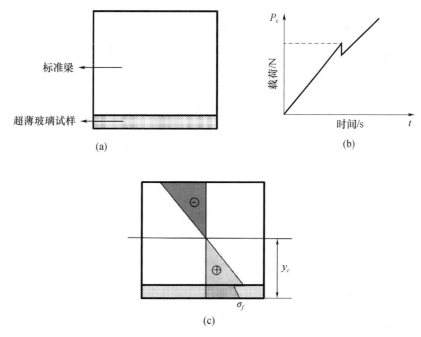

图 3-18 超薄玻璃弯曲强度测试示意图

（a）复合梁横截面示意图；（b）弯曲试验的载荷-位移曲线；

（c）复合梁试样横截面上的应力分布

利用上述方法可对超薄玻璃进行弯曲强度测试，选择长、宽、高分别为 120mm、20mm、4.5mm 的不锈钢梁（弹性模量为 200GPa）作为标准梁，待测超薄玻璃切成长宽尺寸与标准梁相同、厚度为 0.5mm 的梁试样，四周进行精细磨边，超薄玻璃弹性模量为 70GPa。将超薄玻璃与不锈钢梁四周对齐后用 502 胶瞬间强力胶粘结在一起，形成异质材料叠层梁。利用式（3-30）可得复合梁的中性轴至超薄玻璃外表面的间距为 2.66mm；采用三点弯曲试验测得超薄玻璃断裂时的临界载荷为 590N，代入式（3-31）计算，得到超薄玻璃弯曲强度为 79.08MPa，测试结果与玻璃实际强度值相近[26]，从而证明该测试方法的正确性。

3.4 陶瓷材料断裂韧性的测试及影响因素

3.4.1 断裂韧性测试方法与试件尺寸要求

3.4.1.1 K_{IC}测试试件的尺寸要求

K_{IC}，通常称为平面应变断裂韧性，是衡量材料抵抗裂纹扩展能力的一个重要材料常数。测试 K_{IC} 的较普遍的方法为单边切口梁法（SENB），尤其是对脆性材料，该方法的试样加工容易，操作简便，容易为工程单位所接受和普及，因此 SENB 被许多国家称为 K_{IC}

的标准测试方法。该方法最早也是源于金属材料，但实践表明，该方法并不适用于任何尺寸的测试试件，当试件尺寸小于一定的尺寸时，K_{IC} 的测试值偏差较大。因此美国的 K_{IC} 测试标准和我国的测试规范均对金属材料 K_{IC} 试件的尺寸要求提出了一组指导性的数据[27,28]，并将其作为检验试验有效性的依据，即：

$$B, a, W-a \geqslant 2.5\left(\frac{K_{IC}}{\sigma_y}\right)^2 \tag{3-32}$$

式中　　B——试样宽度（m）；

a——切口深度（m）；

W——试样高度/厚度（m）；

σ_y——屈服极限（MPa）。

将其作为检验试验有效性的依据，其原因在于[29]：K_{IC} 试验需要满足三个条件：①线弹性条件，要求韧带区 $W-a \geqslant 2.5\left(\frac{K_{IC}}{\sigma_y}\right)^2$ 内裂纹尖端塑性变形区的影响可忽略；②平面应变条件，要求试样厚度 B 足够大；③K_{IC} 近似成立条件，要求切口深度 a 符合式（3-32）。上述解释是定性的，并不能严格地从理论上推导出数学解析式（3-32）。而实际上，陶瓷类脆性材料比金属材料更符合上述三个条件，但按照式（3-32）的尺寸要求并不能得到有效的测试结果。

对于脆性材料，其 K_{IC} 测试试样是有一定的尺寸要求的，即存在一定的尺寸下限。受到金属试件尺寸要求的影响，人们以为常规的陶瓷小试件满足尺寸要求是必然的。实际上金属材料的尺寸要求也只是建立在有限的试验数据和经验的基础上，它有一定的适用范围，但由于国内外的试验规范以至于教科书都这样规定，加上其尺寸要求对大部分金属材料是可行的，人们便自然而然地接受了它。

由于理论依据的不充分和一些实践上的矛盾，有些学者仍对此持怀疑态度[30]。究竟 K_{IC} 的测试为何要有尺寸要求？如何要求？不满足尺寸要求的测试结果有何偏差？这是本章节所讨论的重点问题。

提出尺寸要求的原因是不满足要求的试样所测得的结果是不可靠的，并不能真实地反映材料的断裂韧性值。众所周知，断裂力学最基本的理论之一就是认为在一定的形状下，裂纹长度的平方根与断裂应力的乘积是一个常量，并称之为断裂韧性，可表示为：

$$K_{IC} = \sigma_f \sqrt{a} \cdot y \tag{3-33}$$

式中　　y——裂纹系统的几何形状因子；

σ_f——断裂应力（MPa）。

这一规律性对于不同尺寸的样品时常会表现出非一致性，即断裂韧性随着试样尺寸而变化，被称为断裂韧性的尺寸效应[31]。对于单边切口梁，$\sigma_f = \frac{3PL}{2BW^2}$，$P$ 是临界载荷，当试样的高跨比 $W:L=1:4$ 时，几何形状因子 y 可表示为：

$$y = 1.93 - 3.07\frac{a}{W} + 14.53\left(\frac{a}{W}\right)^2 - 25.07\left(\frac{a}{W}\right)^3 + 25.8\left(\frac{a}{W}\right)^4 \tag{3-34}$$

对于一定形状的试件，$\frac{a}{W}$ 是一个定值，所以 K_{IC} 和 y 都可认为是常量。由式（3-33）可知，这就要求断裂强度 σ_f 与切口深度 a 的平方根成反比，即 a 越小，而 σ_f 越大，如

图 3-19 所示。但是，实际上切口深度/样品厚度比值可以任意小，但是 σ_f 不可能无限增大，它存在一个上限值，假设 a 小至 a_c 时，σ_f 达到上限；如果 a 继续小下去，K_{IC} 就不可维持常量了，也就是说这种情况下断裂力学的基本假设不成立。

通常各种测试规范都要求试件具有相同的形状，即试件的长、宽、高及切口深度之间呈一定的比例。对于 SENB 法，$L:W:B=8:2:1$，$a:W=0.45\sim0.55$[28]，这样所有的尺寸变化都可以转化成 W 的变化，这种试件称为比例试件。设 $a=\eta \cdot W$，于是先前所讨论的 a 的临界值就可转换为试件高度 W 的临界值。对于比例试件，式（3-33）可写成：

$$K_{IC}=\sigma_f \sqrt{W}\sqrt{\eta} \cdot y \tag{3-35}$$

式中，$\eta=\dfrac{a}{W}$ 为已知常量，K_{IC}、y 也为常量，因此试件高度和断裂应力间须满足下述关系式：

$$\sigma_f \sqrt{W}=const \tag{3-36}$$

即断裂强度与试件高度的平方根之积为一常数。

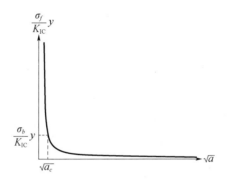

图 3-19　给定试件的断裂强度与切口深度的关系曲线

由于 σ_f 存在上限值，当 $W\leqslant W_c$ 时，σ_f 不能继续按 $\sigma_f=\dfrac{const}{\sqrt{W}}$ 的规律增长，即 K_{IC} 的计算式式（3-33）或式（3-35）失效，这便是断裂韧性测试试件存在一定尺寸要求的原因。由此可见，K_{IC} 测试中对待测试件尺寸的要求是为了满足计算公式的适用范围，而不是为了满足线弹性或平面应变状态条件。

可以通过确定断裂应力的上限而求得试件的最小尺寸，对于金属和其他固体材料都可以这么分析。对于 SENB 法，分析时可以考虑这样一个三点弯曲试样，其高度与切口梁试件的韧带宽相等，厚度与跨距二者完全相同，如图 3-20 所示。

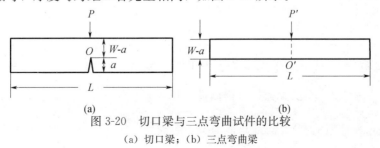

（a）　　　　　　　　　　　　　　　（b）

图 3-20　切口梁与三点弯曲试件的比较

（a）切口梁；（b）三点弯曲梁

设 P、P' 分别为切口梁和三点弯曲梁试样的临界载荷，由图 3-20 (b) 可得三点弯曲梁的弯曲强度为：

$$\sigma_b = \frac{3P'L}{2B(W-a)^2} = \frac{3P'L}{2BW^2} \frac{1}{\left(1-\dfrac{a}{W}\right)^2} \tag{3-37}$$

图 3-20 (a) 切口梁，可以看做是图 3-20 (b) 在 O' 点处有较大的应力集中，所以切口梁的临界载荷 P 必小于三点弯曲梁的临界载荷 P'，因此，可以找到一个 ξ $(\geqslant 1)$ 值，使得 $P \leqslant \dfrac{P'}{\xi}$，因而：

$$\frac{3PL}{2BW^2} \frac{1}{\left(1-\dfrac{a}{W}\right)^2} \leqslant \frac{3PL}{2BW^2} \frac{1}{\left(1-\dfrac{a}{W}\right)^2} \frac{1}{\xi} \tag{3-38}$$

将 $\sigma_f = \dfrac{3PL}{2BW^2}$ 和式（3-37）代入式（3-38）可得：

$$\sigma_f \frac{1}{(1-\eta)^2} \leqslant \frac{\sigma_b}{\xi} \tag{3-39}$$

因此得到断裂应力的上限为：

$$\sigma_f \leqslant \sigma_b (1-\eta)^2 \xi^{-1} \tag{3-40}$$

$$W \geqslant \frac{\xi^2}{(1-\eta)^4 y^2 \eta} \left(\frac{K_{IC}}{\sigma_b}\right)^2 \tag{3-41}$$

对于比例试件，式（3-41）可写成：

$$B,\ a,\ W-a \geqslant \frac{\xi^2}{(1-\eta)^4 y^2} \left(\frac{K_{IC}}{\sigma_b}\right)^2 \tag{3-42}$$

式中，ξ 是不小于 1 的数，其与切口宽度和 η 值以及材料性能有关，相当于应力集中系数，它的大小可由试验确定。对于给定的试件，只要测出 σ_b 和断裂应力上限 σ_f，即可由下式求算出 ξ：

$$\xi = \frac{\sigma_b (1-\eta)^2}{\sigma_f} \tag{3-43}$$

由以上分析可知，K_{IC} 测试的试件尺寸要求主要与应力集中程度有关，因此它与切口宽度和材料性能有关，切口宽度的影响见表 3-6[31]。由此可见，切口宽度越小，应力集中程度越大，ξ 值也越大，对应的试件尺寸也越大。

表 3-6　不同切口宽度对 ξ 的影响（粗晶-Al_2O_3）

切口宽度（μm）	700	250	80
K_{IC}（MPa·m$^{1/2}$）	5.6±0.7	4.2±0.5	3.1±0.2
σ_f（MPa）	50.1	37.3	28.0
ξ	1.1	1.49	1.96

对于切口宽度为 $80\mu m$ 的热压氮化硅和切口宽度为 $250\mu m$ 的粗晶氧化铝试件，由式（3-41）、式（3-43）及试验数据可得试件的尺寸要求见表 3-7[31]。由此可以看出，$\dfrac{a}{W}$ 值越大，ξ 值越小；而 $W_c / \left(\dfrac{K_{IC}}{\sigma_f}\right)^2$ 值却近似于一常数。

表 3-7 两种陶瓷的尺寸要求计算值

$\dfrac{a}{W}$	$y\left(\dfrac{a}{W}\right)$	HP-Si$_3$N$_4$（细晶）		Al$_2$O$_3$（粗晶）	
		ξ	$W_c/\left(\dfrac{K_{\mathrm{IC}}}{\sigma_f}\right)^2$	ξ	$W_c/\left(\dfrac{K_{\mathrm{IC}}}{\sigma_f}\right)^2$
0.45	2.264	2.61	31.98	1.65	12.85
0.5	2.506	5.52	32.42	1.60	13.07
0.55	2.827	2.40	31.99	1.51	12.67

与细晶陶瓷相比，对于粗晶陶瓷，其 ξ 值要更低一些。为了使最小尺寸覆盖多种因素的要求，同时为了使用方便，陶瓷试件尺寸要求可近似为：

$$W \geqslant 35\left(\frac{K_{\mathrm{IC}}}{\sigma_b}\right)^2 \quad \text{精细陶瓷}（W_c \approx 2.9\mathrm{mm}）$$

$$W \geqslant 15\left(\frac{K_{\mathrm{IC}}}{\sigma_b}\right)^2 \quad \text{粗晶陶瓷}（W_c \approx 5.0\mathrm{mm}） \tag{3-44}$$

显然，上式与传统规范中的要求 $W \geqslant 5\left(\dfrac{K_{\mathrm{IC}}}{\sigma_y}\right)^2$ 有较大的差别。实际上陶瓷材料的屈服极限不易测得，但可推断出屈服极限较弯曲强度大得多，所以金属试件的尺寸要求远远满足不了脆性陶瓷材料的尺寸要求。

对于金属等弹塑性材料，破坏前的最大应力可认为是屈服应力 σ_y，因此可将 σ_y 代替式（3-39）中的 σ_b，$\xi=1$，因此式（3-39）可写成：

$$\sigma_f \frac{1}{(1-\eta)^2} \leqslant \sigma_y \tag{3-45}$$

将式（3-35）代入上式可得：

$$W \geqslant \left[(1-\eta)^4 \cdot y^2 \cdot \eta\right]^{-1}\left(\frac{K_{\mathrm{IC}}}{\sigma_y}\right)^2 \tag{3-46}$$

将 $\eta=0.5$ 代入上式得：

$$W \geqslant 5.12\left(\frac{K_{\mathrm{IC}}}{\sigma_y}\right)^2 \tag{3-47}$$

对于比例试件，它相当于要求：

$$B, a, W-a \geqslant 2.56\left(\frac{K_{\mathrm{IC}}}{\sigma_y}\right)^2 \tag{3-48}$$

这与传统的经验公式式（3-32）非常接近，但是式（3-46）表明测试试件的尺寸要求与 $\dfrac{a}{W}$ 值有关。

以上解决了断裂韧性测试为什么有尺寸要求以及尺寸要求的解析表达式。

下面讨论不满足尺寸要求的情况，在这种情况下 σ_f 达到上限值，可近似地认为是一个常量，因此则有：

$$K_{\mathrm{IC}}^* = A\sqrt{W} \tag{3-49}$$

式中，K_{IC}^* 与材料真实的 K_{IC} 值之间是有一定的差别的，A 为常系数，即 K_{IC}^* 随 W 的变化呈抛物线形，这种关系已被许多金属材料的试验所证实。对于陶瓷材料，试验也同样显示了这种趋势[31]。

3.4.1.2　一种预制直通裂纹的方法

K_{IC} 的计算公式与裂纹长度有关，与裂纹宽度无关，这是因为理论上所考虑的裂纹都是原生裂纹或称为自然裂纹，宽度仅为 $1\mu m$ 左右。但试验中试件的切口宽度往往远大于自然裂纹，因此所产生的应力集中程度要小得多，使得 K_{IC} 的测试值偏大。严格地说，测得材料的真实 K_{IC} 值须采用带有自然裂纹的试样或在切口尖端引发一段自然裂纹。

因此，准确测试结构陶瓷断裂韧性的一个关键问题是预制具有自然裂纹的试样，目前有许多方法可以在陶瓷试样上预制裂纹。一般来说，对带有切口的试样施加循环疲劳荷载是对陶瓷样品预制裂纹的一种有效方法，但这种方法成本高且费时。精细陶瓷预制裂纹的另一种广泛应用的技术是桥压方法，该技术操作简单并且比较可靠，一直用于断裂韧性测试的国际标准。然而预制裂纹技术存在一些缺点：1）预制裂纹时荷载往往较高，所以很难在大块样品上进行；2）只对精细陶瓷可行，而应用于粗晶陶瓷则不易成功；3）突发裂纹的最终长度不易控制，因为裂纹的产生是突发形式（pop in），而且裂纹的扩展易发生偏转，不与试件垂直[32]；4）使用传统相机不能原位观察和记录裂纹从开裂到扩展的演化过程。一些经验表明，桥压技术不适合准塑性陶瓷或陶瓷基复合材料。具体原因有两个：①对于准塑性陶瓷来说，不能通过压痕法在表面诱导作为裂纹起动的初始压痕裂纹；②由于压痕附近局部应力松弛，桥压荷载引起的应力不足以使准塑性陶瓷开裂[33]。

降低陶瓷的脆性对陶瓷的工程应用是至关重要的。准塑性陶瓷预制裂纹和裂纹增长原位观察是限制研究陶瓷材料的断裂阻力的两个主要难题。对此，作者提出了一种预制直通裂纹的方法[33,34]，利用陶瓷材料裂纹扩展的应变准则，在梁试样上需要引发裂纹的地方预先切割一个三角形切口或山形切口，作为裂纹源，通过限制挠度和纵向挤压约束的四点弯曲加载，如图 3-21（b）所示，直到达到合适的裂纹长度，即可卸载。以梁试样上的三角形切口［如图 3-21（a）］为裂纹源时，将梁试样的三角形切口没切到的一面作为裂纹扩展观测面且正对着光学显微镜下，从而实现了裂纹扩展的原位观察，并可利用图像采集系统记录裂纹扩展的整个过程。

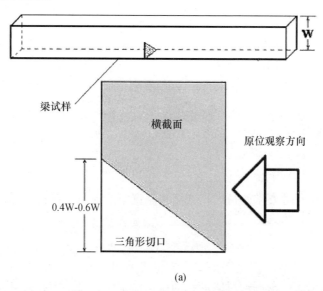

(a)

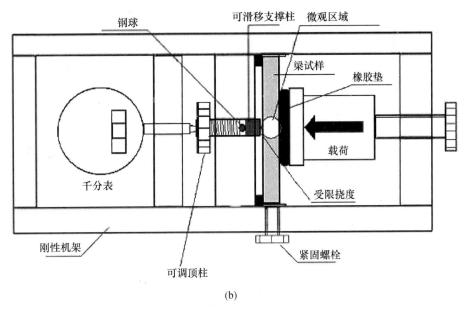

(b)

图 3-21　梁试样裂纹预制示意图

（a）带有三角形切口的试样和截面示意图；（b）应变控制预制

裂纹陶瓷样品在显微镜和水平荷载下的装置图

初始挠度可由弹性模量 E、弯曲强度 σ_b 以及样品的几何参数求得，初始挠度应比临界挠度 Δf 稍高：

$$\Delta f = \frac{L^2}{6W} \cdot \frac{\sigma_b}{E} \tag{3-50}$$

式中　Δf——临界挠度（m）；

$\qquad L$——跨距（mm）；

$\qquad W$——样品的厚度（mm）；

$\qquad \sigma_b$——弯曲强度（MPa）；

$\qquad E$——弹性模量（GPa）。

如果强度和弹性模量未知，初始挠度值可采用 $20\mu m$[33]。为了使得裂纹开裂后弯曲挠度不会太大而使应变失控，在两个支点支撑的梁试样的底面设置一个螺旋可调顶柱，利用顶柱来调节梁的最大允许挠度，从而可控制裂纹增长速率，如图 3-21（b）所示。这样就可以直接观察和控制裂纹的开裂和扩展，裂纹长度应控制在 $0.4W \sim 0.6W$。

利用图 3-21（b）的装置即可在梁试样上制得直通裂纹，利用该装置测得了 Ti_3SiC_2/SiC 陶瓷试样的裂纹产生和扩展过程，如图 3-22 所示，说明稳定和可控的裂纹增长可以通过使用这个简单的方法实现[33]。最终裂纹长度通常控制在与三角形缺口的深度同样长，因为裂纹长度超过三角缺口的深度时可能出现不稳定裂纹扩展。因此，切口的深度应该根据样本大小的要求做好准备，通常为样品厚度的一半。

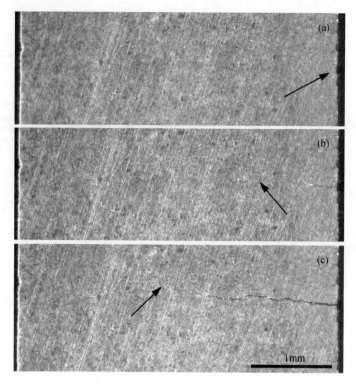

图 3-22　原位观察 Ti_3SiC_2/SiC 复合陶瓷材料裂纹

产生及扩展过程，箭头所指为裂纹尖端

（a）裂纹在三角形切口根部引发；（b）随着试样挠度增加裂纹进一步扩展；

（c）裂纹达到可进行 K_{1c} 测试的长度

　　这种预制裂纹方法具有以下优点：1）适用于多种陶瓷材料，包括脆性陶瓷，准塑性陶瓷以及陶瓷复合材料。因此，那些无法用传统桥压法预制裂纹的陶瓷，如层状三元陶瓷，可用此方法预制裂纹。2）利用光学显微镜在样品表面原位观察稳定裂纹扩展，为研究阻力行为和陶瓷宏观裂缝扩展路线提供了可能性。3）与传统的山形缺口相比，三角形刻痕试样具有相同的阻力行为和稳定扩展潜力，但更容易制备且便于原位观察裂纹扩展。4）不需要材料试验机，测试装置简单、便宜，所需的最大负荷（100～200N）远低于桥压法（大于 10000N）。因此，这种预制裂纹技术成功率高，适用性广，且便于原位观察。

　　可加工陶瓷 Ti_3SiC_2 和 Ti_3AlC_2 不能用传统桥压法预制裂纹的，通过上述应变控制预制裂纹方法，可以在这些陶瓷材料中成功预制裂纹。Ti_3SiC_2 试样的裂纹尖端如图 3-23（a）所示，由这种方法预制的裂纹与自然裂纹一样尖锐。预裂纹的宽度约为 $1\mu m$。图 3-23（b）显示了 Ti_3AlC_2 陶瓷的裂纹偏转效应和晶粒拔出等效应。通过试样底端的顶柱控制试样的四点弯曲挠度变形，在施加压载荷的作用下，裂纹会发生稳定的扩展。在一定的挠度限值下，支座反力会随着裂纹的扩展而增大，但是裂纹尖端的应力强度因子并不会增大。且裂纹扩展的程度会受到裂纹尖端逐渐降低的应变的控制。试验发现利用该方法获得的裂纹，在卸载后是用肉眼无法观测到的，特别是在裂纹尖端附近。

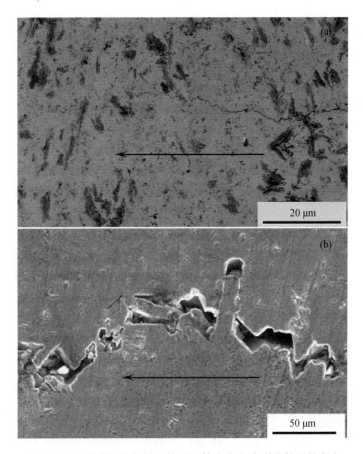

图 3-23　预制裂纹的扫描电镜图，箭头指向为裂纹扩展的方向

（a）Ti_3SiC_2陶瓷样品中裂纹尖端的反向散射显微照片；（b）Ti_3AlC_2陶瓷出现典型的裂纹偏转和拔出效应

3.4.2　SENB 方法中 K_{IC} 的修正与尺寸效应

准确地测试材料的断裂韧性对工程设计和寿命预测是十分重要的。陶瓷材料 K_{IC} 的测试值不仅受试验环境、加载速率等外界因素的影响，而且还受测试试件本身的形状、尺寸和切口宽度的影响。3.4.1 节中已经介绍了单边切口梁法（SENB）的试样尺寸存在一个下限值，如式（3-42）所示，当尺寸小于这一下限值时，K_{IC} 的测试值无效。试验表明即使尺寸已满足下限要求，K_{IC} 的测试值仍会随试样尺寸的变化而有一定的变化[35]。因此，若能弄清楚材料真实的 K_{IC} 与不同尺寸试件所测得的 K_{IC} 值之间的关系，就可通过任一尺寸下的测试值计算出材料的真实断裂韧性值。

关于 K_{IC} 的尺寸效应问题，存在一些不同的观点。传统理论认为试样尺寸越大，平面应变程度越高，裂纹扩展阻力越小，所测得的断裂韧性值较低。这主要是因为平面应变与平面应力状态下的塑性区大小不同，但是脆性材料几乎不出现塑性区，所以无论何种应力状态对其断裂韧性的测试影响不大。Gurumoorthy B 等人[36]研究了切口梁的宽度对陶瓷 K_{IC} 的影响，其试验结果表明试样宽度越大，断裂韧性值也越高，并认为裂纹扩展阻力 G 与试件宽度呈线性关系，因此 K_{IC} 与试件宽度的平方根成正比。这种解释存在缺陷，因为 K_{IC} 随宽度平方根无限增大，这显然是不可能的；且从理论上说，G 代表了裂纹扩展单位面积时弹性系统所提供的能量，它并非与试件宽度成正比。从试验上来看，其错误源于试件的形状与计算公式不相符，对比试验在试件形状上不一致，由于脆性材料 K_{IC} 的测试受到许多试验条件和试样本身的影响，依赖于少数试验结果得到的结论都是缺乏说服力的。欲使试验值具有比较性，应采用相同形状的试件，即比例试件，否则难以说明问题。如果仅改变试件一个方向的尺寸，容易偏离梁的弯曲应力状态，而产生结构性质的变化，使结构性质从一维变成二维，导致 K_{IC} 增大的假象。同样，仅改变试件的高度或跨度也会引起这种结构性质的改变，而使得测试结果不具有比较性。另外，K_{IC} 的计算公式是针对一定形状的梁试样推导出来的，当试验样品与之不符时，试验结果也是不可靠的。

通过对一系列不同尺寸的切口梁比例试件进行三点弯曲试验[15]，结果表明，陶瓷材料在满足尺寸下限要求的情况下，K_{IC} 值随样品尺寸增大而有所降低；当试样尺寸小于尺寸下限要求时，K_{IC} 值随尺寸的减小而迅速下降。因此 K_{IC} 的测试存在一定的尺寸效应，基于均强度理论可推导出 K_{IC} 与试件尺寸间的理论关系。

断裂韧性一般可利用式（3-33）进行表示，即当试件形状和试验加载条件一定时，K_{IC} 的值取决于断裂强度 σ_f，研究 K_{IC} 及其与各种因素的关系，实际上就是研究 σ_f 及其与影响因素的关系。对于三点弯曲切口梁法，其断裂强度计算公式 $\sigma_f = \dfrac{3PL}{2BW^2}$ 表明了无切口梁跨中位置处的最大弯曲应力值。由 3.2.2 节所介绍的均强度准则可知，脆性材料的真实强度不能以某一点的应力值来表示，而须以某一区域内的平均应力来表示，这个区域称为破坏发生区，其宽度为 $\Delta = \dfrac{2}{\pi}\left(\dfrac{K_{IC}}{\sigma_c}\right)^2$。因此可用弯曲试件下表面破坏发生区的平均应力作为 SENB 法中的断裂强度，即：

$$\bar{\sigma}_f = \frac{1}{\Delta}\int_0^\Delta \sigma_x dy = \frac{1}{\Delta}\int_0^\Delta \frac{3PL}{BW^3}\left(\frac{W}{2}-y\right)dy = \frac{3PL}{2BW^3}(W-\Delta) \tag{3-51}$$

设均强度理论下的断裂韧性为 $\bar{K}_{IC}$，则有：

$$\bar{K}_{IC} = \bar{\sigma}_f\sqrt{a}\,y = \frac{3PL}{2BW^2}\sqrt{a}\,y\left(1-\frac{\Delta}{W}\right) = K_{IC}\left(1-\frac{\Delta}{W}\right) \tag{3-52}$$

式中，K_{IC} 为传统理论下的断裂韧性。由于 $\bar{K}_{IC}$ 的计算涉及 Δ 值，而 Δ 值又与断裂韧性有关，因此试验中采用传统的 K_{IC} 计算式更为方便，只要我们对它的尺寸效应有更加透彻的理解。

为了便于比较，设基本试件尺寸为 L_0、W_0、B_0，切口深度为 a_0，断裂韧性为 K_{IC}^0；任意比例试件的尺寸为 αL_0、αW_0、αB_0，$a = \alpha a_0$，断裂韧性为 K_{IC}，其中 α 为尺寸比例系数。将两种试样尺寸代入式（3-52）并考虑 K_{IC} 为常量，可得到不同尺寸下 K_{IC} 值的关系式：

$$K_{IC} = \left[1 - \frac{(\alpha-1)\Delta}{\alpha W_0 - \Delta}\right]K_{IC}^0 \tag{3-53}$$

由上式可以看出，当试样尺寸增大时（$\alpha > 1$），K_{IC} 值减小；而当试样尺寸减小时（$\alpha < 1$），K_{IC} 值增大。即反映了 K_{IC} 的尺寸效应，但并不是对任意尺寸都适用。当试件尺寸小于临界尺寸 W_c 时，由式（3-49）可知 K_{IC} 与试件高度的平方根成正比，因此 K_{IC} 的尺寸

效应可归纳为：

$$\frac{K_{IC}}{K_{IC}^0}=\begin{cases}1-\dfrac{(\alpha-1)\Delta}{\Delta W_0-\Delta} & W\geqslant W_c(\alpha\geqslant\alpha_c)\\[2mm]\sqrt{\alpha} & W<W_c(\alpha<\alpha_c)\end{cases} \tag{3-54}$$

式中，$\alpha=\dfrac{W}{W_0}$；$\alpha_c=\dfrac{W_c}{W_0}$；$W_c$ 为试件的尺寸下限值。为了直观地看清上式的尺寸效应关系，我们可将其绘成函数曲线形式，如图 3-24 所示。

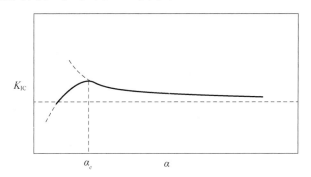

图 3-24　K_{IC} 的尺寸效应理论曲线示意图[35]

图 3-24 仅代表了 K_{IC} 随试件尺寸的广义变化趋势。对于具体材料，其对应的 Δ 和 α_c 的值有所区别，但总的曲线形状相同。由图 3-23 可知，按照传统的 SENB 法的计算公式，对于不同尺寸的比例试件，K_{IC} 的值将随着试件尺寸的增大而降低，且逐渐趋于极小值，该极小值即为真实的断裂韧性值；在临界尺寸附近，K_{IC} 的测试值可达到最大。当试件尺寸小于临界尺寸，K_{IC} 与试件尺寸的平方根成比例下降。

为验证以上理论，分别测得不同比例尺寸的粗晶氧化铝和热压氮化硅陶瓷试样的 K_{IC} 值[35]，试件形状为 $L:W:B=8:2:1$；氧化铝试样的切口宽度为 $250\mu m$，氮化硅试样的切口宽度为 $80\mu m$，$\dfrac{a}{W}=0.4-0.5$；采用岛津 AG-10TA 万能材料试验机进行三点弯曲加载，加载速率为 $0.05mm/min$；按照传统公式 $K_{IC}=\dfrac{3PL}{2BW^2}\sqrt{a}\cdot y$ 进行计算，试验结果见表 3-8 和表 3-9。

表 3-8　不同尺寸 Al_2O_3 试件的 K_{IC} 测试结果

$B\times W\times L$（mm）	K_{IC}（MPa·$m^{1/2}$）	标准差（MPa·$m^{1/2}$）	σ_f（MPa）	试样数量
$1\times2\times8$	3.24	0.42	40.38	5
$2\times4\times16$	4.42	0.57	39.53	8
$3\times6\times24$	4.66	0.66	33.95	8
$4\times8\times32$	4.53	0.56	28.6	9
$6\times12\times48$	3.91	0.84	20.21	7
$8\times16\times64$	3.98	0.35	17.81	3

表 3-9　不同尺寸 HP-Si₃N₄ 试件的 K_{IC} 测试结果

$B×W×L$（mm）	K_{IC}（MPa·m$^{1/2}$）	标准差（MPa·m$^{1/2}$）	σ_f（MPa）	试样数量
1×2×8	5.64	0.47	70.16	10
1.5×3×12	6.835	0.22	70.42	5
2×4×16	6.45	0.44	57.21	5
3×6×24	5.71	0.16	41.61	4
4×8×32	5.73	0.00	33.21	1

由表 3-8 和表 3-9 可以看出，在满足尺寸要求的情况下，K_{IC} 随试件尺寸的增大而逐渐降低；而当试样尺寸小于临界尺寸时，随着尺寸的减小，K_{IC} 迅速降低，但是断裂强度值 σ_f 并不下降，而是维持在一水平，这也证明了式（3-49）中 K_{IC} 与试件高度的平方根成正比的关系，同时证明了断裂强度存在一个上限值的推断。由式（3-44）计算可得氧化铝和氮化硅的临界尺寸分别为 5.2mm、2.8mm，与表 3-8 和表 3-9 中的 6mm、3mm 较为一致。表 3-8 和表 3-9 的试验数据的拟合曲线如图 3-25 所示，可以直观地看出试验曲线与图 3-24 的理论曲线的变化趋势完全一致。

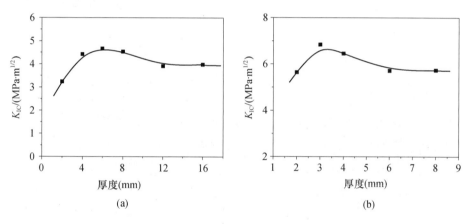

图 3-25　K_{IC} 的尺寸效应试验曲线[35]

(a) Al₂O₃ 试件；(b) Si₃N₄ 试件

对于非脆性材料，断裂强度与均强度概念无关，因此大于临界尺寸的范围内 K_{IC} 可认为是常量，但小于临界尺寸的范围内仍服从式（3-54）。以上的试验曲线不仅证明了 K_{IC} 尺寸效应公式式（3-54）的可行性，而且说明了陶瓷材料断裂韧性试验尺寸要求的原因。若按照传统的理论解释，如果说小试件不满足平面应变条件，或不满足线弹性条件，那么由于塑性区比例的增大，会使得裂纹扩展阻力或断裂韧性值更高，但这一理论与实际试验结果相反。

从理论上说，断裂韧性是一种材料属性，它本不应随试件尺寸的变化而变化，试验中所发现的尺寸效应是由计算公式本身造成的。只要掌握了 K_{IC} 的尺寸效应规律，对于给定的材料，即使试件不满足尺寸要求，也能从它的测试值近似估算出材料真实的断裂韧性值，这对于试验的误差分析和可靠性分析是很有意义的。在试件满足尺寸要求的情况下，对于脆性材料，K_{IC} 的计算公式须乘以一个系数 $\left(1-\dfrac{\Delta}{W}\right)$。这种差别是由弯曲应力梯度变化所致，因此采用破坏发生区内的平均拉应力作为断裂应力使得这种误差得以补偿，均强度意义下的断裂韧性具有更高的稳定性和准确性。显然随着尺寸的增大，系数 $\left(1-\dfrac{\Delta}{W}\right)$ 逐渐趋近于 1，这说明在不经修正的情况下，大试件的 K_{IC} 测试值更可信。

3.4.3　断裂韧性测试的影响因素

断裂韧性的测试是非直接测试方法，因此它不仅受到材料本身微结构和样品形状、切口宽度、加载速率以及测试条件的影响，除此之外，测试方法和计算公式也会影响断裂韧性的测试值[37]。

3.4.3.1　测试方法对断裂韧性的影响

采用单边预裂纹法（SEPB）、山形切口梁法（CNB）和单边切口梁法（SENB）测试 Ti_3SiC_2 样品的断裂韧性[33]分别为 $6.2\pm0.32MPa\cdot m^{1/2}$、$6.6\pm0.15MPa\cdot m^{1/2}$ 和 $6.62\pm0.12MPa\cdot m^{1/2}$。对于可加工陶瓷来说，数据的标准偏差很小。由于裂纹宽度的影响，单边预裂纹法测得断裂韧性最低。试验数据说明单边预裂纹法是可行有效的，尤其对准塑性 Ti_3SiC_2 陶瓷（难以用压痕法预制裂纹），利用 3.4.1.2 节介绍的装置可在 Ti_3SiC_2 陶瓷表面预制自然裂纹，从而测得其 K_{IC}。

3.4.3.2　样品厚度对断裂韧性的影响

图 3-26 是实测断裂韧性随样品厚度的变化曲线，测试方法为单边切口梁法。样品厚度对断裂韧性的影响很明显，比如，存在一临界尺寸，低于该尺寸时断裂韧性随样品尺寸的减小而减小；临界尺寸下测得断裂韧性 K_{IC} 为最大值，随后略有降低；样品尺寸继续增大，实测断裂韧性趋于一稳定值。该临界尺寸用样品的临界厚度 W_c 表示，它与断裂韧性/强度之比的平方成正比，即 $W_c\propto(K_{IC}/\sigma)^2$。对于脆性材料，样品的临界厚度通常要低于 4mm，因此测试断裂韧性时临界厚度常取厚度为 4mm。但是对于准塑性陶瓷，如 Ti_3SiC_2，4mm 的样品厚度不足以获得断裂韧性稳定值。试验证明，当样品厚度大于 6mm 时才能够获得可靠的断裂韧性值。

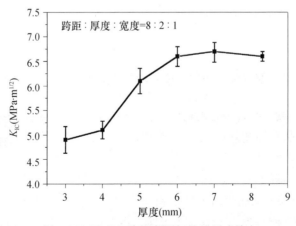

图 3-26　Ti_3SiC_2 陶瓷断裂韧性的尺寸效应

3.4.3.3　切口宽度和样品宽度对断裂韧性的影响

采用单边切口梁法测得断裂韧性是切口宽度的函数。如图 3-27 所示，断裂韧性在一定范围内是切口宽度的线性函数，直线斜率约为 2（MPa·m$^{1/2}$/mm）。切口宽度越小，即裂纹越尖锐，越易发生裂纹扩展，从而测得的断裂韧性值较低。

　　样品宽度对断裂韧性测试值的影响如图 3-28 所示，图中显示样品的宽度对断裂韧性测试值的影响非常小。通过数据拟合可预测随样品厚度的增加 K_{IC} 的值有少量增加的趋势。但总的来说，样品厚度对 K_{IC} 测试值的影响可忽略不计。

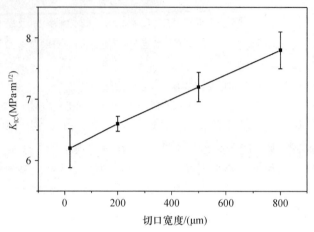

图 3-27　实测 Si$_3$N$_4$ 断裂韧性随切口宽度的变化

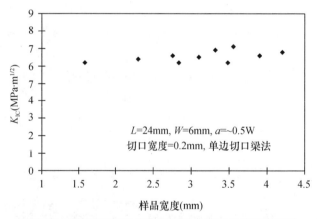

图 3-28　实测 Ti$_3$SiC$_2$ 陶瓷断裂韧性随样品宽度的变化

3.4.3.4　测试温度对断裂韧性的影响

　　不同温度下的断裂韧性和载荷-挠度曲线如图 3-29 所示，从图中可以看出材料断裂韧性、柔性与温度间的关系是不相同的。研究表明，高温下材料的极限变形量增加和韧性降低的原因在于材料在高温下发生软化和晶粒间滑移。实际上，计算断裂韧性时，只利用最大荷载 P_c 和初始切口深度，而忽略了形变和亚临界裂纹扩展。因此，K_{IC} 值仅仅反映了包含裂纹的固体材料的强度行为，不能反映柔性。事实上温度高于 1000℃时断裂韧性会急剧降低，这说明脆/延转换温度不仅是极限应变的临界值，而且还是 Ti$_3$SiC$_2$ 断裂韧性的临界值。从图 3-29 中可以看到存在以下三个特征：1）裂纹开裂的临界荷载随测试温度的提高而降低；2）不同温度下，临界荷载所对应的变形量基本相同；3）极限变形量随温度的提高而增加。前两个特征说明不同温度下裂纹开裂的临界应变几乎是常数，这表明与裂纹开裂有关的最大应力取决于样品的弹性模量。当临界应变已知，产生应变所需的荷载正比于弹性模量。因此，温度增加导致韧性降低主要是由于高温弹性模量的降低。已经证明了 Ti_3SiC_2 弹性模量的温度依赖性[38]，温度增加导致模量降低的现象与断裂韧性相似，证明裂纹开裂具有应力依赖性。

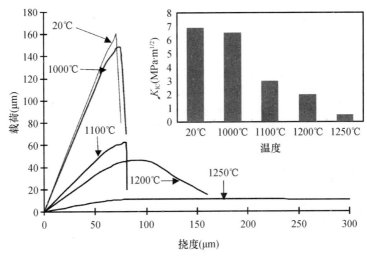

图 3-29　单边切口梁法测试 Ti_3SiC_2 断裂韧性和破坏形变的温度相关性

虽然不同温度下裂纹开裂应变相同，但是最终变形和裂纹宽度是不同的。1250℃时，在低应力强度下出现缓慢裂纹扩展，以至于 K_{IC} 的计算值很低（计算过程中不考虑裂纹扩展长度）。室温和 1250℃下测试样品的裂纹扩展区如图 3-30 所示，很明显能够看到高温下伴随有塑性变形的韧性断裂。

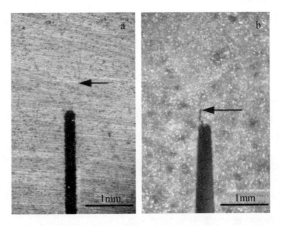

图 3-30　K_{IC} 测试后 Ti_3SiC_2 样品切口根部及裂纹，箭头所指为裂纹

(a) 室温下测试，切口宽度为 0.2mm；(b) 1250℃延性断裂

3.5　双向应力作用下的阻力特性

3.5.1　双向应力对裂纹扩展的影响

双向应力是否影响固体的断裂行为一直是一个有争议的问题。即在复杂应力下通常把应力分为平行于裂纹和垂直于裂纹的两类，认为只有垂直于裂纹的应力对裂纹扩展有作用。脆性材料在破坏前通常没有塑性变形，属于线弹性断裂力学范围。对裂纹失稳评价大多采用 I 型应力强度因子概念，即应力强度因子达到一个临界值（K_{IC}）时裂纹发生失稳扩展而断裂。根据断裂力学理论，应力强度因子仅是垂直于裂纹的应力 σ 的函数 $K_I = \sigma \cdot Y \cdot \sqrt{a}$，其中 Y 是几何因子，a 是裂纹的半长。这说明无论在什么复杂应力状态下，断裂只由垂直于裂纹的拉伸应力控制，这种概念在断裂评价和结构可靠性分析中已被广泛应用，它意味着平行于裂纹的应力对裂纹扩展没有影响，其理论上的解释是因为与应力平行的直裂纹并不改变应力分布状态。这种结果主要基于 Griffith 早期的研究和假设[39]，具有应用上的简便性。然而这种似乎是断裂力学里的基本概念问题，却常常在理论上和实践中受到质疑。

实际上，裂纹不影响平行应力的状态并不等于应力不影响裂纹的发展。尽管应力强度因子判据是断裂理论中一个最基本的问题，也是为什么断裂评价可采用单向应力试验的一个理论依据，然而许多材料的双向和多向应力的试验却表现出与之不同的结果，即平行于裂纹的应力对断裂也有明显影响。

利用热力学法对玻璃圆片和氧化锆圆片进行平面双向应力试验，考察裂纹在平面双应力下的扩展[40]。将原片样品夹紧在两个金属圆环之间并对整体升温，由于夹具的膨胀系数比陶瓷试件大，从而在薄片试件内产生一个多向均匀拉伸应力场，应力随温度线性增加，最后使中央裂纹扩展而断，忽略箔片试件对夹具的反作用力，试样中央区的应力场可简单表示为：

$$\sigma_r = \sigma_\theta = \frac{E}{1-\nu} \cdot \Delta T \cdot \Delta \alpha \tag{3-55}$$

式中，σ_r 和 σ_θ 分别代表垂直和平行于裂纹方向的作用力（N）；E 和 ν 是试样的弹性模量（Pa）和泊松比；ΔT 和 $\Delta \alpha$ 分别是温度差（K）和试样与夹具间的膨胀系数之差（K^{-1}）。圆片试件中详细的应力分布如图 3-31 所示。

在升温过程中记录下初始温度和断裂时刻的温度值以及原始裂纹长度，便可算出在单向应力和双向应力下的断裂韧性值，如式（3-56)所示：

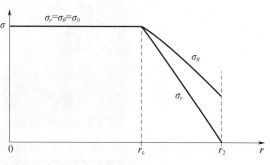

图 3-31　圆片试样中的轴对称应力分布示意图

$$K_{IC} = \sigma \sqrt{\pi \cdot a} = \begin{cases} E \cdot \Delta \alpha \cdot \Delta T_c \cdot \sqrt{\pi \cdot a} & \text{单向应力} \\ \dfrac{E}{1-\nu} \cdot \Delta \alpha \cdot \Delta T_c \cdot \sqrt{\pi \cdot a} & \text{双向应力} \end{cases} \tag{3-56}$$

　　硼硅玻璃与氧化锆陶瓷试样在平面双向应力和单向应力下的断裂韧性的差别以及它们随着载荷速率的变化如图 3-32 所示。

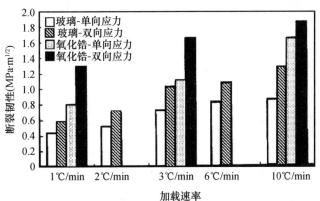

图 3-32　圆片试样在双向和单向拉伸下的平面应力
断裂韧性及其随升温速度的变化[40]

　　从图 3-32 可以看出平行于裂纹的应力确实对断裂特性有影响。它表明材料的断裂阻力随双向应力比而增加，同时也随加载速率而增加。

　　孙立等[41]通过对玻璃含倾斜裂纹的拉伸试验和单纯的 Ⅰ＋Ⅱ 型混合断裂试验，研究了平行应力和剪切应力对裂纹扩展的影响。试验结果显示裂纹扩展总是垂直于荷载方向，K_{IC}测试值分别用如下公式计算[42]：

$$K_I = K_0 \cos\beta \tag{3-57}$$

$$K_{IC}^* = \sigma Y \sqrt{a_{ef} \cos\beta} \tag{3-58}$$

式中　a_{ef}——倾斜裂纹投影在垂直于应力方向的长度，称为有效裂纹长度（m）；

　　　　β——倾斜裂纹与垂直于应力方向的夹角，称为倾斜角（°）；

　　K_{IC}^*——用等效裂纹计算的值（MPa·m$^{1/2}$）。

　　计算结果如图 3-33 所示。

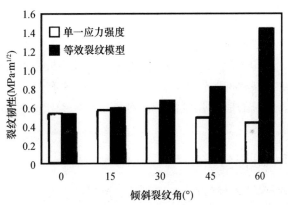

图 3-33　含倾斜裂纹的玻璃薄片在单向拉伸下按两种不同的模型
计算 K_{IC} 的试验结果及其随倾斜角的变化[41]

图 3-33 表明随着倾斜角的增大，等效裂纹方法的 K_{IC}^* 值增高，仅当倾斜角小于 15°时等效裂纹方法近似可用。同时表明，忽略剪切应力和平行应力后，临界应力强度因子 K_{IC} 变化不大。这给人一种假象，即剪切和平行应力似乎的确对裂纹扩展不起作用。但含直通裂纹的同种材料的平面双向拉伸试验结果表明，平行应力有助于所测 K_{IC} 提高[43]，而图 3-33 中的 K_{IC} 没有随着倾斜角的增加而提高。这正是由于剪切应力 K_{II} 的作用使 K_{IC} 下降。平行应力和剪切应力的混合作用近似相互抵消，才产生这种假象。剪切应力的影响可以通过用如图 3-34 所示的单纯的Ⅰ、Ⅱ混合型断裂的试验验证。

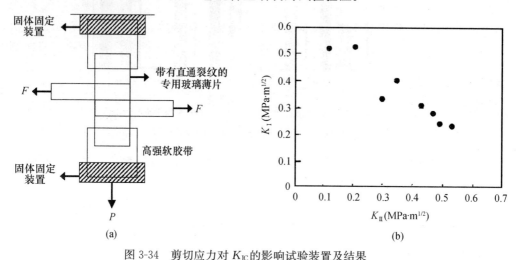

图 3-34　剪切应力对 K_{IC} 的影响试验装置及结果

（a）玻璃薄片在单纯Ⅰ、Ⅱ型混合应力强度试验示意；（b）剪切应力对 K_{IC} 的影响[41]

图 3-34（b）表明材料的断裂韧性不仅是 K_{IC} 的作用，K_{II} 也有影响，至少对薄片玻璃是如此，Ⅱ型应力强度使 K_{IC} 下降，平行于裂纹的拉伸应力使 K_{IC} 提高，它们共同作用时，部分相互抵消可能造成断裂由 K_I 唯一决定的假象。混合型断裂准则有多种多样，一般形式如式（3-59）：

$$\left(\frac{K_I}{K_{IC}}\right)^m + \left(\frac{K_{II}}{K_{IIC}}\right)^n = 1 \tag{3-59}$$

除了试验验证之外，数值模拟也可以证明双向应力对断裂韧性有明显影响。应用材料失效分析模拟软件[44,45]模拟玻璃在平面双向应力下不同破坏失稳过程，结果也证明平行于裂纹面的拉应力对裂纹扩展有抑制作用，压应力对裂纹扩展有促进作用。因此，线弹性材料在双向荷载作用下，传统的应力强度因子准则不适用，裂纹扩展由裂纹尖端应变决定，即双向应力下裂纹扩展具有应变依赖性。

3.5.2　应变控制断裂理论分析

作为对双向应力效应的解释和讨论，应变断裂控制是值得重视和说明的问题。平行应力对应力强度因子没有贡献，这是造成它与断裂无关这种印象的主要原因。但实际上平行应力对裂纹尖端应力场是有贡献的。它主要作用在应力级数的非奇异项中，但在许多断裂力学书中，非奇异项都被忽略掉。考虑无线平板含一条长 $2a$ 的直通裂纹在双向应力下，裂纹尖端应力场可描述为[46]

$$\sigma_y \approx \frac{K_I}{\sqrt{2\pi r}} \cdot \cos\frac{\theta}{2}\left(1 + \sin\frac{\theta}{2}\sin\frac{3\theta}{2}\right) \tag{3-60}$$

$$\sigma_x \approx \frac{K_I}{\sqrt{2\pi r}} \cdot \cos\frac{\theta}{2}\left(1 - \sin\frac{\theta}{2}\sin\frac{3\theta}{2}\right) - (1-\lambda)\sigma \tag{3-61}$$

这里的非奇异项 $-(1-\lambda)\sigma$ 通常被称为 T 应力[47]。因而对于线弹性体，我们容易通过虎克定律求出裂纹尖端局部应变，并导出垂直于裂纹的最大应变为：

$$\varepsilon_y(r,\ 0) = \frac{K_I(1-\nu)}{E}\frac{1}{\sqrt{2\pi r}} + \frac{\nu(1-\lambda)\sigma}{E} \tag{3-62}$$

显然，由于泊松比的作用，该应变是双向应力比的函数。从式（3-62）可以看出，平行拉应力（当 $\lambda > 0$）使 ε_y 减小，平行压应力（当 $\lambda < 0$）使 ε_y 增大。这大概正是实测的断裂韧性在前一种情况下提高，后一种情况下下降的根本原因。从固体的理论强度来考虑[18]，断裂是由于原子键的伸长达到一个临界值，而这种伸长反映在宏观上则是应变达到一个临界值。因此用应变准则来评价裂纹扩展是可行的。注意到裂纹尖端应变的奇异性，即 $r \rightarrow 0$ 时 ε_y 无穷大，但并无断裂的矛盾，我们可以认为一个数学点（无体积也无面积）上的应变不可引起断裂，而需一个与材料特性有关的特定小面积上的平均应变达到临界值才发生断裂[2]。这个特定面积就是前面谈到的破坏发生区[48]，它的长度为 Δ。于是应变准则为：

$$\frac{1}{\Delta}\int_0^\Delta \varepsilon_y(x,0)dx = \varepsilon_f \tag{3-63}$$

式中，$\varepsilon_f = \sigma_f/E$ 是单向极限拉应变；σ_f 是拉伸强度（MPa）。

将式（3-62）代入式（3-63）并设 $\lambda = 1$ 时的临界应力强度因子为 K_{IC}^*，可求出：

$$\Delta = (1-\nu)^2 \cdot \frac{2}{\pi}\left(\frac{K_{IC}^*}{\sigma_f}\right)^2 \tag{3-64}$$

结合式（3-63）与式（3-64）得到双向应力下的应变准则：

$$\frac{K_I}{K_{IC}^*} + \nu(1-\lambda)\frac{\sigma}{\sigma_f} = 1 \tag{3-65}$$

式（3-65）表明应力强度因子准则仅在等值双向拉伸时与应变准则相同。当裂纹很小时近似有 $\frac{\sigma}{\sigma_f} \approx \frac{K_I}{K_{IC}^*}$，则式（3-65）变成：

$$\frac{K_I}{K_{IC}^*}\left[1 + \nu(1-\lambda)\right] = 1 \tag{3-66}$$

设单向应力下的临界应力强度因子为 K_{IC}，在式（3-66）中令 $\lambda = 0$ 可得到单向拉伸与等值双向拉伸时的断裂韧性近似关系为：

$$K_{IC}(1+\nu) = K_{IC}^* \tag{3-67}$$

它表明 $K_{IC} \leqslant K_{IC}^*$，这与试验结果完全吻合。

裂纹扩展完全由裂纹尖端的应变决定，或者说由裂纹张开位移决定。线弹性有限元分析[49]证明了双向拉伸下的裂纹张开位移小于单向拉伸下的张开位移，这正好解释了裂纹驱动力在双向和单向拉伸下的差异。应力强度因子仅仅是应力的函数，与应变无关。在双向应力状态，平行于裂纹的应力对垂直于裂纹的应变有影响，但对垂直于裂纹的应力没有影响。换句话说，它对断裂韧性有影响，但对应力强度因子无影响，这是双向应力下断裂韧性随平行应力而变化的根本原因。

3.6　陶瓷的蠕变和应力松弛

3.6.1　陶瓷的蠕变

　　结构陶瓷的一个重要应用是在高温下的使用。这就要求它具有良好的高温力学性能和高温下的可靠性。高温下变形和强度随着时间而变化、衰减是导致结构陶瓷最终发生破坏和失效的根本原因。这种失效主要包括在高温载荷条件下经历一定时间后发生断裂而失效和变形超出一定范围而失效。蠕变是指固体材料在恒定应力作用下应变随时间而增加的一种现象。陶瓷在常温下蠕变几乎没有蠕变行为。当温度高于其脆/延转换温度，陶瓷材料具有不同程度的蠕变行为。高温蠕变性是表征陶瓷材料高温下抗变形能力的一个重要参量。

　　通常，蠕变速率与作用应力的 n 次方成正比，不同的陶瓷有不同的蠕变指数。陶瓷材料在载荷作用下发生瞬时弹性变形属于初始变形，不属于蠕变。陶瓷材料典型的高温蠕变曲线（图 3-35）可以分为 3 个区域：区域Ⅰ为蠕变的第一阶段，称为蠕变减速阶段，该阶段的特点是应变速率随时间递减；区域Ⅱ称为稳态蠕变阶段，这一阶段的特点是蠕变速率几乎保持不变，这是陶瓷蠕变的主要过程和重点研究对象；区域Ⅲ为加速蠕变阶段，其特点是蠕变速率随时间的增加而增大，即蠕变曲线变陡，直至断裂。

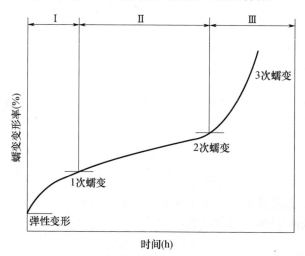

图 3-35　陶瓷材料典型的高温蠕变曲线，分别为减速、匀速和加速蠕变

　　柔度修正法常常用于测量陶瓷的高温蠕变性能[50-52]。材料力学分析表明相同载荷作用下，三点弯曲的受力点位移量比四点弯曲受力点的位移大，故较容易测得更精确的挠度，同时最大挠度与最大应变之关系也更为简单，所以通常采用三点弯曲试验进行陶瓷高温蠕变性能测试表征。但是，三点弯曲试验中的高温挠度变形难以准确测量，通过测量试验机

上部的横梁位移，通过挠度修正法可获得试样的真实挠度变形。基本原理是在与试样相同的温度条件和载荷条件下，将一根可认为是刚性的碳化硅试块代替小试样，测得横梁位移及其随时间的变化（24h 的试验表明 1h 之后基本上没变化）作为系统在这一条件下的误差。将试件在任何时刻测得的横梁位移减去相同时刻的系统误差，所得的差值为该时刻的真实挠度。这样所得的位移实际上是试样上受力点的位移。由此可得陶瓷试样在高温条件下的变形与加载时间的关系，即高温蠕变曲线。

固体蠕变的微观机制通常是位错或滑移，对于陶瓷材料，主要是滑移。而晶界滑移又是由于玻璃相的软化，通常把蠕变视为一个由应力控制的热激活过程。同样，微裂纹的扩展也可认为是裂纹尖端原子热激活和化学腐蚀过程，化学腐蚀主要指环境腐蚀，例如 OH 离子可以加速 M—O—M 键的断裂，所以氧化物陶瓷中的微裂纹扩展速度随湿度增加而增加。但一般非氧化物不受湿度影响。蠕变规律多种多样，因此有众多形式的蠕变方程，一般认为蠕变速率与晶粒尺寸成反比，但没有一种蠕变方程能反映真实蠕变的全过程。通常认为匀速蠕变是主要蠕变过程，常用一个简化了的表达式来描述[53]：

$$\frac{d\varepsilon}{dt}=A\sigma^n \tag{3-68}$$

式中，A、n 是跟材料与环境有关的常数；σ 是应力。A 和 n 的值在蠕变的不同时期是不一样的，因为蠕变速率并非一直保持为同一个常量。在陶瓷试样三点弯曲的变形中，不考虑几何非线性和物理非线性问题，则中心挠度 W 与最大应变 ε_m 有如下关系：

$$\varepsilon_m=\frac{6WH}{L^2} \tag{3-69}$$

式中，L 是跨距，H 为试件厚度，将式（3-69）代入式（3-68）可得三点弯曲挠度随时间的变化：

$$\frac{dW}{dt}=\frac{AL^2}{6H}\sigma^n=B\sigma^n \tag{3-70}$$

积分可得：

$$W=W_0+B\sigma^n t \tag{3-71}$$

式中，W_0 是初始挠度。这种线性的蠕变方程只适合某些阶段中的匀速蠕变过程。因此更为一般化的蠕变方程可以表示为时间的非线性函数[54]：

$$\frac{d\varepsilon}{dt}=Am\sigma^n t^{m-1} \tag{3-72}$$

式中的 m 值及 A、n 值可由试验数据来确定，对式（3-72）进行积分可得：

$$\varepsilon=A\sigma^n t^m+\varepsilon_0 \tag{3-73}$$

于是用挠度表示的变形为：

$$W=B\sigma^n t^m+W_0$$
$$或 \Delta W=W-W_0=B\sigma^n t^m \tag{3-74}$$

通常在减速蠕变期 $m<1$，匀速稳态变形期 $m=1$，加速变形期 $m>1$。实际上，研究恒载荷下的蠕变不必求出参数 B 和 n，只需根据蠕变曲线确定出参数 m，设 $C=B\sigma^n$，则有 $\Delta W=Ct_m$。对变载荷下的蠕变，在确定参数 m 后，可由不同的载荷水平及对应的蠕变数据进行曲线拟合求出参数 B 和 n 的值。

利用柔度修正法研究 Al_2O_3/SiC 复相陶瓷的高温蠕变性能，以 Al_2O_3 陶瓷、ASM（莫来石 78.32％＋Al 粉 15.54％＋C 粉 6.14％）和 ASS（Al_2O_3 31.03％＋SiO_2 20.69％＋C 粉 20.69％＋Al 粉 27.59％）为研究对象，测试了三者在 1200℃、156MPa 作用下三点弯曲挠度变化量与时间的关系[51]，如图 3-36 所示。

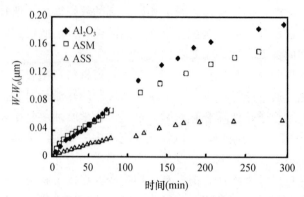

图 3-36　三种陶瓷材料在 1200℃、156MPa 静载荷作用下挠度-时间曲线

将图 3-36 中的 3 组数据代入式（3-74），对于给定的恒应力，只需根据蠕变曲线确定出参数 m，则由最小二乘法拟合得蠕变方程为：

$$Al_2O_3：\Delta W = 0.00235t^{0.8}　（m=0.8）$$
$$ASM：\Delta W = 0.005t^{0.6}　（m=0.6）$$
$$ASS：\Delta W = 0.0019t^{0.63}　（m=0.63）\qquad (3-75)$$

假设当最大挠度超过其跨距的 1％时材料失效，跨距为 30mm，则 $\Delta W = 300\mu m$，代入式（3-75）可得 Al_2O_3、ASM、ASS 在 1200℃ 下一次连续使用的寿命分别为：$2.4 \times 10^6 min$、$9.2 \times 10^7 min$、$1.8 \times 10^8 min$。因此从材料的高温蠕变性能来看，三种材料在 1200℃ 下服役是安全的。

3.6.2　陶瓷的应力松弛

蠕变实际上是应力不变的条件下测试应变随时间的变化。与蠕变相对应的性能是材料的应力松弛，即应变固定后，应力随时间的延长而逐渐衰减，其本质是材料内部的弹性变形随着时间的增加逐渐转化成蠕变变形的过程，应力松弛是蠕变的另一种表现形式。苏盛彪等人利用三点弯曲试验研究了层状复合陶瓷在高温下的应力松弛[55]。以 A-10Z（90vol％ Al_2O_3 ＋ 10vol％ ZrO_2）/A-30Z（70vol％ Al_2O_3 ＋ 30vol％ ZrO_2）和 A/TSC（Al_2O_3＋Ti_3SiC_2）为研究对象，试样大小为 3mm×4mm×40mm，三点弯曲试验跨距选用 30mm，加热至目标温度后保温 25min，而后以 0.5mm/min 加载至设定应力，然后将横梁固定，松弛时间为 25min。

在恒定温度下，不同初始载荷使材料的松弛曲线各不相同，但荷载应力衰减最终都趋于某一定值。即无论初始应力多大，应力松弛后的残余应力相同。A-10Z/A-30Z 三层试样和 A/TSC 多层试样在 1200℃ 不同初始载荷下的松弛曲线分别如图 3-37 和图 3-38 所示。

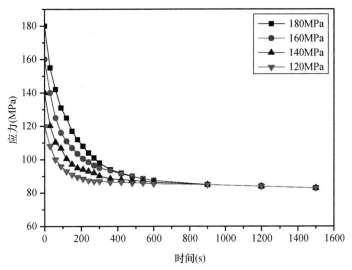

图 3-37　A-10Z/A-30Z 三层试样 1200℃不同初始载荷下的松弛曲线

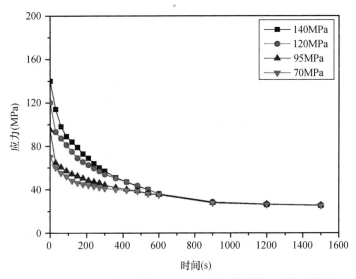

图 3-38　A/TSC 多层试样 1200℃不同初始载荷下的松弛曲线

从图中可见，在松弛初期载荷应力迅速衰减，随着松弛时间的延长，应力衰减趋缓。在 25min 时，应力基本上趋于稳定。对图 3-37 中的曲线作最小二乘拟合可得：

$$180MPa\ 时，\sigma = 267.29\ (t+9.25)^{-0.1662}$$

$$160MPa\ 时，\sigma = 219.35\ (t+8.45)^{-0.141}$$

$$140MPa\ 时，\sigma = 154.11\ (t+2.8)^{-0.0885}$$

$$120MPa\ 时，\sigma = 123.36\ (t+1.55)^{-0.0573} \tag{3-76}$$

则 A-10Z/A-30Z 三层试样在 1200℃时不同应力下的松弛可由上式计算，例如，当时间 $t = 25min$ 时，上述不同应力松弛后的残余应力分别为 79.19MPa、78.16MPa、80.66MPa、81.13MPa。同理可得 A/TSC 多层试样在 1200℃时的松弛曲线拟合方程。从应力松弛后的剩余应力水平来看，A-10Z/A-30Z 三层试样（80MPa）要比 A/TSC 多层试样（25MPa）高得多，这与 A/TSC 多层试样中 TSC 材料高温下的塑性变形量大有关。

温度是影响材料应力松弛的一个重要因素。在不同的温度下，应力松弛的程度不同。图 3-39 和图 3-40 为 A-10Z/A-30Z 十一层试样和 A/TSC 十五层试样在不同温度下的松弛曲线。

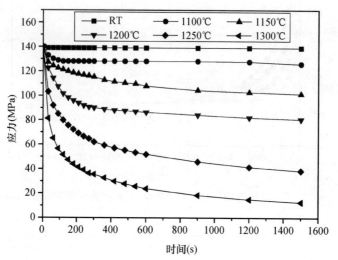

图 3-39　A-10Z/A-30Z 十一层试样不同温度下的松弛曲线

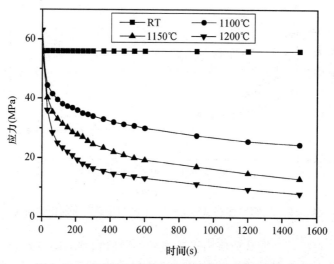

图 3-40　A/TSC 十五层试样不同温度下的松弛曲线

从上图中可以看出，随着温度的升高，材料松弛后的剩余应力也在不断地降低。这说明材料抵抗外载荷的能力随着温度升高而越来越低。由剩余残余应力水平可推算出材料在某一温度下不出现蠕变或蠕变很小的荷载门槛值。

图 3-39 中不同温度松弛曲线的拟合方程为：

$$1100℃时，\sigma = 134.5\,(t+0.007)^{-0.0084}$$
$$1200℃时，\sigma = 173.78\,(t+6.5)^{-0.1099}$$
$$1300℃时，\sigma = 984.23\,(t+33)^{-0.5806}$$

(3-77)

上式能够很好地拟合材料在不同温度下的变化趋势。在松弛过程中，应力随着时间变化的一般性方程可写为：

$$\sigma = \sigma_0 \cdot C \cdot (t+a)^m \tag{3-78}$$

式中，σ_0 为初始应力，C、a、m 为随温度变化的材料常数。m 表征了松弛过程中应力与时间的相关程度。m 越大，应力随时间的变化越快。对于陶瓷材料，一般 $-0.2 < m < 0$。松弛速度为时间的递减函数。在初期，松弛速度较快，而后逐渐降低，最后趋于 0，即应力维持在某一水平不再发生变化。

3.6.3　陶瓷的应力松弛与蠕变的关系

应力松弛与蠕变均是材料在高温下抵抗外载能力下降，出现塑性变形行为所致。应力松弛是因为材料存在蠕变，材料蠕变必导致应力松弛。因此，材料应力松弛与蠕变之间存在着某种对应关系。

应力松弛的初始应力为 σ_{in}。松弛的最后应力恒定在某一水平，只有施加比该水平大的应力，材料才会出现蠕变，该水平之下的应力将不造成材料发生蠕变。将松弛的最后应力恒定的那一水平称为蠕变的门槛应力，用 σ_{cr} 表示。表征材料抗蠕变能力可用下式表示：

$$R_c = 1 - \frac{\sigma_{in} - \sigma_{cr}}{\sigma_{in}} \tag{3-79}$$

R_c 称为蠕变抗力或蠕变阻力，$0 \leq R_c \leq 1$。作为一种极端情况，常温下，应力不松弛，$R_c = 1$。而此时也不会有蠕变发生。一般情况下，蠕变载荷的上限视材料的不同，可取同温度下的强度的 $60\% \sim 90\%$。在蠕变载荷的下限，蠕变门槛应力，也确定之后，对蠕变试验的针对性便会大为增强[55]。

由于蠕变试验往往需要很长的时间，但应力松弛试验的时间就短得多，所以有时候为了估测或评价陶瓷材料在某一温度下的蠕变性能，可先做些应力松弛试验来确定哪个温度蠕变大，哪个温度蠕变小，或找出脆/延转化温度。评价两种材料之间哪种材料更加能抵抗高温蠕变，也可以简单地用应力松弛试验比较一下，省时省力省经费。但若要获得精确的蠕变参数时还是要直接做蠕变试验。

参考文献

[1] Bao, YW, Liu CC, Huang JL. Effects of residual stresses on strength and toughness of particle-reinforced TiN/Si₃N₄ composite: Theoretical investigation and FEM simulation [J]. Materials Science and Engineering A, 2006, 434: 250-258.

[2] Bao YW, Jin ZZ. Size effects and a mean strengh criterion for ceramics [J]. Fatigure and Fracture of Engineering Materials and Structure, 1993, 16 (8): 829-837.

[3] Northeastern University, RFPA²ᴰ Handbook [M], Shenyang, P. R. China, August 2002.

[4] 包亦望, 刘正权. 钢化玻璃自爆机理与自爆准则及其影响因素 [J]. 无机材料学报, 2016 (4): 401-406.

[5] Bao YW, Jin ZZ. Evaluation of impact resistance and brittleness of structural ceramics [J]. Nuclear Engineering and Design, 1994, 150 (2): 323-328.

[6] Wiederhorn SM, Evans AG, Fuller ER, et al. Application of Fracture Mechanics to Space - Shuttle Windows [J]. Journal of the American Ceramic Society, 1974, 57 (7): 319-323.

[7] Inghels E, Heuer AH, Steinbrech RW. Fracture Mechanics High-Toughness Magnesia-Partially-Stabilized Zirconia [J]. Journal of the American Ceramic Society, 2005, 73 (7): 2023-2031.

［8］ Wiederhorn SM, Johnson H, Diness A M, et al. Fracture of Glass in Vacuum ［J］. Journal of the American Ceramic Society，1974，57（8）：336 - 341.

［9］ 张清纯. 陶瓷材料的力学性能 ［J］. 力学与实践，1981，1（482）：12-18.

［10］ 包亦望，黎晓瑞，金宗哲. 陶瓷材料的冲击弯曲强度 ［J］. 材料研究学报，1993，7（2）：120-126.

［11］ Bao Y, Jin Z. Size effect and a mean-strength criterion for ceramics ［J］. Fatigue & Fracture of Engineering Materials & Structures，1993，16（8）：829-835.

［12］ Jin Z, Bao Y. Damage from Particle Impact for Structural Ceramics ［J］. Journal of Materials Science & Technology，1994，10（1）：54-58.

［13］ 包亦望，金宗哲，孙立. 陶瓷的本征强度与常规强度 ［J］. 机械强度，1994（3）：29-32.

［14］ Tioshenko S. P, History of Strength of Materials ［M］. New York：McGraw-Hill，1953.

［15］ 包亦望. 工程陶瓷的均强度破坏准则及弯曲强度与断裂韧度的尺寸效应 ［D］. 北京：中国建筑材料科学研究院，1990.

［16］ 孙立，包亦望. 应力梯度对陶瓷材料断裂强度的影响 ［J］. 佛山陶瓷，1999，9（6）：3-4.

［17］ 金宗哲，包亦望. 脆性材料的均强度破坏准则 ［J］. 实验力学，1992，7（1）：94-99.

［18］ 金宗哲，岳雪梅，包亦望，等. 拉伸强度与弯曲强度的关系及弯曲强度尺寸效应 ［J］. 现代技术陶瓷，1997（3）：29-33.

［19］ Kanninen M F, Popclar C H. Advanced Fracture Mechanics ［M］. New York：Clarendon Press，1985.

［20］ 包亦望，李坤明，邱岩，万德田，田莉. 一种测试纤维材料弹性模量与强度的方法和装置：CN102539233A ［P］. 2012.

［21］ FEILI D, PAGEL N, SCHWARZ P, SEIDEL H. Ultrathin Glass as Flexible Substrate in Wireless Sensor ［J］，Procedia Engineering，2011，25：511-514.

［22］ 王新春. 我国平板玻璃产品薄型化的战略途径 ［J］. 建筑玻璃与工业玻璃，2014，236（11）：2-3.

［23］ 陈瑞峰. 柔性超薄玻璃 ［J］. 化学工业，2014，32（7）：39-40.

［24］ 王威，阎秋生，潘继生，等. 超薄钛酸锶电瓷基片研磨加工工艺优化 ［J］. 现代制造工程，2014（12）：1-4.

［25］ 佚名. 日本开发出超薄陶瓷电容器 ［J］. 江苏陶瓷，2009（6）：7-7.

［26］ 刘小根，包亦望，万德田，等. 一种超薄玻璃弯曲强度测试方法，CN104316415A ［P］. 2015.

［27］ ASTM E399-12. Standard Test Method for Linear-Elastic Plane-Strain Fracture Toughness K_{IC} of Metallic Materials，2012.

［28］ 全国钢标准化技术委员会. GB/T 4161—2007. 金属材料平面应变断裂韧度 K_{IC} 试验方法 ［S］. 北京：中国标准出版社，2007.

［29］ 陈篪，蔡其巩，王仁智，等.《工程断裂力学》上册，北京：国防工业出版社，1977.

［30］ 王仁东. 断裂力学理论和应用 ［M］. 北京：化学工业出版社，1984.

［31］ 包亦望，金宗哲. K_{IC} 测试试件的尺寸要求和理论依据 ［J］. 材料研究学报，1991，5（4）：362-367.

［32］ 包亦望，黎晓瑞，金宗哲. 简易引发陶瓷裂纹方法研究 ［J］. 硅酸盐通报，1992（1）：53-55.

［33］ Yiwang Bao, Yanchun Zhou. A New Method for Precracking Beam for Fracture Toughness Experiments ［J］. Journal of the American Ceramic Society，2006，89（3）：1118-1121.

［34］ 包亦望，周延春. 一种预制直通裂纹的方法及其专用装置，中国，ZL 200310119458.0 ［P］. 2007-05-23.

［35］ 包亦望，黎晓瑞. SENB方法中 K_{IC} 的修正与尺寸效应 ［J］. 材料研究学报，1991，5（5）：432-436.

［36］ Gurumoorthy B, Kirchner H O K, Prinz F B, et al. Thickness effects may not do what you think they do ［J］. Engineering Fracture Mechanics，1988，29（6）：637 - 640.

［37］ Bao YW, Zhou YC. Effect of sample size and testing temperature on the fracture toughness of Ti_3SiC_2 ［J］. Materials Research Innovations，2005，9（2）：41-42.

［38］ Bao YW, Zhou YC. Evaluating high-temperature modulus and elastic recovery of Ti_3SiC_2 and Ti_3AlC_2 ceramics ［J］. Materials Letters，2003，57（24）：4018-4022.

［39］ Griffith A A. The phenomena of rapture and flow in solids ［J］. Philosophical Transactions of the Royal Society of London，Series A，1921，221：163-198.

[40] 包亦望. 脆性材料在双向应力下的断裂实验与理论分析 [J]. 力学学报, 1998, 30: 682-689.

[41] 孙立, 包亦望. 脆性材料中倾斜裂纹的断裂评价 [J]. 锻造技术, 1998, 4: 42-44

[42] Mencik J. Strength and fracture of glass and ceramics [M]. North-Holland: Amsterdem, 1992.

[43] Bao YW, Steinbrech RW. Thermomechanical tests of brittle foil under biaxial stress [A]. Proc. of Symposium on Materials and Tests [C]. Germany: [s. n.], 1996.

[44] 李维红, 王立久, 包亦望, 等. 脆性材料在双向应力下阻力特性数值模拟 [J]. 大连理工大学学报, 2005, 45 (3): 427-432.

[45] Bao Y W, Li W H, Qiu Y. Investigation in biaxial-stress effect on mode I fracture resistance of brittle materials by FEM simulation and $K - G - J - \delta$ relationship [J]. Materials. Letters, 2005, 59 (4): 439-445.

[46] Eftis J, Subramonian N, Liebowitz H. Biaxial load effects on the crack border elastic strain energy and strain energy rate [J]. Engineering Fracture Mechanical, 1977, 9 (4): 753-764.

[47] Anderson T L. Fracture mechanics 2nd ed [M]. USA: CRC Press, 1995.

[48] 金宗哲, 包亦望. 脆性材料力学性能评价与设计 [M]. 北京: 中国铁道出版社, 1996.

[49] Bao YW, Steinbrech RW. Strain criterion of fracture in brittle materials [J]. Journal of Materials Science Letters, 1997, 16: 1533-1540.

[50] 包亦望, 苏盛彪, 王毅敏, 等. 钛化物陶瓷的高温蠕变行为与失效机理 [J]. 硅酸盐学报, 2002, 30 (3): 300-304.

[51] 包亦望, 王毅敏. Al_2O_3/SiC 复相陶瓷的高温蠕变与持久强度 [J]. 硅酸盐学报, 2000, 28 (4): 348-351.

[52] 苏盛彪, 包亦望, 杨建军. 氮化硅陶瓷高温蠕变行为及 Y_2O_3 和 CeO_2 的影响 [J]. 中国稀土学报, 2003, 21 (2): 179-183.

[53] Kachanov L M. Introduction to Continuum Damage Mechanics [M]. Boston: Martinus Nijhoff Publishers, 1986.

[54] Munz D, Fett T. Mechanisches Verhalten Keramischer Werkstoffe [M]. Berlin: Springer-Verlag, 1989.

[55] 苏盛彪. 预应力陶瓷与层状陶瓷复合材料应力分析与设计 [D]. 北京: 中国建筑材料科学研究院, 2002.

第4章 陶瓷涂层的力学性能

涂层技术是一种重要的现代表面处理技术和材料复合技术，涂层与基体形成的复合体可使它们在性能上取长补短，例如在金属表面复合一层或多层陶瓷涂层，可使复合构件具有陶瓷材料的耐高温、耐磨损、耐腐蚀等特性优点，广泛地应用于石油化工、国防军工、航天航空、机械电子等领域。涂层材料具有优异的机械、物理、化学性能，主要分为防腐涂层、耐磨涂层、特殊功能涂层，可以提高机械构件的性能、延长使用寿命。正因为涂层具有这些优良性能，使其得到非常广泛和重要的工业应用。

陶瓷涂层的力学性能是衡量涂层材料在不同受力状态下抵抗破坏能力和构件安全设计的最重要指标，是决定其能否安全使用的关键。对材料力学性能的检测和评价直接关系到构件的安全可靠性和对破坏的预测性，是保证其安全服役的基础。因此，陶瓷涂层的力学性能测试与评价是十分重要的，对陶瓷构件的设计与失效分析具有重要意义。然而，陶瓷涂层的大部分力学性能的评价技术很长时间在国内外都处于空白，这是因为涂层和基体材料紧密结合在一起，无法作为单质材料处理，因此许多性能很难用直接测试的方法进行测试，本章重点介绍采用间接测试的相对法技术评价陶瓷涂层材料的力学性能以及一些物理性能。

4.1 相对法与压痕评价技术

由于陶瓷涂层通常厚度很薄且难以从基体上直接剥离，因此无法作为单独块体材料在试验机上进行夹持安装并加载，无法进行弯曲、剪切、拉伸等力学性能测试。对于这类膜层材料，由于尺寸效应的影响，其力学性能很难甚至无法利用常规实验室方法进行测试和评价。为解决陶瓷涂层力学性能评价的技术难题，最新的解决方案是结合相对法基本原理提出了涂层力学性能测试技术，用于评价脆性材料性能中无法测试或难以测试的项目，对于陶瓷涂层的弹性模量和强度相对法评价技术已经编制了一系列国际标准[1,2]。相对法测试技术是一种间接测试方法，其基本原理已在1.4.1节中介绍，利用相对法的基本原理能够测得脆性材料性能中无法测试或难以测试的项目[3]。相对法测试技术的关键在于建立易测参数 B、C 与无法直接测量参数 X 间的解析关系式，据此解析关系式即可测得参数 X。相对法可分为横向比较和纵向比较，较为常用的是纵向比较。横向比较是通过比较相同服役环境或相同实验条件下未知材料与已知材料的力学响应，由已知材料的力学性能分析可得未知材料的力学性能；纵向比较是根据同一种样品在不同服役环境或不同时期的力学行为响应的比较，建立相关计算模型，即可评价该材料在不同服役条件下的力学性能[4]。

4.1.1　相对法的提出

相对法即一种间接测试的方法，通过相对比较不同状态的性能来获得材料在特种环境条件下的性能。实际上，利用相对法测试材料及产品性能的行为早已存在，例如用砝码测试物体的质量时将物体质量与砝码质量比较；用划痕法评价材料的莫氏硬度时将被测材料与标准硬度材料作相互划痕的比较。采用相对法对材料或构件与已知力学性能的参照物试样进行对照、比较、分析获得被测试样各种力学性能参数的测量。如果已知标准试样的弹性模量和硬度等材料力学性能，通过测试和比较，很容易无损评价任意同类材料或构件的弹性模量和硬度等相应参数是高于还是低于标准试样。除了简单易行之外，这种相对测试方法不受试样形状、规格和环境的限制，不仅可以达到无损，无须对试样原件进行机械加工，而且可以在各种特殊、恶劣环境下进行检测，这正是这种方法被提出和研究重视的主要原因。

早在 2000 年，一种柔度修正法被提出，并用于评价陶瓷的高温蠕变性能，其基本原理是利用挠度修正法表征三点弯曲试样的高温挠度变形[5]，详见 3.6.1 节。这种柔度修正法就是一种简单的相对法，即根据试样的实际挠度变形、横梁位移与系统误差之间的关系，由简单易测的横梁位移和系统误差即可获得待测试样的真实挠度变形。

相对法的典型使用是比较高温和常温的刚度来估算材料的高温弹性模量[6]。常温弹性模量可以通过实验室普通仪器测量的应力-应变或应力-挠度变形关系方便地确定陶瓷材料的弹性模量，然而由于高温下设备的限制，这些常规方法都无法测量高温弹性模量，至少很难保证高温下的测量精度。如果获得高温弹性模量和室温弹性模量的关系，就可以方便地确定高温弹性模量。相对法测试技术是基于陶瓷材料在高温下的弹性模量测试困难首次提出的，建立了陶瓷的弹性模量、塑性变形与温度的关系，发展成为一种可以测量高温弹性参数的简单方法，详见 8.1.1 节。

在常规力学性能测试过程中，相对法虽然没有被正式提出作为一种材料性能测试方法，但相对法在日常生活中到处可以见到。例如地球是大还是小，是相对于不同的参考体系而言的，相对于整个宇宙系统，它是渺小的，对于地面上的一粒沙子，它是巨大无比的；一棵树，相对于天空是矮的，相对于一棵小草而言，它是高大的。常规的力学性能试验中相对法的应用很广泛[7]。

1）划痕试验中的莫氏硬度。通过未知材料和已知材料的表面划痕相对对比得到未知材料的莫氏硬度就是相对法定性测量的典型应用。2）残余应力。残余应力的测量技术，例如热评估法、硬度法及压痕法等，均利用了相对法的基本思想。通过热评估的残余应力测定方法是基于应力将引起物体比热发生变化的原理而形成的[8,9]。硬度法是基于应力对物体硬度影响的原理而形成的[10,11]，它是在固定载荷下建立残余应力状态与压痕直径关系。J. Frankel[10] 通过试验得到：残余应力与洛氏硬度间近似呈反比关系。但其测量精度很大程度上依赖于压痕直径的测量，而且该法没有包括塑性变形历史对硬度的影响因素，材料的不均匀性、工件的表面状态等都将对测量结果造成很大影响。该方法在理论上也缺乏严密的科学性，难以建立直接的力学数学模型。因此，近年来在硬度法的基础上又发展了压痕法。压痕法测残余应力[12,13]是采用一定直径的球对试样施加一定的冲击功或载荷，使其在试样表面产生一个球冠形压痕，在压痕周围产生一定的叠加应力并形成一定的应变。压痕周围的残余应力将影响所产生的应变，并且当试验条件一定时，应变增量与其残余应力间存在良好的线性关系。因此，对某一给定材料，可以在一定的试验条件下作压痕标定试验，得到材料的应力-应变增量曲线，然后再在同一试验条件下对待测试样作压痕试验，根据标定试验得到的应力-应变增量曲线，就可求出试样中的残余应力值。压痕法是采用相对法通过被测试样和标定试样的应力-应变曲线的比较得到被测试样的残余应力的，它是相对法在材料力学测试领域的典型例子之一。

4.1.2 相对法的基本概念

相对法是一种通过未知材料和已知材料之间性能的相互关系评价材料力学性能的间接方法，尤其对一些无法采用常规测试方法测量的材料力学性能有实用价值。相对法是一种简单而有效的材料力学性能评价方法，其原理主要通过两种或两种以上的材料性能的相互比较来判断材料性能的相对比值，通过已知或易测的材料力学参数或几何参数和所建立的解析关系式即可获得难以直接测量的材料力学参数。相对法的一般数学模型可表示为：

$$X = F(X_0, a_0, b_0, a, b,)$$

$$(4-1)$$

式中　X、X_0——被测试样和基准试样的性能；

a_0、b_0——与基准试样有关的试验参数或常数；

a、b——与被测试样有关的试验参数或常数。

通过这种简单的关系式即可评价和测试待测材料的力学性能。基于相对法的基本原理，刘小根等[14]利用相对法对玻璃幕墙的安全性进行了评估。采用相同工艺生产的玻璃幕墙，它们具有相同的材料组成、结构形状和安装方式，理论上如果安装同样牢固的话它们的振动频率是相同的。利用橡胶锤敲击不同的玻璃幕墙可以采集到不同的振动频率信号，对比这些振动频率我们可以发现频率小的玻璃幕墙安全系数低于频率大的，这是因为低的共振频率通常是由于幕墙连接件的松动引起的，而连接件松动是幕墙脱落的主要原因。因此在对大批量玻璃幕墙进行安全评估时，可以通过测试振动频率划分安全区间，重点检查振动频率偏低的玻璃幕墙从而找出具有脱落风险的问题幕墙，这种思路就属于相对法中的纵向比较。李坤明等[15,16]对膜层的硬度进行研究，利用相同的压头分别测试复合体样品和基体样品的硬度，发现膜层的硬度也可以用相对法来表征，思路是将膜层的硬度表达为复合体硬度和基体硬度的关系式，通过后两者的测试结果推导出膜层的硬度值，这种思路就涉及相对法中的横向比较。利用相对法来评价薄膜材料与基体的界面结合强度[17]，就是一种简单的相对法，具体是利用"十字交叉法"技术，将膜层中部开两条小槽，槽的深度与膜层厚度相同，将高强胶的一面与膜层表面两条小槽间的部分粘接，将高强胶另一面与金属板粘接，使得整个样品成为十字交叉试样，随后将试样放置在相应的夹具上并测试其断裂强度。观察断面，如果断裂发生在膜层界面则测出的强度即为膜层界面结合强度，如果断裂发生在高强胶处则表示膜层界面结合强度大于高强胶的粘接强度。

4.1.3 相对法应用于涂层力学性能评价

相对法的切入点通常是找到易测得的参数与待测参数之间的相互关系。对于陶瓷涂层的力学性能评价，其难点是：涂层厚度较薄，无法将其从基体上剥离后进行加载试验。因此很难利用常规力学性能测试方法直接测得陶瓷涂层的力学性能。相对法应用于涂层力学性能评价首先是针对涂层的弹性模量和硬度。

　　弹性模量作为工程材料的重要性能参数，是评价涂层在制备和应用过程中的应力应变的关键参数，对接触应力场，涂层的剥离、断裂和涂层内部的残余应力状态也有重要影响。利用弹性模量可分析涂层与基体材料热变形失配导致的热应力的大小，有利于指导材料复合设计，防止涂层剥离现象的发生。利用相对法的基本思路，可以建立涂层-涂层/基体复合体-基体弹性模量间的解析关系，首先可测得基体与涂层/基体复合体的弹性模量，代入相应的解析关系式，即可求得涂层的弹性模量。获得涂层弹性模量后，即可得到涂层/基体复合体的等效截面的几何尺寸信息，根据涂层发生破裂的临界载荷即可计算求解出涂层的弯曲强度。

　　硬度是衡量材料软硬程度的一种力学性能指标，其定义为在给定的载荷条件下，材料对形成表面压痕（刻痕）的抵抗能力。对于厚度较大的涂层，可直接利用压痕技术评价其硬度；而对于厚度较薄的涂层，即利用压痕仪的最小载荷或最低压入深度也无法扣除基体效应时，利用压痕法所测得的是涂层与基体复合体的硬度。因此需要将膜层的本征硬度从复合硬度中分离出来，常利用复合硬度模型法，只需要知道基体的硬度、膜层的厚度，以及硬度压痕实验中载荷及压痕尺寸等因素即可算出膜层的本征硬度。

4.1.4　压痕评价技术

　　压痕法也可看做是一种相对法，它作为一种试验方法用来测量材料的弹性模量和硬度始于 20 世纪 70 年代[18,19]。对于涂层材料的力学性能评价，国内外主要是利用纳米压痕技术进行评价。压痕评价技术具有较高的力分辨率和位移分辨率，若压入的最小位移深度小于涂层厚度的 1/10，则可忽略基体对涂层弹性模量和硬度测量结果的影响，即可将涂层材料视为均匀单质材料，利用 Oliver－Pharr 法即可求算出涂层材料的弹性模量与硬度。若涂层厚度较薄，压痕仪的最大压入深度超过涂层厚度的 1/10，此时基体效应就不能被忽略，此时可利用量程更大的压痕仪对待测涂层/基体复合体试样进行穿透压入，根据建立的涂层-涂层/基体复合体-基体硬度的复合硬度模型，由简单易测得的基体和复合体的硬度值、压痕几何尺寸等参数，即可求算出涂层的硬度。

4.2　涂层的弹性模量

　　采用相对法测得的涂层弹性模量为涂层整体性能参数（并非局部微小区域的弹性模量），更符合陶瓷材料构件在设计和服役期间的应力以及变形计算要求。而位移敏感压痕法测得的弹性模量仅是涂层表面局部性能参数，其测试结果常受涂层表面质量、微观结构、气孔、第二相夹杂等影响，无法表征涂层的整体性能。

　　对于陶瓷涂层弹性模量的测试，虽然涂层的弹性模量无法直接测得，但是利用相对法的思想，只要分别测出含涂层-基体复合体样品与基体样品的弹性模量，就可以算出涂层材料的弹性模量。核心是求出三者之间理论关系的解析表达式。对于矩形横截面的试件，为方便试样的制备，这里考虑三种不同的涂层结构，如图 4-1 所示：1）单面涂层，

图 4-1a；2)双面涂层，图 4-1b；3) 四面涂层，图 4-1c。其中任意一种结构均可用来评价涂层/膜层的弹性性能。

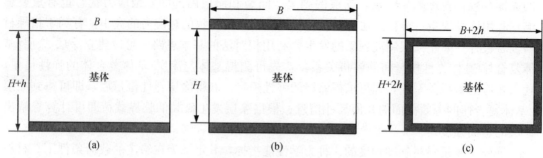

图 4-1　矩形横截面的梁试样不同涂层结构示意图

（a）单面涂层，（b）双面涂层，（c）四面涂层

　　三点弯曲实验是一种广泛用于陶瓷材料弹性模量测量的方法，三点弯曲试验示意图如图 4-2 所示。根据试样的载荷、跨中挠度增量以及试样的几何尺寸，即可求算出试样的弹性模量，计算公式如下：

$$E=\frac{L^3}{4H^3B\times1000}\frac{\Delta P}{\Delta f}$$　　　　　　　　　（4-2）

式中　　E——弹性模量（GPa）；

　　　　L——跨距（mm）；

　　　　H——试样厚度（mm）；

　　　　B——试样宽度（mm）；

　　　　ΔP——加载过程中的载荷增量（N）；

　　　　Δf——与载荷增量对应的跨中挠度变化量（mm）。

设涂层弹性模量为 E_f，基体弹性模量为 E_s，二者之比被定义为：

$$\alpha=\frac{E_f}{E_s}$$　　　　　　（4-3）

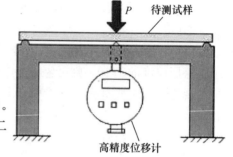

图 4-2　三点弯曲试验示意图

　　因此，若测得 α 和 E_s，根据式（4-3）便可求解得涂层的弹性模量 E_f。在载荷一定的情况下，均质基体试样的挠度在镀膜前为 f_1、镀膜后为 f_2，如图 4-3 所示。显然，f_2 应小于 f_1，这是因为镀膜后样品的刚度较镀膜前基体试样的刚度大。根据材料力学的等效刚度法[20]，为了计算涂层/膜层试样的惯性矩，采用同质材料的等效截面代替其横截面。同理，膜材料的宽度变为原来的 α 倍，弹性模量均采用基体的弹性模量。总之，只改变截面的形状而刚度不变。因此，可用等效刚度法来分析评价镀膜梁试样的变形。

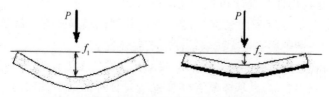

图 4-3　镀膜前后的挠度变化（相同加载条件）

根据材料力学计算可得，镀膜前试样的挠度为 $f_1=(PL^3)/(48E_sI_1)$，镀膜后试样的挠度为 $f_2=(PL^3)/(48E_sI)$，则对于给定镀膜前和镀膜后试样的载荷增量，则它们的挠度遵循以下关系：

$$f_1I_1=f_2I \tag{4-4}$$

式中　I_1——镀膜前试样的惯性矩，$I_1=\dfrac{BH^3}{12}$，mm^4；

$\quad\quad I$——镀膜后试样的惯性矩，mm^4。

镀膜后试样的惯性矩 I 可以用等效截面法求得，采用弯曲试验法可以分别得到镀膜前和镀膜后的 f_1 和 f_2。下面分别讨论图 4-1 中单层涂层和多层涂层的弹性模量测试。

4.2.1　单层涂层的弹性模量

对于单层涂层试样（如 4-1a 所示），当载荷增量一定时，镀膜前后试样的挠度可由下式进行计算：

$$f_1=\frac{L^3}{4H^3B\times1000}\frac{\Delta P}{E_s} \tag{4-5}$$

$$f_2=\frac{L^3}{4(H+h)^3B\times1000}\frac{\Delta P}{E_c} \tag{4-6}$$

式中　E_c——镀膜后复合体试样的弹性模量（GPa）；

$\quad\quad h$——涂层厚度（mm）。

$\quad\quad H$——基体厚度（mm）。

则镀膜前后试样的挠度比 F 为：

$$F=\frac{f_1}{f_2}=(1+R)^3\frac{E_c}{E_s} \tag{4-7}$$

上式中，$R=h/H$ 是涂层与基体的厚度比。当试样是单面镀膜时，其等效截面是非对称的，此时中性层并不是试样的厚度 1/2 高度处，在计算前应该先确定。涂层表面到中性轴的距离为 y_c，并由下式[21]求得。

$$y_c=\frac{H(H+2h)+\alpha h^2}{2(H+\alpha h)} \tag{4-8}$$

则单面镀膜试样横截面的惯性矩为

$$I=\frac{BH^3}{12}+\frac{\alpha Bh^3}{12}+BH\left[\frac{\alpha h(H+h)}{2(\alpha h+H)}\right]^2+\alpha Bh\left[\frac{H^2+Hh}{2(\alpha h+H)}\right]^2 \tag{4-9}$$

联立式（4-4）和式（4-9），可得到 F 与 α 间的关系：

$$F=\frac{f_1}{f_2}=1+\alpha\left[R^3+3R\frac{(1+R)^2}{(1+\alpha R)}\right] \tag{4-10}$$

由式（4-10）可解得弹性模量之比 α：

$$\alpha=\frac{-A+\sqrt{A^2+C}}{2R^3} \tag{4-11}$$

由式（4-3）和式（4-11）可得涂层的弹性模量 E_f：

$$E_f=\frac{-A+\sqrt{A^2+C}}{2R^3}E_s \tag{4-12}$$

上式中 R、A、C 均是常数；$R=h/H$；$A=4R^2+6R+4-F$；$C=4R^2(F-1)$；$F=$

f_1/f_2。由上式（4-12）可知，涂层的弹性模量取决于镀膜前后试样的弯曲挠度比以及涂层与基体的厚度比，即上式（4-12）可表述为 $E_f = f(R, f_1, f_2) E_s$。

此外由式（4-7）可知，镀膜前后试样的挠度比也可由复合体与基体的弹性模量比计算得来。因此，在挠度测量不便的时候，可利用脉冲激励法、超声波法等其他弹性模量测量技术测得复合体和基体的弹性模量，然后代入式（4-7）和（4-12）即可计算得涂层的弹性模量。

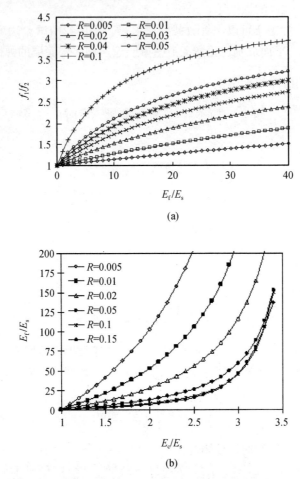

(a)

(b)

图 4-4　单层镀膜体系的膜层厚度对弹性模量比和挠度比的影响

（a）膜层弹性模量与挠度比的关系；（b）膜层与复合体弹性模量的关系曲线

图 4-4 表明了单层涂层材料的不同涂层/基体厚度比对弹性模量比和挠度比的影响。对于同一涂层/基体厚度比，镀膜前后试样的挠度比随着涂层/基体弹性模量比值的增大而增大；对于同一涂层/基体弹性模量比值，镀膜前后挠度比随着涂层/基体厚度比的增大而增大，如图 4-4a 所示。对于同一涂层/基体厚度比，涂层/基体弹性模量之比也随着镀膜后与镀膜前试样弹性模量的比值增加而增加；对于同一镀膜后与镀膜前试样弹性模量的比值，涂层/基体弹性模量之比会随着涂层/基体厚度比的增大而减小，如图 4-4b 所示。将图 4-4a 进行局部放大，可得图 4-5。

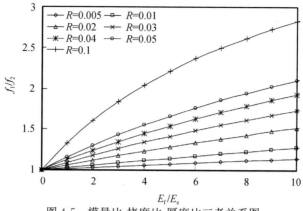

图 4-5　模量比-挠度比-厚度比三者关系图

由图 4-5 可知，对于涂层/基体厚度比小于 0.04 时，当涂层/基体弹性模量比值小于 5 时，镀膜前后挠度比在 1.5 以下，挠度变化较小会影响膜层弹性模量测试结果的精确度。因此，相对法比较适合评价较厚单层膜的弹性模量。

试验验证选用三组单层涂层试样测试涂层的弹性模量，分别为：1）类金刚石膜/硅基体系，其尺寸是 mm：2.5×3.44×40。金刚石膜厚 $20\mu m$。属于脆性基体镀脆性硬膜；2）SiC 膜/石墨基体系，矩形试样的大小为 mm：3×4×40。SiC 膜厚 0.2mm。属于脆性基体上镀脆性硬膜；3）硼硅酸盐玻璃膜/铝基体系，如图 4-6 所示。横截面尺寸为 mm：3×4。硼硅酸盐玻璃膜的厚度为 0.2mm。侧面抛光，属于软基体镀脆性膜。

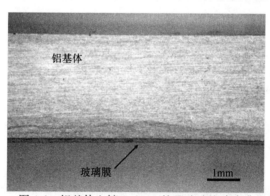

图 4-6　铝基体上镀 0.2mm 的硼硅酸盐玻璃膜

1）类金刚石膜/硅基体系。膜层和基体的厚度分别为 $20\mu m$、2.48mm。试样宽度 B 为 3.44mm，载荷增量 ΔP 为 10N，跨距 L 为 30mm 的三点弯曲试验法测镀膜前后硅基材料和类金刚石膜基复合体系的挠度值。敏感位移测试仪分别测量镀膜前后的挠度 f_1、f_2，精确到 $0.1\mu m$。然后根据式（4-12）就可以求出膜层的弹性模量。测试结果如下表 4-1 所示，通过比较镀膜前后试样三点弯曲挠度的变化即可计算出类金刚石膜的弹性模量为 1131.3GPa[7]。

表 4-1　类金刚石膜弹性模量测试结果

f_1/（μm）	f_2/（μm）	$h/\mu m$	H/mm	E_s/GPa	E_c/GPa	α	E_f/GPa
7.9	6.8	20	2.48	162.8	184.7	6.949	1131.3

2）SiC膜/石墨基体系。已知基体石墨的弹性模量（10GPa），采用跨距30mm的三点弯曲试验法测得镀膜后复合体试样的弹性模量，然后代入式（4-7）即可得 F 值，根据式（4-12）可获得SiC涂层的弹性模量测试值，为336GPa[7]。

3）硼硅酸盐玻璃膜。选用跨距为40mm的三点弯曲试验，测试载荷增量为10N，测得铝基体和硼硅酸盐玻璃膜铝基体复合试样对应的挠度 f_1、f_2；按照式（4-5）和（4-6）分别求得铝矩形试样和硼硅酸盐玻璃膜铝基体系的弹性模量 E_s、E_c，分别为58GPa、60GPa；把 E_s 和 E_c 测试值代入式（4-7）可得到镀膜前后试样表示的挠度比 F 为1.2555，把 F 值和铝试样、玻璃膜层的几何尺寸代入式（4-12），即可得到玻璃膜的弹性模量值70.6GPa[7]。

4.2.2 多层涂层弹性模量的评价

4.2.2.1 双面涂层

1. 双面等厚对称涂层

对于上下两面镀等厚膜/涂层的试样，其横截面惯性矩为：

$$I=\frac{\alpha h\ (2h+H)^3}{6}+\frac{\alpha Bh}{2}(h+H)^2+\frac{BH^3}{12} \tag{4-13}$$

则涂层/基体弹性模量之比为

$$\alpha=\frac{E_f}{E_s}=\frac{I_1\left(\dfrac{f_1}{f_2}-1\right)}{\left[\dfrac{Bh^3}{6}+\dfrac{Bh\ (h+H)^2}{2}\right]} \tag{4-14}$$

由三点弯弹性模量计算公式，可得镀膜前后的挠度比为

$$F=\frac{f_1}{f_2}=(1+2R)^3\ \frac{E_c}{E_s} \tag{4-15}$$

结合 $I_1=\dfrac{BH^3}{12}$，把式（4-15）代入式（4-14），可解得：

$$\alpha=\frac{F-1}{8R^3+12R^2+6R} \tag{4-16}$$

把上式代入式（4-3）可得上下表面对称同质涂层的弹性模量为：

$$E_f=[(F-1)/(8R^3+12R^2+6R)]E_s \tag{4-17}$$

由上式可知，涂层弹性模量取决于镀膜前后试样的挠度比、涂层/基体厚度比以及基体的弹性模量。在镀膜前后试样的挠度不易测量时，可利用脉冲激励法或其他陶瓷弹性模量测量方法测得基体与涂层/基体复合体的弹性模量，利用式（4-15）可计算得镀膜前后试样的挠度比，然后利用式（4-17）也可解得涂层的弹性模量。

双面等厚对称涂层体系的不同涂层/基体厚度比对涂层/基体弹性模量比、复合体/基体弹性模量比、镀涂层前后挠度比的影响如图4-7所示。膜基厚度比一定时，镀膜前后挠度比值与涂层/基体弹性模量比、涂层/基体弹性模量比与镀膜后前弹性模量比都存在线性关系。对于同一涂层/基体弹性模量，涂层/基体厚度比越大，镀涂层前后挠度比也越大；对于同一镀涂层前后挠度比，涂层/基体厚度比越大，涂层/基体弹性模量越小。对于同一镀膜后前弹性模量比，涂层/基体厚度比越大，涂层/基体弹性模量越小；对于同一涂层/基体弹性模量，涂层/基体厚度比越大，镀膜后前弹性模量比也越大。

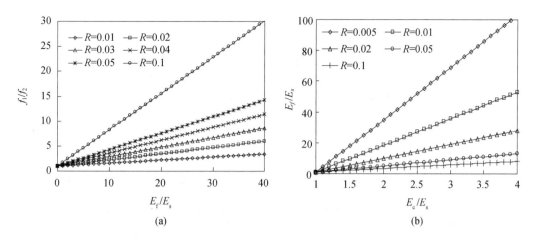

图 4-7　双面等厚对称涂层体系涂层厚度对弹性模量比和挠度比的影响

（a）不同涂层厚度，涂层/基体弹性模量比与镀膜前后挠度比的关系；

（b）不同涂层厚度，涂层弹性模量与复合体弹性模量间的关系

选用 SiC/C 膜基复合体系测量 SiC 涂层的弹性模量，在石墨基体（mm：$3 \times 4 \times 40$）上下表面利用化学气相沉积制得 0.2mm 的 SiC 涂层。利用跨距为 30mm 的三点弯曲试验法测得基体材料的弹性模量约为 10GPa。同样采用三点弯曲试验法测得镀膜后膜基体系的弹性模量 Ec。根据式（4-15）和（4-17）即可获得膜层 SiC 的弹性模量，约为 325GPa[7]。

2. 双面不等厚非对称涂层

对于上下表面镀膜试样，但上下膜层厚度不相等，如图 4-8 所示。

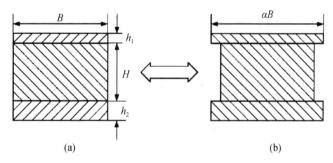

图 4-8　非对称双面镀膜试样的横截面等效刚度转换示意图

（a）转换前横截面；（b）转换后；（a）与（b）具有相同的刚度

B 为试样宽度；H 为基体厚度；h_1 为上表面涂层厚度；h_2 为下表面涂层厚度，且 $h_1 \neq h_2$

试样下侧涂层的下表面至中性轴的间距为 y，可由材料力学[22]进行计算。

$$y = \frac{\sum A_i y_i}{\sum A_i} = \frac{H(H+2h_2) + \alpha (h_1+h_2)^2 + 2\alpha H h_1}{2[H + \alpha(h_1+h_2)]} \tag{4-18}$$

由此可计算出镀涂层后试样横截面的等效截面的惯性矩：

$$I = \frac{BH^3}{12} + BH\left(\frac{H}{2} + h_2 - y\right)^2 + \frac{\alpha B h_1^3}{12} + \alpha B h_1 \left(\frac{h_1}{2} + H + h_2 - y\right)^2 + \frac{\alpha B h_2^3}{12} + \alpha B h_2 \left(y - \frac{h_2}{2}\right)^2 \tag{4-19}$$

先进陶瓷力学性能评价方法与技术

将 $I_1 = \dfrac{BH^3}{12}$ 代入式（4-4）可得：

$$I - I_1 = I_1\left(\frac{f_1}{f_2} - 1\right) = \frac{BH^3}{12}\left(\frac{f_1}{f_2} - 1\right) \tag{4-20}$$

令 $R_1 = \dfrac{h_1}{H}$，$R_2 = \dfrac{h_2}{H}$，联立式（4-18）与式（4-19）可得：

$$I - I_1 = \frac{\alpha BH^3}{12}(R_1^3 + R_2^3) + \frac{\alpha BH^3}{4}\frac{\alpha R_1 R_2 (2 + R_1 + R_2)^2 + R_1 (1 + R_1)^2 + R_2 (1 + R_2)^2}{1 + \alpha(R_1 + R_2)} \tag{4-21}$$

将上式（4-20）代入式（4-21）可得[23]：

$$F = \frac{f_1}{f_2} = 1 + \alpha\left[(R_1^3 + R_2^3) + 3\frac{\alpha R_1 R_2 (2 + R_1 + R_2)^2 + R_1 (1 + R_1)^2 + R_2 (1 + R_2)^2}{1 + \alpha(R_1 + R_2)}\right] \tag{4-22}$$

由三点弯弹性模量计算公式，可得镀膜前后的挠度比为

$$F = \frac{f_1}{f_2} = (1 + R_1 + R_2)^3\frac{E_c}{E_s} \tag{4-23}$$

联立式（4-22）和式（4-23）可得

$$a\alpha^2 + b\alpha + c = 0 \tag{4-24}$$

上式中，a、b、c 均为系数，其中 $a = (R_1 + R_2)^4 + 12R_1 R_2 (1 + R_1 + R_2)$，$b = 4(R_1^3 + R_2^3) + 6(R_1^2 + R_2^2) + (R_1 + R_2)(4 - F)$，$c = 1 - F$，且 F 可由三点弯曲试验的挠度比获得，或可通过式（4-23）由复合体与基体的弹性模量计算而得。因此涂层/基体弹性模量比值 α 可由下式进行计算。

$$\alpha = \frac{-b + \sqrt{b^2 - 4ac}}{2a} \tag{4-25}$$

则双面不等厚非对称涂层的弹性模量为：

$$E_f = \frac{-b + \sqrt{b^2 - 4ac}}{2a}E_s \tag{4-26}$$

对于单面涂层试样，是双面非对称涂层的一个特例，即 $R_1 = 0$，$R_2 = R$，代入上式（4-24）可得：$a = R^4$，$b = 4R^3 + 6R^2 + R(4 - F_1)$，$c = 1 - F_1$，$F_1 = (1 + R)^3 (E_c/E_s)$，因此，

$$\alpha = \frac{-M + \sqrt{M^2 + N}}{2R^3} \tag{4-27}$$

上式中，$M = 4R^2 + 6R + 4 - F_1$，$N = 4R^2 (F_1 - 1)$。与上式（4-12）具有相同的解析表达式。

对于双面对称涂层复合试样，也是双面非对称涂层的一个特例，即 $R_1 = R_2 = R$，代入式（4-24）可得：$a = 16R^4 + 12R^2 (1 + 2R)$，$b = 8R^3 + 12R^2 + 2R(4 - F_2)$，$c = 1 - F_2$，$F_2 = (1 + 2R)^3 (E_c/E_s)$，因此，

$$\alpha = \frac{F_2 - 1}{8R^3 + 12R^2 + 6R} \tag{4-28}$$

则上式与式（4-16）具有相同的解析关系式，这也侧面证明了式（4-25）的正确性。

选用 $Al_2O_3/Ti_3SiC_2/Al_2O_3$ 膜基复合体系试样测量 Al_2O_3 涂层的弹性模量，试样尺寸

为（3～4mm）×4mm×36mm，其横截面如图 4-9 所示。利用脉冲激励技术测得 Ti_3SiC_2
基体的弹性模量为 336GPa，利用三点弯试验分别测得不同厚度的 Al_2O_3 涂层的 Al_2O_3/Ti_3
SiC_2/Al_2O_3 复合体系的弹性模量，然后利用式（4-26）和式（4-27）即可计算出 Al_2O_3 涂
层弹性模量，测试结果如下表 4-2 所示。测得 Al_2O_3 涂层的弹性模量为 398.20GPa[23]，测
试结果与文献［24，25］一致，证明了该方法的正确性。

图 4-9　$Al_2O_3/Ti_3SiC_2/Al_2O_3$ 复合材料横截面的背散射图像
（两侧灰色部分为 Al_2O_3 涂层；中间白色部分为 Ti_3SiC_2 基体）

表 4-2　$Al_2O_3/Ti_3SiC_2/Al_2O_3$ 复合体系中 Al_2O_3 涂层弹性模量的测试结果

试样编号	H/mm	R_1	R_2	E_c/GPa	E_f/GPa
1	2.677	0	0.072	347.35	401.47
2	2.522	0	0.143	356.19	407.65
3	2.247	0	0.250	353.63	382.19
4	2.420	0.168	0.177	373.94	400.43
5	2.598	0.198	0.225	370.51	388.92
6	2.603	0.130	0.130	372.31	408.61
均值					398.20±10.54

4.2.2.2　四面涂层

对于四面等厚涂层，如图 4-1c 所示，其等效截面如下图 4-10 所示。

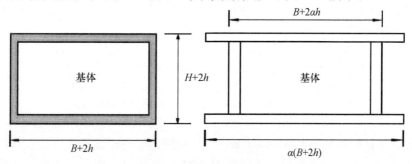

图 4-10　四面涂层样品及其等效梁截面示意图

中性轴位置距上表面距离 $y=(H+2h)/2$，可得其横截面的惯性矩为：

$$I=\frac{\alpha h\ (2h+H)^3}{6}+\frac{\alpha Bh^3}{6}+\frac{\alpha Bh}{2}(h+H)^2+\frac{BH^3}{12} \tag{4-29}$$

将式（4-4）代入式（4-29）可得

$$\alpha=\frac{I_1(f_1/f_2-1)}{h\ (2h+H)^3/6+(Bh^3/6)+Bh\ (h+H)^2/2} \tag{4-30}$$

四面涂层试样镀膜前后的挠度比为

$$F=(1+2R)^3(1+2h/B)\frac{E_c}{E_s} \tag{4-31}$$

将上式（4-31）和 $I_1=\frac{BH^3}{12}$ 代入式（4-30）可得

$$E_f=E_s\left[\frac{F-1}{2h\ (2R+1)^3/B+8R^3+12R^2+6R}\right] \tag{4-32}$$

因此，若预先测得四面涂层复合样品的弹性模量和基体的弹性模量，或测得基体材料镀涂层前后的三点弯曲挠度，则涂层的弹性模量可由一个挠度比和厚度比的函数计算获得，即

$$E_f=S(F,\ R) \tag{4-33}$$

上式中，S 是一个与试样几何尺寸有关的函数。

涂层弹性模量是镀涂层前后挠度比、镀涂层后前弹性模量比与涂层/基体厚度比的函数，如图 4-11 所示。由图 4-11 可知，一定宽度梁试样的膜层和基体弹性模量与挠度比、膜层和基体弹性模量与镀膜前后弹性模量比成正比关系。由图 4-7 和 4-10 比较可知，同样是对称性镀膜，由于四面镀膜材料的刚度比上下两面镀膜材料的刚度大，即使相同的膜层、基体弹性模量比值，也就是说采用相同的膜基体系，镀膜前后的挠度比相差很大。因此，采用相对法评价膜层的弹性模量时，四面镀膜材料比上下两面镀膜材料更方便测量膜层材料的弹性模量[7]。

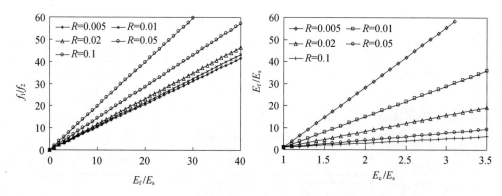

图 4-11　四面涂层体系涂层厚度对弹性模量比和挠度比的影响
(a) 不同涂层厚度，涂层/基体弹性模量比与镀膜前后挠度比的关系；
(b) 不同涂层厚度，涂层弹性模量与复合体弹性模量间的关系

在石墨基体试样（3mm×4mm×40mm）上利用化学气相沉积的方法在其四面均匀沉积 $0.18\sim0.20$mm 厚的 SiC 涂层，其横截面如图 4-12 所示。利用三点弯曲试验，跨距选

用 30mm，可测得石墨基体的弹性模量（$E_s = 10\mathrm{GPa}$）和复合体的弹性模量，代入式（4-31）和（4-32）即可计算出涂层的弹性模量。测试结果如表 4-3 所示，SiC 涂层的弹性模量为 325GPa[3]，且这一结果与上述单层涂层体系和双面涂层体系的计算结果一致。

图 4-12　SiC/C 四面涂层试样的横截面

表 4-3　SiC/C 四面涂层试样中 SiC 涂层弹性模量测试结果

No.	H/mm	h/mm	B/mm	R	E_c/GPa	E_f/GPa
1	3	0.18	4	0.060	120	327
2	3	0.18	4	0.060	115	313
3	3	0.19	4	0.063	128	336
4	3	0.18	4	0.060	117	318
5	3	0.20	4	0.067	130	329
均值						325±9

4.2.2.3　多层非均质涂层

以上介绍的多层涂层中，各个涂层是由相同的材料构成，其力学性能也相同。而对于多层非均质涂层试样，由于每一层都是由不同的材料组成，其弹性模量也各不相同。为了得到每一层的弹性模量，我们将多层涂层的模型简化，采用逐层递推的方法即可测得各个涂层的弹性模量。例如测试最上面一层涂层时，可将第一层涂层视为单独的涂层，剩余的涂层以及基体视为第一层涂层下面的等效复合基体，这样就形成涂层—基体系统，此时可以利用单层涂层的理论公式进行求解。基于上述分析，可通过分别测试原始复合体样品的弹性模量和等效复合基体样品的弹性模量获得第一层涂层的弹性模量，重复此步骤建立每一层涂层的涂层—基体系统，即可测得每一层涂层的弹性模量[26]。

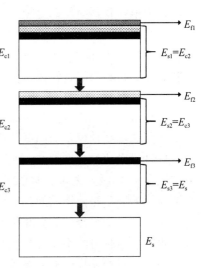

图 4-13　多层非均质涂层试样
横截面示意图

具体的操作步骤为：

1）如图 4-13 所示，复合体材料具有三层涂层，为了测试第一层涂层的弹性模量，我们假设原始复合体材料的弹性模量为 E_{c1}，第一层涂层的弹性模量为 E_{f1}，其下面的涂层与基体组成的等效复合基体的弹性模量为 E_{s1}。利用三点弯曲试验或脉冲激励技术等弹性模量测试方法测得 E_{c1}，利用工具显微镜测得涂层与基体的厚度 h、H。

2）磨去第一层涂层（涂层厚度为 h）。测量剩余样品的厚度，H。用三点弯曲试验或脉冲激励技术等弹性模量测试方法测量剩余样品的弹性模量，E_{s1}。

3）利用以上两步测试出的 E_{c1}、E_{s1}、h 和 H 利用公式（4-7）和（4-12）计算第一层涂层的弹性模量 E_{f1}。此时，测试第一层涂层时用的等效基体就相当于测试第二层涂层所用的带涂层复合体，假设其弹性模量为 E_{c2}，则 $E_{s1}=E_{c2}$。假设第二层涂层的弹性模量为 E_{f2}，其下面的涂层与基体组成的等效复合基体的弹性模量为 E_{s2}。

4）重复步骤 2）和步骤 3），分别得到第二层涂层复合体和第二层涂层等效基体的弹性模量。利用相应公式计算第二层涂层的弹性模量，E_{f2}。

5）根据上述步骤，计算第三层涂层的弹性模量 E_{f3}。

上述方法是基于上式（4-7），由弹性模量计算得来镀膜前后试样的挠度比，然后代入式（4-12），计算得涂层的弹性模量；也可直接测得各个试样在沉积涂层前后的三点弯曲挠度，直接利用式（4-12），即可得涂层的弹性模量。且以上计算均假设样品是弹性变形，且涂层与基体的界面是连续的理想界面，即涂层与基体紧密结合，能够连续地传递应力。

4.2.3 涂层的高温弹性模量

由于陶瓷涂层与基体紧密结合且难以从基体上剥离，因此，在基体上的陶瓷涂层难以作为单体试样来进行弹性模量的测量，即使将陶瓷涂层剥离作为单独试样用弯曲法来测量，在高温下如何准确测量挠度也是一个难题，因为常用的测量挠度的装置设备难以承受很高的工作温度。而采用纳米压痕法等方法测量时，测试结果会受到材料气孔率及表面粗糙度的影响，仪器所用的金刚石压头也很难承受较高的工作温度。另外还有一些别的方法，包括拉伸试验法、鼓起试验法和表面波法等，这些通常在常温下使用的方法在高温下都无法使用。由此看来，在测试结果可靠的前提下，所需测试仪器能够承受高温测试环境是陶瓷涂层材料高温弹性模量测试的重点。我们知道脉冲激励法[27,28]可以测试高温块体材料的弹性模量，而事实上复合体样品和基体样品都可以作为块体材料直接用脉冲激励法技术来测试，却无法直接测得涂层的弹性模量。因此，可结合脉冲激励技术与相对法技术实现涂层高温弹性模量的测试评价。

脉冲激励法技术如图 2-6 所示，是一种非破坏性且操作方便的块状试样弹性模量的测试方法[29,30]。该方法的基本原理是通过对样品施加一个激励使得样品产生自由振动，而自由振动的频率是由样品的几何尺寸、密度和弹性模量决定的。振动频率由声波探测器进行采集，频率信号经过放大并传入频率分析系统，通过代入样品尺寸和密度的数据将弹性模量求得。这种方法不仅方便快捷，还可被用在不同温度和湿度的测试环境中。如用在高温环境中，只要将样品的支撑系统、激励系统及信号采集系统改装，使得其能在高温环境中工作即可。

相对法是一种间接测试方法，其核心问题是构建易测得的材料参数与难以直接测得的材料参数间的解析关系式。本研究首先构建了 E_f-E_c-E_s 的解析方程，然后利用脉冲激励技术测得 E_c 和 E_s，并代入所构建的解析方程即可求解得 E_f。

对于 IET，矩形截面的长条状试样的弹性模量[31,35]可由下式计算：

$$E=0.9465\left(\frac{mf_f^2}{b}\right)\left(\frac{L^3}{t^3}\right)T_1 \tag{4-34}$$

式中　E——试样的弹性模量（Pa）；

　　　m——试样的质量（g）；

　　　f_f——弯曲响应频率（Hz）；

　　　L——试样的长度（mm）；

　　　b——试样的宽度（mm）；

　　　t——试样的厚度（mm）。

T_1 为弯曲响应模式下的校正因子，其大小由泊松比 ν 和试样厚度长度比所决定，如下式所示。

$$T_1=1+6.585(1+0.0752v+0.8109v^2)\left(\frac{t}{L}\right)^2-0.868\left(\frac{t}{L}\right)^4-$$

$$\left[\frac{8.340(1+0.2023v+2.173v^2)\left(\frac{t}{L}\right)^4}{1.000+6.338(1+0.1408v+1.536v^2)\left(\frac{t}{L}\right)^2}\right] \tag{4-35}$$

对于陶瓷、玻璃等脆性材料，ν 可取值 0.2；对于长厚比较大的试样，式（4-35）中 $\left(\frac{t}{L}\right)^4$ 项可略去不计，因此上式（4-35）可简化为：

$$T_1\approx1+6.8976\left(\frac{t}{L}\right)^2 \tag{4-36}$$

将式（4-36）代入式（4-34）可得 IET 测量弹性模量的计算公式：

$$E=0.9465\left(\frac{mf_f^2}{b}\right)\left(\frac{L^3}{t^3}\right)\left[1+6.8976\left(\frac{t}{L}\right)^2\right] \tag{4-37}$$

因此复合体和基体的弹性模量可利用式（4-37）方便快捷地测得。对于带有涂层的复合体，其横截面如图 4-14 所示，h、H 分别为涂层和基体的厚度，且计算过程中假设涂层与基体间的界面为理想界面。

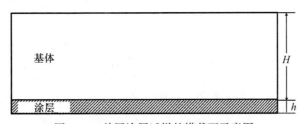

图 4-14　单层涂层试样的横截面示意图

基于等效刚度原理，可得等效截面转换前后的试样，在相同载荷及跨距下所产生的挠度变形相同，则可构建下述等式：

$$f=\frac{PL^3}{48E_cI}=\frac{PL^3}{48E_sI_1} \tag{4-38}$$

式（4-38）中，P 为施加载荷，L 为三点弯实验中的跨距。将 $I_1=\frac{BH^3}{12}$ 和式（4-9）代

入式（4-38）可得[36]：

$$\frac{bh^4}{12}\alpha^2+\left[\frac{bHh^3}{12}+0.25bHh\,(H+h)^2-C_1h\right]\alpha-C_1H=0 \qquad (4\text{-}39)$$

上式中，$C_1=\dfrac{E_cb\,(H+h)^3}{12E_s}-\dfrac{bH^3}{12}$。利用脉冲激励技术及式（4-37）测得 E_c 和 E_s 后，将其值和试样尺寸代入式（4-39），求解一元二次方程可得 α，则涂层的弹性模量为：

$$E_f=\alpha E_s \qquad (4\text{-}40)$$

在测试弹性模量之前须准确测量出样品的几何尺寸，包括长度、宽度、涂层和基体的厚度。脉冲激励技术测量涂层弹性模量的步骤如下：i) 利用脉冲激励技术和式（4-37）测得复合体试样的弹性模量 E_c；ii) 将复合体试样表面涂层去除后，或直接利用与基体相同材料的试样，再次利用脉冲激励技术和式（4-37）测得基体的弹性模量 E_s；iii) 将 E_q、E_s 及样品尺寸代入式（4-39）和（4-40），解得涂层的弹性模量 E_f。

测试陶瓷涂层在高温下的弹性模量时，分别测量复合体样品和基体样品在同一温度下的弹性模量，即可利用上述方法求出这一温度下陶瓷涂层的弹性模量。

测试的关键是建立高温测试条件，整个测试系统如图 4-15a 所示，包括样品夹具、敲击装置、高温炉、信号接收器和信号分析系统。高温下的样品夹具通常采用陶瓷或铂丝等耐高温材料做成悬空装置，如图 4-15b 所示，为了使得悬空装置尽量减少对测试样品自由振动的干扰，设样品总长度为 L，支撑位置通常在样品两端分别离边缘 $0.224L$ 处。

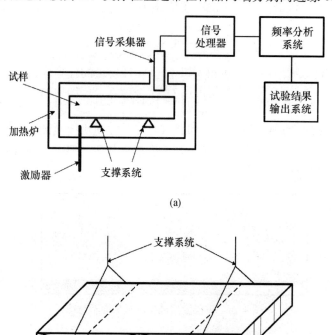

图 4-15　高温弹性模量脉冲激励测试系统示意图

（a）高温环境脉冲激励法装置的示意图；（b）脉冲激励法悬空支撑系统示意图

　　试验开始后，复合样品和基体样品试样应首先被加热到预定温度。当温度达到预定温度，炉内温度应在此温度下维持足够的时间使得试样温度均匀，炉内温度的变化幅度应小于±2℃[26]。对样品施加脉冲激励，产生并收集共振频率信号。根据国际标准 ISO 17561 规定，复合样品的弹性模量或基体样品的弹性模量由基础共振频率决定。由此，高温下陶瓷涂层的弹性模量可利用式（4-37）计算得到。

　　设计实验系统如图 4-16 所示，弹性模量采用动态弹性模量测试仪（中国建材检验认证集团股份有限公司）测试，加热炉（NBD-M1200-201C，北京，中国，图 4-16a）的升温速率为 10℃/min，每隔 100℃ 设置一个测试点，当温度达到测试点温度时，炉温保持 30min 使得样品达到预定温度且整体温度均匀。样品夹具采用耐火材料做成（图 4-16b），支撑样品的悬空丝采用铂丝。样品放置在悬空丝上时，样品正方上安置一个氧化铝陶瓷管，在样品振动时将共振声波信号通过陶瓷管引出加热炉并被陶瓷管上面的声波探测器接收，同时，由于会受到热辐射的影响，声波探测器也要能承受 300℃ 以上的高温，如果不能承受高温，可以只在测试时安装在陶瓷管上，采集完毕即取下避免探测器因温度过高而受损。样品下方设置敲击激发装置，如图 4-16c 所示，敲击装置通过上面的陶瓷棒伸入高温炉内正对样品的中心实施敲击激励。敲击时要控制合适的力度，以避免测试样品弹落或产生较大偏移[26]。

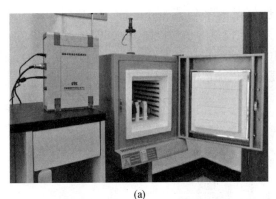

(a)

(b)

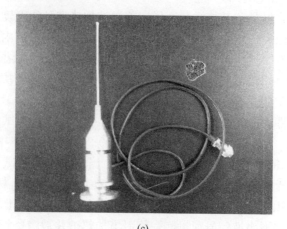

(c)

图 4-16 涂层高温弹性模量测试装置

(a) 高温炉；(b) 样品高温支撑装置；(c) 敲击装置

利用该试验系统测得商用釉面砖釉层的高温弹性模量，测试结果如图 4-17 所示。由图 4-17 可以看出，复合体样品的弹性模量、基体的弹性模量和涂层的弹性模量在室温到 600℃的范围内都随着温度的升高而增加，复合体的弹性模量的平均值由 24.15GPa 升到 31.20GPa，基体的弹性模量的平均值由 14.84GPa 升到 19.86GPa，利用式（4-39）和式（4-40)计算得到釉层弹性模量的平均值由 71.08GPa 升到 86.38GPa[26]。这种模量随温度升高的现象可能是由于微缺陷在高温下发生部分弥合所造成的。由此可见，利用脉冲激励技术能够方便、快捷地测得涂层的高温弹性模量。

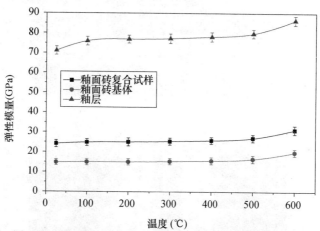

图 4-17 釉面砖、陶瓷基体及釉层弹性模量与温度的关系

4.3 涂层硬度与厚度效应

陶瓷膜层因具有优良的物理化学性能，因而在航空，刀具，电子设备等领域都具有广泛的应用。大多数的应用都与力学性能有关，硬度往往是工程应用的首要考虑的问题。陶

瓷薄膜一般从 mm 级到 nm 级，当膜层较厚时，利用传统的显微维氏硬度计时其压痕深度可能小于膜层厚度的 10%，可忽略基体的影响，利用维氏硬度公式[37]可直接计算膜层的维氏硬度：

$$H_V \approx 0.001854 \frac{F}{d^2} \tag{4-41}$$

式中　H_v——Vickers 硬度值（GPa）；

$\quad\quad$ F——试验力（N）；

$\quad\quad$ d——Vickers 压痕两对角线的算术平均值（mm）。

当膜层较薄时，利用传统的显微维氏硬度计时可能已经压到基体上了，所测得的数据不是薄膜的硬度，而是膜基体系的硬度值，即复合硬度值。解决的方法有：

方法 1：采用纳米压痕法，测试时施加载荷很小，一般为 mN，将不受基体影响。

方法 2：通过建立复合硬度模型，找到薄膜硬度与基体硬度的关系，分离出薄膜的本征硬度。

纳米压痕法设备昂贵，表面光洁度要求很高，所以寻找模型简单易行。目前已经报道的复合硬度模型也很多，常见的有 Jönsson and Hogmark 模型和 Lesage and Chicot 模型。

4.3.1　Jönsson and Hogmark (J-H) 模型

Buckle 等[38]提出对双层材料而言，复合硬度 H_c 与基体硬度 H_s 和薄膜硬度 H_f 的关系如下：

$$H_c = aH_f + bH_s \tag{4-42}$$

其中 $a+b=1$，因此：

$$H_c = H_s + a(H_f - H_s) \tag{4-43}$$

式中　H_s——基体硬度；

$\quad\quad$ H_f——薄膜硬度；

$\quad\quad$ a——薄膜的贡献率（$0 \leqslant a \leqslant 1$）；

$\quad\quad$ b——薄膜的贡献率（$0 \leqslant b \leqslant 1$）。

当 a 趋向于 1 时，也就是说复合硬度就趋向于薄膜的硬度，当 a 趋向于 1 时，薄膜的硬度可以忽略，而趋向于基体的硬度。H_c 是 H_f 与 H_s 的线性组合关系，也就是所谓的线性关系。a 确定后 b 自然就确定了，因此只需要考虑 a。a 值可能与压痕和材料等有关，此时 a 就考虑为与各参数有关的贡献函数。

Jönsson 和 Hogmark[39]在 Buckle 的基础上提出的层状复合材料面积等效模型认为在整个压痕面积上只有一部分薄膜对复合硬度有贡献（图 4-18 中 A_f），而其余部分只起了将压头作用力传递给基体的作用。根据这个等效面积法则，膜层材料的硬度可以从镀膜前后基体、膜基体系力学行为响应的不同得到，即

$$H_c = \frac{A_f}{A}H_f + \frac{A_s}{A}H_s \tag{4-44}$$

式中　A_f——薄膜的相对接触面积（m^2）。

$\quad\quad$ A_s——基体的相对接触面积（m^2）；

$\quad\quad$ A——总接触面积（m^2）；

H_s——基体的硬度（GPa）；

H_f——薄膜的硬度（GPa）。

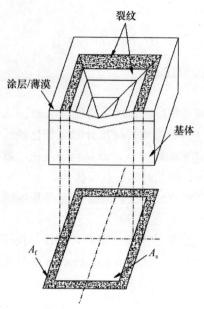

图 4-18　面积等效模型原理图：薄膜支撑面积 A_f，基体支撑面积 A_s[39]

经过一系列的推导发现：

$$\frac{A_f}{A} = 2C\frac{t}{h_m} - C^2\left(\frac{t}{h_m}\right)^2 \tag{4-45}$$

式中　t——薄膜的厚度（m）；

　　　h_m——压入总深度（m）；

　　　C——几何常数。

C 取值根据薄膜与基体的硬度比值不同有如下关系：

$$6.3 < H_f/H_s < 12.9 \text{ 时},\ C = 2\sin^2(11°)$$
$$1.8 < H_f/H_s < 2.3 \text{ 时},\ C = 2\sin^2(22°) \tag{4-46}$$

将 $\dfrac{A_s}{A} = 1 - \dfrac{A_f}{A}$ 代入上式（4-44），可得

$$H_c = H_s + \left[2C\frac{t}{h_m} - C^2\left(\frac{t}{h_m}\right)^2\right](H_f - H_s) \tag{4-47}$$

4.3.2　Lesage and Chicot（L-C）模型

Lesage 等[40-41]人最近提出仅仅依靠实验数据就能计算出薄膜的本征硬度，Lesage 等指出现在报道的文献主要在线性加法定律上式（4-43）有所改进，这个公式可称之为串联关系，但是下面这种模型几乎没有试验过：

$$\frac{1}{H_c} = \frac{1}{H_s} + a\left(\frac{1}{H_f} - \frac{1}{H_s}\right) \tag{4-48}$$

可称这种模型为并联关系模型，这与复合材料增强体的体积百分数对复合弹性模量的关系[42]是类似的。根据百分数的不同，达到上下极限时，复合弹性模量趋于基体的弹性

模量或者趋于增强体的弹性模量，因此可以将此想法转化到复合硬度与基体和薄膜之间的硬度关系。图 4-19 是典型的复合硬度和厚度—对角线长度比的关系图。

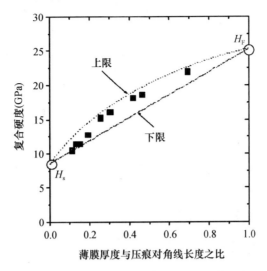

图 4-19　典型的复合硬度 H_c 和薄膜厚度和压痕对角线长度比 t/d 的关系

（样品：M-2 钢基体/TiN 薄膜，$t=3.25\mu\text{m}$[43]）

当基体也参与到压痕过程中时，t/d 的变化范围为 0～1，其中数值 1 来源于"1/10"定律，即压痕深度小于膜层厚度的 1/10 可以忽略基体的影响，众多学者如 Buckle 等[38]人都在这方面有报道。当施加载荷较大时，压痕对角线长度 d 较大，所以 t/d 就趋于 0，即复合硬度趋于基体的硬度（下限）；相反，当施加载荷较低时，复合硬度趋于薄膜的硬度，即 t/d 趋于 1（上限）。

与复合材料基体和增强体的体积比对复合材料的弹性模量类似：

$$E_U = E_M + V_R(E_R - E_M)$$

$$\frac{1}{E_L} = \frac{1}{E_M} + V_R\left(\frac{1}{E_R} - \frac{1}{E_M}\right) \tag{4-49}$$

式中　E_U——增强体弹性模量的上限；

　　　E_L——增强体弹性模量的下限；

　　　V_R——增强体的体积比；

　　　E_R——复合体的弹性模量；

　　　E_M——基体的弹性模量。

将系数 a 表示成为 t/d 的函数，于是可将复合硬度的上限 H_{cu} 和下限 H_{cl} 表示为如下：

$$H_{cu} = H_s + f\left(\frac{t}{d}\right)(H_f - H_s) \tag{4-50}$$

$$\frac{1}{H_{cl}} = \frac{1}{H_s} + f\left(\frac{t}{d}\right)\left(\frac{1}{H_f} - \frac{1}{H_s}\right) \tag{4-51}$$

式（4-50）表示当 t/d 较大时，复合硬度趋于薄膜硬度的情形，而式（4-51）表示当 t/d 较小时，复合硬度趋于基体硬度的情形，为将式（4-50）与（4-51）联系起来，考虑如下关系：

$$H_c = H_{cl} + f\left(\frac{t}{d}\right)(H_{cu} - H_{cl}) \tag{4-52}$$

H_{cl}和H_{cu}的转变依赖于t/d在0～1之间的变化。现在的问题就变成如何找一个简单的函数表示$f(t/d)$。首先就可考虑 Meyer 定律[44]，压痕对角线长度d与载荷P之间存在如下关系：

$$P = a_m \cdot d^{n_m} \tag{4-53}$$

式（4-53）中，n_m为 Meyer 指数，且式（4-53）主要用于典型的单一材料。对于膜基体系压痕对角线与施加载荷的双对数关系如图 4-20 所示，P与d也有同样的类似的关系：

$$P = a^* \cdot d^{n^*} \tag{4-54}$$

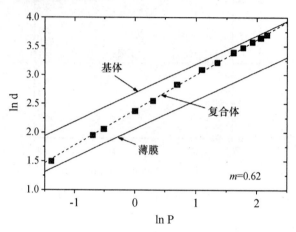

图 4-20　典型压痕对角线d与载荷P之间的双对数关系

（样品：M-2 钢基体/TiN 薄膜，$t = 3.25\mu m$[43]）

注：图中P的单位为 N，d的单位为μm。

对于标准的维氏硬度而言，复合硬度可表示为：

$$H_c = \alpha \frac{P}{d^2} = \alpha \cdot a^* \cdot d^{n^* - 2} \tag{4-55}$$

式中，α为与压头几何形状有类的系数。

引入薄膜的厚度t有：

$$H_c = \alpha' \cdot \left(\frac{t}{d}\right)^{2-n^*}, \quad \alpha' = \alpha \cdot a^* / t^{2-n^*} \tag{4-56}$$

在这种关系中，n^*相当于 Meyer 指数n_m，表征硬度随载荷的变化趋势。为了解复合硬度，需找一个函数$f(t/d)$与n^*有关。而且，函数必须现在的0～1之间且当载荷较高时趋于0，如下一个函数就能到达此目的：

$$f\left(\frac{t}{d}\right) = \left(\frac{t}{d}\right)^m = f, \quad m = 1/n^* \tag{4-57}$$

因此，将式（4-50）、（4-51）带入（4-52）后得：

$$H_c = (1-f) \Big/ \left[1/H_s + f \cdot \left(\frac{1}{H_f} - \frac{1}{H_s}\right)\right] + f \cdot [H_s + f \cdot (H_f - H_s)] \tag{4-58}$$

可将上式（4-58）整理成为H_f的一元二次方程：

$$A_p H_f^2 + B_p H_f + C_p = 0 \tag{4-59}$$

式（4-59）中，$A_p = f^2 (f-1)$；$B_p = (-2f^3 + 2f^2 - 1) H_s + (1-f) H_c$；$C_p = fHsH_c + f^2 (f-1) H_s^2$。

其中 m 为压痕对角线 d 与载荷 P 取双对数线性回归所得直线的斜率，典型的例子如图 4-20 所示，即

$$\ln d = m \cdot \ln P + b \tag{4-60}$$

薄膜的本征硬度就为式（4-59）的正根：

$$H_{\mathrm{f}} = \frac{-B_{\mathrm{p}} + \sqrt{B_{\mathrm{p}}^2 - 4A_{\mathrm{p}}C_{\mathrm{p}}}}{2A_{\mathrm{p}}} \tag{4-61}$$

4.3.3　新模型

尽管 J-H 模型和 L-C 模型两种模型被广泛用来从复合硬度中分离出膜层的本征硬度，但是对于 J-H 模型而言，几何参数 C 比较难确定；对于 L-C 模型而言，计算过程比较复杂。为克服这些缺点，并基于 J-H 模型和 L-C 模型两种模型基础之上，利用相对法，找出复合硬度和基体硬度的关系，从而预测出膜层的本征硬度，可以利用神经网络里常用的简单函数就能有效地达到评价膜层本征硬度的目的[16]。

Buckle 认为 a 由压痕深度 h_m 和薄膜厚度 t 的比（h_m/t）来确定的。并给出了 a 与 h_m/t 关系，如图 4-21 所示。J-H 模型是基于压头几何参数、压痕深度和薄膜厚度有关模型，而 L-C 模型提出的是复合硬度与基体的硬度串并联相结合的一种模型，L-C 模型考虑到了薄膜厚度，压痕对角线长度，及施加载荷等实验数据。基于上面两个模型，串联关系是其共性，因此我们也考虑利用串联关系来找出薄膜的本征硬度。同时基于以上两个模型，可知薄膜的本征硬度可能跟压痕深度，薄膜厚度，压痕对角线，施加载荷及压头几何形状参数等 5 个参数有关，对于一种未知薄膜（涂层），压头几何形状参数是很难确定的，因此可以考虑就用前面四个参数，由 L-C 模型可知压痕对角线与施加载荷可以综合成一个参数 m。实际上可以只考虑压痕深度，薄膜厚度和 m 三个参数。由图 4-21 可知 $0 \leqslant a \leqslant 1$，可将图上数据点变化趋势向左端延伸至接近 0，发现表征 a 的数据变化趋势跟 S 型函数[45]类似，因此可用 S 型函数来表示 a，典型的 S 型函数表达式如下：

$$a = f(x) = \frac{2}{1 + \exp(-x)} - 1 \tag{4-62}$$

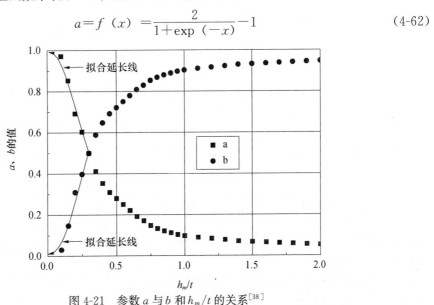

图 4-21　参数 a 与 b 和 h_m/t 的关系[38]

因此现在的问题就是如何将函数中的 x 转化成以上分析的三个参数。同时我们得考虑到高载荷时，复合硬度趋向于基体的硬度，而低载荷时，复合硬度趋向于薄膜的硬度。我们发现取 $x = mt/h_m$ 时 [m 和 L-C 模型一致，t 表示薄膜厚度（m），h_m 表示压入总深度（m）]，跟真实情况相吻合。这是因为对于一个膜基复合体系而言，薄膜的厚度是一定的（常数），精确的实验数据，也能使 m 是一个常数或者在很小的范围内波动，因此可以认为 mt 是一个常数。当压入载荷比较大时，h_m 比较大，mt/h_m 就趋向于 0，从而 a 趋向于 0，此时就趋向于基体的硬度。反之亦然，当压入载荷比较小时，h_m 比较小，mt/h_m 就趋向于无穷大，从而 a 趋向于 1，此时就趋向于薄膜的硬度。因此，我们可以利用式（4-62）将式（4-43）改写成：

$$H_c = H_s + f\left(\frac{mt}{h_m}\right)(H_f - H_s) \tag{4-63}$$

式中，$f\left(\dfrac{mt}{h_m}\right) = \dfrac{2}{1 + \exp\left(-\dfrac{mt}{h_m}\right)} - 1$，$m$ 和 L-C 模型一致，t 为薄膜厚度（m）；h_m 为压入总深度（m），H_s 为基体硬度（GPa）；H_f 为薄膜硬度（GPa）。

以 SKH51 高速钢—（Ti，Al）$_x$N$_{1-x}$/Si$_y$N$_{1-y}$ 复合膜为研究对象，不同载荷下 J-H 模型，L-C 模型及新模型的本征硬度计算值如图 4-22 所示。从图 4-22 可以看出，三种模型在不同载荷下计算出的本征硬度值的变化趋势是一致的，且变化幅度相当小。进一步定量确认，计算了 J-H 模型，L-C 模型及新模型在不同载荷下的计算结果的本征硬度均值分别为 20.0±2.3GPa、18.3±2.2GPa、19.8±2.3GPa，三者计算结果相近，表明利用新模型从复合体与基体的硬度测量值中分离出薄膜/涂层的本征硬度是可靠的。

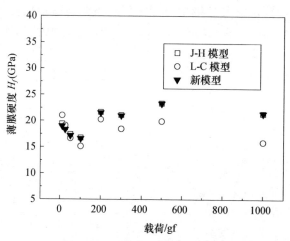

图 4-22 三模型的实际计算结果

以上利用复合硬度模型对涂层的本征硬度进行测量分析是一种典型的相对法，即基体与涂层/基体所组成的复合体的硬度是简单易测得的参数，而涂层的硬度是难以直接测得的参数，利用易测得的基体、复合体的硬度值及相关解析关系式，即可求算出涂层的本征硬度值。

4.4　涂层的常温与高温弯曲强度

陶瓷涂层的弯曲强度分析应在确定了基体和涂层弹性模量之后进行，因为只有确定了 α 值，才能确定涂层/基体复合样品的等效截面，才可确定涂层所受最大弯曲应力处与中性轴间的距离，由测得涂层断裂时的最大载荷即可推算出涂层所受的最大弯曲应力，即弯曲强度[3]。

三点弯曲试验中试样所受的最大弯矩在跨距中点位置，可由下式进行计算。

$$M = \frac{P}{2} \cdot \frac{L}{2} = \frac{PL}{4} \tag{4-64}$$

式中　P——载荷（N）；

　　　L——三点弯曲试验的跨距（mm）。

假设涂层处于弹性变形，且涂层与基体结合紧密，没有脱落现象，则跨距中点位置处试样的应力分布为：

$$\sigma_b = \frac{My}{I} = \frac{PLy}{4I} \qquad \text{基体} \tag{4-65a}$$

$$\sigma_b = \alpha \frac{My}{I} = \frac{\alpha PLy}{4I} \qquad \text{涂层} \tag{4-65b}$$

式中　y——受力处与试样横截面中性轴间的距离（mm）。

由于脆性陶瓷涂层位于复合体表面，其所受弯曲应力较大，因此确定涂层/基体复合体中涂层开裂时的临界载荷即可确定涂层的弯曲强度。不同涂层/基体复合试样的弯曲应力分布如图 4-23 所示。对于对称性的四面涂层和双面涂层复合试样在弯曲试验中，其受力是对称的，即下表面受拉应力，上表面受压应力，如图 4-23a 所示；对于非对称的单层涂层复合试样在弯曲试验中，其受力也是不对称的，即中性轴不在梁试样的几何中心。若 $E_f > E_s$，则单层涂层/基体体系的中性轴偏向涂层一侧，如图 4-23b 所示。由于涂层与基体弹性模量不同，在涂层—基体界面处会引起应力的突变。由图 4-23c 可以看出，脆性陶瓷涂层/塑性基体体系中涂层出现断裂时，基体并未被破坏，而是出现载荷值的快速降低，随后又随着位移的增加而逐渐增大；脆性涂层/脆性基体体系的断裂属于脆性断裂。利用声发射技术可捕捉到涂层断裂时的临界载荷，根据三点弯曲强度计算公式即可得涂层的弯曲强度。

$$\sigma_f = \alpha \frac{M_c y_c}{I} = \frac{\alpha P_c L y_c}{4I} \tag{4-66}$$

式中　P_c——涂层开裂或试样断裂时的临界载荷（N）；

　　　y_c——受拉面到中性轴的距离（mm）。

对于单层涂层试样，y_c、I 可分别由式（4-8）和式（4-9）计算得来，然后将 y_c、I 值代入上式（4-66），即可得到涂层的弯曲强度；对于对称涂层试样，$y_c = 0.5H + h = \dfrac{W}{2}$，$W$ 为试样的厚度，$W = H + 2h$，则涂层的弯曲强度为：

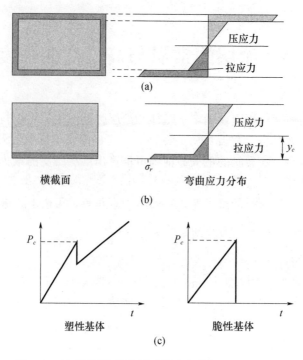

图 4-23　涂层/基体复合梁试样中弯曲应力分布示意图
(a) 对称涂层（包括四面和双面涂层）；(b) 单面涂层
(c) 塑性和脆性基体的临界载荷曲线

$$\sigma_{f} = \frac{\alpha P_{c} L}{4I} \frac{W}{2} \tag{4-67}$$

由式（4-13）和式（4-29）分别可得双面涂层和四面涂层试样的惯性矩 I，代入式（4-67）即可得涂层的弯曲强度。

如果基体是脆性材料，涂层与基体将会发生同时断裂，则涂层/基体复合梁试样的三点弯曲强度可由下式计算。

$$\sigma_{b} = \frac{P_{c} L}{4I_{b}} \frac{W}{2} \tag{4-68}$$

式中，σ_{b} 为复合梁的弯曲强度；I_{b} 为涂层/基体复合梁横截面的惯性矩（将复合体视为均质材料），$I_{b} = \frac{1}{12} B' W^{3}$；$B'$ 为复合梁试样的宽度，对于双面涂层而言，$B' = B$，对于四面涂层而言，$B' = B + 2h$。由式（4-67）和式（4-68）可得：

$$\sigma_{f} = \frac{\alpha I_{b}}{I} \sigma_{b} \tag{4-69}$$

因此，对于脆性基体—脆性陶瓷涂层体系，涂层的弯曲强度可由涂层/基体复合梁试样的弯曲强度计算得来。在传统的强度测试方法中，未考虑残余应力对测试结果的影响。如果涂层中存在残余应力 σ_{r}，则涂层的本征弯曲强度为 σ_{0} 应是涂层的测试强度值和 σ_{r} 之和。

$$\sigma_{0} = \sigma_{r} + \sigma_{f} \tag{4-70}$$

由此，若涂层的本征强度已知，则可通过上式计算出涂层的残余应力值[3]。

涂层强度测出后，涂层的极限应变可通过涂层弹性模量算出。

4.5 陶瓷涂层残余应力评价

陶瓷涂层在加工过程中，会受到各种工艺等因素的作用与影响，而当这些因素消失之后，构件所受到的作用与影响并不能完全消失，仍有部分以平衡状态存在于构件内部，这种残余的作用与影响称作残余应力。陶瓷涂层残余应力对涂层的各项性能都有很大的影响，包括耐剥落性能、疲劳寿命及结合强度等。为了提高涂层的使用寿命及机械完整性，预测其内部残余应力值及应力状态有重要的工程意义。

目前，常用的涂层残余应力测试方法主要包括 Stoney 公式法[46]和微观测量法。其中，Stoney 公式法采用测量镀涂层前后基体的宏观变形量（自由端的挠度或曲率半径等），然后通过 Stoney 公式或其修正公式来计算出涂层的应力大小[47]；微观测量法，此方法采用 X 射线衍射仪、中子衍射仪、拉曼光谱仪、纳米压痕仪等对涂层的微观结构或变形量进行测量和表征，然后利用相关公式对所测得的物理量进行计算和分析，从而得到涂层残余应力的大小[48]。下面将对这几种方法进行具体介绍。

4.5.1 陶瓷涂层残余应力相对法评价[49]

陶瓷与金属之间、陶瓷与陶瓷之间通过物理或化学的方法相连接，对于材料防护、抗高温、抗腐蚀、耐磨损等工程应用具有重要的意义。陶瓷作为一类涂层材料，由于其具有良好的热绝缘、抗氧化及耐腐蚀等性能，在机械工程、化工、生物医疗、电子、航天、航海等众多领域都有广泛应用。如航空发动机的叶片由于工作温度高达 1000℃，基底上往往要沉积或涂覆上一层几百微米厚的耐高温的陶瓷涂层以保护内部部件，而涂层与基底之间的界面性能则关系到相关结构和部件的可靠性与服役寿命。涂层与基体由于其材料组成或结构的不同，使得其在制备过程的热历史中会产生一定的残余应力，残余应力的存在会对这种层状复合结构的宏观力学性能产生较大的影响。一方面残余应力将导致膜层刚度和尺寸稳定性的降低，另一方面，对于服役于极端环境中的膜层，残余应力将导致疲劳强度降低，应力腐蚀开裂以及蠕变开裂等。

由于陶瓷与基体的热膨胀系数不同，以及基体与涂层的相互约束，使得其在高温制备后逐渐冷却至室温时易在涂层上产生残余应力 σ_c。涂层内的残余应力包含两种模式，即拉应力与压应力。在镀膜后的降温过程中，当膜材料的膨胀系数大于基体材料，膜内残余应力为拉应力；当膜材料膨胀系数小于基体材料，膜内应力为压应力。对于陶瓷类脆性材料而言，残余拉应力的存在会促进界面裂纹的扩展，一方面导致其力学性能降低，甚至爆裂或脱落；另一方面，对其抗氧化腐蚀，耐高温等性能也有很大影响。

为了方便涂层内应力的分析，可将涂层制备工艺的两种情况分别考虑，如果涂层制备是将基体材料和涂层材料都处于相同温度下，并同时冷却到室温环境，这种涂层称为同温涂层，如化学气相沉积等方法。若制备涂层时基体和涂层材料的温度不同，如等离子喷涂等方法，这种情况下涂层和基体的变化温度不相同，涂层的降温远大于基体材料。所以不能简单地用收缩量的匹配和几何相容性来分析内应力，这种情况的涂层材料可称之为异温涂层。

对于同温涂层的内应力分析可利用相对法的基本思路，根据基体和复合体的膨胀系数可推导计算出涂层的热膨胀系数，进而根据均匀应力模型可推导得到涂层的残余应力。为避免单面涂层结构在加热过程中，由于热膨胀系数的失配造成弯曲现象的发生，这就要求复合样品的涂层应具有对称分布形式，为便于分析可选用两面对称涂层结构（图 4-24a）[26]。

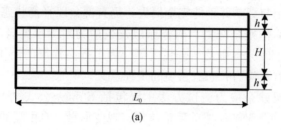

(a)

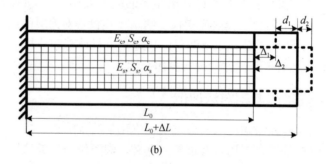

(b)

图 4-24 两面对称涂层复合样品受热膨胀变形示意图
（a）两面对称涂层复合样品沿长度方向横截面的示意图；
（b）热膨胀后复合样品沿长度方向横截面变形的示意图

自由膨胀过程中，假设涂层与基体界面处无约束应力作用，涂层和基体的热膨胀系数可分别由热力学原理计算，如式（4-1）和式（4-2）。

$$\alpha_c = \frac{\Delta_1}{L_0 \Delta T} \tag{4-71}$$

$$\alpha_s = \frac{\Delta_2}{L_0 \cdot \Delta T} \tag{4-72}$$

式中　α_c——涂层的热膨胀系数（K^{-1}）；

　　　α_s——基体的热膨胀系数（K^{-1}）；

　　　Δ_1——涂层沿长度方向的自由热膨胀量（m）；

　　　Δ_2——基体沿长度方向的自由热膨胀量（m）；

　　　L_0——样品的原始长度（m）；

　　　ΔT——温度差（K）。

由于 α_c 和 α_s 通常不同，Δ_1 和 Δ_2 的值也会不相同。

　　而在真实的情况下，复合样品受热膨胀之后涂层与基体间产生约束应力使得两者具有相同的膨胀变形量，涂层和基体的端面会处在同一平面，如图 4-24b 所示。复合体的变形包含两部分，①膨胀变形和②残余应力所引起的弹性变形。因此，如果复合体样品的热膨胀量为 ΔL，则复合样品沿长度方向的热膨胀系数可以用式（4-73）表示。

$$\bar{\alpha}=\frac{\Delta L_0}{L_0 \cdot \Delta T} \tag{4-73}$$

　　可假设 $\alpha_c < \alpha_s$，如图 4-24b 所示，在复合体的加热过程中，涂层除了自身受热膨胀外，还会受到基体膨胀带来的拉伸作用力，因此涂层内部会存在拉应力 σ_c；而基体在受热膨胀时会受到涂层的约束，而在其内部产生压应力 σ_s。在复合体样品达到稳定时，长度不再发生变化，其内部任一横截面应力状态应达到平衡，总和为零。涂层受残余拉应力的作用所产生的伸长变形量为 d_1，基体受残余压应力的作用所产生的缩短变形量为 d_2，则 d_1 和 d_2 的计算式如下：

$$d_1=\frac{\sigma_c}{E_c} \times L_0 \tag{4-74}$$

$$d_2=\frac{\sigma_s}{E_s} \times L_0 \tag{4-75}$$

　　联立式（4-74）和（4-75）可得：

$$d_1+d_2=L_0 \times \left(\frac{\sigma_c}{E_c}+\frac{\sigma_s}{E_s}\right) \tag{4-76}$$

　　由图 4-24b 可得 d_1、d_2、Δ_1、Δ_2 间的关系为：

$$d_1+d_2=\Delta_2-\Delta_1=L_0 \cdot \Delta\alpha \cdot \Delta T \tag{4-77}$$

$$d_1=\Delta L_0-\Delta_1 \tag{4-78}$$

$$d_2=\Delta_2-\Delta L_0 \tag{4-79}$$

式中，$\Delta\alpha=\alpha_s-\alpha_c$。

　　联立式（4-76）和式（4-77）可得：

$$\frac{\sigma_c}{E_c}+\frac{\sigma_s}{E_s}=\Delta\alpha \cdot \Delta T \tag{4-80}$$

　　对于任一横截面内部拉应力与压应力平衡可得式（4-81）。

$$\sigma_c S_c=-\sigma_s S_s \tag{4-81}$$

式中　S_c——涂层的横截面积（垂直于长度 L_0 方向，m^2）；

　　　　S_s——基体的横截面积（垂直于长度 L_0 方向，m^2）。

　　联立式（4-74）和式（4-81）可得：

$$d_1=\frac{\sigma_s}{E_c} \times \left(\frac{S_s}{S_c}\right) \times L_0 \tag{4-82}$$

　　将式（4-82）和式（4-75）代入式（4-77）可得：

$$L_0\sigma_s \times \left(\frac{S_s}{E_c S_c}+\frac{1}{E_s}\right)=L_0 \cdot \Delta\alpha \cdot \Delta T \tag{4-83}$$

　　联立式（4-82）和式（4-78）可得：

$$\Delta_1=\Delta L_0 - d_1=\Delta L_0-\frac{\sigma_s}{E_c}\left(\frac{S_s}{S_c}\right)L_0 \tag{4-84}$$

　　联立式（4-77）和式（4-79）可得：

$$\Delta_2 = d_2 + \Delta L_0 = \frac{\sigma_s}{E_s} L_0 + \Delta L_0 \tag{4-85}$$

由式（4-85）可推得 σ_s 的表达式：

$$\sigma_s = E_s(\Delta_2 - \Delta L_0)/L_0 \tag{4-86}$$

由式（4-72）和式（4-73）可得：

$$(\Delta_2 - \Delta L_0) = (\alpha_s - \bar{\alpha}) \Delta T \cdot L_0 \tag{4-87}$$

联立式（4-86）和式（4-87）可得：

$$\sigma_s = E_s (\alpha_s - \bar{\alpha}) \Delta T \tag{4-88}$$

由于涂层的残余应力与基体的残余应力相互平衡，则涂层的残余应力可由式（4-88）和式（4-81）解得：

$$\sigma_c = \left(\frac{S_s}{S_c}\right)\sigma_s = \left(\frac{S_s}{S_c}\right) \cdot E_s \cdot (\alpha_s - \bar{\alpha}) \Delta T \tag{4-89}$$

则基于均匀应力模型可获得涂层内的残余应力。显然这里残余应力指的是样品的残余应力，并非其他部件的表面涂层上的残余应力，因为残余应力不是材料常数，它随着几何尺寸和涂层的面积比而变化。因此，式（4-89）所得到的只能代表被测样品的涂层残余应力。因为复合体样品的膨胀系数 $\bar{\alpha}$ 不是材料常数。对于任意形状的含涂层部件，涂层内的残余应力可以通过涂层和基体材料的模量比、膨胀系数比值和面积比值来计算得到。即可以将表达式通过一定的推导换算成为另外一种形式，即涂层膨胀系数替代复合体膨胀系数，而涂层的膨胀系数的测试在下一小节介绍。

涂层残余应力的形成分两种情况，1）同温涂层：基体与涂层均从同一制备温度降到室温，如 CVD 法；2）异温涂层：基体与涂层材料制备时温度不同，如热喷涂工艺。

4.5.2 Stoney 公式法

无论是同温涂层还是异温涂层，在非对称涂层残余应力的作用下，镀有涂层的基体会发生挠曲，这种变形尽管很微小，但通过激光干涉仪或者表面轮廓仪等设备，能够测得挠曲变形后的曲率半径。带有单面涂层的条状基体的挠曲程度反映了涂层残余应力的大小，1909 年 Stoney[46] 给出了弯曲样品表面涂层残余应力与曲率之间的关系：

$$\sigma_c = \frac{E_s H^2}{6R(1-\nu_s)h} \tag{4-90}$$

式中 h——涂层厚度（m）；

  H——基体的厚度（m）；

  R——曲率半径（m）；

  E_s——基体的弹性模量（MPa）；

  ν_s——基体的泊松比。

根据该计算方法，仅能测得测试样品的涂层残余应力，而无法评价表征其他形状和尺寸的部件表面涂层的残余应力。这种方法相对简单且易于操作，正在被制订为国际标准。但是严格地说，测试结果也只是近似代表了被测样品上涂层的残余应力，不能代表其他构件表面涂层的残余应力。该方法只适用于基体在镀涂层后发生弯曲变形的情况，对于未发生弯曲变形的构件则无法利用该方法测得涂层残余应力，如表面镀有陶瓷涂层的轴、内外含涂层的圆管、两侧镀有对称涂层的板材等。对于这类情况，可以通过相对法，建立弯曲样品表面涂层残余应力与相同截面比情况下的无弯曲变形样品的涂层残余应力之间的关系，从而可以利用式（4-90）来估算任何形状的构件表面涂层的残余应力。为了方便残余应力测试可行性的选择，我们将适合于 Stoney 公式的具有单面涂层并发生弯曲变形的样品称为类型-Ⅰ涂层，对于没有发生弯曲变形的涂层/基体复合构件或样品称为类型-Ⅱ涂层，对于这样的类型-Ⅱ涂层不能直接用 Stoney 公式，但是可以通过间接的方法进行涂层残余应力的测试。通常，对于相同的涂层和基体材料，如果截面比相等，不发生弯曲变形的样品中涂层的残余应力绝对值一定比发生弯曲变形样品的涂层残余应力绝对值要大。因此也可以利用这一点，直接由 Stoney 公式计算出来的残余应力作为无弯曲样品涂层残余应力的下限。

4.5.2.1　悬臂梁法

在基体上制备涂层，涂层的应力将作用到基体上，基体会出现弯曲形变。当基体上的涂层残余应力为压应力，基体的表面呈现出凸面；若涂层的应力为拉应力时，基体表面呈现出凹面。由此可以搭建测量应力的机械式悬臂梁，如图 4-25 所示，该机械式悬臂梁由牢固固定基体一端的夹具和观测另一端悬空基体变形量的测试装置组成。如果在基体表面镀涂层前后以相同方法各测量自由端的位置一次，然后计算处理后可以得到自由端的位移量，再通过修正后的 Stoney 公式来计算出涂层残余应力的大小。

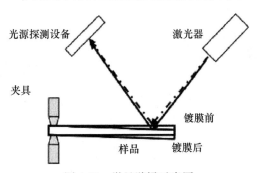

图 4-25　微悬臂梁示意图

涂层残余应力在采用悬臂梁法测定时，Stoney 公式被改写为[50]：

$$\sigma_{\mathrm{c}} = \frac{E_{\mathrm{s}} H^2 \delta}{3\,(1-\nu_{\mathrm{s}})\,hL^2}　　　　　　　　(4\text{-}91)$$

式中　E_{s}——基体的弹性模量（MPa）；

　　　H——基体的厚度（m）；

　　　h——涂层的厚度（m）；

　　　δ——基体自由端的挠度（m）；

　　　ν_{s}——基体的泊松比；

　　　L——基体的长度（m）。

这种测量方法适用于基体弹性好，厚度均匀，涂层厚度与样品长度的比值较小的样品。在对涂层残余应力进行测试时，可以采用多种方法测量基体自由端的位移量：1) 目镜直视法，该方法精度一般不高，难以进行连续检测；2) 电容法，该方法仅限于基体为导电材料；3) 光杠杆法，该方法原理如图 4-25 所示，通过测量镀涂层前后基体上反射光的微小偏移，再利用 Stoney 的修正公式计算出应力大小。采用这种方法测得的 δ 精确度可达到 $0.1\mu m$ 以上，Moulard[51] 等人提出一种改良的光学式悬臂梁法，结合影像处理技术可以现场量测涂层残余应力，使其更加切实可行，此法的重复率约为 8%，为了对比其精确度，将测得的曲率半径与轮廓仪测得的曲率半径作比较，结果两者之间的相对误差为 7%。

4.5.2.2 基体曲率法

基体曲率法也采用了 Stoney 公式，但该方法主要是通过测量基体镀涂层前后的曲率变化来计算涂层残余应力。基体曲率法主要应用于圆形或长方形的基体。当涂层沉积到基体上时，涂层与基体之间产生二维界面应力，使基体发生微小的弯曲。当涂层样品为平面各向同性时，圆片和长方条分别近似弯曲成球面和圆柱面。从几何学和力学原理能够简单地推导出基体曲率变化与涂层残余应力的对应关系，同时假设试验前将圆片的曲率半径看做是 R_0，镀涂层后其曲率半径为 R，当圆片的厚度 h 比 R 充分小时，则涂层残余应力的 Stoney 公式可表示为：

$$\sigma_c = \frac{E_s H^2}{6 (1-\nu_s)} \frac{1}{h} \left(\frac{1}{R} - \frac{1}{R_0} \right) \tag{4-92}$$

式中　E_s——基体的弹性模量（MPa）；

$\quad\quad\nu_s$——基体的泊松比；

$\quad\quad H$——基体厚度（m）；

$\quad\quad h$——涂层厚度（m）；

$\quad\quad R$——镀膜前试样的曲率半径（m）；

$\quad\quad R_0$——镀膜后试样的曲率半径（m）。

若 E_s，ν_s，h，H 为已知量，则只要测出 R 和 R_0，便可以计算出内应力的大小。基体曲率法主要有牛顿环法、扫描激光法、激光干涉法等。

牛顿环法是利用基体在镀膜后，由于残余应力的存在会使得试样发生弯曲，该弯曲面与某一参考平面在光照射作用下，将产生干涉条纹，利用测量到的牛顿环间距与条纹数，利用式（4-93）即可推算出基体镀膜前后的曲率半径 R 和 R_0。

$$R = \frac{D_m^2 - D_n^2}{4\lambda (m-n)} \tag{4-93}$$

式中　R_0、R——基体或复合体试样的曲率半径（m）；

$\quad\quad\lambda$——光源的波长（m）；

$\quad\quad m$ 和 n——牛顿环的级数；

$\quad\quad D_m$ 和 D_n——第 m 条和第 n 条牛顿环的直径（m）；

将 R_0、R 的数值代入式（4-92）可得到涂层的应力。

此方法优点较多，数据上很容易处理和保存，理论上精确度较高，而且操作简便，试验设备体积小，能够节省空间，尽管实际测量结果的精度与理论精度有一定偏差，但在一般情况下它能够满足多种涂层的测量需求并能够基本准确地反映出涂层残余应力的大小及变化情况，因此只要采用适当的操作方法和数据处理方法，这种测量技术将具有广阔的应用前景。

干涉仪相位移式应力测量方法是基于数字干涉测量技术，利用 Twyman-Green 干涉仪，通过 CCD 采集要测量的涂层曲面与由 PZT（压电陶瓷）控制的参考平面的干涉图，结合计算机和激光干涉等技术，根据相位移求出镀制涂层前后的基体曲率半径，进而求得涂层残余应力值。

光栅反射法是一种简单的光学方法，它主要测量样品表面的全区域正交光栅或光栅的反射，工作原理如图 4-26 所示。将一个包含周期图案或光栅的平坦表面放置于距晶片或有沉积涂层的基体反射表面为 G 的地方，正交光栅面对着晶片的表面。适当地照亮正交光栅以便在晶片上获得最好的图像质量。CCD 相机通过光栅平面的小孔在基体上成网格反射的像。在涂层残余应力的作用下样品基体弯曲变形，照相机捕获扭曲的反射光栅。在涂层沉积或热处理过程中，分析光栅图案的连续变化就可以对基体表面曲率的径向变化进行原位和实时测量。令相机位于距离基体反射面 L 的位置成像于 P' 的光栅面上 P 点。连接参考坐标轴和相机所在点 O 与 P' 的直线 M 点与弯曲变形的基体表面相交，然后根据各个参量之间的关系计算出基体的曲率[52,53]。光栅反射法测定样品曲率的精确度主要依赖于距离 L 和 G，以及光栅的光学像扭曲转换成光栅点位置的微小变化的灵敏度，这则由数码相机的分辨率所决定。

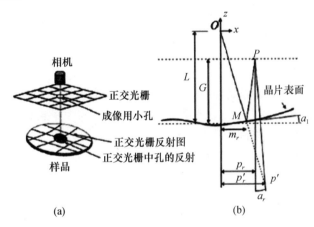

图 4-26　正交光栅反射法

（a）测试装置示意图；（b）关键部位示意图

4.5.3　微观测量法

4.5.3.1　X 射线衍射法

X 射线衍射法的原理是通过由残余应力引起的晶粒内特定晶面间距的改变来测量残余应力的。在应力作用下，涂层样品的晶格会发生畸变，从而使晶粒晶面间距发生变化，X 射线衍射的位置也将发生偏移，依照此偏移量即可求算出晶面间距的变化，从而求得应变。应用弹性力学理论，利用式（4-94）可以计算出涂层的应力。

$$\sigma = K \cdot M \tag{4-94}$$

式中　K——应力常数，且 $K = -\dfrac{E}{2(1+\nu)}\cot\theta_0 \cdot \dfrac{\pi}{180}$；

　　　M——2θ 对 $\sin^2\Psi$ 的斜率，即 $M = \dfrac{\partial(2\theta)}{\partial(\sin^2\Psi)}$；

σ——涂层的残余应力。其中 E 为涂层材料的弹性模量，ν 为泊松比，θ_0 为所选晶面在无应力的情况下的衍射角，Ψ 为试样表面法线与所选晶面法向的夹角，2θ 为试样表面法线与所选晶面法向的夹角为 Ψ 时的衍射角[54]。

由此可见，只要测得 2θ 对 $\sin^2\Psi$ 的斜率，利用式（4-94）即可求算出涂层的残余应力。

X 射线的应用方法有：常规法、侧倾法、掠射侧倾法等。利用 X 射线测量原理，国内外科研工作者发明了许多测量装置，如：X 射线应力智能分析仪、多功能 X 射线衍射仪等。该方法数据采集程序提供了连续扫描和定点计数两种工作方式，速度快，测角精度高，稳定性好。在此情况下，测量最小应力值约为 1MPa，理论测量精度在 0.03% 左右[55]。

但是由于 X 射线在固体材料中的穿透深度有限[56]，所以 X 射线衍射法只能测得涂层表面的残余应力，且对涂层材料表面比较敏感。此外，涂层残余应力线常常出现弯曲和震荡的现象，材料的择优取向是导致测试曲线弯曲的主要原因。尽管理论上我们可以通过取向分布函数计权进行应力计算，但此方法非常复杂，不能在普通测试条件下得到广泛应用。X 射线衍射法在价格上也比较昂贵，一般这种方法只能测量晶态和多晶态的涂层样品，这在某种程度上限制了它在测量涂层残余应力中的广泛应用。

4.5.3.2 中子衍射法

与 X 射线相比，中子是由原子核散射的，其具有更强的穿透能力[57]，更有利于测量涂层内部的残余应力，适合解决涂层构件的应力梯度问题。中子衍射法测量残余应力的基本原理与 X 射线测量残余应力的方法相同。当波长为 λ 的中子束通过多晶涂层材料样品时，在残余应力的作用下晶格间距产生的变化为 Δd，衍射峰角度的变化为 $\Delta\theta$，根据布拉格关系 $\lambda = 2d\sin\theta$，可确定产生的晶格应变为：

$$\varepsilon = \frac{\Delta d}{d_0} = -\cot\theta_0 \cdot \Delta\theta \tag{4-95}$$

式中　θ_0——无残余应力（自由状态下）涂层试样的布拉格衍射峰的峰位。

因此，根据衍射峰角度的变化，即可求算出弹性应变 ε 值。

利用中子衍射法仅能够确定入射束和衍射束平分线方向平面（hkl）的晶格应变，为了计算一个标准位置上的应力张量，至少需要在不同的 $\varepsilon\{\phi,\Psi\}$ 方向进行六次独立的应变测量：

$$\varepsilon\{\phi,\Psi\} = \varepsilon_{11}\cos^2\phi\sin^2\phi + \varepsilon_{12}\sin2\phi\sin^2\Psi + \varepsilon_{22}\sin^2\phi\sin^2\Psi$$
$$+ \varepsilon_{33}\cos^2\Psi + \varepsilon_{13}\cos\phi\sin2\Psi + \varepsilon_{23}\sin\phi\sin2\Psi \tag{4-96}$$

$$\sigma_{ij} = C_{ijkl}\varepsilon_{kl} = \frac{E_{hkl}}{1+\nu_{hkl}}\left(\varepsilon_{ij} + \frac{\nu_{hkl}}{1-2\nu_{hkl}}\varepsilon_{kk}\delta_{ij}\right) \tag{4-97}$$

式中　C_{ijkl}、E_{hkl}——弹性模量；

　　　ϕ、Ψ——张量坐标系统的极角；

　　　ν_{hkl}——泊松比。

在主应力方向已知的情况下，仅需要 3 个应变值便可计算主应力：

$$\sigma_{11} = \frac{E_{hkl}}{(1-\nu_{hkl})(1-2\nu_{hkl})}\left[(1-\nu_{hkl})\varepsilon_{11} + \nu_{hkl}(\varepsilon_{22}+\varepsilon_{33})\right] \tag{4-98}$$

σ_{22} 和 σ_{33} 的计算公式可依此类推[58]。

中子衍射法的缺点是中子源较难获得，并且在中子衍射法中需要先测得自由状态下的晶体晶格原子面间距或布拉格角，因此在实际应用测试过程中还存在一定的困难。且中子源的流强较弱，需要的测量时间比较长，而且中子源建造和运行费用昂贵，在一定程度上也限制了中子衍射残余应力分析的商业应用。中子衍射测量需要样品的标准体积较大，空间分辨较差，通常为 $10mm^3$，而 X 射线衍射则为 $10^{-1}mm^3$，因此，中子衍射对材料表层残余应力的测量无能为力，只有在距表面 $100\mu m$ 及以上区域测量时，中子衍射方法才会具有优势。中子衍射残余应力测量受中子源的限制，不能像常规 X 射线衍射装置一样具有便携性，无法在工作现场进行实时测量[59]。

4.5.3.3　微拉曼光谱法

微拉曼光谱法是近年来发展起来的一种新的微尺度试验力学测试技术，其用于力学测量的基本原理是待测试样在应力作用下会发生变形，从而引起拉曼特征峰频率的变化，通过检测拉曼谱线的移动和变形来实现应变或应力的测量。该技术具有无损、无接触、空间分辨率高、定点测量等优点，是微纳米力学表征领域中一种具有发展潜力的测试手段[60,61]。

拉曼峰频移的改变可简单地进行以下说明：当固体受压应力作用时，分子的键长通常要缩短，依据常数和键长的关系，力常数就要增加，从而增加振动频率，谱带向高频方向移动；反之，当固体受张应力作用时，谱带向低频方向移动。此时，拉曼峰值频率的移动量与涂层内部残余应力的大小成正比，即：

$$\sigma = k\Delta w \tag{4-99}$$

式中　σ——涂层的残余应力；

　　Δw——被测样品和无应力标准样品对应力敏感的相同谱峰的频率差，即频移；

　　k——应力因子。

k 值的确定需要进行标定试验，k 值为拉曼峰频移与应力关系的斜率[48]。使用拉曼光谱仪得到了拉曼光谱后，即可对应找到试样的拉曼光谱频移，从而可得到试样的内部应力。

微拉曼光谱法在微尺度测量方面具有独特的优势，特别是拉曼波峰的频移与结构内部应变有着对应关系，并且其光束聚焦直径可以达到 $1\mu m$ 左右，具有很好的空间分辨率，适用于微结构或微结构中的非均匀分布残余应力的测量。但是，一般不能应用到金属材料中，而且在目前光谱法测定涂层残余应力时，由波谱位移量所计算出来的应力结果与真实值具有一定的偏差。因此，将其他薄膜应力测定方法如牛顿环法、X 射线衍射法、轮廓法等与之相结合所得到涂层残余应力大小则比较精确，也更接近涂层残余应力的真实值。

4.5.3.4　纳米压痕法

纳米压痕法不仅可用于测量涂层体系的硬度、弹性模量等参数，也可用于涂层表面残余应力的测定。基于纳米压痕法来测量涂层的残余应力一般有两种方法：①基于残余应力对纳米压痕载荷-深度曲线的影响，研究发现，固定压痕深度时，残余应力对接触面积、加载和卸载曲线、弹性恢复参数等有显著的影响，因此可通过分析纳米压痕的数据对其残余应力进行计算[62~65]。②基于断裂力学理论，在涂层表面进行压痕试验，从而在压痕夹角处产生裂纹，这些裂纹的长度对压痕处的残余应力的大小和状态比较敏感。通过对比有无残余应力涂层表面的压痕裂纹长度就可以求出残余应力的大小[66,67]。与自由状态（无残余应力）的涂层表面相比，存有残余拉应力的材料其表面裂纹长度会增大，而残余压应力会使得裂纹长度缩短。很明显，这种压痕断裂法仅适用于玻璃、陶瓷类脆性材料。但该方法在测量纳米尺度下的裂纹长度时存在问题，这也极大限制了这种方法测量残余应力的精确性。

纳米压痕法对构件造成的损伤极小，属于无损或微损的范围，且操作简单，方便快捷，因此利用压痕法测量残余应力是一个值得关注的研究方向。在局部载荷作用下，涂层表面的压入响应与材料中的残余应力密切相关，为此建立了一系列计算模型，如：Suresh理论模型、Lee模型、Swadener理论模型、Xu模型等[68]，但是这些模型均有自己的局限性，均只在一定的条件下适用。在未来的研究中，可将试验测量中影响残余应力的因素作为参数变量建立有限元模型，经过比较归纳，建立影响参数与残余应力之间的关系式，为残余应力的准确计算提供数据。

上述微观测量法只能测得较小区域内（晶粒大小）的残余应力，而无法表征整个构件表面涂层内的残余应力。且以上各种评价涂层残余应力的方法中，相对法的评价结果较为可信，同时也可以推广到复杂形状的部件表面涂层。

除了残余应力之外，涂层与基体之间的界面结合强度的测试也非常重要，这种界面结合强度的评价将在第七章介绍。

4.6　陶瓷涂层密度及热膨胀系数的相对法评价

陶瓷涂层密度与膨胀系数虽然是材料的物理性能，但是二者与材料的力学性能却是密切相关。例如陶瓷涂层的密度与其材料的致密程度密切相关，材料是否致密（孔隙率）直接影响着材料的硬度、耐磨性、力学强度等参数；而陶瓷涂层在制备和服役时不可避免地都要经历高温过程，涂层与基体膨胀系数的差异会产生残余应力，残余应力过大易造成界面裂纹的扩展和剥离，直接影响涂层的使用性能和服役寿命。因此准确评价陶瓷涂层的密度及膨胀系数，对于指导陶瓷涂层的安全性应用具有重大意义。

4.6.1　陶瓷涂层密度的相对法评价

陶瓷涂层密度值在工程构件设计上也是非常重要的一个参数。密度本身表征材料的基本属性，可以评价材料的致密度、孔隙率和吸水率，此外，准确的密度数据可以用来分析所制备涂层质量的好坏，据此可对材料组成及制备工艺进行优化设计。由于涂层难以从基体上剥离，难以以单一均质的材料进行测试；如果利用与涂层同种材料的块体材料的密度测试结果表征涂层材料的密度，会因为材料本身的制备工艺与所处环境的不同而产生误差，因此涂层密度测试也成为一个难题。

对于陶瓷块体材料样品，阿基米德排水法是测试密度的常用方法，也已形成国际标准（ISO18754）[69]。虽然涂层材料密度无法通过此方法直接测得，但基体和涂层/基体复合体样品的密度可以作为块体材料通过此方法测得。所以，如果建立涂层密度、基体密度和复合体密度三者间的解析关系，就可通过测试后基体与复合体的密度，利用相关解析式求得涂层材料的密度。

4.6.1.1　涂层密度解析式的构建

基于相对法的基本思路，陶瓷密度测试过程中，易测得的参数为基体的密度 ρ_s 和复合体的密度 $\bar{\rho}$，难以测得的参数为涂层的密度 ρ_c。因此测试涂层密度的关键就是构建 ρ_s、$\bar{\rho}$、ρ_c 三者间的解析关系式 $\rho_c = f(\rho_s、\bar{\rho})$。

作为一种常规的材料密度测试方法，阿基米德排水法广泛应用于块体材料的测试。现有的国家标准 GB/T 25995—2010 详细说明了此方法的操作步骤[70]。对于标准中表观密度和体积密度之分，本节所介绍的密度为表观密度，即干燥材料的质量（干重）与其表观体积（固体材料和闭气孔体积之和）之比。对于涂层密度的理论推导，基于理想的材料，材料表面光滑且无气孔，涂层与基体间有连续平直的界面。首先分别从复合体样品和基体样品密度的测试表达式进行分析。

基于阿基米德排水法复合体样品的体积 $\bar{V}$ 可利用式（4-100）表示：

$$\bar{V} = \frac{\bar{m} - \bar{m}_f}{\rho_y}　\text{（4-100）}$$

式中　$\bar{m}$——复合样品的干重（kg）；

m_f——复合样品的浮重（kg）；

ρ_y——浸入液体的密度（kg/m³）。

复合样品的密度 $\bar{\rho}$ 等于其干重 $\bar{m}$ 除以体积 $\bar{V}$，可由式（4-101）进行计算：

$$\bar{\rho} = \frac{\bar{m}}{\bar{V}} = \frac{\bar{m}}{\bar{m} - \bar{m}_f} \rho_y　\text{（4-101）}$$

基体的体积 V_s 可利用阿基米德排水法表示为式（4-102）：

$$V_s = \frac{m_s - m_{sf}}{\rho_y}　\text{（4-102）}$$

式中　m_s——基体的干重（kg）；

m_{sf}——基体的浮重（kg）。

则基体密度 ρ_s 的计算公式为：

$$\rho_s = \frac{m_s}{V_s} = \frac{m_s}{m_s - m_{sf}} \rho_y　\text{（4-103）}$$

涂层的体积和质量可由下式计算：

$$V_c = \bar{V} - V_s　\text{（4-104）}$$

$$m_c = \bar{m} - m_s　\text{（4-105）}$$

涂层的密度可由式（4-106）表示：

$$\frac{1}{\rho_c} = \frac{V_c}{m_c}　\text{（4-106）}$$

将式（4-100）～（4-105）代入式（4-106），则可获得涂层密度的计算式[71]：

$$\frac{1}{\rho_c} = \left(\frac{1}{\bar{\rho}} - \frac{k}{\rho_s} \right) \frac{1}{1-k}　\text{（4-107）}$$

式中，$k = \dfrac{m_s}{\bar{m}}$；m_s 和 $\bar{m}$ 分别是基体样品和复合体样品的干重（kg）；ρ_s 和 $\bar{\rho}$ 分别是基体样

品和复合样品的密度（kg/m³）。也就是说，只要测得复合体试样和基体试样的干重和密度，代入式（4-107）即可求算出涂层的密度。

4.6.1.2 相对法评价涂层密度的试验方法

式（4-107）构建了涂层密度的计算解析式，建立测试方法时参照块体陶瓷材料密度的测试标准：国际标准（ISO 18754）《精细陶瓷（高级陶瓷和高级工业陶瓷）·密度和显孔隙率的测定》和国家标准（GB/T 25995—2010）《精细陶瓷密度和显气孔率记验方法》。测试单层涂层试件涂层密度的具体步骤如下：

1）测量复合体试件的干重 $\bar{m}$ 和密度 $\bar{\rho}$

将样品在 $100℃\pm5℃$ 的干燥箱中干燥并冷却至室温后，用电子天平测试其质量，重复以上步骤，直到样品达到恒重，此时的质量即为复合体试件的干重 $\bar{m}$。将样品放入吊篮并浸入到测试液体中（如果样品不与水反应，则浸入液体通常用蒸馏水，如果样品与水反应，则可采用蒸馏石蜡等作为浸入液体），用电子天平测量其质量 $\bar{m}_{f1}$，再取出样品，用电子天平称吊篮在同样深度的质量 $\bar{m}_{f2}$，用 $\bar{m}_{f1}$ 减去 $\bar{m}_{f2}$ 得到样品的浮重 $\bar{m}_f$。利式（4-101）计算复合体样品的密度 $\bar{\rho}$；

2）测量基体试件的干重 m_s 和密度 ρ_s

去除复合体样品上的涂层制备基体样品，或准备与基体相同的材料，并将其加工成与基体具有相同尺寸的样品作为基体样品。采用与步骤1）相同的方法，测量基体样品的干重 m_s 和浮重 m_{sf}，并利用式（4-103）计算基体样品的密度 ρ_s；

3）计算涂层密度 ρ_c

将上述步骤1）和2）所测得的数据 $\bar{m}$、m_s、$\bar{\rho}$、ρ_s 代入式（4-107），即可算出涂层的密度。

以上是针对单层涂层样品（基体＋单层涂层）的涂层密度测试方法。对于多层涂层复合材料（基体＋多层涂层），或者梯度功能材料，其每一层的材料组成及结构不同，密度也往往不同。为了建立针对多层涂层样品的测试方法，我们考虑将单层涂层的测量方法进行逐层递推。测试第一层涂层的密度时，可以将这一层看作单独一层涂层，剩余涂层和基体可视为复合基体，从而形成涂层-基体系统进行测试。去除第一层涂层后，可利用相同的等效基体思路，进行第二层涂层密度测量，即将第二层涂层视为单独涂层，并将其下面的涂层和基体看作等效基体，也以涂层-基体系统进行测试，反复运用此步骤得到各涂层的密度。

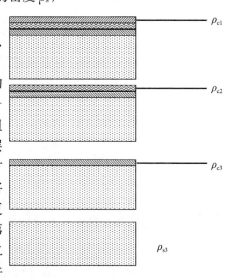

图 4-27　测试三层涂层试样时
的样品横截面示意图[26]

图 4-27 为测试具有三层涂层样品每一层涂层密度时的横截面示意图，图中的 ρ_{c1}、ρ_{c2}、ρ_{c3} 分别表示三层涂层的密度。

测试三层涂层复合体试件各个涂层密度的具体步骤如下：

1）测量三层涂层复合体试件的干重 $\bar{m}_1$ 和密度 $\bar{\rho}_1$，参照国家标准 GB/T 25995—2010

《精细陶瓷密度和显气孔率试验方法》，将三层涂层复合体试件干燥后用电子天平测试其干重 $\overline{m}_1$，用阿基米德排水法测试其浮重，并计算复合体试件的密度 $\overline{\rho}_1$；

2）将最外表面涂层研磨掉，按上述步骤 1）的方法测量复合体试件剩余干重 m_{s1}（剩余干重＝基体层加剩余涂层的总干重），并计算出被研磨后的试件（基体层加剩余涂层）的密度 ρ_{s1}；

3）计算被研磨掉的表层（第一层涂层）的密度 ρ_{c1}，将上述步骤 1）和 2）所测得的数据 $\overline{m}_1$、m_{s1}、$\overline{\rho}_1$、ρ_{s1} 代入式（4-107），即可算出被研磨掉的第一层涂层的密度 ρ_{c1}；

4）重复以上步骤 2）和 3），测试出去除第二层涂层后试件的干重和浮重并求出第二层涂层的密度 ρ_{c2}；

5）依此类推，求出每一层涂层的密度。

利用该方法，魏晨光[26]测得了石墨基体上 CVD-SiC 涂层的密度。测试密度时采用 ESJ210B 电子天平来进行测量，浸入液体采用蒸馏水。根据阿基米德排水法（GB/T 25995—2010）《精细陶瓷密度和显气孔率试验方法》分别测量复合体试样和基体试样的干重和密度。常温下密度的测试结果如表 4-4 所示。测试结果离散性小且与文献报道结果吻合[72]，因此，此方法测试涂层密度具有较高的测试精度。

表 4-4　CVD-SiC 涂层（石墨基体）密度测试结果

项目	基体样品	复合体样品	涂层
体积（cm³）	0.4022	0.4923	0.0901
密度（g/cm³）	1.8531	2.0871	3.1321
干重（g）	0.7453	1.0275	0.2822
浮重（g）	0.3431	0.5352	

4.6.2　陶瓷涂层热膨胀系数的评价

陶瓷涂层的热膨胀系数也是材料非常重要的参数，在材料服役温度急剧变化的环境中，热膨胀系数小则抗热震性能好，准确的热膨胀性能评估直接或间接地影响它的使用性能[73~75]。另外，涂层材料与基体材料的膨胀系数存在差异，这往往导致涂层和基体界面产生残余应力，在材料设计和结构设计以及热应力和热变形的有限元计算分析中都必须首先明确涂层和基体层的弹性模量和膨胀系数等材料基本参数[76,77]。但是，涂层的热膨胀系数测试一直是个难题，这影响了涂层材料的应用选材和构件的设计。其原因是由于涂层无法单独从基体上取下并做成热膨胀系数测试标准所要求的块体试件，技术人员一直没有找到一种合适的涂层热膨胀系数的测试方法。过去大多数情况是用相同组成的均质块体材料的热膨胀系数来代表这种涂层材料的热膨胀系数，或者将涂层材料研磨成粉末再重新烧结成块体材料进行测试，这些方法所测的材料由于制备工艺及所受残余应力状态与涂层的不同，因此所测结果往往会带来误差。

作为一种常规的测试块体材料热膨胀系数的仪器，热膨胀仪可以方便快捷地测试横截面为矩形和圆形的杆件样品的热膨胀系数。但是对于涂层试样，由于其涂层界面有较强的结合强度，难以直接从基体上剥离作为块体材料进行单独测试，此外，可以剥离的涂层由于其厚度很薄，也难以得到准确的测试结果。涂层材料的热膨胀系数无法直接用热膨胀仪来准确评价。虽然如此，基体样品的热膨胀系数和带涂层复合体样品的热膨胀系数都可以作为常规的块体材料而可利用热膨胀仪测得。因此，只要建立涂层热膨胀系数与基体热膨胀系数和复合体热膨胀系数三者间的理论关系，利用相对法技术就可推导出涂层材料的热膨胀系数。热膨胀系数有线热膨胀系数、面热膨胀系数和体热膨胀系数，本节所述热膨胀系数均指线热膨胀系数。

4.6.2.1　涂层热膨胀系数解析式的构建

根据相对法的基本思路，易测得的参数为基体的热膨胀系数 α_s 和复合体的热膨胀系数 $\bar{\alpha}$，而不易测得的参数为涂层的热膨胀系数 α_c。测试涂层的热膨胀系数，首先需要构建 α_s、$\bar{\alpha}$、α_c 三者间的解析关系式 $\alpha_c = f(\alpha_s, \bar{\alpha})$；利用热膨胀仪测得基体和复合体的热膨胀系数 α_s、$\bar{\alpha}$，然后代入式 $\alpha_c = f(\alpha_s, \bar{\alpha})$ 中，即可求算出涂层的弹性模量。

通常制备涂层和基体所用的材料不同，因此其热膨胀系数也不同。那么在单面涂层复合体样品受热膨胀过程中，由于热膨胀系数的不同，整个样品会发生弯曲变形，如果涂层的热膨胀系数高于基体的热膨胀系数，升温过程中就会朝着基体方向弯曲，降温过程朝反方向弯曲。这种情况下，如果用热膨胀仪测量样品在高温下的伸长量时，无法描述样品的实际变形情况，因此也难以建立理论关系式。为了避免在加热过程中产生弯曲变形，这里要求在复合样品中的涂层具有对称分布，使得膨胀时对称方向受力均匀，不产生弯曲变形。涂层结构例如两面对称涂层（图 4-28a）、四面对称涂层（图 4-28b）和圆柱体表面对称涂层（图 4-28c）。

图 4-28　不同对称涂层结构样品横截面示意图

（a）两面对称涂层；（b）四面对称涂层；（c）圆柱体表面对称涂层（各方向处涂层厚度均相同）

理论推导基于均匀应力模型，以两面对称涂层为例，具体分析过程见 4.5.1 节，根据涂层与基体材料间的约束应力，可求得涂层与基体、复合体三者的自由膨胀量间的关系，从而可构建三者热膨胀系数间的解析式。将式（4-86）代入式（4-84）可得：

$$\Delta_1 = \Delta L_0 - \frac{E_s S_s}{E_c S_c}(\Delta_2 - \Delta L_0) \tag{4-108}$$

将式（4-108）两边分别除以 $L_0 \cdot \Delta T$ 并且结合式（4-71）、（4-72）和（4-73），则涂层材料热膨胀系数的表达式为[78,79]：

$$\alpha_c = \bar{\alpha} - \frac{E_s S_s}{E_c S_c}(\alpha_s - \bar{\alpha}) \tag{4-109}$$

式（4-109）将涂层的热膨胀系数表达为复合体的热膨胀系数 $\bar{\alpha}$、基体的热膨胀系数 α_s、涂层的弹性模量 E_c、基体的弹性模量 E_s、涂层的横截面积 S_c、基体的横截面积 S_s 的关系式。其中涂层和基体弹性模量可以利脉冲激励相对法和压痕法等方法测得，涂层和基体的横截面积可以通过相关测量设备（光学显微镜、游标卡尺等）获得，基体和复合体的热膨胀系数可利用热膨胀仪测得。由此，对于具有对称涂层结构样品的涂层材料热膨胀系数可以利用式（4-109）求得。

4.6.2.2　相对法评价涂层热膨胀系数的实验方法

涂层材料热膨胀系数的测试方法可简单地归纳为：通过普通块体材料热膨胀系数的测量设备（热膨胀仪）测试出基体材料的热膨胀系数和复合体样品的热膨胀系数，并测量涂层与基体的横截面积比值，利用式（4-109）即可算出涂层的热膨胀系数。

测试样品的形状应根据热膨胀仪的要求来设计，一般的形状为横截面是矩形（宽和高均为 5mm 左右）或圆形（直径为 5mm 左右）的矩形/圆形截面梁试样，样品表面涂层在沿试样长度方向上具有对称结构分布。制备样品时建议先准备同样尺寸的基体样品，一部分涂镀涂层加工成复合体样品进行测试，一部分作为基体样品进行测试。每种试样至少准备两块。当然，测试的样品越多，测试的数据越具有可靠性。炉腔内的环境一般为空气，如果样品会受到氧化影响则要将炉腔内充入氮气等惰性气体或者直接抽成真空[26]。

测试涂层热膨胀系数的方法包括以下四个步骤：

1）利用光学显微镜、游标卡尺等装置测量涂层横截面积 S_c 和基体的横截面积 S_s；

2）按照标准方法[80,81]测试复合体试件的热膨胀系数 $\bar{\alpha}$；

3）取一个与基体材料相同的试件或者另取一个完全相同的含涂层复合试件，然后通过研磨、切割、酸洗等方法去除试件的涂层后，用标准方法测试基体试件的热膨胀系数 α_s；

4）通过上述步骤测得的数据，并用式（4-109）计算出涂层的热膨胀系数 α_c。

基体弹性模量 E_s 和涂层弹性模量 E_c 可以通过材料性能手册查找，若未知也可以用 4.2 节所介绍的方法测得。另外，涂层制备时难免会出现厚度不均匀的现象，尤其是样品对称的两面，在误差允许的范围内，也可近似用此方法进行测试，此时，材料尺寸的精确测试显得尤为关键。若对称的两侧涂层厚度相差较大时，可通过研磨处理使其厚度相近或相同，以提高测试结果的准确性。

魏晨光等人[26]利用该方法测得了以反应烧结 SiC 为基体，四面镀有 CVD SiC 对称涂层的热膨胀系数。样品热膨胀系数采用 PCY 型高温卧室膨胀仪（湘潭湘仪仪器有限公司湖南）测量，采用高温电阻丝、硅碳管、钼丝等为发热元件的管式电阻炉加热。试验前将试样加工至 50mm 左右并测量其长度，将试样放入试样管中，并用测试杆顶紧试样，测试杆另一端连着千分表用来记录膨胀位移量。测试温度范围为 $50\sim1050℃$，每隔 $50℃$ 设置一个采样点。分别测得四面涂层复合体和基体的热膨胀系数，利用式（4-109）可得涂层的热膨胀系数，测试结果如图 4-29 所示，随着温度的升高，CVD SiC 涂层的热膨胀系数逐渐增大。

一般而言，如果涂层的厚度很薄，受热膨胀时对基体的约束有限，而且涂层容易受热开裂，则会导致复合体样品与基体样品的热膨胀系数没有明显差别，另外，涂层厚度的精确测量也是一个难题，微小的测试误差会对最终测试结果产生明显影响。因此本方法建议建议涂层的厚度不小于 0.02mm，且涂层与基体的厚度比不小于 1/100。样品的表面应保持平整且光滑，通过实验发现，实验结果的误差主要来源于材料尺寸的测量。本方法中理论推导是基于理想模型，但实际的测试数据往往会受到界面缺陷或材料内部梯度变化等的影响，因此，采用此方法测试前要结合样品情况评估此方法是否可行。相同涂层在不同基体上的测试结果不同的主要原因是在界面处的涂层内部含有基体的成分，从而使得涂层的整体性能发生变化。

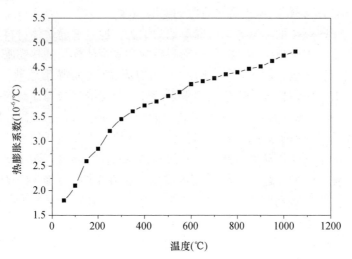

图 4-29　CVD SiC 涂层热膨胀系数随温度变化（四面涂层结构，反应烧结 SiC 基体）

　　总之，涂层材料的性能评价可以采用相对法，达到事半功倍的效果。在操作上基本分为三步，第一步，测试基体材料的性能，第二步，测试含涂层的复合样品的性能，第三步，计算涂层的性能。所以也可以称为三步法。

参考文献

［1］ ISO/CD 20343—2015，Fine ceramics（advanced ceramics，advanced technical ceramics）—Test method for determining elastic modulus of thick ceramic coatings at elevated temperature［S］.

［2］ ISO/FDIS 19603—2016（E），Fine ceramics（advanced ceramics，advanced technical ceramics）—Test method for determining elastic modulus and strength of thick ceramic coatings［S］.

［3］ Bao Y W，Zhou Y C，Bu X X，et al. Evaluating elastic modulus and strength of hard coatings by relative method. Mater Sci Eng A，2007，458：268 - 274.

［4］ Li K M，Bao Y W，Wan D T，et al. Evaluating Absolute Hardness of Ceramic Coatings Using Relative Method［J］. Key Engineering Materials，2010，434-435：530-533.

［5］ 包亦望，王毅敏，金宗哲. Al_2O_3/SiC 复相陶瓷的高温蠕变与持久强度［J］. 硅酸盐学报，2000，28（4）：348-351.

［6］ Bao YW，Zhou YC. Evaluating high-temperature modulus and elastic recovery of Ti_3SiC_2 and Ti_3AlC_2 ceramics［J］. Materials Letters，2003，57（24）：4018-4022.

［7］ 卜晓雪. 相对法及其在脆性材料力学性能评价中的应用［D］. 北京：中国建筑材料科学研究总院，2007.

［8］ D. S. Mountain，G. P. Cooper. Thermal evaluation for residual stress analysis—a new technique for assessing residual stress［J］. Stress and Vibration. 1989，1084：15-19.

［9］ 张道钢，李金峰. 用热评价方法测量残余应力［J］. 机械强度，1993，15（1）：54-56.

［10］ Frankel J，Abbate A，Scholz W. The effect of residual stresses on hardness measurements［J］. Experimental Mechanics，1993，33（2）：164-168.

［11］ Simes TR，Mellor S G，Hills D A. A note on the influence of residual stress on measured hardness［J］. The Journal of Strain Analysis for Engineering Design，1984，19（2）：135-137.

［12］Bisrat Y，Roberts S G. Residual stress measurement by Hertzian indentation ［J］. Materials Science and Engineering：A，2000，288（2）：148-153.

［13］林丽华，陈立功. 球面压痕测残余应力试验方法研究 ［J］. 机械强度，1998，20（4）：303-306.

［14］刘小根. 玻璃幕墙安全性能评估及其面板失效检测技术 ［D］. 北京：中国建筑材料科学研究总院，2010.

［15］李坤明，包亦望，万德田，等. 压痕法和十字交叉法评价类金刚石硬质涂层的界面结合强度 ［J］. 硅酸盐学报，2010，38（1）：119-125.

［16］李坤明. 陶瓷薄膜（涂层）材料力学性能评价技术研究 ［D］. 北京：中国建筑材料科学研究总院，2010.

［17］Yiwang Bao，Sijian Gao，Yanfei Han，et al. Determining interface strength of glass-metal bi-layer laminates using cross-push method ［J］. Key Engineering Materials，2007，351：126-130.

［18］Bulychev S I，Alekhin V P，Shorshorov M K，et al. Mechanical properties of materials studied from kinetic diagrams of load versus depth of impression during microimpression ［J］. Strength of Materials，1976，8（9）：1084-1089.

［19］Bulychev S I，Alekhin V P，Shorshorov M K，et al. Determining Young's modulus from the indenter penetration diagram ［J］. Zavod. Lab，1975，41（9）：1137-1140.

［20］E. P. Popov，S. Nagarajan and Z. A. Lu. Mechanics of materials，2nd Edition. Prentice-Hall，International，Inc. ，London. 1978

［21］Bao YW，Zhou YC. Simple method for evaluating bond strength of brittle materials and for determining elastic modulus and strength of brittle coating ［C］. Surface Engineering 2002-Synthesis，Characterization and Application，Proc. of MRS，Boston. 2002，750：50.

［22］孙训方，方孝淑，关来泰. 材料力学（Ⅰ）［M］. 北京：高等教育出版社，2002.

［23］Wan D，Zhou Y，Bao Y. Evaluation of the elastic modulus and strength of unsymmetrical Al_2O_3 coating on Ti_3SiC_2 substrate by a modified relative methodology ［J］. Materials Science and Engineering：A，2008，474（1）：64-70.

［24］Wan DT，Zhou YC，Bao YW，et al. Strengthening of soft ceramics by forming sandwich composites with strong interfaces：A combination of analytical study and experimental procedure ［J］. Journal of the American Ceramic Society，2007，90（2）：553-558.

［25］Cook R F，Pharr G M. Direct observation and analysis of indentation cracking in glasses and ceramics ［J］. Journal of the American Ceramic Society，1990，73（4）：787-817.

［26］魏晨光. 陶瓷涂层物理性能评价的相对法模型及验证 ［D］. 北京：中国建筑材料科学研究总院，2015.

［27］A. K. Swarnakar，L. Donzel，J. Vleugels，O. Van der Biest. High temperature properties of ZnO ceramics studied by the impulse excitation technique ［J］. Journal of the European Ceramic Society，2009，29（14）：2991-2998.

［28］Aude Hauert，Andreas Rossoll，Andreas Mortensen. Young's modulus of ceramic particle reinforced aluminium：Measurement by the Impulse Excitation Technique and confrontation with analytical models ［J］. Composites Part A：Applied Science and Manufacturing，2009，40（4）：524-529.

［29］G Roebben，B Basu，J Vleugels，J Van Humbeeck，O Van der Biest. The innovative impulse excitation technique for high-temperature mechanical spectroscopy ［J］. Journal of Alloys and Compounds，2000，310（1-2）：284-287.

［30］Gert Roebben，Ren-Guan Duan，Diletta Sciti，Omer Van der Biest. Assessment of the high temperature elastic and damping properties of silicon nitrides and carbides with the impulse excitation technique ［J］. Journal of the European Ceramic Society，2002，22（14-15）：2501-2509.

［31］ISO 17561，Fine ceramics（advanced ceramics，advanced technical ceramics）—Test method for elastic moduli of monolithic ceramics at room temperature by sonic resonance ［S］，2002.

［32］ASTM C1259—15，Standard Test Method for Dynamic Young's Modulus，Shear Modulus，and Poisson's Ratio for Advanced Ceramics by Impulse Excitation of Vibration ［S］，2015.

［33］ASTM C1198—09，Standard Test Method for Dynamic Young's Modulus，Shear Modulus，and Poisson's Ratio for Advanced Ceramics by Sonic Resonance ［S］，2013.

［34］ASTM C1548—02，Standard Test Method for Dynamic Young's Modulus，Shear Modulus，and Poisson's Ratio of Refractory Materials by Impulse Excitation of Vibration [S], 2012.

[35] ASTM E1875—13, Standard Test Method for Dynamic Young's Modulus, Shear Modulus, and Poisson's Ratio by Sonic Resonance [S], 2014.

[36] 聂光临, 包亦望, 万德田, 等. 脉冲激励技术评价陶瓷釉层的弹性模量 [J]. 2016, 37 (6): 626-631.

[37] 李坤明, 贾蕗宇, 包亦望, 孙立, 万德田, 霍艳丽. 位移敏感压痕技术评价 SiC 硬质膜的力学性能 [J]. 2010, 29 (2): 272-277.

[38] Westbrook J H, Peyer H C. The Science of hardness testing and its research applications [M]. American Society for Metals, 1973.

[39] B. Jönsson, S. Hogmark. Hardness measurements of thin films [J]. Thin Solid Films. 1984, 114: 257.

[40] J. Lesage, D. Chicot, A. Pertuz, et al. A model for hardness determination of thin coatings from standard micro-indentation tests [J]. Surface and Coatings Technology, 2005, 200 (1): 886-889.

[41] J. Lesage, A. Pertuz, E. S. Puchi-Cabrera, et al. A model to determine the surface hardness of thin films from standard micro-indentation tests [J]. Thin Solid Films. 2006, 497: 232-238.

[42] W. D. Callister, D. G. Rethwisch. Materials science and engineering: an introduction [M]. New York: Wiley, 2007.

[43] J. Lesage, D. Chicot, A. M. Korsunsky, J. Tuck, D. G. Bhat. 14th International Conference on Surface Modification Technologies, Paris, France, September11-13 2000, Surface Modification Technologies XIV, Edited by T. S. Sudarshan and M. Jeandin, ASM International, Materials Park, Ohio and IOM Communications Ltd., UK, 2001, p. 117.

[44] Meyer E. Z Ver Dtsch Ing 1908, 52: 645.

[45] A. Menon, K. Mehrotra, C. K. Mohan, et al. Characterization of a class of sigmoid functions with applications to neural networks [J]. Neural Networks, 1996, 9 (5): 819-835.

[46] G. Gerald Stoney. The Tension of Metallic Films Deposited by Electrolysis [J]. Proceedings of the Royal Society of London. Series A, Containing Papers of a Mathematical and Physical Character, 1909, 82 (553), 172-175.

[47] J. Kōo, J. Valgur. Residual Stress Measurement in Coated Plates Using Layer Growing/Removing Methods: 100th Anniversary of the Publication of Stoney's Paper "The Tension of Metallic Films Deposited by Electrolysis" [J]. Materials Science Forum, 2011, 681: 165-170.

[48] 王生钊, 张丹. 薄膜应力测量方法进展 [J]. 南阳理工学院学报, 2012, 4 (4): 67-72.

[49] 包亦望, 马德隆, 刘小根. 涂层残余应力测试方法及仪器 [P], PCT: 1610199PCT, 2016-10-25.

[50] Berry B S, Pritchet W C. Internal stress and internal friction in thin - layer microelectronic materials [J]. Journal of applied physics, 1990, 67 (8): 3661-3668.

[51] Gautiera C, Moulard G, Chatelon J P. Influence of substrate bias voltage on the in situ stress measured by an improved optical cantilever technique of sputtered chromium films [J]. Thin Solid Films, 2001, 384 (1): 102-108.

[52] Chason E, Sheldon B W. Monitoring stress in thin films during processing [J]. Surface engineering, 2013, 19 (5): 387-391.

[53] Floro J A, Chason E, Freund L B, et al. Evolution of coherent islands in $SiO_{1-x}Ge_x/Si$ (001) [J]. Physical Review B, 1999, 59 (3): 1990-1998.

[54] 刘金艳. X 射线残余应力的测量技术与应用研究 [D]. 北京: 北京工业大学, 2009.

[55] Mehner A, Klümper-Westkamp H, Hoffmann F, et al. Crystallization and residual stress formation of sol-gel-derived zirconia films [J]. Thin Solid Films, 1997, 308: 363-368.

[56] 陈玉安, 周上祺. 残余应力 X 射线测定方法的研究现状 [J]. 无损检测, 2001, 23 (1): 19-22.

[57] Hutchings M T, Withers P J, Holden T M, et al. Introduction to the characterization of residual stress by neutron diffraction [M]. Boca Raton: CRC press, 2005.

[58] 孙光爱, 陈波. 中子衍射残余应力分析技术及其应用 [J]. 核技术, 2007, 30 (4): 286-289.

[59] 李峻宏, 高建波, 李际周, 等. 中子衍射残余应力无损测量技术及应用 [J]. 中国材料进展, 2009, 28 (12): 10-14.

［60］李秋 . 微拉曼光谱技术在纳米材料力学性能研究中的应用［D］. 天津：天津大学，2011.

［61］Anastassakis E，Cantarero A，Cardona M. Piezo-Raman measurements and anharmonic parameters in silicon and diamond［J］. Physical Review B，1990，41（11）：7529-7535.

［62］Suresh S，Giannakopoulos A E. A new method for estimating residual stresses by instrumented sharp indentation［J］. Acta Materialia，1998，46（16）：5755-5767.

［63］Lee Y H，Kwon D. Residual stresses in DLC/Si and Au/Si systems：Application of a stress-relaxation model to the nanoindentation technique［J］. Journal of materials research，2002，17（04）：901-906.

［64］Lee Y H，Kwon D. Measurement of residual-stress effect by nanoindentation on elastically strained（100）W［J］. Scripta Materialia，2003，49（5）：459-465.

［65］Taljat B，Pharr G M. Measurement of residual stresses by load and depth sensing spherical indentation［J］. Materials Research Society Symposium Proceedings，2000，594：519-524.

［66］Xu Z H，Li X D. Residual stress determination using nanoindentation technique［M］. Micro and Nano Mechanical Testing of Materials and Devices. New York：Springer US，2008.

［67］Salomonson J，Zeng K，Rowcliffe D. Decay of residual stress at indentation cracks during slow crack growth in soda-lime glass［J］. Acta materialia，1996，44（2）：543-546.

［68］董美伶，金国，王海斗，等 . 纳米压痕法测量残余应力的研究现状［J］. 材料导报，2014，28（3）：107-113.

［69］ISO 18754—2003（E），Fine ceramics（advanced ceramics，advanced technical ceramics）—Determination of density and apparent porosity［S］.

［70］全国工业陶瓷标准化技术委员会 . GB/T 25995—2010，精细陶瓷密度和显气孔率试验方法［S］. 北京：中国标准出版社，2011.

［71］包亦望，魏晨光，万德田，等 . 一种测试涂层密度的测试方法［P］，中国：CN 104330334 A，2015-02-04.

［72］霍艳丽 . 化学气相沉积制备碳化硅致密膜层的研究［D］. 北京：中国建筑材料科学研究总院，2007.

［73］Yeon J H，Choi S，Won M C. In situ measurement of coefficient of thermal expansion in hardening concrete and its effect on thermal stress development［J］. Construction & Building Materials，2013，38（38）：306-315.

［74］Allam A，Boulet P，Record M C. Linear Thermal Expansion Coefficients of Higher Manganese Silicide Compounds［J］. Physics Procedia，2014，55（55）：24-29.

［75］Zeng Z Q，Hing P. Preparation and thermal expansion behavior of glass coatings for electronic applications［J］. Materials Chemistry & Physics，2002，75（1-3）：260-264.

［76］Hirata Y. Representation of thermal expansion coefficient of solid material with particulate inclusion［J］. Ceramics International，2015，41（2）：2706-2713.

［77］Wang J，Bai S，Zhang H，et al. The structure，thermal expansion coefficient and sintering behavior of Nd^{3+}-doped $La_2Zr_2O_7$，for thermal barrier coatings［J］. Journal of Alloys & Compounds，2009，476（1-2）：89-91.

［78］包亦望，万德田，魏晨光，等 . 一种测试涂层热膨胀系数的方法［P］. 中国：CN 104359938 A，2015-02-18.

［79］Wei C，Liu Z，Bao Y，et al. Evaluating thermal expansion coefficient and density of ceramic coatings by relative method［J］. Materials Letters，2015，161：542-544.

［80］全国工业陶瓷标准化技术委员会 . GB/T 16535—2008，精细陶瓷线热膨胀系数试验方法顶杆法［S］. 北京：中国标准出版社，2008.

［81］ISO 17562—2001，Fine ceramics（advanced ceramics，advanced technical ceramics）-Test method for linear thermal expansion of monolithic ceramics by push-rod technique［S］.

第5章　陶瓷基复合材料的力学性能

5.1　绪　论

陶瓷基复合材料（Ceramic Matrix Composite）是以陶瓷材料为基体，以陶瓷颗粒、纤维、或片状陶瓷为增强体，通过适当的复合工艺制备且性能可设计的一类新型材料，又称为多相复合陶瓷或复相陶瓷，包括颗粒增强陶瓷基复合材料、层状复合陶瓷、纤维增强陶瓷基复合材料。该类材料兼具基体和增强体材料的特点，使得二者在性能上表现为取长补短。陶瓷基复合材料既具有陶瓷材料的优点（高强度、高模量、高硬度、耐高温、耐腐蚀性等），且又克服了陶瓷材料的弱点（脆性），即具有高韧性、高冲击阻力和密度小的特点。从而具有很高的比强度（强度与密度之比）和比模量（弹性模量与密度之比），使得其能够在航空航天领域得到广泛的应用。

不同组分和不同复合方式可产生不同性能的材料，即陶瓷基复合材料具有一定的可设计性，这使得人们可以根据要求来设计材料。因此可从力学分析角度出发，分析基体与增强体间的作用力（残余应力/内应力），进而可指导陶瓷基复合材料的力学性能设计。

尽管陶瓷基复合材料的韧性比均质陶瓷提高了很多，但它仍属于脆性材料的范畴。从应用角度来考虑，对高温应用，主要考虑陶瓷基复合材料的高温耐久性、高温强度、高温疲劳和蠕变以及抗热震性能。用于动态结构时，抗冲击性能以及耐磨性是很重要的。总之，根据不同的使用要求，选定其常规力学性能的要求。对脆性材料来说，抗冲击强度是其最为主要的性能指标，但是目前除冲击韧性的简易评价法以外，还没有建立相关国家标准。对所有脆性材料来说，拉伸强度低使得大多数破坏都是由于拉应力所致。抗拉强度是材料力学性能的第一个重要指标，但是由于拉伸试验在操作上的困难，脆性材料中把弯曲强度作为主要力学性能指标。随着科学技术和测试技术的发展，主要力学性能的内容也不断地增加和调整，主要是根据主要用途的需要来决定。

5.2　颗粒增强陶瓷复合材料

颗粒增强陶瓷基复合材料是指在陶瓷基体中引入第二相——颗粒增强相，并使其均匀弥散分布与基体复合而得到的一种强韧化的陶瓷基复合材料。陶瓷基体可以是氧化物陶瓷（如氧化铝、莫来石，氧化锆、氧化硅等）和非氧化物陶瓷（如各种氮化物、碳化物、硼化物等）。第二相颗粒可以是氧化物和非氧化物陶瓷颗粒或金属粉末颗粒，按其性质可分为刚性（硬质）颗粒和延性颗粒。颗粒增强陶瓷是在金属材料弥散强化技术的基础上发展起来的一种陶瓷基复合材料技术，可明显改善陶瓷基体的强度、韧性和高温性能，尽管颗粒的增韧效果不如晶须与纤维，但具有制备工艺简单、第二相分散容易，易于制备形状复杂的制品，价格低廉等优点，颗粒增强可以得到各向同性和高温强度、高温蠕变性能有所改善的陶瓷基复合材料，因而颗粒增强陶瓷基复合材料得到了广泛的应用。

陶瓷材料可以采用固溶增强、析出增强、分散增强及复合增强设计，其效果主要与各组分的性能、增强体尺寸及其分布状态、基体/增强体体积比有关。很早就有人注意到颗粒增强陶瓷和不同颗粒间的作用及其增韧增强效果[1]。在金属材料中加入第二相是以提高高温强度为目的（一般情况下韧性下降），而在陶瓷材料中则是提高韧性的同时提高室温强度和高温强度，这种效果总称为增强效果。增强效果主要取决于增强相的物理和化学性能、结晶学和热力学条件及几何条件。

陶瓷材料在一般情况下，烧结后冷却时会形成内应力（残余应力），这对于陶瓷强度和韧性的影响较大。而残余应力的大小与材料中基体、增强体的热膨胀系数、弹性模量、粒径比以及制备过程中的冷却速率有关。这种内应力大多数情况下是不利的，特别是产生较大的拉应力时易引起龟裂破坏。本章节以纳米—微米球状颗粒增强材料为研究对象，利用强度的界面应力效应，研究颗粒的增强效果。

5.2.1 颗粒分布模型

颗粒分布的均匀性对材料的强度和韧性等力学性能都有重大影响。一般来说，第二相颗粒在基体内的分布都是无规则的随机分布。利用平均尺寸可研究其颗粒分布的合理性以及第二相颗粒尺寸效应[2]。设第二相颗粒尺寸为 a（相对于模型 0，Ⅰ，Ⅱ 分别为 a_0，a_1，a_2），基体颗粒尺寸为 b（相对于模型 0，Ⅰ，Ⅱ 分别为 b_0，b_1，b_2），在不同 a/b 的情况下可得到下列三种分布状态及相应第二相颗粒体积百分比 V_0，V_{I} 及 V_{II}。

（1）立方体体心分布模型 0

设各种颗粒都为球体，并且第二相颗粒在基体颗粒组成的立方体空隙之中，如图 5-1（a～b）所示。当 $a_0/b_0 = 0.4～1$ 时，则第二相颗粒（图 5-1b）体积百分比为：

$$V_0 = \frac{4.19a_0^3}{4.19(a_0^3 + b_0^3)} = \frac{1}{1 + (b_0/a_0)^3} \tag{5-1}$$

当 $a_0 = b_0$ 时（图 5-1a），第二相和基体的分布状态相同，体积各占 50%，因此，模型 0 的使用条件为 $a_0/b_0 = 0.4～1$。

（2）均匀分布模型 Ⅰ

设基体颗粒为 20 面体，第二相颗粒为球体并分布在 20 面体的各个顶部，基体颗粒中心放置一个第二相颗粒，从图 5-1d 中可以看出，第二相颗粒 A 在基体 B 内均匀分散并各向等距分布。取棱长为 $(a_1 + b_1)$ 的正 20 面体 B 作为一个复合单元，其中心含有一个球体 A。在这种复合模型中，所有增强颗粒之间的距离相同。因此这种分散状态为颗粒均匀复合模型，称模型 Ⅰ。这一复合单元中包括共邻三个复合单元的 12 个球体及一个体心内球。以 $(a_1 + b_1)$ 为边长的 20 个等边三角形的表面积为 $8.66(a_1 + b_1)^2$，其体积为 $2.5(a_1 + b_1)^3$，A 球的体积为 $4.189a_1^3$。则增强颗粒的体积比为：

$$V_I = \frac{4.189(12/3+1)a_1^3}{2.5\ (a_1+b_1)^3} = \frac{8.4}{1+(b_1/a_1)^3}; \ \text{或} \frac{b_1}{a_1} = \frac{2}{\sqrt[3]{V_I}} - 1 \tag{5-2}$$

该模型的使用条件为 $a_1/b_1 = 0.2 \sim 0.5$。

（3）增强分布模型 II

设基体颗粒为正 20 面体，周边挤满增强颗粒（颗粒半径为 a_2），并且其体心内有一个球时，取 (a_2+b_2) 为棱长的正 20 面体为复合单元。这时增强颗粒在基体颗粒内部和基体颗粒表面上连续分布以增强基体（图 5-1e），这种分散状态称为增强分布模型（模型 II）。增强颗粒数为：

$$n = \frac{8.66\ (a_2+b_2)^2/\pi a_2^2}{2} + 1 \tag{5-3}$$

当 $a_2/b_2 \leqslant 0.2$ 时，$n > 50$ 个。因此可忽略第二项（即一个颗粒），则体积比为：

$$V_{II} = \frac{1.38\ (a_2+b_2)^2(4.189a_2^3)}{2.5\ (a_2+b_2)^3 a_2^3} \approx \frac{2.3}{1+b_2/a_2}; \ \text{或} \frac{b_2}{a_2} \approx \frac{2.3}{V_{II}} - 1 \tag{5-4}$$

模型 II 的使用条件为 $a_2/b_2 = 0.02 \sim 0.2$。

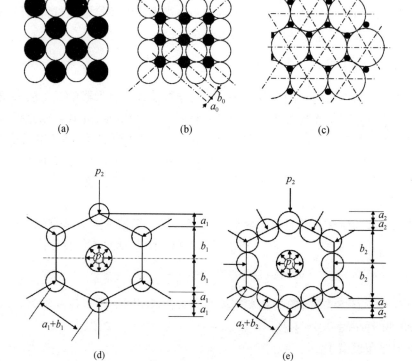

(a)　　　　　　　　(b)　　　　　　　　(c)

(d)　　　　　　　　(e)

图 5-1　颗粒分布模型[4]

（a）立方模型；（b）立方体体心分布模型 0；（c）六方体体心分布模型；

（d）均匀分布模型 I；（e）增强分布模型 II

用式（5-1）、式（5-2）和式（5-4）可计算不同颗粒分布和不同粒径时的体积百分比，计算结果见表 5-1。

表 5-1　颗粒粒径比与第二相颗粒体积百分比之关系

a/b	$V_0/\%$	$V_{\mathrm{I}}/\%$	$V_{\mathrm{II}}/\%$
0.02			5
0.05			11
0.1			21
0.2		4	38
0.3		10	
0.4	7	19	
0.5	11	30	
0.6	18		
0.8	34		
1	50		

白辰阳等人[3]研究了纳米 SiC 颗粒掺量对 Si_3N_4 陶瓷力学性能的影响，测试结果见表5-2。增强体为纳米 SiC 颗粒，选用的 β-SiC 粉体粒径为 70nm，烧结后可控粒径 $a＝$（2～3）×$0.07\mu m≈0.14～0.21\mu m$；Si_3N_4 粉平均粒径为 $0.5\mu m$，烧结后的颗粒可控制在（2～6）×$0.5\mu m≈1～3\mu m$。因此 $a/b≈0.18/2=0.09$，采用模型Ⅱ进行计算，$V_{\mathrm{II}}=\dfrac{2.3}{1+2/0.18}=19\%$，即增强颗粒体积含量为 19％时，复相陶瓷的力学性能最佳。由表 5-2 的结果可知，与 Si_3N_4 单相陶瓷相比，掺加 20％的可使其室温弯曲强度由 853MPa 增至 1055MPa，提高了近 24％。20％符合颗粒增强分布模型Ⅱ的预测结果 19％，由此也证明了颗粒增强复合模型的可行性。

表 5-2　SiC 掺量对 Si_3N_4 陶瓷力学性能的影响

样品	SiC 的体积含量/％	相对密度/％	σ/MPa	K_{IC}/MPa·$m^{1/2}$	维氏硬度/GPa
1	0	99.8±0	853	7.4	16.7
2	5	100±0.3	887	8.0	17.3
3	10	100+0.3	940	8.5	18.0
4	20	100+0.6	1055	7.6	21.0

5.2.2　颗粒尺寸效应[2]

5.2.2.1　粒径比效应

形态学中的两种颗粒分布状态与粒径比有关，即第二相颗粒在基体中的分布与 a/b 有关，a/b 越小越容易均匀分布，而 a/b 越大越不易达到均匀分布。因此由粒径比划分为：$a/b=0.02～0.2$，$a/b=0.2～0.5$ 以及 $a/b=0.5～1$，分别为增强作用粒径、均匀分布粒径和混合分布粒径范围，并给出相应的体积比及分布模型。

当 $a/b＞1$ 时由立方体体心分布状态逐步转变为随机分布，这时既破坏均匀分布状态又不利于材料力学性能的提升。

5.2.2.2　粒径的尺寸范围

大量的试验早就证明，对于多晶材料而言，晶粒越小强度越高。但是从增强作用的力学观点来说粒径小于 $0.1\mu m$ 时不易产生力学效应，而粒径很大时，由于残余应力的作用产生自发微裂现象，其临界尺寸约为 $100\mu m$。因此对高性能陶瓷材料来说一般用 $0.1\sim100\mu m$ 的粒径范围。

在材料设计中，已知粉料粒径一般不易预测烧结后的粒径大小。粒径大小可根据经验方法为粉料直径的 $2\sim6$ 倍。粒径生长的主要因素是烧结过程中的升温率、降温率、烧结温度、气孔分布等，同时两相材料的热膨胀系数和弹性模量的差别也起很大作用。

5.2.2.3　多层次尺寸效应

增强作用的最优粒径范围为 $a/b=0.02\sim0.2$，即相差 1 个到 2 个数量级，以纳米颗粒增强微米颗粒作为最优复合。进一步用第三相微小颗粒增强第二相纳米颗粒时，最优复合条件是小于纳米尺寸的分子或原子的固溶体。为此，充分发挥多层次尺寸效应，以进一步提高性能为目标，要求研制一种新一代的多层次复合材料。

5.2.3　颗粒增强陶瓷的内应力

由于陶瓷基体和增强颗粒之间的热膨胀系数不匹配，陶瓷材料在生产或使用过程中一般都会产生内应力。在高温时产生内应力称为热应力，烧结后冷却时形成内应力称为残余应力[4]。这对陶瓷强度和韧性影响较大，且残余应力的大小与材料中的基体和分散增强相之间的热膨胀系数差值（$\alpha_m-\alpha_p$）、弹性模量 E 的差别及其粒径之比 a/b 以及冷却速率的差别等有关。

5.2.3.1　颗粒单元内的残余应力及界面应力[2]

在颗粒均匀分布模型中，把正 20 面体简化成为球体来分析其应力分布。设增强颗粒半径为 a，均匀分散在基体中，取一个半径为 $(a+b)$ 的球体单元，其球心含一个增强颗粒，球面与若干个分散颗粒接触，假设由于变温引起的界面残余压力在球内壁和外壁分别为 p_1 和 p_2（均匀化），这时可以将其作为一个内外受压的厚壁空心球来分析。

由弹性理论可得到球体内的径向应力 σ_r 和切向应力 σ_t 分别为：

$$\sigma_r=-\frac{b^3/r^3+1}{b^3/a^3-1}p_1-\frac{1-a^3/r^3}{1-a^3/b^3}p_2$$

$$\sigma_t=\frac{b^3/2r^3+1}{b^3/a^3-1}p_1-\frac{1+a^3/2r^3}{1-a^3/b^3}p_2 \tag{5-5}$$

径向位移：

$$u=\frac{(1+\mu)r}{E}\left[\frac{b^3/2r^3+(1-2\mu)/(1+\mu)}{b^3/a^3-1}p_1-\frac{a^3/2r^3+(1-2\mu)/(1+\mu)}{1-b^3/a^3}p_2\right] \tag{5-6}$$

式中　r——任一点到球心的距离（m）；

　　　μ——泊松比；

　　　E——弹性模量（MPa）。当球体单元表面均匀分布了一定数量的相距为 $(a+b)$ 的颗粒时，每个颗粒表面的压力为 p_1，它们对大球面产生的总压应力均匀化后为 p_2，则根据受力平衡条件，p_1 和 p_2 的关系可由 a 和 b 的比值来确定：

$$p_2 \cdot 4\pi(a+b)^2=p_1 \cdot \pi na^2 \tag{5-7}$$

$$\frac{p_2}{p_1}=\frac{na^2}{4(a+b)^2} \tag{5-8}$$

式中，n 为表面颗粒数量，也可用 p_2/p_1 比的要求确定颗粒数量。

从式（5-5）及应力分布图 5-2 中可见几种特殊情况：

（1）当 $p_2=0$ 时，内壁受压力为 p_1，径向应力集中系数分别为：$\sigma_r/p_1=-1$，$\sigma_t/p_1=0.5$，切向产生 $0.5p_1$ 的拉应力容易产生径向裂纹。

（2）当 $p_2=0$，内壁受拉力为 p_1 时，$\sigma_r/p_1=1$，$\sigma_t/p_1=-0.5$，界面径向应力为 $\sigma_r=p_1$，这时易产生环状裂纹，这种情况在 $\alpha_2<\alpha_1$ 时发生（α_1，α_2 分别为基体和第二相颗粒的热膨胀系数）。

（3）一般情况下最大切向应力恒大于零。而 $p_1/p_2=0.3\sim0.5$ 时接近于零，$p_1/p_2\to1$ 时，$\sigma_r/p_1=\sigma_t/p_1\approx-1$，即各方向应力值均相等。

当温度从 T_1 下降到 T_2 时，由于颗粒和基体有不同的膨胀系数和弹性模量而产生内部残余界面应力，这种界面力产生的位移正好阻止了由于温差 $\Delta T=T_1-T_2$ 引起的自由收缩位移量。界面应力可表达[5]为：

$$p_1=\Delta T(\alpha_2-\alpha_1)E_1\left\{\frac{E_1}{E_2}(1-\mu_2)\left[\frac{\dfrac{b^3}{2a^3}+\dfrac{1-2\mu_2}{1+\mu_2}}{\dfrac{b^3}{a^3}-1}-\frac{\dfrac{1}{2}+\dfrac{1-2\mu_2}{1+\mu_2}}{1-\dfrac{a^3}{b^3}}\cdot\frac{p_2}{p_1}\right]+1-2\mu_1\right\}^{-1} \tag{5-9}$$

当 $p_2=0$ 时，上式可简化为：

$$p_1=\Delta T(\alpha_2-\alpha_1)E_1\left\{\frac{E_1}{E_2}(1-\mu_2)\frac{\dfrac{b^3}{2a^3}+\dfrac{1-2\mu_2}{1+\mu_2}}{\dfrac{b^3}{a^3}-1}+1-2\mu_1\right\}^{-1} \tag{5-10}$$

式中，下标 1，2 分别对应于第二相颗粒和基体。当 $b\gg a$ 时，$a/b\approx0$，式（5-10）可进一步简化成：

$$p_1=\frac{\Delta T(\alpha_2-\alpha_1)}{(1+\mu_2)/(2E_2)+(1-2\mu_1)/E_1} \tag{5-11}$$

式（5-11）对应于颗粒相对基体来说非常小且颗粒数量非常少的情况，这是单一颗粒对基体作用时的界面应力（图 5-2b）。该公式与常用的单颗粒残余界面力公式一致[6]。

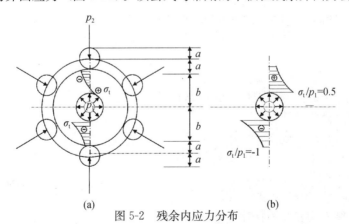

图 5-2　残余内应力分布

（a）颗粒复合材料中的应力分布；（b）增强颗粒处的应力分布

界面应力与两相的热膨胀系数 α、弹性模量 E 的差别及粒径比、颗粒分布状态等有关。不同相界面上的残余应力为最大，一般把它称为界面应力。如果控制得当，切向拉应力很小，颗粒均匀分布（即模型 I 的条件），这对提高强度和韧性都是有利的。在界面上产生压应力的条件是增强颗粒的热膨胀系数小于基体的热膨胀系数，即 $\alpha_1 < \alpha_2$。弹性模量 $E_1 > E_2$ 时也能提高一些界面应力，并在受荷载过程中阻止基体变形。

5.2.3.2 颗粒附近残余应力

由于颗粒增强体与基体间的热膨胀系数不匹配，使得颗粒增强陶瓷基复合材料在由制备温度降至室温的过程中会产生残余应力。为明晰不同形状颗粒周边残余应力的分布情况，可利用有限元对圆形、方形、六边形颗粒增强同一基体材料的残余应力进行模拟分析，计算结果如图 5-3 所示。由图 5-3 可以获得不同形状颗粒附近的残余应力分布特征：①矩形和六边形颗粒的边角处会产生较强应力集中；②残余应力会受临近颗粒的影响，从而使得两相邻颗粒间的残余应力值较其他地方大；③球形颗粒附近应力区的厚度与颗粒尺寸 $(a/r)^3$ 成正比。这就表明了两颗粒间较大的残余应力是由于两个或多个相邻颗粒残余应力的叠加造成的。

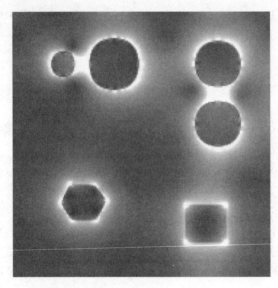

图 5-3　FEM 模拟分析颗粒增强陶瓷基复合材料中的残余应力

(注：网格数为 40000；颗粒与基体间热膨胀系数之差 $\Delta\alpha$ 与制备温度与室温之差 ΔT 的乘积为 $\Delta\alpha \cdot \Delta T = 0.001$)

颗粒附近残余应力与到颗粒球心的距离有关，颗粒半径为 a 时，距球心为 r 处的切向和径向残余应力分别为[6,7]：

$$\sigma_t = -\frac{P}{2} \cdot \left(\frac{a}{r}\right)^3; \quad \sigma_r = P \cdot \left(\frac{a}{r}\right)^3 \tag{5-12}$$

式中，$P = \dfrac{\Delta T(\alpha_2 - \alpha_1)}{(1+v_2)/(2E_2) + (1-2v_1)/E_1}$；$\alpha_1$，$\alpha_2$，$E_1$，$E_2$，$v_1$，$v_2$ 分别为分散颗粒和基体的膨胀系数、弹性模量与泊松比。

上式只适用于分散颗粒之间间距很大或杂质颗粒附近单一颗粒的应力分布计算。

两个或两个以上相邻颗粒之间的残余应力高于颗粒附近其他区域的残余应力，这是由相邻颗粒残余应力叠加效应所致。这里假设基体中只有两个颗粒推导出基体最大残余应力公式。如果相邻两颗粒半径相同，设为 a，两颗粒之间的距离为 b，如图 5-4 所示。两颗粒

周围基体径向应力和切向应力分别为[8]

$$\text{径向应力：} \sigma_{r1} = P \cdot \left(\frac{a}{r}\right)^3 ; \quad \sigma_{r2} = P \cdot \left(\frac{a}{b+2a-r}\right)^3 \tag{5-13}$$

$$\text{切向应力：} \sigma_{t1} = -\frac{P}{2} \cdot \left(\frac{a}{r}\right)^3 ; \quad \sigma_{t2} = -\frac{P}{2} \cdot \left(\frac{a}{b+2a-r}\right)^3 \tag{5-14}$$

式中，下角标 1、2 分别代表第一和第二个颗粒。

因此，两颗粒之间的残余应力应为：

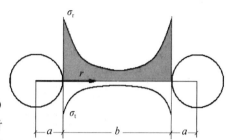

$$\begin{cases} \sigma_r = \sigma_{r1} + \sigma_{r2} = P \cdot \left[\left(\frac{a}{r}\right)^3 + \left(\frac{a}{b+2a-r}\right)^3\right] \\ \sigma_t = \sigma_{t1} + \sigma_{t2} = -\frac{P}{2} \cdot \left[\left(\frac{a}{r}\right)^3 + \left(\frac{a}{b+2a-r}\right)^3\right] \end{cases} \tag{5-15}$$

如图 5-3 所示，残余应力沿两颗粒之间的连线对称分布，且服从关系式 $\sigma_r = 2\sigma_t$。说明陶瓷复合材料中颗粒附近的压应力和拉应力是同时出现和消失的，但力的绝对值大小不同。

图 5-4　两颗粒间径向应力和切向应力示意图

由式（5-11）可知，颗粒所受到的静水应力与颗粒的尺寸无关，但是基体中由于颗粒产生应力区域的尺寸大小与颗粒的尺寸有关（图 5-3）。对于给定的颗粒增强陶瓷基复合材料，由于小颗粒附近的应力梯度更大（图 5-5），使得颗粒附近应力区域的厚度随着颗粒尺寸的增大而增大。因此颗粒增强陶瓷基复合材料的力学强度会随着颗粒尺寸的增大而降低。另一方面，对于一个给定颗粒体积含量的陶瓷复合材料而言，颗粒增强体间的距离会随着颗粒尺寸的增大而增大，由式 5-13 和式 5-14 计算得的残余应力峰值也会增大，也会使得材料的力学性能降低。

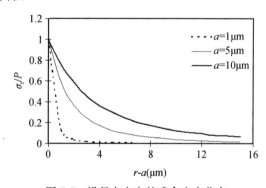

图 5-5　沿径向方向的残余应力分布

如果相邻两颗粒半径不同，即 $a_1 \neq a_2$，在两颗粒间产生不对称的应力分布：

$$\begin{cases} \sigma_r = \sigma_{r1} + \sigma_{r2} = P \cdot \left[\left(\frac{a_1}{r}\right)^3 + \left(\frac{a_2}{b+a_1+a_2-r}\right)^3\right] \\ \sigma_t = \sigma_{t1} + \sigma_{t2} = -\frac{P}{2} \cdot \left[\left(\frac{a_1}{r}\right)^3 + \left(\frac{a_2}{b+a_1+a_2-r}\right)^3\right] \end{cases} \tag{5-16}$$

以上分析从理论上证明了在相邻两颗粒间产生较大的残余应力，基体中任一点处的残余应力只受临近颗粒影响。

5.2.4 颗粒增强陶瓷内应力对强度及断裂韧性的影响

5.2.4.1 颗粒增强陶瓷内应力对强度的影响

选用四种颗粒增强陶瓷基复合材料为研究对象，分别为：基体 a、颗粒强度高于基体的复合材料 b、颗粒强度低于基体的复合材料 c 和 d，它们在单轴拉伸应力作用下的破坏示意图如图 5-6 所示，阐明了在试样断裂破坏前后基体中颗粒附近残余应力（图中明亮区域）的分布情况。有限元模拟的初始参数值和计算结果见表 5-3，复合材料的力学强度受到残余热应力和颗粒强度的影响。

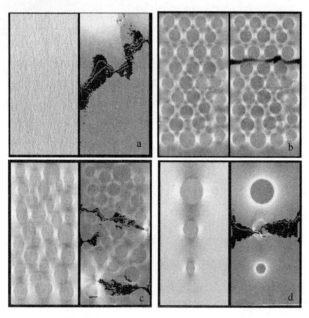

图 5-6　FEM 模拟的拉伸断裂破坏示意图，阐明颗粒强度、
残余应力、颗粒含量对复合材料力学强度的影响

（a）基体的拉伸破坏应力 74MPa；（b）颗粒强度高于基体，拉伸破坏应力为 70MPa；
（c）颗粒强度低于基体，颗粒含量较高，拉伸破坏应力为 66MPa；（d）颗粒强度低于基体，
颗粒含量较低，拉伸破坏应力为 68MPa。网格数为 20000，$\Delta \alpha \cdot \Delta T = -0.0005$

表 5-3　单轴拉伸破坏模拟计算结果与材料组分的初始力学参数

单轴拉伸试样	基体		颗粒		模拟破坏应力（MPa）
	E（GPa）	S_m（MPa）	E（GPa）	S_p（MPa）	
a	320	100	×	×	74
b	320	100	260	200	70
c, d	320	100	260	70	66.68

注：S_m、S_p 分别为基体和颗粒的初始强度值。

通过模拟计算可得，颗粒增强陶瓷的强度低于单相陶瓷基体的强度，这是由残余拉应力的存在及应力不均匀分布所致。根据最弱连接链理论，陶瓷的断裂开始于材料中连接最弱的区域。换句话说，在强度均匀的基体中同时加入强度较高部分（受压区）和强度较低

部分（受拉区），整体强度将会降低；也就是说，高强度的部分对整体强度没有贡献。在颗粒增强陶瓷材料中，如果颗粒的强度高于基体，那么裂纹起裂开始于高强度颗粒附近的陶瓷基体（如图 5-6b）；如果颗粒强度低于基体，那么裂纹容易产生于强度相对较低的颗粒（如图 5-6c 和 5-6d）。

　　有限元模拟是基于材料异质性的假设条件，其强度和模量服从韦伯统计分布，因此通过模拟计算的结果仅是一个统计预测值。模拟结果表明，增强颗粒所引入的残余应力会导致陶瓷基体强度的降低。测得的断裂强度值为材料发生断裂破坏时所对应的应力，且材料的断裂破坏取决于其内部所受的峰值应力，然而由于残余应力、缺陷的存在以及增强颗粒和基体间弹性模量的不同，使得断裂开始发生区内的应力值大于外加应力，即所测得的应力值降低。一般来说，颗粒增强陶瓷复合材料失效的原因取决于陶瓷基体和颗粒的断裂阻力 R_m 和 R_p 这两个参数之间的竞争。

$$R_m = S_m - \sigma_{rt} \tag{5-17}$$

$$R_p = S_p - \sigma_p \tag{5-18}$$

式中　S_m、S_p——陶瓷基体和颗粒的初始强度（MPa）；

　　　　σ_{rt}——陶瓷基体的残余拉应力（MPa）；

　　　　σ_p——颗粒内残余应力（MPa）。

　　在一定荷载下，只要陶瓷基体的最大真实应力高于 R_m 或者颗粒内的应力高于 R_p，断裂就会发生。因此，根据式（5-17）和公式（5-18）可知，颗粒增强陶瓷的强度受颗粒的残余应力和强度影响。

　　利用有限元分析手段研究颗粒增强陶瓷中残余应力的影响，分别对颗粒所受三种形式残余应力进行模拟试验：（1）压应力（$\alpha_m > \alpha_p$），（2）无应力（$\alpha_m = \alpha_p$），（3）拉应力（$\alpha_m < \alpha_p$）。有限元模拟的应力状态及计算强度值如图 5-7 所示。颗粒与基体的初始参数对陶瓷复合材料强度的影响见表 5-4。

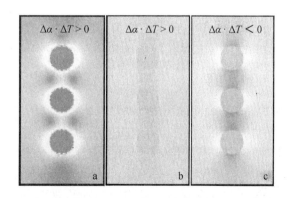

图 5-7　有限元模拟单轴拉伸应力下颗粒增强陶瓷基复合材料的
应力状态示意图，$E_p/E_m = 0.8$，$S_p/S_m = 0.8$
(a) $\Delta\alpha \cdot \Delta T = 0.008$，断裂应力 62MPa；(b) $\Delta\alpha \cdot \Delta T = 0$，断裂应力 60MPa；
(c) $\Delta\alpha \cdot \Delta T = -0.008$，断裂应力 65MPa；

表 5-4　初始参数对陶瓷复合材料模拟计算强度值的影响

编号	初始参数	热膨胀量	断裂应力，σ_{t}（MPa）
A	$S_{m}=100MPa$ $S_{p}=80MPa$ $E_{p}/E_{m}=0.8$，$m=20$	$\Delta\alpha\cdot\Delta T=-0.008$ $\Delta\alpha\cdot\Delta T=0.0$ $\Delta\alpha\cdot\Delta T=0.008$	62 60 65
B	$S_{m}=100MPa$ $S_{p}=150MPa$ $E_{p}/E_{m}=1.5$，$m=20$	$\Delta\alpha\cdot\Delta T=-0.008$ $\Delta\alpha\cdot\Delta T=0.0$ $\Delta\alpha\cdot\Delta T=0.008$	69 67 70
C	$S_{m}=100MPa$ 无颗粒增强	$m=20$ $m=100$ $m=1000$	72 85 100
D	$S_{m}=100MPa$ $S_{p}=150MPa$ $E_{p}/E_{m}=1.5$，$m=1000$	$\Delta\alpha\cdot\Delta T=-0.002$ $\Delta\alpha\cdot\Delta T=0.0$ $\Delta\alpha\cdot\Delta T=0.002$	91 92 50

图 5-7 和表 5-4 的试验结果揭示了以下事实：（1）对于给定的陶瓷基体，颗粒弹性模量增加有利于陶瓷复合材料强度的提高；（2）第二相颗粒受拉应力或压应力作用时，陶瓷复合材料的强度差别很小；（3）由于应力分布不均匀，陶瓷复合材料的强度低于单相陶瓷基体的强度。值得注意的是，模拟试验中材料的不均匀性对破坏应力有很大影响，它反映了材料最薄弱部分的强度。随着均匀性指数（韦布尔模数）m 增大，外加应力与初始强度之间的差异将减小（见表 5-4 中的 C 数据）。

对于一个理想化的材料（$m=1000$），模拟得的残余应力值与理论计算值是较为接近的，模拟计算的力学强度值见表 5-4 中的数据 D 所示。数据 B 表明颗粒附近残余应力状态（拉应力/压应力）对复合材料的强度影响不大，而数据 D 中模拟强度值的变化与中不同，数据 D 表明颗粒附近残余拉应力时会极大地降低复合材料的强度。数据 C 表明，随着韦伯模量 m 的增加，模拟计算的基体强度值逐渐增大，且当 $m=1000$ 时，模拟计算的基体强度值等于基体的初始强度值 S_{m}。这就意味着试样均质性的提高会增大其计算强度值，这是符合最弱连接链理论的。

5.2.4.2　颗粒增强陶瓷内应力对断裂韧性的影响

为研究残余应力对裂纹扩展阻力的影响，有限元模拟时采用相同的试样尺寸和加载条件，且在陶瓷基体和颗粒增强陶瓷基复合材料试样上预制相同的裂纹，裂纹的萌生及扩展过程如图 5-8 所示。结果表明，颗粒增强陶瓷基复合材料的断裂阻力较单相陶瓷基体的断裂阻力大。基体试样的断裂应力为 38MPa，复合材料的断裂应力为 48MPa。由断裂韧性的计算公式 $K_{IC}=\sigma_{f}\cdot Y\sqrt{C}$（$Y$ 为几何形状因子，C 为裂纹尺寸），则相同几何尺寸试样的断裂韧性之比即为其断裂强度之比，即 $\dfrac{K_{b}}{K_{a}}=\dfrac{\sigma_{b}}{\sigma_{a}}=\dfrac{48}{38}=1.26$。颗粒增强体的掺加可使基体材料的断裂韧性值提高 26%，这种增韧效果是由基体中残余压应力和颗粒本身较高的强度造成的[7]。一方面，复合材料和基体中裂纹萌生的临界应力分别为 38MPa、32MPa，由于复合材料中存在残余压应力使得其裂纹扩展的临界应力值增大；另一方面，如图 5-8B 所示，裂纹沿着颗粒与基体的界面处发生扩展，这时将导致不稳定断裂的发生。

如果颗粒的强度低于陶瓷基体的强度，颗粒对裂纹扩展的阻碍作用就会消失。因此，裂纹将会穿透颗粒扩展，在这种情况下，增韧机理主要是由残余应力不均匀分布和非均质材料引起的裂纹偏转和裂纹桥接作用。

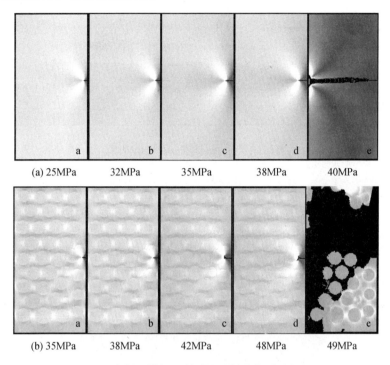

| (a) 25MPa | 32MPa | 35MPa | 38MPa | 40MPa |

| (b) 35MPa | 38MPa | 42MPa | 48MPa | 49MPa |

图 5-8　有限元模拟预制裂纹试样的断裂破坏过程
(a) 均质的基体材料；(b) 颗粒增强陶瓷基复合材料，在颗粒附近
发生了裂纹偏转，即残余应力的存在对增韧有利

颗粒增强体与基体间的不均匀应力分布及强度的差异会提高颗粒增强陶瓷基复合材料的断裂韧性，但是不利于复合材料强度的提高，其原因在于：材料强度测试过程中，基于最弱连接链理论，断裂起始点（最弱部位）在材料内部是随机分布的；而在断裂韧性的测试中，其断裂起始点是固定的，即在预制裂纹尖端位置。实际上，较小局部区域内的裂纹扩展阻力取决于裂纹的位置和方向。为明晰颗粒位置及裂纹方向对裂纹扩展的不同影响，作者对处于不同残余应力状态下的三种裂纹的扩展情况进行了有限元模拟[7]，结果如图 5-9 所示。C1 裂纹受到残余拉应力的作用，C2 裂纹不受残余应力的作用，C3 裂纹受到残余压应力的作用，模拟实验结果表明，随着载荷的不断增加，C1 裂纹首先开始扩展，随后 C2 裂纹开始扩展，而 C3 裂纹的裂纹扩展阻力最大。由图 5-9d 和 5-9e 可以看出，裂纹扩展阻力与裂纹所处的位置和方向有关。实际上，在陶瓷复合材料中颗粒和缺陷的分布是随机的，因此在陶瓷复合材料中不易存在 C1 类的裂纹。裂纹扩展阻力取决于裂纹尖端的应力方向，若陶瓷复合材料中存在许多裂纹缺陷时，材料的断裂破坏起始于具有最大应力强度因子的裂纹处，而裂纹的扩展方向垂直于最大拉应力的方向。对于倾斜裂纹，其裂纹扩展阻力应介于 C1 和 C3 的裂纹扩展阻力之间。

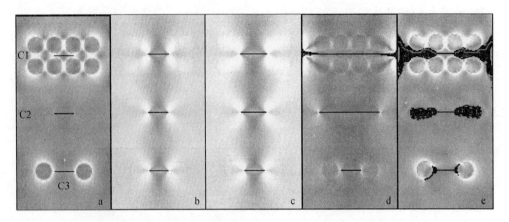

图 5-9　残余应力对断裂阻力的影响

（a）残余应力的初始状态与拉伸试件不同位置处的同尺寸裂纹，C1 裂纹受到径向拉应力的影响，
C2 裂纹不受任何残余应力的影响；C3 裂纹受到切向应力的影响；（b）C1 裂纹开始扩展，此时的
拉伸应变为 0.008；（c）拉伸应变为 0.0085 时的裂纹扩展情况；（d）拉伸应变为 0.01 时的裂纹扩
展情况；（e）断裂时的裂纹扩展情况

注：有限元模拟参数：位移控制的单轴拉伸，$\alpha_p > \alpha_m$，$S_p > S_m$。

另外，当颗粒的强度低于基体强度时，颗粒对裂纹扩展的阻挡效应将会消失，这样，
裂纹将会直接穿过颗粒继续扩展，如图 5-10 所示。这种情况下，颗粒增韧机制主要是不
均匀残余应力及多相材料形成了裂纹偏转及桥接。

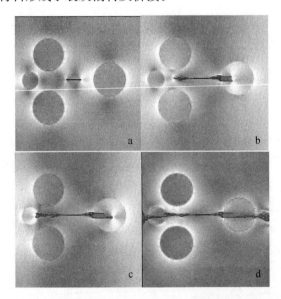

图 5-10　颗粒强度小于基体强度时陶瓷复合材料的裂纹扩展及应力变化情况

（a）初始裂纹及应力分布情况；（b）拉应变＝0.009％时的裂纹扩展情况；
（c）拉应变＝0.01％时的裂纹扩展情况；（d）拉应变＝0.011％时发生断裂

注：$E_p/E_m=0.8$、$S_p/S_m=0.6$。

利用四点弯曲试验和压痕法分别测得 TiN 颗粒增强 Si_3N_4 基陶瓷复合材料的强度和断
裂韧性，TiN 颗粒体积含量分别为 10％、20％、30％、40％，TiN 颗粒尺寸分别为

8.0μm、3.5μm，测试结果如图 5-11 所示。随着 TiN 颗粒加入到 Si_3N_4 基体，复合体材料的断裂韧性增加，而强度降低；随着 TiN 颗粒粒径的增加，复合物的强度进一步降低，断裂韧性进一步提高。实验结果与理论计算结果相一致。另外，断裂韧性与强度的比值（K_{IC}/σ_b）可以用来表征材料的损伤容限，利用所测得的 TiN/Si_3N_4 复合材料的强度和断裂韧性值可以得到其 K_{IC}/σ_b 与 TiN 颗粒体积含量和尺寸间的关系，如图 5-12 所示。结果表明陶瓷复合材料的脆性将随着 TiN 颗粒掺加量和尺寸的增大而降低。

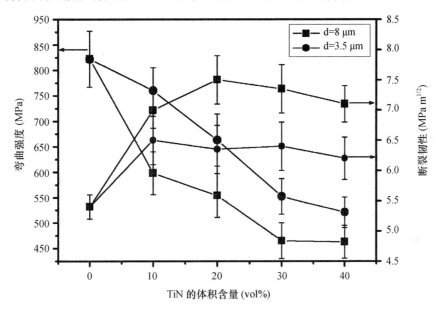

图 5-11　TiN/Si_3N_4 复合陶瓷材料的弯曲强度和断裂韧性随 TiN 颗粒含量和
粒径的变化（TiN 颗粒直径分别为 8μm 和 3.5μm）

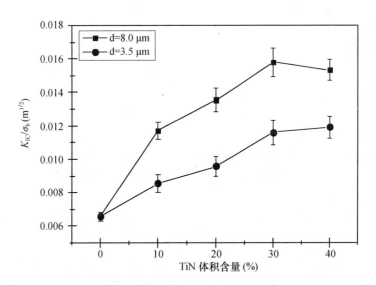

图 5-12　TiN/Si_3N_4 复合材料的 K_{IC}/σ_b 与 TiN 颗粒体积含量
和尺寸间的关系

由此看来，从理论上说颗粒增强陶瓷材料对于强度提高没有什么优势，但是对于韧性提高是有优势的。

5.3 层状陶瓷复合材料的应力分析与设计

层状陶瓷复合材料是具有独特叠层结构的陶瓷，借鉴了仿生结构设计，这种层合结构是一种简单有效的陶瓷强韧化方法，且通过对界面的设计和调控可充分实现预应力陶瓷的制备，使陶瓷材料的强度和韧性同时得到提高。层状陶瓷复合材料的基体层为高性能陶瓷片层，界面层或增强层为非致密的陶瓷、石墨或延性金属等，与单相的基体陶瓷材料相比，层状陶瓷复合材料的断裂韧性和断裂功可以得到明显的提升，可为陶瓷基复合材料的应用开辟广阔的应用前景。当界面层与基体层结合良好时，可利用残余应力的可设计性，对层状陶瓷复合材料力学性能进行改性。

5.3.1 层状陶瓷复合材料的强韧化机制

层状陶瓷复合材料从层间的结合强度来看，可分为强界面结合和弱界面结合。这两种结合方式实际上是从两个不同的角度对陶瓷材料宏观性能进行改善的。弱界面结合，在材料发生断裂时，会使裂纹沿界面发生偏转。从而延长裂纹扩展的路径行程，吸收能量。这对材料断裂韧性和能量耗散的提高有利。从已有的复相增强陶瓷的报道[9-12]来看，许多层状复合材料都已取得了良好的效果。大大提高了陶瓷的断裂功和抗冲击性能。强界面结合是通过界面结合力使层与层之间形成相互约束，有利于在材料内部形成强大的残余应力[13]。如果这种残余应力是人为地、有意识地设计的，就可称为预应力[14]。这种预应力对材料强度以及韧性的提高均可发挥相当大的作用。层合材料强韧化机制及界面状态对材料性能的影响是层合材料研究的一个主要内容。

5.3.1.1 弱界面结合

弱界面结合的层状陶瓷复合材料强韧化机制与传统上利用消除缺陷来提高力学性能的方法有着本质上的不同。它是一种能量耗散机制，其结构设计使得强度与缺陷关系不大，成为一种耐缺陷材料。

1. 弱界面裂纹偏转增韧

弱界面设计有意在两层高强度的基体间引入薄弱层，界面的要求是既弱到足以偏转裂纹，又强到有一定的压缩和剪切性能。Clegg[15]等用 SiC 粉末制成薄层，用胶态石墨覆涂，压制成型后，无压烧结制成 SiC/石墨层状复合陶瓷。对比层状 SiC/石墨和单相 SiC 陶瓷，结果表明，层状 SiC/石墨的表观断裂韧性从单相 SiC 的 3.6MPa·m$^{1/2}$增长到 17.7MPa·m$^{1/2}$，断裂功从 28J·m^{-2}增加到 4625J·m^{-2}。和单相 SiC 均质材料一样，加载过程中层状材料也会以线弹性方式变形，当应力强度大到一定程度时，切口处裂纹开始生长，不同的是裂纹不是直接穿透样品。当裂纹尖端前移到达第一层横断界面时，由于石墨层较弱，裂纹尖端不受约束，由三向应力变为二向应力（$\sigma_{zz}=0$）。塑性区范围变大，再加上裂纹尖端被钝化，穿层扩展受到阻碍，裂纹沿着界面偏转，成为界面裂纹（interfacial crack）。裂纹在界面层中扩散过程中能量被释放。这一过程重复发生,穿层裂纹和界面裂纹交替发生,直至完全破裂,所以在达到最大负载点后,断裂逐层发生,每层的断裂都存在裂纹的启裂与扩展,失效不是突变的,使得脆性下降。

这种层状结构复合材料的增韧机理是每一层上都要产生新的临界裂纹,产生新的临界裂纹需要很大的能量,这部分能量可以被称为裂纹启裂能,就是这部分能量产生了增韧效果。陶瓷材料虽然具有很高的强度,然而裂纹一旦达到临界裂纹尺寸而扩展,由于裂纹尖端的应力集中,剩下的材料对阻碍裂纹扩展的贡献已经很小,或者说裂纹扩展能远低于裂纹起裂能。在层状结构材料中裂纹在层间发生偏转,消除了裂纹在下一层中的应力集中。在外力作用下,下一层材料中某处薄弱点将产生新的临界裂纹再扩展下去。实验中观察到的每一层中的裂纹随机产生,裂纹扩展途径由多条分段裂纹组成,与块体陶瓷中的裂纹呈近似一条直线扩展到底不同[16]。

2. 延性夹层裂纹桥联增韧

延性夹层可以是金属,也可以是延性树脂,以连续层状形式存在。延性层发生较大程度的塑性变形来消耗、吸收能量。塑性变形区也会导致裂纹尖端屏蔽,使裂纹钝化,并在裂纹尾部被拉伸和形成桥联,减小裂纹尖端的应力强度因子,减缓裂纹扩展速度,阻止裂纹进一步张开,从而改善材料断裂韧性。裂纹在扩展过程中发生偏转,并从起点开始沿传播方向呈阶梯状扩展,尽管出现多层断裂,但由于金属层的拉伸,形成宏观桥联,裂纹并未张开。

3. 叠加互补增韧

某些陶瓷材料不显示 R-曲线行为[17],如图 5-13 中 A 线,但可引入第二相使之产生类似 R-曲线行为,使韧性有很大提高。可使强度在一定范围内基本与缺陷尺寸无关,但是以牺牲小缺陷时强度为代价(B 线)。按图 5-13 中的虚线 C 提示设计一个三层复合物 C,外层用 A 材料,内层用 B 材料,并调整表面层厚度以得到最佳强度。C J Russo[18]制得的复合陶瓷,外层是高强 Al_2O_3 + 钛酸铝(AAT20)均质化合物,内层是耐缺陷的非均质 AAT20。在最优表面厚度(约 $100\mu m$)时,内层中显微结构通过诸如桥联等对裂纹尖端施加闭合应力来稳定裂纹。表面层的存在有效地把这些稳定元素从裂纹尾部区域移走。复合物强度和韧性值处于两种材料之间,复合物性质集中了均质材料的高强、非均质材料的高韧的优点,这种三层结构对从表面缺陷引发的断裂有效,而对其他情况,例如轴向拉伸,整个材料的横截面受到同样的拉应力时,层合结构对强度和韧性没有贡献。

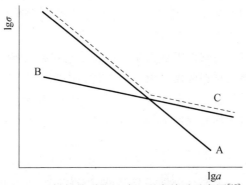

图 5-13　材料的裂纹尺寸—强度关系示意图[17]

(注: σ 为强度值, a 为裂纹尺寸)

5.3.1.2 **强界面结合**

利用层状复合陶瓷的基体层与增强层之间热膨胀系数、收缩率的不匹配或者某层中相变而使层间有应变差，引入残余应力场增强增韧。残余应力可通过 X 射线、压痕法等测定，也可通过单相块体材料和层合材料抗弯强度对比计算出来。设计三层复合陶瓷时，利用材料热膨胀系数差异或相变，调节各自层数、层厚，可使表面层产生合适压应力。因为压缩区的应力区围绕裂纹尖端，抑制裂纹的发生和扩展，所以表面层如有压应力，它的断裂/疲劳阻抗就会明显提高，达到临界长度的裂纹减小，导致强度、韧性提高。表面硬度也有一定提高。与裂纹直接因颗粒相互作用而偏转不同，强界面多层复合陶瓷中由于界面剪应力的存在使得各层中存在残余正应力。这种正应力在界面发生拉、压应力交互变换。当裂纹扩散到界面时，其尖端与应力场作用而偏转，并可能使得裂纹分叉。

Yarosheuko[19]用热压法制得 Si_3N_4/TiN 层状复合陶瓷，实验结果表明具有压应力的 Si_3N_4 层在界面处有很大的裂纹扩展阻力。Z. Chen[20]等用流延成型法制得 Al_2O_3/Ni 层状复合陶瓷。比较不同温度下块体 Al_2O_3 陶瓷和 Al_2O_3/Ni 层状复合陶瓷的强度及韧性。由于 Ni 的热膨胀系数是 Al_2O_3 的近 2 倍，Al_2O_3 层为压力区，使得 Al_2O_3 层有很大的抵抗和偏转裂纹的能力，层状复合材料的强度和韧性都有明显的提高。随着温度的上升，残余应力的部分释放，Al_2O_3/Ni 复合物强度和韧性大幅度下降，而单体 Al_2O_3 变化不明显。

因此，弱界面与强界面的结合方式对材料强韧化作用的机理有着本质上的不同。对于弱界面结合的层合材料，国内外学者已作了比较多也比较详细的研究，已初步形成了弱界面材料强韧化的理论体系。对于强界面结合的层合材料，由于其足够强的界面强度，使其能够将各层材料的热残余应力保留下来，各层材料处于不同的应力状态，这种应力状态对材料的宏观力学性能的影响是十分显著的，这就使我们把层状复合材料更多地作为一种结构来研究和设计。更令人感兴趣的是层合材料层数、单层厚度、各层厚度比等一些参数，而不是材料的化学组成、相组成等。因此，可以通过"简单组成，复杂结构"的研究来提高材料的力学性能。然而，这有赖于对材料界面性能，尤其是对界面残余应力的深入研究。

5.3.2 层合材料的残余应力分析

层状复相陶瓷与单一的块体材料相比，展现出更为良好的力学性能。从材料学角度看，层合材料层与层之间的界面特征将对材料的整体性能产生巨大影响。从几何学角度看，制造过程的热历史所造成的残余应力的大小及其分布，由于层合材料不同的几何结构而产生不同的作用。对层合材料的宏观力学性能有着直接的影响。不同的残余应力可以增强材料的强度，也可以降低材料强度。由于层合材料中两种不同的材料的膨胀系数和弹性模量各异，在高温制备后降温到常温在各自单层内会导致残余应力的存在。通常，对两种材料交叠而成的层合材料的热残余应力的计算习惯上采用的是

$$\begin{cases} \sigma_1 = \dfrac{-E_1 \cdot E_2 \cdot \Delta\alpha \cdot \Delta T \cdot h_2}{(1-\nu)(2E_1h_1 + E_2h_2)} \\ \sigma_2 = \dfrac{2E_1 \cdot E_2 \cdot \Delta\alpha \cdot \Delta T \cdot h_1}{(1-\nu)(2E_1h_1 + E_2h_2)} \end{cases} \tag{5-19}$$

式中，σ、E、υ、$\Delta\alpha$、ΔT、h 分别为应力、弹性模量、泊松比、热膨胀系数差、温降范围

和层厚；下脚标 1、2 分别代表三层材料的表层和中间层。

该公式基于每层材料中的应变处处相等的假设，是由 Virkar 等[21,22]首先将其应用于陶瓷基层状材料中的残余应力计算。

也有人将该公式推广到多层材料的层间残余应力的计算[11,23]。对于材料 1 为 $N+1$ 层，材料 2 为 N 层相互叠加而成的层合材料

$$\begin{cases} \sigma_1 = \dfrac{-N \cdot E_1 \cdot E_2 \cdot h_2 \cdot \Delta\alpha \cdot \Delta T}{(N+1)\ (1-\nu_2)\ E_1 h_1 + N\ (1-\nu_1)\ E_2 h_2} \\[4mm] \sigma_2 = \dfrac{(N+1)\ \cdot E_1 \cdot E_2 \cdot h_1 \cdot \Delta\alpha \cdot \Delta T}{(N+1)\ (1-\nu_2)\ E_1 h_1 + N\ (1-\nu_1)\ E_2 h_2} \end{cases} \tag{5-20}$$

如图 5-14a 所示，该公式是建立在均匀应变模型基础上。适用于材料中的每一层边缘约束，层间界面自由无约束状态，与现实材料有差异。这种模型考虑在与界面平行的平面内任一点的应力都相同，与位置无关。而层合材料大多数情况下恰恰两端无约束，层间通过界面结合力和剪应力产生相互约束，如图 5-14b 所示。显然，上述公式就存在误差了，在很多情况下可能会造成很大的误差。这种误差来源于其基本模型与实际层合材料约束形式的不一致。实际层合陶瓷的界面是紧密相连的，因此界面应力也是非均匀的。目前国内外大多数层合材料的层内残余应力的计算都采用简洁的均匀应变模型公式。以下将分别利用均匀应变模型和非均匀应变模型对层合材料中的残余应力进行分析，并在此基础上提出层状复合材料的优化设计准则。

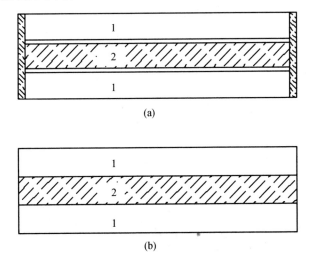

图 5-14　均匀应变模型和非均匀应变模型的几何结构示意图
（a）均匀应变模型，两端约束，界面自由，每一层中的应变处处相等；
（b）非均匀应变模型，界面约束，两端自由，应变为长度方向的位置函数

本章主要分析由两种材料交互相叠的层状陶瓷复合材料，由于热应力导致的残余应力。取梁试样为分析对象，长为 $2L$，总厚度为 H，宽度为 B。中点为坐标 0 点，两边各长为 L。设每层材料均各向同性，而且均匀，第 i 层的弹性模量、泊松比、膨胀系数及厚度分别为 E_i，v_i，α_i，h_i（$i=1, 2\cdots$）。

5.3.2.1　残余应力的分布类型

从层合材料沿长度方向的受力和应变状态来进行分类，可将残余应力分为两大类：（1）均匀应变型：材料中的每一层两端约束，层间界面自由无约束，如图 5-14a 所示；（2）非均匀应变型：材料两端无约束，层间通过剪应力产生相互约束，如图 5-14b 所示。

从层合材料的几何特征来进行分类，也可将残余应力分为两大类：（1）对称型：层合材料的总层数为奇数层；$2N+1$（N 为自然数），其中处于表层的材料的层数为 $N+1$ 层，非表层的材料的层数为 N 层；（2）非对称型：层合材料的总层数为偶数层 $2N$，两种材料的层数均为 N 层。

有些层合材料在某种特定情况下，其残余应力的分布超出上述分布类型或是上述分布类型的复合，可将其统称为复合型。

5.3.2.2　基于均匀应变模型的对称型层状材料残余应力[24]

对于三层层合材料，即 N 为 1，其受力状态如图 5-15 所示。考虑 $\alpha_1<\alpha_2$，在降温 ΔT 后，由于每一层的变形量相同，表层和中间层的位移协调变形量 Δ_1、Δ_2 有如下关系：

$$\Delta_1+\Delta_2=L\cdot\Delta\alpha\cdot\Delta T \tag{5-21}$$

又 $\Delta=\varepsilon\cdot L$，$\varepsilon=\sigma/E$。因此有：

$$-\sigma_1/E_1+\sigma_2/E_2=\Delta\alpha\cdot\Delta T \tag{5-22}$$

在材料任意截面上净力 $\sum B\cdot h_i\cdot\sigma_i=0$，即

$$2B\cdot h_1\cdot\sigma_1+B\cdot h_2\cdot\sigma_2=0 \tag{5-23}$$

由式（5-22）及式（5-23）得材料各层沿长度方向的正应力为：

$$\sigma_1=-\frac{\Delta\alpha\cdot\Delta T\cdot E_1\cdot E_2\cdot h_2}{2E_1\cdot h_1+E_2\cdot h_2} \tag{5-24}$$

$$\sigma_2=\frac{2\Delta\alpha\cdot\Delta T\cdot E_1\cdot E_2\cdot h_1}{2E_1\cdot h_1+E_2\cdot h_2} \tag{5-25}$$

相应地可求得各层的正应变，该模型中不存在剪切应力。比较式（5-24）、式（5-25）与式（5-19）可以看出，对于梁试样，在不考虑应力耦合时，可忽略材料泊松比，则式（5-24）、式（5-25）与式（5-19）是完全相同的。

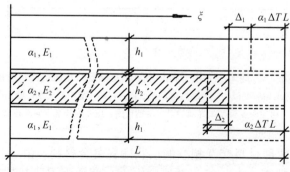

图 5-15　均匀应变对称型三层层合材料受力状态示意图
（$\alpha_1<\alpha_2$，在降温 ΔT 后，每一层的变形量相同，表层和中间层的位移协调变形量为 Δ_1，Δ_2，$\Delta_1=L\cdot\alpha_1\cdot\Delta T$，$\Delta_2=L\cdot\alpha_2\cdot\Delta T$）

对于多层层合材料，即材料的总层数为 $2N+1$ 层。处于表层的材料被称为材料 1，用下脚标 1 表示，其层数为 $N+1$ 层。处于非表层的材料被称为材料 2，用下脚标 2 表示，其层数为 N 层。由于各层的变形量相同，故：

$$-\varepsilon_i \cdot L + \alpha_i \cdot \Delta T \cdot L = C \quad (C \text{ 为任意常数}) \tag{5-26}$$

在材料任意截面上合力 $\sum B \cdot h_i \cdot \sigma_i = 0$，即

$$(N+1) \ B \cdot h_1 \cdot \sigma_1 + N \cdot B \cdot h_2 \cdot \sigma_2 = 0 \tag{5-27}$$

由式（5-26）及式（5-27）得多层材料各层沿长度方向的正应力为

$$\sigma_1 = -\frac{N \cdot \Delta\alpha \cdot \Delta T \cdot E_1 \cdot E_2 \cdot h_2}{(N+1) \ E_1 \cdot h_1 + N \cdot E_2 \cdot h_2} \tag{5-28}$$

$$\sigma_2 = \frac{(N+1) \ \Delta\alpha \cdot \Delta T \cdot E_1 \cdot E_2 \cdot h_1}{(N+1) \ E_1 \cdot h_1 + N \cdot E_2 \cdot h_2} \tag{5-29}$$

从以上计算可以看出，基于均匀应变模型的材料残余热应力分布有如下特征：

1）材料内部仅存在沿长度方向的正应力，且在每一层中应力均匀分布，处处相等。

2）对每一层来说，沿界面法线方向无应力梯度分布。因此，层与层之间拉、压应力交替是突变的。

3）对每一层来说，其沿长度方向的应变为均匀应变。

4）材料内部不存在任何弯矩。因此，与界面平行的任一平面均无弯曲变形，保持平面状态。

均匀应变型实际上是从层合材料中抽取出来的一种结构，在与界面平行的平面内任一点的应力都相同，与位置无关，适用于材料中的每一层两端约束，层间界面自由无约束状态。它与绝大多数实际材料是不相符合的，至多只能认为是对实际材料的一种简化和类似。而层合材料大多数情况下恰恰两端无约束，层间通过剪应力产生相互约束，如图 5-7b 所示。显然，上述公式就变得不适用了，在很多情况下可能造成很大的误差，这种误差来源于其基本模型与实际层合材料约束形式的不一致。

5.3.2.3　基于非均匀应变模型的对称型层合材料残余应力[25]

随着对层状材料认识的深入，用均匀应变模型计算材料残余应力所带来的误差，已经不能被忽视。作者[25,26]曾在测试层状陶瓷和玻璃过程中发现实际残余应力是位置函数，而并非常数，并针对层合材料中残余应力的真实状态，提出了建立在层与层之间依靠界面剪应力相互约束为基础的非均匀应变模型（如图 5-14b），并给出了更为符合层合材料中残余应力实际状态的理论计算公式[27]。

对层合材料，表层的残余应力状态对材料整体性能增强还是削弱是至关重要的。一般，表层含残余压应力有利于强度和韧性的提高。对三层层合材料进行分析，其变形示意图如图 5-16 所示。考虑 $\alpha_1 < \alpha_2$，在降温 ΔT 后，各层的位移协调变形量 Δ_1，Δ_2 有如下关系：

$$\Delta_1 + \Delta_2 = L \cdot \Delta\alpha \cdot \Delta T \tag{5-30}$$

在均匀变温过程，一般层间剪力在对称中点为 0，而在自由边缘处达到最大，中间连续递增过渡[28]。将试样长度方向的坐标无量纲化，层间剪应力可近似地表示为：

$$\tau = \tau_0 \cdot \xi^n \quad (0 < \xi < 1, \ \xi = x/L) \tag{5-31}$$

式中，τ_0 为边缘处的最大剪切应力，n 是与层合材料的材料性能有关的常数，对于陶瓷材料一般可取 7～9。

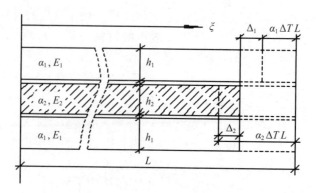

图 5-16　三层层合材料变形示意图

（$\alpha_1 < \alpha_2$，在降温 ΔT 后，表层和中间层的位移协调变形量为 Δ_1，Δ_2。$\Delta_1 = L \cdot \alpha_1 \cdot \Delta T$，
$\Delta_2 = L \cdot \alpha_2 \cdot \Delta T$。每层的应变 $\varepsilon \propto 1 - \xi^n$，其中 $\xi = x/L$，$n = 7 \sim 9$）

1. 轴向应力和层间剪应力

考虑第一层的应力分布，界面剪应力可看作为外力。轴向应力 σ_1 在 x 方向与层间界面剪切应力平衡。且 $\alpha_1 < \alpha_2$，则任意点 ξ 处应力 σ_1 为压应力，平衡方程为：

$$-Bh_1 \cdot \sigma_1 = B \cdot L \int_{\xi}^{1} \tau(\xi) d\xi = \frac{B\tau_o L}{n+1}(1 - \xi^{n+1}) \tag{5-32}$$

于是有：

$$\sigma_1(\xi) = -\frac{\tau_o \cdot L}{(n+1)\ h_1}(1 - \xi^{n+1}) \tag{5-33}$$

第一层的轴向应变：

$$\varepsilon_1 = \frac{\sigma_1}{E_1} = -\frac{\tau_o L}{(n+1)\ E_1 h_1}(1 - \xi^{n+1}) \tag{5-34}$$

轴向应力引起的伸缩变形：

$$\Delta_1 = \int_0^1 L \left| \frac{\sigma_1(\xi)}{E_1} \right| d\xi = \frac{\tau_o L^2}{(n+2)E_1 h_1} \tag{5-35}$$

同理对第二层可得：

$$\sigma_2 = \frac{2L \cdot \tau_o}{(n+1)\ h_2}(1 - \xi^{n+1}) \tag{5-36}$$

$$\Delta_2 = \frac{2\tau_o L^2}{(n+2)\ E_2 h_2} \tag{5-37}$$

由变形协调方程式（5-30）有：

$$\Delta\alpha \cdot \Delta T \cdot L = \frac{\tau_o L^2}{(n+2)}\left(\frac{1}{E_1 h_1} + \frac{2}{E_2 h_2}\right) \tag{5-38}$$

于是可得：

$$\tau_o = \frac{(n+2)\ \Delta\alpha \cdot \Delta T \cdot E_1 E_2 h_1 h_2}{L\ (2E_1 h_1 + E_2 h_2)} \tag{5-39}$$

将式（5-39）代入式（5-31）、（5-33）和（5-36）即得层间剪应力及各层的轴向应力表达式：

$$\tau = \frac{(n+2)\ \Delta\alpha \cdot \Delta T \cdot E_1 E_2 h_1 h_2}{L\ (2E_1 h_1 + E_2 h_2)}\xi^n \tag{5-40}$$

$$\sigma_1 = -\frac{(n+2)\ \Delta\alpha \cdot \Delta T \cdot E_1 E_2 h_2}{(n+1)\ (2E_1 h_1 + E_2 h_2)}\ (1-\xi^{n+1}) \tag{5-41}$$

$$\sigma_2 = \frac{2\ (n+2)\ \Delta\alpha \cdot \Delta T \cdot E_1 E_2 h_1}{(n+1)\ (2E_1 h_1 + E_2 h_2)}\ (1-\xi^{n+1}) \tag{5-42}$$

它们沿长度方向的变化如图 5-17 (b)、(c) 所示。轴向应力沿界面法线方向无梯度变化，考虑其在界面的奇异性，大体如图 5-18 所示。

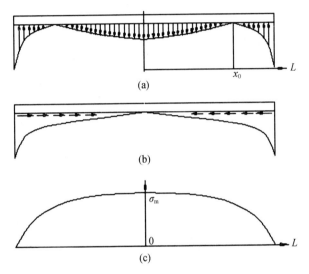

图 5-17　三层层合材料的应力分布示意图

(a) 界面正应力；(b) 界面剪应力；(c) 层内横截面上残余应力

以上应力均为长度方向的位置函数，界面正应力 $\sigma_{if} = D\ (x^{n-1} - x_0^{n-1})\ (0 \leqslant x \leqslant L)$；界面剪应力 $\tau \propto \xi^n$；残余应力 $\sigma \propto 1 - \xi^{n+1}$。

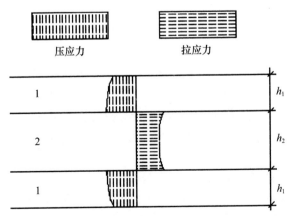

图 5-18　三层层合材料残余应力沿界面法线方向的分布示意图

比较式 (5-41)、(5-42) 与式 (5-19)，可看出其区别在于，非均匀应变模型下的应力是轴向位置的函数，并非是常数。均匀应变模型则认为在长度方向上应力处处相同，与位置无关。均匀应变模型至多只能被认为是对沿长度方向上的应力最大值的一种近似描述。在某些情况下，这种近似所带来的误差是不能被忽视的。此外，应力最大值出现在试样的中点。如果计算靠近试样端点处的应力，均匀应变模型就完全不适用了。

2. 界面正应力

对于第一层，外表面自由无应力。内表面（界面）上的剪应力对试样任一截面产生的弯矩，可由积分而得

$$M_{\tau,1}(\xi) = -\frac{h_1}{2}\int_\xi^1 BL \cdot \tau_o \xi^n d\xi = -\frac{BLh_1\tau_0}{2(n+1)}(1-\xi^{n+1}) \tag{5-43}$$

实际上，由于对称结构，该层并未弯曲。故必存在一个与 $M_{\tau,1}$ 大小相等方向相反的弯矩，使该单层内任一截面的总弯矩 $M_1=0$。因此，必定存在界面法向力 q，产生的弯矩 $M_{q,1}$ 与 $M_{\tau,1}$ 相互抵消，即 $M_{q,1}=-M_{\tau,1}$。由材料力学梁的弯曲问题[29]可知：

$$E_1 I_1 \frac{\mathrm{d}^2 v}{\mathrm{d}x^2} = -M_{q,1} \tag{5-44}$$

$$E_1 I_1 \frac{\mathrm{d}^4 v}{\mathrm{d}x^4} = q \tag{5-45}$$

其中，v 为挠度，q 为界面法向力。由式（5-43）、式（5-44）、式（5-45）可推得界面法向力沿轴向分布形式为：

$$q(x) = C \cdot x^{n-1} + C_0, \quad (0 \leqslant x \leqslant L) \tag{5-46}$$

其中，C，C_0 为常数。由于界面正应力必须自平衡，故有

$$\int_0^L (C \cdot x^{n-1} + C_0)\mathrm{d}x = 0 \tag{5-47}$$

且存在点 x_0 使 $q(x_0)=0$。因此：

$$x_0 = \left(\frac{1}{n}\right)^{\frac{1}{n-1}} \cdot L \tag{5-48}$$

由此可求得 x_0。如当 $n=8$ 时，$x_0=0.74L$。

界面正应力可以表述为：

$$\sigma_{\mathrm{if}} = D(x^{n-1} - x_0^{n-1}) \tag{5-49}$$

其中 D 为与材料性质和试样几何尺寸有关的常数。

界面正应力沿长度方向的分布如图 5-17a 所示。在试样中点，表层材料受到一个垂直于界面的拉应力，而在试样的端点，材料受到一个垂直于界面的压应力。

上述结论可以推广到总层数为 $2N+1$ 层的多层材料中。同时，由于我们所关心的主要是表层残余应力状态，故亦可将上下两表层看作为材料 1，而其余部分作为材料 2，等效为一层。这样，多层材料中的残余应力计算就可转化为三层材料的计算。只是中间层为一拉、压应力交变层。

由以上的推导和计算可以发现对称层合材料中残余应力的分布具有如下特征：

1）单层面内轴向残余应力是由于层间界面剪应力造成的。它是位置的函数，在对称点 $\xi=0$ 处轴向残余应力绝对值最大。在端点 $\xi=1$ 处轴向残余应力绝对值最小 $\sigma_{\min}=0$。

2）该类型材料结构上对称，故各层总的弯矩 $M=0$。因此，轴向残余应力沿界面法线方向无应力梯度变化。

3）界面剪应力是位置函数。剪应力绝对值在对称点 $\xi=0$ 处最小 $\tau=0$，在端点 $\xi=1$

处最大。

4）由于表层材料受力的非对称性，界面必定存在正应力，且界面正应力须自平衡，故界面正应力为长度方向位置的函数。当外层膨胀系数小于内层膨胀系数时，界面正应力在试样中点处为拉应力，在端点处为压应力。

以上这些特征与传统的均匀应变模型下的应力分布完全不同，特别均匀应变模型下界面应力的分布为 0。利用三层对称复合模型，可设计外层受压、内层受拉的预应力陶瓷结构，以提高整体弯曲强度。

5.3.2.4　基于非均匀应变模型的非对称层合材料的残余应力[30]

基于非均匀应变模型的非对称层状材料的残余应力取二层层合材料进行分析[30]。其受力状态如图 5-19 所示。考虑 $\alpha_1 < \alpha_2$，在降温 ΔT 后，各层均受到一个偏离其截面形心的界面剪切力 F_τ。可将其受力等效为过形心的力 F 和弯矩 M_τ。因此，各层轴向应力 $\sigma = \sigma_m + \sigma_b$。其中 σ_m 为过形心的力 F 产生的薄膜应力，σ_b 为弯曲应力。在材料弯曲变形很小的情况下，材料各截面可认为相互平行。各层位移协调变形量 Δ_1，Δ_2 仍然符合式（5-30）。

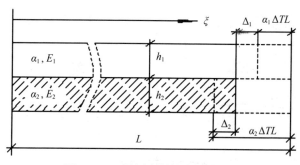

图 5-19　二层层合材料变形示意图

1. 层间剪应力

在均匀变温过程，一般层间剪力在对称中点为 0，而在自由边缘处达到最大，中间连续递增过渡。将试样长度方向的坐标无量纲化，层间剪应力可近似表示为式（5-31）。第一层的轴向薄膜应力 σ_{ml} 在 x 方向与层间界面剪切应力平衡。且 $\alpha_1 < \alpha_2$，则 σ_1 为压应力，平衡方程为：

$$-Bh_1 \cdot \sigma_{ml} = B \cdot L\int_\xi^1 \tau(\xi)d\xi = \frac{B\tau_o L}{n+1}(1-\xi^{n+1}) \tag{5-50}$$

于是有：

$$\sigma_{ml} = -\frac{\tau_o \cdot L}{(n+1)\ h_1}\ (1-\xi^{n+1}) \tag{5-51}$$

则第一层的轴向应变为：

$$\varepsilon_1 = \frac{\sigma_{ml}}{E_1} = -\frac{\tau_o L\ (1-\xi^{n+1})}{(n+1)\ E_1 h_1} \tag{5-52}$$

轴向应力引起的伸缩变形为：

$$\Delta_1 = \int_0^1 L\left|\frac{\sigma_{ml}}{E_1}\right|d\xi = \frac{\tau_o L^2}{(n+2)E_1 h_1} \tag{5-53}$$

同理对第二层可得

$$\sigma_{m2} = \frac{\tau_o \cdot L}{(n+1)\ h_2}\ (1-\xi^{n+1}) \tag{5-54}$$

$$\Delta_2 = \frac{\tau_o L^2}{(n+2)\ E_2 h_2} \tag{5-55}$$

由变形协调方程式（5-30）有：

$$\Delta\alpha \cdot \Delta T \cdot L = \frac{\tau_o L^2}{(n+2)}\left(\frac{1}{E_1 h_1}+\frac{1}{E_2 h_2}\right) \tag{5-56}$$

于是可得：

$$\tau_o = \frac{(n+2)\ \Delta\alpha \cdot \Delta T \cdot E_1 E_2 h_1 h_2}{L\ (E_1 h_1+E_2 h_2)} \tag{5-57}$$

界面剪切应力为：

$$\tau = \frac{(n+2)\ \Delta\alpha \cdot \Delta T \cdot E_1 E_2 h_1 h_2}{L\ (E_1 h_1+E_2 h_2)}\xi^n \tag{5-58}$$

界面剪切应力沿 x 轴方向的分布如图 5-20 所示。

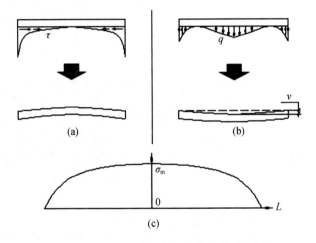

图 5-20　二层层合材料的应力分布示意图
（a）界面剪应力；（b）界面正应力；（c）残余应力

2. 薄膜应力

将式（5-57）代入式（5-51）和（5-54）即得到各层的轴向薄膜应力表达式：

$$\sigma_{m1} = -\frac{l}{h_1}\ (1-\xi^{n+1}) \tag{5-59}$$

$$\sigma_{m2} = \frac{l}{h_2}\ (1-\xi^{n+1}) \tag{5-60}$$

其中 l 为常数：

$$l = \frac{(n+2)\ \Delta\alpha \cdot \Delta T \cdot E_1 E_2 h_1 h_2}{(n+1)\ (E_1 h_1+E_2 h_2)} \tag{5-61}$$

3. 弯曲应力

首先，层间剪切应力所产生的弯矩 M_τ 使各层都发生变形，但变形程度不同。层 1 的曲率半径为 ρ_1，层 2 的曲率半径为 ρ_2；另一方面，两层材料实际上相互约束，协调变形，

$\rho_1 - \rho_2 = (h_1 + h_2) / 2$。因此,层间相互约束将会造成界面正应力 ρ_{if} 及弯矩 M_q。第一层任一截面的弯矩 $M_1 = M_{\tau 1} + M_{q2}$。第二层任一截面的弯矩 $M_2 = M_{\tau 2} + M_{q2}$,其中令 $M_q = M_{q1} = -M_{q2}$。故有:

$$\frac{1}{\rho_1} = \frac{M_{\tau 1} + M_q}{E_1 I_1} , \quad \frac{1}{\rho_2} = \frac{M_{\tau 2} - M_q}{E_2 I_2} \tag{5-62}$$

式中,I_1、I_2 为第一层和第二层横截面的惯性矩。

当变形量很小时,$\dfrac{1}{\rho_1} \approx \dfrac{1}{\rho_2}$,则:

$$\frac{M_{\tau 1} + M_q}{E_1 I_1} = \frac{M_{\tau 2} - M_q}{E_2 I_2} \tag{5-63}$$

$$M_q = \frac{M_{\tau 2} E_1 I_1 - M_{\tau 1} E_2 I_2}{E_1 I_1 + E_2 I_2} \tag{5-64}$$

界面上的剪应力对试样任一截面产生的弯矩,可由积分而得:

$$M_{\tau 1} = -\frac{h_1}{2} \int_{\xi}^{1} BL \cdot \tau_o \xi^n d\xi = -\frac{B \cdot l \cdot h_1}{2} (1 - \xi^{n+1}) \tag{5-65}$$

$$M_{\tau 2} = -\frac{h_2}{2} \int_{\xi}^{1} BL \cdot \tau_o \xi^n d\xi = -\frac{B \cdot l \cdot h_2}{2} (1 - \xi^{n+1}) \tag{5-66}$$

将式(5-65)、式(5-66)代入式(5-64)得:

$$M_q = \frac{Blk}{2} (1 - \xi^{n+1}) \tag{5-67}$$

其中 k 为常数,

$$k = \frac{h_1 h_2 (-E_1 h_1^2 + E_2 h_2^2)}{E_1 h_1^3 + E_2 h_2^3} \tag{5-68}$$

设界面法线方向为 y,y 轴坐标原点为各层的形心。则各层弯曲应力为:

$$\sigma_{b1} = -\frac{M_{\tau 1} + M_q}{I_1} y = \frac{6l (h_1 - k)}{h_1^3} (1 - \xi^{n+1}) y \tag{5-69}$$

$$\sigma_{b2} = -\frac{M_{\tau 2} - M_q}{I_2} y = \frac{6l (h_2 + k)}{h_2^3} (1 - \xi^{n+1}) y \tag{5-70}$$

4. 轴向应力

由式(5-59)、式(5-60)、式(5-69)、式(5-70)可得各层轴向应力为:

$$\sigma_1 = \frac{6l (h_1 - k) y - l \cdot h_1^2}{h_1^3} (1 - \xi^{n+1}) \tag{5-71}$$

$$\sigma_2 = \frac{6l (h_2 + k) y + l \cdot h_2^2}{h_2^3} (1 - \xi^{n+1}) \tag{5-72}$$

轴向应力沿长度方向分布如图 5-20c 所示,沿界面法线 y 方向分布如图 5-21 所示。

由式(5-68)知,当 $E_1 h_1^2 = E_2 h_2^2$ 时,$k = 0$。界面正应力 σ_{if} 和界面正应力引起的弯矩 M_q 均为 0。此时则有:

①曲率为:

$$\frac{1}{\rho_1} = \frac{M_{\tau 1}}{E_1 I_1} , \quad \frac{1}{\rho_2} = \frac{M_{\tau 2}}{E_2 I_2} ; \quad 且 \frac{1}{\rho_1} = \frac{1}{\rho_2} \tag{5-73}$$

②表面弯曲应力绝对值为:

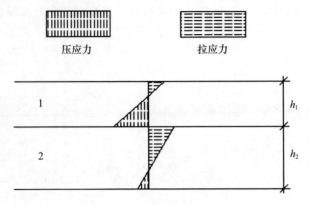

图 5-21　轴向应力沿界面法线方向分布示意图

（压应力层的表面为拉应力，拉应力层的表面为压应力。而在界面应力水平最高。

材料失效有可能从界面的拉应力层一侧开始。）

$$|\sigma_b| = \frac{3l}{h}\ (1-\xi^{n+1})\ =3|\sigma_m| \tag{5-74}$$

③表（界）面轴向应力为：

$$\sigma_{1,\text{surface}} = \frac{2l}{h_1}\ (1-\xi^{n+1}) \tag{5-75}$$

$$\sigma_{1,\text{interface}} = -\frac{4l}{h_1}\ (1-\xi^{n+1}) \tag{5-76}$$

$$\sigma_{2,\text{interface}} = \frac{4l}{h_2}\ (1-\xi^{n+1}) \tag{5-77}$$

$$\sigma_{2,\text{surface}} = -\frac{2l}{h_2}\ (1-\xi^{n+1}) \tag{5-78}$$

由此可见，压应力层的表面为拉应力，拉应力层的表面为压应力，而在界面应力水平最高。材料失效有可能从界面的拉应力层一侧开始，拉应力层的轴向应力沿厚度方向的分布如图 5-22 所示。

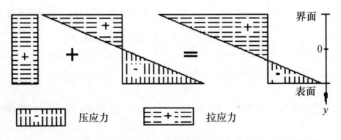

图 5-22　拉应力层的轴向应力沿厚度方向 y 的分布示意图

拉应力层的轴向应力由薄膜应力 σ_m 和弯曲应力 σ_b 叠加而得 $\sigma_1 = \sigma_{m1} + \sigma_{b1}$。当 $E_1 h_1^2 = E_2 h_2^2$ 时，$|\sigma_b| = \frac{3l}{h}\ (1-\xi^{n+1}) = 3|\sigma_m|$。当两层材料厚度相差很大，如涂层与基体的结合，涂层的弯曲应力可以忽略，只考虑薄膜应力。

5. 界面正应力

基于非均匀应变模型中非对称层合材料的界面正应力的分布规律与对称层合材料中界面正应力的分布规律一样，这里不再赘述，详见 5.3.2.3 节。界面正应力沿长度方向的分布如图 5-20b 所示。

非对称型层合材料残余应力和界面应力分布具有如下特征：

1）沿长度方向的正应力是由于层间界面剪应力引起的弯曲趋势造成的，它是长度方向的位置函数。在对称点 $\xi=0$ 处应力绝对值最大，在端点 $\xi=1$ 处应力绝对值最小 $\sigma_{min}=0$。

2）由于该型材料结构上不对称，故各层总的弯矩 $M\neq0$。因此，轴向应力沿界面法线方向存在应力梯度，这种梯度变化是由弯曲应力引起的。当 $E_1h_1^2=E_2h_2^2$ 时，界面正应力引起的弯矩 M_q 为 0。此时，压应力层的表面为拉应力，拉应力层的表面为压应力，而在界面应力水平最高，材料失效有可能从界面的拉应力层一侧开始。

3）界面剪应力是位置函数。在对称点 $\xi=0$ 处剪应力绝对值最小 $\tau=0$，在端点尾等于 1 处绝对值最大。

4）由于各层材料受力后弯曲变形的不协调，界面必定存在正应力，且界面正应力须自平衡，故界面正应力为面向的位置函数。在对称点处为拉应力，在端点处为压应力，且存在拉、压应力的交变点。当 $E_1h_1^2=E_2h_2^2$ 时，各层材料受力后弯曲变形协调，界面正应力 σ_{if} 为 0，即层间不存在界面正应力。

5）非对称型层合梁沿长度方向发生伸缩变形，沿界面法线方向也发生变形，中点处膨胀，端点处压缩，且存在弯曲变形。

以上对层状复合材料残余热应力做了较为全面的分析，给出了各种类型残余应力计算的解析式。由以上分析可以看出，非对称结构由于各层弯矩的存在，必将造成材料的翘曲变形。因此，非对称结构中的残余应力是我们所不希望看到的。或者说，非对称结构不是层合材料中的一个好的结构形态。在实际的层合材料结构设计中，通常都选择对称型结构。一个好的设计，需要使残余应力有利于材料综合力学性能的提高。这时的残余应力可以称为预应力，而含有预应力的层状陶瓷复合材料则可以被称为预应力陶瓷。当预应力层合设计为渐变式的梯度材料，表面形成压应力，内部形成拉应力，横截面总的应力积分为0，则可以达到类似钢化玻璃特征的预应力增强陶瓷的效果，但是这种陶瓷部件是不能进行冷加工的。本节的分析为了解残余应力对层合材料性能的影响奠定了理论基础，也对层合材料设计具有指导意义。

基于均匀应变模型的残余应力分析只是对某种层合结构的一种数学抽象。它与多数层状复合材料的实际受力状态有些差距。对比均匀应变模型和非均匀应变模型的应力分析，可以看出基于均匀应变模型推算出来的残余应力只是对层合材料中最大残余应力的一种近似，且认为每一层中应力及应变处处相等。实际上界面剪切应力不能忽略，或用两端约束的正应力代替。由本节所建立的非均匀应变模型分析可知，沿长度方向上，在试样端点残余应力为 0，在试样中点残余应力达到最大，由端点到中点之间残余应力为位置的连续函数，且存在界面剪切应力和界面正应力。

5.3.3　层合材料的优化设计准则

层状复合陶瓷独特的构型增加了设计陶瓷制品的灵活性，研究者有很大余地进行有目的、有选择的研究设计。根据使用的要求和限制条件：（1）选择和确定材料的组成，一般要求组成相化学上相容，物理上匹配，即考虑具体的化学性质，强度、韧性、热膨胀系数等；（2）调整总层数和层厚，基体单层、夹层的强度、厚度。（3）对界面粘结强度等各种因素进行优化。

层状复合陶瓷中的层间界面使层合复合材料与单相均质材料有很大的不同。层合材料的性能不仅与其各组成单层的性能有关，还强烈依赖于层状结构和界面状态。强界面层状复合陶瓷主要目的是通过在材料中引入预应力，使材料的强度和韧性等力学性能获得提高。不同的材料几何结构对性能的影响也是不同的。下面讨论与层状结构密切相关的共性因素，分析如何利用材料中的预应力提高陶瓷的力学性能。

5.3.3.1　最佳层厚比原则[31]

从 5.3.2 节层合材料残余应力分析可知，层合材料中拉、压层厚度的比值对材料中残余应力的分布起着重要作用。定义层厚比 λ 为试样总的拉应力层厚度与压应力层厚度的比值：

$$\lambda = \frac{\sum h_{ti}}{\sum h_{cj}} \tag{5-79}$$

式中　h_{ti}——试样中第 i 层拉应力层的厚度；

　　　h_{cj}——试样中第 j 层压应力层的厚度。

式（5-41）和式（5-42）给出了三层试样中表层和中间层中的残余应力。将式（5-79）代入式（5-41）和式（5-42）得：

$$\sigma_{r1} = -\frac{A}{E_1\lambda^{-1} + E_2}\ (1 - \xi^{n+1}) \tag{5-80}$$

$$\sigma_{r2} = \frac{A}{E_1 + E_2\lambda}\ (1 - \xi^{n+1}) \tag{5-81}$$

为了更清晰表达，这里将残余应力用 σ_r 来表示。其中

$$A = \frac{(n+2)\ \Delta\alpha \cdot \Delta T \cdot E_1 E_2}{n+1} \tag{5-82}$$

可见，λ 越大，表层压应力越大，中间层拉应力越小。这对材料性能的提高有利。另一方面，在外载荷 P 的作用下，λ 越大，中间层所承受的外载荷作用应力越大，有可能造成中间层首先开裂，从而材料失效。因此，对于某一层状结构，λ 存在着最佳值。以下将以总厚度为 3mm 的三层对称材料为对象，对其最佳的层厚比加以计算。

三层材料试样在外载荷下沿界面法线方向 y 应变分布如图 5-23 所示。对于外力 P，试样产生应变，由材料力学知：

$$\varepsilon = -\frac{y}{\rho} \tag{5-83}$$

式中，y 为界面法线方向坐标，原点为试样截面形心，如图 5-23 所示；ρ 为过试样形心、平行于界面的中性面曲率半径。由于 $\sigma = E \cdot \varepsilon$ 可得：

$$\sigma_{p1} = -\frac{E_1}{\rho}y \quad \sigma_{p2} = -\frac{E_2}{\rho}y \tag{5-84}$$

式中，σ_{p1}、σ_{p2} 分别为外力 P 在层 1 和层 2 中所形成的应力。

外力 P 在试样中点的截面上形成弯矩 M_p 为：

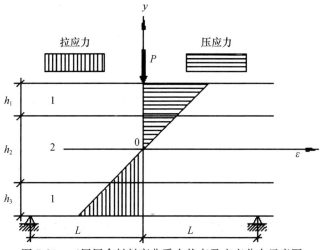

图 5-23　三层层合材料弯曲受力状态及应变分布示意图

$$M_{\mathrm{p}}=\frac{1}{2}PL \tag{5-85}$$

式中，P 为外力（N）；L 为试样长度的一半（m）。

从静力学考虑，试样中点截面上的微面积 dA 上的力 σdA 应合成一个力偶，其矩就是该横截面上的弯矩 M_{p}，即

$$\begin{aligned}
M_{\mathrm{p}} &=-\int_{A}(\sigma dA)y \\
&=-\int_{A1\mathrm{下}}\sigma \cdot ydA-\int_{A2}\sigma \cdot ydA-\int_{A1\mathrm{上}}\sigma \cdot ydA
\end{aligned} \tag{5-86}$$

将式（5-84）、式（5-85）代入上式（5-86）可得：

$$\frac{1}{2}PL=\frac{E_1}{\rho}\int_{A1\mathrm{下}}y^2 dA+\frac{E_2}{\rho}\int_{A2}y^2 dA+\frac{E_1}{\rho}\int_{A1\mathrm{上}}y^2 dA \tag{5-87}$$

式中定积分即为各横截面积对试样的过 y 轴坐标原点且垂直于 y 轴的中性轴的轴惯矩 I，即：

$$\frac{1}{2}PL=\frac{2E_1}{\rho}\Big[I_1+bh_1\Big(\frac{h_1+h_2}{2}\Big)^2\Big]+\frac{E_2}{\rho}I_2 \tag{5-88}$$

式中，b 为试样宽度（m）；I_1、I_2 分别为层 1 和层 2 关于自身形心的轴惯矩。整理上式得：

$$\frac{1}{\rho}=\frac{6PL}{\Lambda} \tag{5-89}$$

式中，$\Lambda=2E_1 b\,(4h_1^3+6h_1^2 h_2+3h_1 h_2^2)+E_2 bh_2^3$。

将式（5-89）代入式（5-84）得：

$$\sigma_{\mathrm{p1}}=-\frac{E_1}{\rho}y=-\frac{6PLE_1}{\Lambda}y \tag{5-90}$$

$$\sigma_{\mathrm{p2}}=-\frac{E_2}{\rho}y=-\frac{6PLE_2}{\Lambda}y \tag{5-91}$$

因此，在试样中点横截面上各层中总的应力水平为预先存在的残余应力 σ_{rmax} 和由外力 P 所造成的应力 σ_{p} 的叠加，$\sigma_{\mathrm{z}}=\sigma_{\mathrm{rmax}}+\sigma_{\mathrm{p}}$，故：

$$\sigma_{z1} = -\frac{A}{E_1\lambda^{-1}+E_2} - \frac{6PLE_1}{\Lambda}y \tag{5-92}$$

$$\sigma_{z2} = -\frac{A}{E_1+E_2\lambda} - \frac{6PLE_2}{\Lambda}y \tag{5-93}$$

三层材料沿界面法线方向的应力分布如图 5-24 所示。从图中可见，在外力 P 的作用下，试样中点处的下表面和层 2 中点处的下表面存在着最大拉应力，σ_{z1max}，σ_{z2max} 分别为：

$$\sigma_{z1max} = -\frac{A}{E_1\lambda^{-1}+E_2} - \frac{6PLE_1}{\Lambda}\left(-\frac{2h_1+h_2}{2}\right) \tag{5-94}$$

$$\sigma_{z2max} = \frac{A}{E_1+E_2\lambda} - \frac{6PLE_2}{\Lambda}\left(-\frac{h_2}{2}\right) \tag{5-95}$$

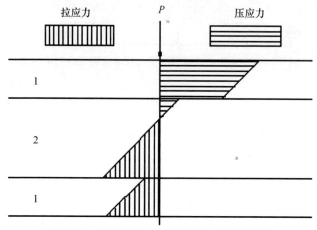

图 5-24　外载荷下三层材料应力分布示意图

整理式（5-94）、式（5-95）可得：

$$\sigma_{z1max} = -\frac{A}{E_1\lambda^{-1}+E_2} + \frac{3PLE_1\ (2h_1+h_2)}{\Lambda} \tag{5-96}$$

$$\sigma_{z2max} = \frac{A}{E_1+E_2\lambda} + \frac{3PLE_2h_2}{\Lambda} \tag{5-97}$$

设层 1 和层 2 的强度分别为 S_1，S_2，当层 1 和层 2 中的应力同时达到其强度时，层合材料具有最佳强度，即：

$$S_1 = -\frac{A}{E_1\lambda^{-1}+E_2} + \frac{3PLE_1\ (2h_1+h_2)}{\Lambda} \tag{5-98}$$

$$S_2 = \frac{A}{E_1+E_2\lambda} + \frac{3PLE_2h_2}{\Lambda} \tag{5-99}$$

联立式（5-98）和式（5-99）得：

$$E_2\ (S_1E_2-S_2E_1+A)\ \lambda^2 + E_1\ (S_1E_2-S_2E_1-S_2E_2+A)\ \lambda + E_1\ (A-S_2E_1) = 0$$

设：$a=E_2\ (S_1E_2-S_2E_1+A)$，$b=E_1\ (S_1E_2-S_2E_1-S_2E_2+A)$，$c=E_1\ (A-S_2E_1)$，则有：

$$a\lambda^2+b\lambda+c=0 \tag{5-100}$$

由式（5-100）可解得：

$$\lambda_{1,2} = \frac{\pm\sqrt{b^2-4ac}-b}{2a} \tag{5-101}$$

舍掉方程解中的负值，上述一元二次方程的正值解即为所要求解的最佳层厚比 $\lambda_{optimum}$。

作为一个算例，设 $S_1=0.45GPa$，$S_2=0.52GPa$，$E_1=290GPa$，$E_2=270GPa$，$n=8$，$\Delta\alpha=0.6\times10^{-6}\text{℃}^{-1}$，$\Delta T=1200\text{℃}$，则 $A=62.64$，$a=9001.8$，$b=-31047.4$，$c=-25566.4$，将上述数据代入式（5-101）得 $\lambda_{optimum}=4.136$，此时的表层厚度 $h_1=0.29mm$。即该条件下的最佳层厚比为 4.136。

综上所述，在层状材料结构设计时，可以通过对最佳层厚比的计算，很方便地确定拉、压残余应力层厚度的相对比值。这一比值对强界面结合的、依靠材料中的残余热应力的合理分布来提高材料强度和韧性的层合材料来说是至关重要的。合理的设计将会避免大量的、盲目的、毫无价值的实验摸索工作，使实验的针对性更强、更准确，这就是最佳层厚比原则。

5.3.3.2　最小层数原则

层数对材料强度的影响，不同的情况下的趋势和程度也是不同的。而在某种情况下，这种影响可能是由于另外的、更为根本的因素所造成的，而非层数的作用。因此，层数对材料强度的影响可以认为是许多因素共同作用的一种综合外在表现。这里分两种情况加以讨论。1）层厚比相同时，层状材料应力状态与层数的关系；2）表层厚度相同时，层状材料应力状态与层数的关系。

1. 层厚比相同时，层合材料应力状态与层数的关系

首先对相同层厚比的三层材料和五层材料进行比较，三层材料和五层材料分别以下角标（3）和（5）表示。作与 5.3.2.3 节相同的推导，得五层材料压、拉层的残余应力分别为：

$$\sigma_{r1(5)}=-\frac{A}{E_1\lambda^{-1}+E_2}\ (1-\xi^{n+1}) \tag{5-102}$$

$$\sigma_{r2(5)}=\frac{A}{E_1+E_2\lambda}\ (1-\xi^{n+1}) \tag{5-103}$$

比较式（5-80）、式（5-81）和式（5-102）、式（5-103）可知，当层厚比相同时，三层复合材料压、拉层的残余应力和五层复合材料压、拉层的残余应力是完全相同的。

下面再分析在外力 P 的作用下，五层材料外载应力的分布状态。作与上述三层材料相同的分析可得五层材料压、拉应力层中的最大拉应力分别为：

$$\sigma_{p1max(5)}=\frac{3PLE_1\ (3h_{1(5)}+2h_{2(5)})}{\Lambda_{(5)}} \tag{5-104}$$

$$\sigma_{p2max(5)}=\frac{3PLE_2h_{2(5)}}{\Lambda_{(5)}} \tag{5-105}$$

式中，$\Lambda_{(5)}=9bh_{1(5)}^3[3E_1+\ (8E_1+E_2)\ \lambda+\ (6E_1+3E_2)\ \lambda^2+3E_2\lambda^3]$ \tag{5-106}

由 $\Lambda=2E_1b\ (4h_1^3+6h_1^2h_2+3h_1h_2^2)\ +E_2bh_2^3$ 可得：

$$\Lambda_{(3)}=8bh_{1(3)}^3[3E_1+9E_1\lambda+9E_1\lambda^2+3E_2\lambda^3] \tag{5-107}$$

因此：

$$\frac{\sigma_{p1max(3)}}{\sigma_{p1max(5)}}=\frac{\Lambda_{(5)}}{\Lambda_{(3)}}\frac{(2h_{1(3)}+h_{2(3)})}{(3h_{1(5)}+2h_{2(5)})}=\frac{\Lambda_{(5)}}{\Lambda_{(3)}} \tag{5-108}$$

将式（5-106）和式（5-107）代入上式（5-108）可得：

$$\frac{\sigma_{p1max(3)}}{\sigma_{p1max(5)}}=\frac{3E_1+\ (8E_1+E_2)\ \lambda+\ (6E_1+3E_2)\ \lambda^2+3E_2\lambda^3}{3E_1+9E_1\lambda+9E_1\lambda^2+3E_2\lambda^3} \tag{5-109}$$

由此可见：

当 $E_1 = E_2$ 时，$\sigma_{plmax(3)} = \sigma_{plmax(5)}$；

当 $E_1 > E_2$ 时，$\sigma_{plmax(3)} < \sigma_{plmax(5)}$；

当 $E_1 < E_2$ 时，$\sigma_{plmax(3)} > \sigma_{plmax(5)}$。

通常情况下，E_1 与 E_2 大体相当或略大于 E_2，故试样三点弯曲时下表面中点的最大外载应力 $\sigma_{plmax(3)} \leqslant \sigma_{plmax(5)}$。

由此可见，层厚比相同条件下，在组成三层和五层结构的压、拉应力层材料的强度相同的情况下，三层结构与五层结构相当或略优于五层结构。

对于大于五层的多层材料，已不能满足材料在降温 ΔT 后，各层具有相同的收缩，即各层的端面处于同一平面的假设。表层的收缩有所减少，表层的残余压应力也有所降低，因此，不利于表层强度的提高。而拉应力层的最下表面，随着层数的增加，其距中性面的距离更远，即界面法线位置 y 的绝对值更大。在相同外力作用下，其承受外载荷作用应力水平将更大。因此，对强界面结合的层状材料来说，过多的层数对材料强度的提高并不有利。

2. 表层厚度相同时，层合材料应力状态与层数的关系

将表层厚度相同的三层材料和多层材料进行对比，作与上述相同的推导，可得到与上面相同的结论，即材料层数的增加，对强度的提高并不有利。从另一角度看，将多层材料除两表层以外的中间诸层看作一层，则多层材料可等效为三层材料，只是中间层为一拉、压应力交变层。显然，与中间层为单一拉应力相比，这一交变层对表层残余压应力的形成是不利的。

5.3.3.3　强度与韧性的关系

断裂韧性实际上是含有缺陷的材料的强度。材料承受外载荷作用能力的提高，韧性也线性地被提高。另一方面，对于块体材料，随着裂纹尺寸的增大，材料强度将会迅速下降，断裂韧性也随之下降。层状材料将会抑制这种强度随裂纹变化的程度。

弱界面结合的层状复合陶瓷的优点是下层的断裂点由于与相邻上层在界面处发生脱层，剩余梁的强度与下层裂纹尖端无关，而只与上层内缺陷相关。W.J.Clegg[15]推导出三点弯曲测定表观断裂韧性的表达式：

$$K_{1c}^{L} = \sigma_f Y \sqrt{C_N (1 - C_N/d)^2}$$

(5-110)

式中　σ_f——单层强度（MPa）；

　　d——层厚度（m）；

　C_N——开槽厚度（m）；

　　Y——几何因子。

由式（5-110）可见单层强度直接影响相应层的 K_{1c} 值。对一个宽 3mm、开槽 1mm 的 SiC/石墨层状复合陶瓷样品，单层 SiC 的测量强度为 633MPa，计算得表观断裂韧性为 17.0MPa·m$^{1/2}$，和两次实验值 17.7 及 15.6MPa·m$^{1/2}$ 相当吻合[24]。为了调节单层的断裂强度，用不同方法引入缺陷。结果层状梁的断裂强度降低，韧性也随之减少。实验结果和上式预计的一致，这说明提高层状梁单层的强度可提高切口梁表观断裂强度和断裂韧性。但由于层间弱界面的存在，在层状梁单层强度与块体材料相同的情况下，层状材料的强度低于块体材料。

强界面结合的层状复合陶瓷，由于不存在弱界面结合层状材料的弱层，因此其强度与块体材料相比不会下降。如上分析，若表层为残余压应力，其强度将会比块体材料大为提高，因此，断裂韧性也将随之提高。另一方面，材料中的拉、压应力交变分布，将会使裂纹尖端应力场在裂纹扩展过程中发生变化。压应力层将会使裂纹扩展驱动力大为削弱，从而使裂纹难以逾越，继续扩展。因此，这种裂纹扩展的阻力层越多越好且每层需要有足够大的压应力。从材料增韧的角度考虑，需要层状材料的层数要多，层厚比要大。

5.3.4　强界面延/脆性夹层陶瓷复合材料的变形及损伤行为[32]

延性/脆性夹层复合材料在断裂过程中能够吸收大量的断裂能，具有明显的增韧效果。许多研究者认为层状复合材料的增韧机制是弱界面层对裂纹的偏折、分叉和界面分层，因此层状陶瓷复合材料的研究多集中在弱界面层，而对于强界面层状陶瓷复合材料研究较少。实际上，强界面多层复合材料会产生不同的效果：外层压应力会使材料抗拉强度提高，外层拉应力则会使强度降低[32]。强界面层与弱界面层的断裂模式也不同，弱界面层状陶瓷复合材料的断裂试样只有 1～2 个裂纹，能量损耗来源于界面滑移、分层、裂纹偏转及层内裂纹。这种情况下，如果某一层断裂，那么断裂层的应力会通过界面裂纹释放。而在强界面层状复合材料中某一层的裂纹只在一小区域引起应力松弛，断裂发生在层内的其他部分。所以，由于界面的限制作用，会在层内出现多条裂纹。因此，强界面结合的层状复合材料在某种情况下是有利的，至少对延/脆性夹层层状陶瓷复合材料是有利的。

选用 Al_2O_3 延性层和 Ti_3SiC_2 脆性层，利用热压工艺合成了 Al_2O_3/Ti_3SiC_2 层状复合陶瓷，利用三点弯曲试验研究其变形及力学行为。层状陶瓷基复合材料具有很明显的各向异性力学性质，层状试样在水平层和垂直层两种状态（图 5-25）的形变及损伤行为存在差异。

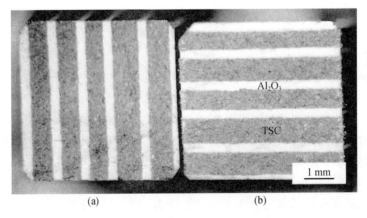

图 5-25　Al_2O_3/Ti_3SiC_2 层状试样的横截面
（a）垂直层试样；（b）水平层试样

5.3.4.1　水平层和垂直层试样的刚度

水平层和垂直层试样的弹性模量和蠕变速率可采用三点弯曲法进行测试。测试结果表明，室温下垂直层的弯曲模量比水平层小，且二者的弯曲模量均随着温度的增加而逐渐降低。即弹性模量是温度的函数，如图 5-26 所示，室温弹性模量可采用 2.4.1 节的弯曲法测得，高温弹性模量可利用8.1.1节相对法测得。由图5-26可以看出，水平层试样的弹性模量在室温～1000℃范围内基本为一常数，在1000～1100℃范围内缓慢降低，而在温度高于1100℃时急剧下降，1100℃即Ti_3SiC_2的脆/延转换温度。这种测试结果与单相的Ti_3SiC_2陶瓷弹性模量与温度的变化趋势相近。在温度高于Ti_3SiC_2的脆/延转换温度时，由延性层（Ti_3SiC_2）的粘弹性变形导致的界面剪切和应力松弛会使得水平层试样的弯曲刚度大幅度降低；然而垂直层试样的弹性模量受Ti_3SiC_2脆/延转换温度的影响较小。垂直层试样的弯曲模量随温度的升高呈线性下降，在1100℃时并未出现急剧下降的转折点。由于垂直层与水平层试样弯曲模量与界面剪切作用方式的不同，导致二者的弹性模量与温度间的变化规律也不相同。实际上，对于给定相组成含量的复合材料而言，其垂直层试样的弯曲刚度应是固定不变的；而水平层试样的弯曲刚度取决于各相的厚度和分布位置，且表现为$E_{H\text{-}layers} > E_{V\text{-}layers}$。由材料力学可知，界面剪切应力只存在于水平层试样，而不存在于垂直层试样；当试验温度高于Ti_3SiC_2的脆/延转换温度时，Ti_3SiC_2由脆性转变为延性材料，由于水平层试样内剪切应力的作用，使其高温弹性模量急剧降低。

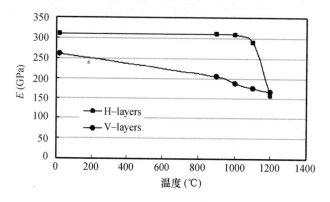

图5-26　Al_2O_3/Ti_3SiC_2层状复合材料的弹性模量与温度的关系
（H：水平层试样；V：垂直层试样）

　　虽然室温下垂直层的抗弯刚度比水平层低，但蠕变速率曲线显示垂直层的蠕变阻力高于水平层，即垂直层试样更不易发生蠕变。例如，1200℃时控制弯曲应力为52MPa，测得垂直层和水平层试样的挠度变形速率分别为1.8×10^{-7}m/sec、2.77×10^{-7}m/sec。综上，水平层与垂直层试样弯曲刚度的温度敏感性以及蠕变速率的区别均是由水平层试样界面间的剪切应力作用和界面滑移造成的。

5.3.4.2　水平层和垂直层试样的蠕变损伤

　　结构材料的蠕变损伤通常与应变有关。通常认为第二阶段蠕变的应变速率与外加应力成指数关系：$\dfrac{d\varepsilon}{dt} = A\sigma^n$（$A$和$n$是与材料性质和测试条件有关的常数；$\sigma$是外加应力）。对于三点弯曲试样的弹性变形，最大应变ε_m和最大挠度变形W有如下关系：

$$\varepsilon_m = \frac{y_0}{\rho} = \frac{6WH}{L^2} \qquad (5\text{-}111)$$

式中　y_0——中性轴到受拉表面的距离（m）；

　　　ρ——试样中性轴的曲率半径（m）；

　　L——跨距（m）；

　　H——试样的厚度（m）。

　　式（5-111）只适用于线弹性变形的情况，且计算过程中 $1/\rho = d^2w/dx^2$。根据固体力学，这种简化曲率 $1/\rho = d^2w/dx^2$ 与真实曲率间的相对误差与挠度—跨距之比有关，当 $W/L = 1/20$ 时误差约为 1%，当 $W/L = 10$ 时误差约为 4% 左右。

　　在三点弯曲蠕变阶段，当在受拉区域产生裂纹和空腔时，中性轴将向受压表面移动，此时 y_0 为大于 $H/2$ 的变量。试样的真实应变为 $\varepsilon_{nonlinear} = y_0/\rho$，而计算得试样应变为 $\varepsilon_{linear} = H/(2\rho)$，由于 $y_0 > H/2$，因此由式（5-111）计算得的试样应变值较其真实变形值小。相应地，受压表面的计算应变值大于真实值。Wiederhorn 等[19,20]已经证明在单相均质试样中蠕变损伤引起中性轴移动，且应力分布的时间相关性也从理论上得到了证明。对于层状复合材料，不同层的损伤形式不同，因此弯曲应力的再分布和中性轴的确定则更加复杂。由于很难测定由挠度值计算得到的应变，可采用最大挠度来描述弯曲蠕变层状复合材料的蠕变行为。实验测得挠度随时间线性增加，第二阶段挠度的蠕变速率是外加应力的函数：

$$\frac{dW}{dt} = B\sigma^N \tag{5-112}$$

　　由此可得：

$$\Delta W = W - W_0 = B\sigma^N t \tag{5-113}$$

式中　W_0——加载后弯曲试样的初始挠度；

　　　　B——常数。

　　通过光学显微镜和扫描电子显微镜观察不同挠度的蠕变试样来研究蠕变损伤及其随形变的变化。

　　1200℃时控制垂直层试样的弯曲应力为 52MPa，试验时间为 240min，试验完成后测得试样挠度变化量为 3.5mm。由于脆性层的应力会随延性层的应力松弛而逐渐增加，当脆性层最大应力达到其抗拉极限时便会发生开裂。随着应力松弛的不断增加，脆性层拉伸区域内裂纹的数量也会不断增加，且裂纹会不断向试样中性轴方向缓慢扩展，如图 5-27a 所示，Al_2O_3 脆性层内产生了多条裂纹，且发生了裂纹的偏转和桥接。图 5-27b 展示了垂直层试样拉应力区域内，各 Al_2O_3 脆性层中的裂纹数量及裂纹宽度；打磨去除表层 Al_2O_3 后可得到 Ti_3SiC_2 层的表面形貌，如图 5-27c，Ti_3SiC_2 层发生了延性转变而无裂纹的产生。

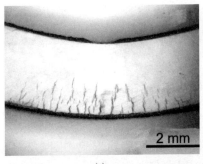
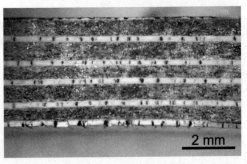

(a) 　　　　　　　　　　　　　　　　　　(b)

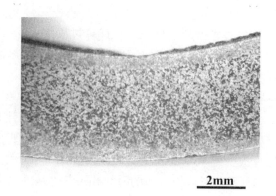

(c)

图 5-27　垂直层试样的弯曲蠕变损伤

(a) Al_2O_3/Ti_3SiC_2 垂直层试样蠕变试验后外层 Al_2O_3 的变形及裂纹情况；
(b) 垂直层试样受拉面的形貌图（须打磨掉表面氧化层）；(c) 垂直层
试样中 Ti_3SiC_2 的表面形貌图（须打磨掉表面 Al_2O_3 层）

在 1200℃时，控制水平层试样的弯曲应力为 52MPa，试验时间为 240min，试验完成后测得试样挠度变化量为 0.93mm，试样表面形貌如图 5-28 所示。由图 5-28a 可以看出，水平层试样的侧面并未产生明显的破坏；而从图 5-28b 可以明显地看到试样表面拉应力层内有裂纹的产生。

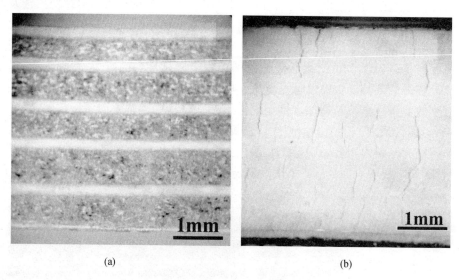

(a)   (b)

图 5-28　弯曲试验后水平层试样的表面形貌

(a) 跨中位置水平层复合陶瓷试样的侧面图；(b) 水平层试样的受拉表面 Al_2O_3 层的形貌

随着蠕变变形量的增加，水平层试样逐渐被破坏，破坏后的形貌如图 5-29 所示。由图 5-29b 和 5-29c 可知，大量的裂纹是在脆性 Al_2O_3 层内产生的；图 5-29a 表明，随着与受拉面间距的增大，水平层试样单层中裂纹的数量呈不断减小的趋势，且试样破坏时在界面处不产生裂纹偏转。由脆性层内产生的大量裂纹可知，Al_2O_3/Ti_3SiC_2 层合材料的界面结合良好，属于强界面结合。且由图 5-30 可知，水平层试样中 Al_2O_3 与 Ti_3SiC_2 层间未产生裂纹偏转及滑移，从而也可证明 Al_2O_3 层与 Ti_3SiC_2 层间界面结合良好。

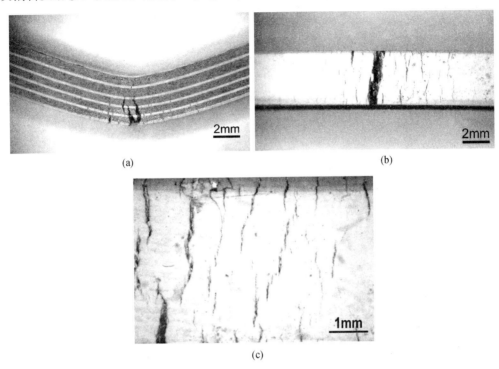

(a)　　　　　　　　　　　(b)

(c)

图 5-29　水平层试样的弯曲蠕变损伤

（a）Al_2O_3/Ti_3SiC_2 水平层试样的蠕变破坏；（b）蠕变破坏试样受拉表面的形貌图；

（c）受拉表面层（Al_2O_3）跨中位置处的裂纹数量及裂纹桥接

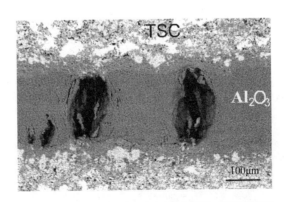

图 5-30　Al_2O_3/Ti_3SiC_2 水平层试样界面处的 SEM

（Al_2O_3 层内有明显裂纹；且 Al_2O_3 与 TSC 界面处未产生裂纹偏转及滑移现象）

由于两种材料的脆性不同，氧化铝相对来说脆性更大，所以损伤首先发生在氧化铝层中，如图 5-30 所示。Ti_3SiC_2 属于准脆性可加工陶瓷，它的体积含量对蠕变速率有影响，采用相同几何尺寸的 Al_2O_3/Ti_3SiC_2 水平层试样，研究 Al_2O_3 与 Ti_3SiC_2 层厚比（H_A/H_T）

对蠕变速率的影响。图 5-31a 和图 5-31b 分别为 $H_A/H_T=32/68$（$V_{Ti3SiC2}=68\%$）和 $H_A/H_T=42/58$（$V_{Ti3SiC2}=58\%$）水平层试样在不同应力作用下的蠕变曲线。试验发现 Ti_3SiC_2 的体积含量对层合材料的蠕变速率有较大的影响。由图 5-31 可得，$H_A/H_T=32/68$ 试样的蠕变应力指数为 2.17，$H_A/H_T=42/58$ 试样的蠕变应力指数为 1.87，即 Ti_3SiC_2 体积含量较少的试样具有较大的蠕变抗力。换而言之，对于指定的试样总厚度及 Al_2O_3 单层厚度，层合材料的蠕变抗力随着 Al_2O_3 层数的增加而增大。此外，1200℃蠕变破坏试验发现，蠕变应力为 120MPa 时，试样发生 0.6mm 的挠度变形即发生破坏；蠕变应力为 62MPa 时，试样发生 2.5mm 的挠度变形即发生破坏；蠕变应力为 52MPa 时，试样发生 3.6mm 的挠度变形即发生破坏；即随着蠕变应力的降低，试样发生蠕变破坏时对应的挠度变量增大。

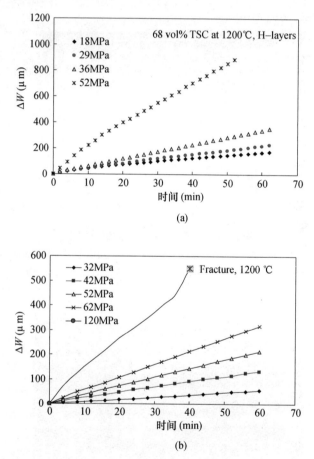

图 5-31　不同 H_A/H_T 的水平层试样在不同应力作用下的蠕变曲线
（a：$H_A/H_T=32/68$；b：$H_A/H_T=42/58$）

5.3.4.3　应力松弛

应力松弛试验是用来研究层合材料的应力演化及脆性层和延性层间的应力传递。图 5-32 为 Al_2O_3/Ti_3SiC_2 层合材料在不同温度下的应力松弛曲线，为便于比较，实验也测得了单相 Al_2O_3 和 Ti_3SiC_2 材料的应力松弛曲线。由图 5-32 可以看出，1200℃时单相

Ti_3SiC_2 的应力松弛幅度较大，而单相 Al_2O_3 几乎不发生应力松弛现象，Al_2O_3/Ti_3SiC_2 层合材料的应力松弛介于二者之间。由此可见，Al_2O_3/Ti_3SiC_2 层合材料的应力松弛阻力主要是由脆性层所控制的。

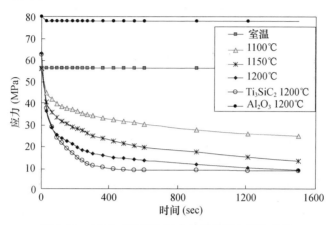

图 5-32　Al_2O_3/Ti_3SiC_2 层合材料的应力松弛曲线

5.3.4.4　垂直层试样的蠕变损伤行为机理分析

由于界面的约束作用和应变对裂纹扩展的依赖性，垂直层试样中的裂纹扩张仅发生于脆性 Al_2O_3 层的拉应力区域。弯曲过程中的蠕变损伤由延性层的应力松弛和脆性层亚临界裂纹生长控制。这一实验现象可为实现脆性材料中裂纹的缓慢扩展提供依据，例如，可以通过陶瓷—金属相互叠加形成层合复合材料，沿垂直方向进行三点弯曲加载，由此可以观测到脆性陶瓷内大裂纹的亚临界生长。为证明这一观点，作者[32]将 0.2mm 厚的玻璃板与相同长、宽尺寸的铝板粘结在一起，而后进行三点弯曲试验，利用光学显微镜原位观察玻璃侧表面的裂纹增殖情况，如图 5-33 所示。通过控制挠度增量，可以在玻璃侧表面观测到生长较为缓慢的裂纹，且仅在拉应力作用区内有裂纹的产生，即裂纹尖端位置不会越过试样的中性层。这种方法也可以用来对脆性陶瓷的断裂韧性试样进行预制裂纹（先在边缘处预制一个小切口，然后施加弯曲载荷）。

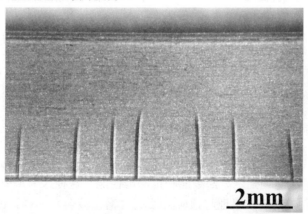

图 5-33　弯曲载荷下玻璃/铝层合材料中玻璃内所引发的裂纹
（最大应变为 0.23%）

对于垂直层延/脆性层合复合材料的弯曲蠕变，其应力分布不仅与试样厚度有关，而且在宽度方向上不同位置的应力也不相同，且宽度方向与厚度方向上的应力分布相互影响。由于蠕变破坏过程中，试样横截面上的应力总和为 0，因此脆性层与延性层所受应力相互抵消以维持界面应力平衡。随着脆性层内裂纹的扩张以及延性层内的应力松弛，层合试样的中性轴将会朝着受压表面移动，且脆性层内压应力占比增加。在垂直层试样的弯曲蠕变试验中，裂纹仅产生于脆性层中的拉应力区域，而不会越过中性轴。因此，随着中性轴的变化，裂纹也将会继续扩张。基于 Al_2O_3 和 Ti_3SiC_2 层不同的应力松弛特征，提出了一种蠕变损伤机理，即沿着试样宽度方向不同层会产生交变应力，这种交变应力分布与蠕变时间的关系如图 5-34 所示。为保持内应力的平衡，延性层的应力松弛与脆性层的应力增加应同时发生，且二者之和为一定值。由于层合材料受拉表面处各个位置的应变相同，且脆性层材料的弹性模量高于延性层，则脆性层内所受的初始拉应力也较延性层大。当拉应变达到一临界值后，裂纹将会在脆性层的拉应力作用区域内产生，即发生了开裂，且这种开裂会造成脆性层内的应力释放；这种释放的应力将会转移至延性层，从而造成了延性层所受应力增大。随着蠕变变形量的继续增大以及延性层内的应力松弛，将会在脆性层内产生新的裂纹或裂纹继续长大；裂纹的生长会造成脆性层内的应力释放，这种释放的应力将会转移至延性层，从而造成了延性层所受应力增大，并使得延性层的应力松弛速度加大。依次不断循环往复，从而在脆性层内不断地产生裂纹或使得裂纹不断长大，且这种裂纹的长大过程是极为缓慢的。

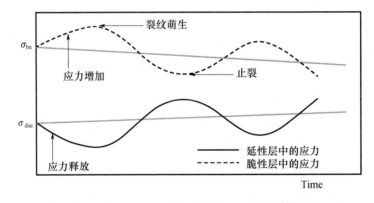

图 5-34 Al_2O_3/Ti_3SiC_2 层合材料垂直层试样蠕变损伤过程中拉应力作用区域内脆性层和延性层应力分布示意图

注：随着脆性层中裂纹的长大，脆性层内的应力会降低，而延性层内的应力会增大，但二者之和为一常数，σ_{bri} 为脆性层所变应力，σ_{duc} 为延性层所受应力。

5.3.5 预应力陶瓷设计

基于 5.3.2 和 5.3.3 节的分析，可通过在陶瓷材料表面引入适当的残余压应力，可以显著地提高陶瓷材料的弯曲强度、断裂能和抗冲击性能。这种人为地引入残余应力的陶瓷材料称为预应力陶瓷，其基本原理与预应力玻璃（钢化玻璃）一样，即在陶瓷/玻璃材料表面引入压应力。玻璃可通过物理或化学钢化的方法在其表面引入压应力，而陶瓷材料可利用层状陶瓷复合材料中残余应力对其表面应力进行设计。

通过提高陶瓷本身的硬度和韧性来达到更高的抗冲击性能已经很难。通常采用多种材料复合来提高陶瓷的抗冲击性能，主要采用陶瓷与金属多层复合板或高强纤维缠绕陶瓷的方法，这些方法产生的预应力都不够大且分布不均匀，但已经有相当效果。目前在陶瓷材料表面引入压应力，主要有两种方法[35]：①利用层合材料各层间膨胀系数的不同，在冷却过程中各层的收缩量不一致，对各层膨胀系数进行设计可在陶瓷表面获得残余压应力。即复合试样表层热膨胀系数小于内层时，冷却过程中，在界面剪应力的作用下，将会在表层残余部分压应力。②预紧装配，即利用金属材料对陶瓷形成双向约束，从而可在陶瓷试样上产生双向压应力，且压应力的大小可根据外层约束材料的厚度进行调整，但是由于拉应变与所引入的压应力平面垂直，会导致陶瓷材料的强度和抗冲击性能下降。

据此，作者提出了一种三向约束预应力陶瓷[35,36]，即利用金属熔体的缓慢收缩在陶瓷内引入三向压应力。通过高温下熔融铝合金对氧化铝陶瓷进行包覆，再冷却到常温来获得预应力陶瓷样品，研究了约束应力对材料力学性能的影响。将陶瓷片置于内表面已涂刷了BN 的钢模中，通过顶针将陶瓷片悬于模具内腔中心。将铝合金原料及添加剂放入石墨坩埚中，将坩埚和模具放入马弗炉中加热至约 900℃，铝合金完全熔融。取出坩埚和模具，将熔融铝合金浇铸到模具中，自然冷却至室温。由于铝合金熔体的冷却收缩，会在陶瓷片表面形成压应力约束，从而导致陶瓷内存有多向压应力，而金属内形成残余拉应力。预应力值的大小取决于金属凝固体与室温间的温度差、陶瓷与金属的弹性模量及横截面积比。所形成的陶瓷/金属复合材料的结构如图 5-35 所示。

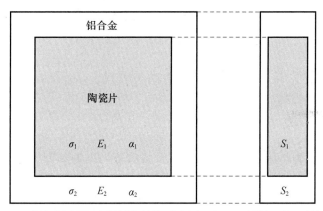

图 5-35　陶瓷/金属复合材料的结构示意图（左：正视图；右：侧视图）

根据弹性力学，陶瓷板所受的压应力 σ_1、金属所受的拉应力 σ_2 可由下式进行计算：

$$\sigma_1 = -\frac{\Delta\alpha\Delta T E_1 E_2 S_2}{E_1 S_1 + E_2 S_2} \tag{5-114}$$

$$\sigma_2 = \frac{\Delta\alpha\Delta T E_1 E_2 S_1}{E_1 S_1 + E_2 S_2} \tag{5-115}$$

式中　ΔT——金属凝固体的温度与室温之差（K）；

$\Delta\alpha = \alpha_2 - \alpha_1$——合金与陶瓷的热膨胀系数之差（$K^{-1}$）；

　　　E——合金或金属在 ΔT 温度区间内的平均弹性模量（MPa）；

　　　S——试样横截面的面积（m^2）；

下角标 1、2 分别代表了陶瓷和合金。

式中所用的膨胀系数和弹性模量均为在 ΔT 温度区间内的 α 和 E 的平均值，因为材料的热膨胀系数与弹性模量与其所处的温度有关。

对于指定的陶瓷和金属材料，残余应力仅取决于两种材料横截面积之比 S_1/S_2，残余应力与 S_1/S_2 的函数关系如图 5-36 所示。陶瓷内残余压应力越大，对提高材料的抗冲击性能越有利，同时要求金属中残余拉应力较小。根据试样横截面上的内力平衡可得：

$$\sigma_1 S_1 + \sigma_2 S_2 = 0 \tag{5-116}$$

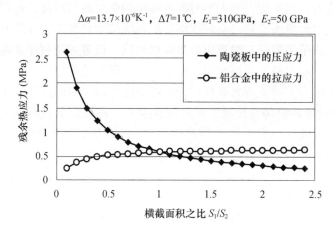

图 5-36 单位温度梯度下陶瓷/金属复合材料的残余应力与其横截面积之比 S_1/S_2 间的关系

对于给定的残余压/拉应力之比，可由上式（5-116）计算得金属、陶瓷材料的横截面积之比。设 σ_y 为金属材料的屈服应力，则 $\sigma_2 < \sigma_y$。将 $\sigma_2 < \sigma_y$ 代入式（5-115）可得：

$$\frac{S_2}{S_1} > \frac{(\Delta\alpha\Delta T E_2 - \sigma_y)E_1}{E_2\sigma_y} \tag{5-117}$$

众所周知，处于静水压力作用下的硬脆相具有较高的断裂阻力和良好的抗冲击性能。金属冷却收缩时，会对处于金属内部的陶瓷形成压应力的作用，这种效应与静水压力类似。现代装甲材料的主要特征是：1）高硬度、高耐冲蚀、耐磨损，从而使弹头无法穿入；2）耐高温，即使高角动量弹头也无法使其局部熔融或软化；3）高抗冲击性能；4）良好的韧性。先进陶瓷能满足上述前两条要求。但由于脆性大，变形能小，容易在能量集中的情况下碎裂；而金属材料一般很难满足前两条，但可产生塑性变形，能量吸收大。将陶瓷、金属二者复合，既克服了陶瓷和金属各自的弱点，又最大限度地发挥各自的优势，大幅度提高陶瓷的抗冲击性，从而可获得该种材料的最高抗穿甲性能。

（1）接触裂纹产生的临界载荷及动能：载荷采用一侧面裸露，另三面被铝合金紧紧包裹的 3mm×4mm×40mm 氧化铝为被测试样，采用同样的但无包裹的氧化铝 3mm×4mm×40mm 试样作比较实验，将半径为 5mm 的钢球贴在试样中央，分别用万能材料实验机加压力载荷和自由落体冲击钢球，比较临界载荷与临界动能。测试结果见表 5-5。由测试结果可以看出，与普通氧化铝陶瓷相比，经过金属包裹的氧化铝陶瓷试样的临界载荷及临界动能提高了约 14 倍。

表 5-5　预应力氧化铝陶瓷和普通氧化铝陶瓷的临界载荷及临界动能

项目 材料	临界载荷/kg （1mm/min）	临界动能/J （落锤）
无预应力试样（放在铝板上）	60	0.118
有预应力试样（接触面自由）	940	1.78
比值	15.6	15

注：临界载荷由球压法测得；临界动能由落锤等效冲击试验（详见 9.3 节）测得。

（2）抗冲击性能：将 8mm 厚的氧化铝与铝合金复合成 22mm 厚的预应力陶瓷/金属复合材料，然后利用射钉枪（该射钉枪 1 枪可穿透 6mm 厚的钢板和 30mm 厚的铝合金板）进行冲击试验。试验结果表明，对预应力复合材料同一位置连续打了 6 枪，射钉仍没有穿透复合材料。作为对比试验，用胶水将相同的氧化铝陶瓷粘在铝合金表面，利用射钉枪进行冲击试验，仅 1 枪，陶瓷试样即发生破裂，如图 5-37a 所示。射钉冲击试验分析表明，普通陶瓷的冲击破坏须经历 3 个过程：①冲击载荷作用下，陶瓷内产生裂纹；②射钉刺入开裂的陶瓷内；③裂纹迅速扩展和分叉，使得陶瓷裂成数块。而在预应力陶瓷中，陶瓷受到周围金属材料的紧密约束，其破坏模式与普通陶瓷不同。射钉试验后，残余射钉形貌如图 5-37b 所示，射钉发生了断裂和较大的弯曲变形。由于预应力陶瓷仅能吸收少量的变形能，所以射钉的大部分动能均转化为射钉本身的断裂能和变形能。

(a)　　　　　　　　　　　　　　　　　　(b)

图 5-37　射钉试验后样品及射钉的形态

（a）普通氧化铝陶瓷块被击碎并穿透；（b）预应力陶瓷射钉试验后，射钉的残余形貌

（3）抗穿甲性能：利用穿甲钢弹进行抗穿甲性能测试，钢弹的飞行速度为 820m/s，转速为 50000rpm，在钢弹的冲击和研磨的作用下，会在被打击试样表面留下圆形凹坑（未击穿）或圆形通孔（击穿）。钢弹在击中预应力陶瓷后发生变形，形成蘑菇状残片。硬质弹头在高速旋转过程中将陶瓷受击局部研磨成粉末（图 5-38），自身 2/3 也碎成粉末，弹头的动能转化为众多的表面能和热能，如图 5-39 所示。

钢弹作用于预应力复合材料时，试样的受击正面和反面形貌如图 5-40 所示。钢弹并未击穿预应力复合陶瓷，而是在其表

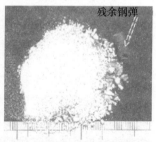

图 5-38　陶瓷受击局部
被研磨成粉末

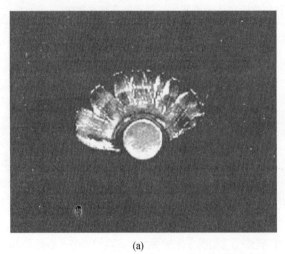

(a)　　　　　　　　　　　　　(b)

图 5-39　射击前后钢弹的形貌

（a）普通步枪子弹射击后形成的蘑菇状残片；（b）穿甲燃烧弹射击前后的形貌

面留下圆形凹坑；且短时强冲击所形成巨大内力会使得预应力复合陶瓷表面的铝合金产生大量裂纹。圆形凹坑内主要是粉末状的试样和钢弹，以及残余 1/3 的钢弹。因此在钢弹的打击过程中，钢弹的动能主要转变为残余粉末试样的表面能和热能、表面合金的应变能。这样就使得钢弹打击所产生的能量集中被大大削弱，从而提高了材料的抗穿甲性能。

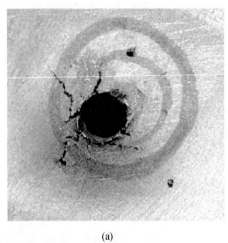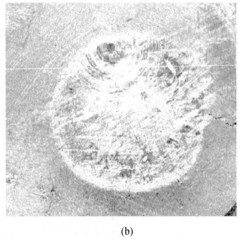

(a)　　　　　　　　　　　　　(b)

图 5-40　钢弹打击后氧化铝/铝合金复合材料的表面形貌

（a）试样正面；（b）试样背面，钢弹未穿透预应力复合陶瓷

以上试验结果表明预应力紧凑约束陶瓷有很高的抗冲击和抗穿甲性能。根据脆性材料抗压强度远大于抗拉强度，抗冲击震动性差和裂纹扩展速度快的特点，利用巨大的挤压预应力来降低冲击局部的瞬态拉应力可大大提高裂纹扩展阻力，大幅度提高陶瓷的强度和韧性，特别是大幅度提高陶瓷的抗冲击性能。它揭示出脆性陶瓷在特定条件下一个巨大的潜能，这种预应力材料比无预应力材料的防弹能力高得多。预应力陶瓷装甲材料能将瞬态冲

击动能迅速地传递和转移给周边弹塑性材料。压预应力使一般冲击载荷下产生的足以使自由陶瓷试块断裂的局部拉应力首先被预应力平衡，使裂纹无法扩展，从而使陶瓷的断裂强度和断裂韧性大大提高，这是预应力陶瓷受高速冲击后而不发生碎裂的原因之一[24]。

5.4　纤维增强陶瓷基复合材料

5.4.1　纤维增强陶瓷基复合材料的强度

对于连续纤维增强复合材料，设在复合材料中纤维与基体的应变相同，即 $\varepsilon_c = \varepsilon_f = \varepsilon_m$，当复合材料承受荷载时，其弹性模量和应力服从加和原则[37]：

$$E_c = E_f V_f + E_m V_m \tag{5-118}$$

$$\sigma_c = \sigma_f V_f + \sigma_m V_m \tag{5-119}$$

$$V_f + V_m = 1 \tag{5-120}$$

式中，E_c、σ_c 分别为复合材料的弹性模量（GPa）及强度（MPa）；E_f、σ_f、V_f 分别为纤维的弹性模量（GPa）、强度（MPa）和体积分数；E_m、σ_m、V_m 分别为基体的弹性模量（GPa）、强度（MPa）和体积分数。式（5-118）和式（5-119）是理想状态，又称为上限模量和上限强度。

由于在复合材料中纤维与基体的应变相同，即：

$$\varepsilon_m = \varepsilon_f = \frac{\sigma_m}{E_m} = \frac{\sigma_f}{E_f} \tag{5-121}$$

当基体应变 ε_m 超过其临界应变时复合材料发生断裂，由于基体的弹性变形非常小，所以在基体断裂瞬间纤维并未充分发挥作用，并没有达到其临界应力。假设基体断裂时，它所承担的应力分量全部转移到纤维，将式（5-121）代入式（5-119）可求得复合材料的下限强度，即强度最低值。

$$\sigma_c = \sigma_m \left[1 + V_f \left(\frac{E_f}{E_m} - 1 \right) \right] \tag{5-122}$$

如果纤维与基体同时受力，σ_f 及 σ_m 的真实值通常要高于单独测定时的临界值，故实际的复合材料强度值介于上限与下限强度之间。由式（5-122）可知，要想提高复合材料的强度，E_f 必须大于 E_m，E_f/E_m 越大，复合材料的强度越高。如果 E_f 小于 E_m，基体不仅得不到强化，强度反而会降低。

如果基体是脆性材料，且基体的断裂应变 ε_{mu} 小于纤维的断裂应变 ε_{fu}，则当复合材料的应变 ε_c 等于基体的断裂应变时，基体开裂，此时负荷由纤维负担，加给纤维的平均附加应力为：

$$\Delta\sigma_f = \frac{\sigma_{mu} V_m}{V_f} \tag{5-123}$$

如果 $\Delta\sigma_f < \sigma_{fu} - \sigma'_f$，$\sigma'_f$ 为基体开裂时纤维的应力，则纤维将使复合材料保持在一起而不致断裂。由式（5-123）可得：

$$\Delta\sigma_f = \frac{\sigma_{mu}(1-V_f)}{V_f} \tag{5-124}$$

$$V_f = \frac{\sigma_{mu}}{\sigma_{mu}+\Delta\sigma_f} \tag{5-125}$$

临界条件 $\Delta\sigma_f = \sigma_{fu} - \sigma'_f$，因此：

$$V_{临界} = \frac{\sigma_{mu}}{\sigma_{mu}+\sigma_{fu}-\sigma'_f} \tag{5-126}$$

如果 $\sigma_{fu} \gg \sigma'_f \gg \sigma_{临界}$ 近似为

$$V_{临界} \approx \frac{\sigma_{mu}}{\sigma_{fu}} \tag{5-127}$$

对于短纤维增强复合材料，存在一临界长度 l_c（m），纤维长度必须大于该临界长度才能起到增强效果。根据力的平衡条件

$$\tau_{my}\pi d\frac{l_c}{2} = \sigma_{fy}\times\frac{\pi d^2}{4} \tag{5-128}$$

得

$$l_c = \frac{\sigma_{fy}}{2\tau_{my}}\times d \tag{5-129}$$

式中，τ_{my} 为基体的屈服强度（MPa）；σ_{fy} 为纤维的拉伸屈服应力（MPa）；d 为纤维直径（m）；l_c/d 叫做临界纵横比。$l > l_c$ 时，才有强化作用。当 $l \gg l_c$ 时，其效果接近连续纤维；当 $l = 10l_c$ 时，可达连续纤维强化效果的 95%。

短纤维复合材料的强度可写为

$$\sigma_c = \sigma_{fy}\left(1-\frac{l_c}{2l}\right)V_f + \sigma_m^*(1-V_f) \tag{5-130}$$

式中，σ_m^* 为应变与纤维屈服应变相同时的基体应力。

5.4.2　纤维增强陶瓷基复合材料的蠕变行为[38]

5.4.2.1　连续纤维增强陶瓷基复合材料的蠕变行为

单向连续纤维增强复合材料受沿纤维方向应力作用下的高温蠕变行为，可由 McDanels 模型来解释并对其蠕变速率进行预测。

McDanels 力学模型假设：复合材料在承受恒定应力作用下，基体和纤维均发生蠕变并满足经验公式：

$$\varepsilon_i = A_i\sigma_i^{n_i}\exp\left(-\frac{Q_i}{RT}\right) \tag{5-131}$$

式中，i 为基体或纤维；A_i、n_i 为 i 相材料常数；Q_i 为 i 相的自扩散激活能。

根据应变假设和混合法则，可得复合材料在应力 σ_c 作用下与蠕变速率 ε_i 的关系

$$\sigma_c = V_f\left(\frac{\varepsilon_i}{B_f}\right)^{1/n_f} + (1-V_f)\left(\frac{\varepsilon_i}{B_f}\right)^{1/n_m} \tag{5-132}$$

式中，n_f、n_m 分别为纤维和基体的蠕变应力指数。

对于高温下不产生蠕变的纤维，增强的复合材料，其蠕变速率为

$$\varepsilon_c = \alpha B_m\sigma_c^{n_m}\left(1-\frac{\varepsilon_c}{\varepsilon_m}\right)^{n_m} \tag{5-133}$$

$$\frac{1}{\alpha} = \left[1 + \frac{E_f V_f}{E_m (1 - V_f)}\right](1 - V_f)^{n_m}$$

$$\varepsilon_\infty = \frac{\sigma_c}{E_f V_f}$$

式中，ε_∞ 表示应力完全作用于纤维时的极限应变。此外，当 $n_m > 1$ 时

$$\varepsilon_c = \varepsilon_\infty - (\varepsilon_\infty - \varepsilon_0) \times \left[1 + \left(1 - \frac{\varepsilon_0}{\varepsilon_\infty}\right)^{n_m - 1} \frac{(n_m - 1)\alpha B_m \sigma_c^{n_m} t}{\varepsilon_\infty}\right]^{-\frac{1}{n_m - 1}}$$

当 $n_m = 1$ 时

$$\varepsilon_c = \varepsilon_\infty \left[1 - \left(1 - \frac{\varepsilon_0}{\varepsilon_\infty}\right)\exp\left(\frac{\alpha B_m \sigma_c^{n_m} t}{\varepsilon_\infty}\right)\right]$$

ε_0 是初始应变（$t = 0$ 时的应变）。

5.4.2.2　短纤维增强陶瓷基复合材料的蠕变行为

短纤维复合材料一般都有稳态蠕变阶段，蠕变过程中纤维在基体中的力学行为在很大程度上影响着短纤维复合材料的蠕变性能。

假设纤维不发生蠕变，而基体的蠕变满足下面的指数关系

$$\frac{\varepsilon_m}{\varepsilon_{m0}} = \exp\left(\frac{\sigma_m}{\sigma_{m0}}\right) \tag{5-134}$$

式中，σ_{m0}、ε_{m0} 为基体材料参数，分别表示基体材料在蠕变应力 σ_{m0} 作用下的最小蠕变速率，可由基体材料的单向拉伸蠕变试验确定。

短纤维复合材料的蠕变速率与应力的关系为

$$\varepsilon_c = (1 - V_f)\varepsilon_{m0} \exp\left[\frac{\sigma_c / \sigma_{m0} - C}{1 - V_f + V_f (l/d)(1 - \eta)/2}\right] \tag{5-135}$$

式中，

$$C = 0.5 V_f \frac{l}{d}(1 - \xi)\left\{\ln\left[\left(\frac{l}{d}\right)(1 - \xi)\right] + \ln\eta - 1.193\right\}$$

$$\eta = \frac{4}{3} \frac{1}{\left[(k V_f)^{-1/3} - 1\right]}$$

$$k = \left(\frac{l_0}{d_0}\right)/\left(\frac{l}{d}\right)$$

式中，l、d 分别为短纤维长度和直径；l_0、d_0 分别为复合材料长度和直径；ξ 为界面完好程度系数，$\xi = 0$ 界面完好，$\xi = 1$ 界面完全分离。

界面结合完好（$\xi = 0$）时，式（5-135）可简化为：

$$\varepsilon_c = (1 - V_f)\varepsilon_{m0} \exp\left[\frac{\sigma_c / \sigma_{m0} - C}{1 - V_f + V_f (l/d)/2}\right] \tag{5-136}$$

式中，$C = 0.5 V_f \left(\frac{l}{d}\right)\left[\ln\left(\frac{l}{d}\right) + \ln\eta - 1.193\right]$

5.4.3　纤维增强陶瓷基复合材料的增韧机理[39]

5.4.3.1　裂纹扩展门槛值

在纤维增韧陶瓷基复合材料中，裂纹一般最先出现在基体内部并在基体内部扩展。因此，复合材料中裂纹尖端实际的扩展阻力近似等于基体材料中的数值。

复合材料中裂纹尖端处实际应力场强度 K_{tip} 为[40]

$$K_{tip} = \left(\frac{E_m}{E_c} \right) K_\infty \tag{5-137}$$

式中，$K_\infty = Y\sigma_a \sqrt{c}$ 为由断裂力学方程直接计算得到的复合材料中裂纹尖端处应力场强度。

当 K_{tip} 达到基体材料的裂纹扩展门槛值 K_{R0}^m 时，复合材料的裂纹扩展门槛值 K_{R0}^∞ 可由断裂力学方程计算得到：

$$K_{R0}^\infty = \left(\frac{E_c}{E_m} \right) K_{R0}^m \tag{5-138}$$

显然，$K_{R0}^\infty > K_{R0}^m$，即复合材料的裂纹扩展门槛值提高了，其提高的程度与纤维的弹性模量有关。

从能量平衡角度出发，复合材料裂纹扩展门槛值的理论公式[41]：

$$K_{R0}^\infty = \sqrt{\frac{E_c}{E_m} V_m} \, K_{R0}^m \tag{5-139}$$

式（5-138）与式（5-139）分别给出了复合材料裂纹扩展门槛值的上限值和下限值。

纤维增强陶瓷基复合材料的增韧效果主要反映在三个方面：一是由于增强体承受了相当一部分的外加荷载而使得裂纹扩展门槛值 K_{R0}^∞ 得以提高（即荷载转移）；二是增强体在裂纹尖端尾部形成了一个桥接区，对裂纹尖端产生了一个屏蔽作用；三是增强体的拔出额外消耗了能量。

5.4.3.2 纤维的桥接效应

裂纹在复合材料中形成并发生扩展后，其尖端尾部将形成一个由纤维形成的桥接区。桥接的纤维对基体产生使裂纹闭合的力，使裂纹在扩展过程中消耗更多能量，从而增大材料的韧性。相应的复合材料的断裂韧性 K_{IC}^∞ 为

$$K_{IC}^\infty = \sqrt{E_c(G_C^m + \Delta G_b)} = \sqrt{E_c G_C^\infty} \tag{5-140}$$

$$\Delta G_b = \int_0^{u_c} p(u) du \tag{5-141}$$

式中，ΔG_b 为裂纹克服桥接效应所消耗的能量（N/m）；G_C^m 为基体材料的临界应变能释放率（N/m）；$p(u)$ 为桥接区内裂纹面上作用的桥接力（N）；u 为裂纹张开位移（m）；u_c 为裂纹的最大张开位移（m）。

在基体和纤维剥落界面不存在摩擦效应的条件下，桥接力 p 随裂纹张开位移 u 的变化关系可近似地处理为一条直线，即在 $0 \leqslant u \leqslant u_c$ 之间，p 将由零线性增大到纤维的断裂应力 σ_f^w。由式（5-141）得：

$$\Delta G_b^e = \frac{1}{2} p^* u_c = \frac{A_b^e (\sigma_f^w)^2}{2E_w} l_d \tag{5-142}$$

式中，A_b^e 为桥接区裂纹面上桥接组元的面密度；l_d 为基体和纤维剥落界面的临界长度（m），由桥接组元半径 r、桥接组元的断裂表面能 γ_w 和基体—纤维的界面断裂能 γ_i 有关，$l_d = \dfrac{r\gamma_w}{6\gamma_i}$。

此时复合材料的断裂韧性为：

$$K_{IC}^\infty = \sqrt{E_c G_C^m + (\sigma_f^w)^2 \frac{rA_b^e E_c \gamma_w}{12E_w \gamma_i}} \tag{5-143}$$

在基体和纤维剥落界面存在摩擦效应的条件下，$p(u)$ 的函数形式较为复杂，设整个剥落界面上摩擦阻力 τ 为常数。剥落的桥接组元所承受的桥接力在整个剥落长度范围内变为

$$\sigma_y = \frac{2(l_d - y)\tau}{r} \tag{5-144}$$

当 $y=0$ 时，σ_y 取得最大值 σ_y^*

$$\sigma_y^* = \frac{2l_d\tau}{r} \tag{5-145}$$

裂纹张开位移为

$$u = \int_0^{l_d} \left(\frac{\sigma_y}{E_w}\right) dy = \frac{r(\sigma_y^*)^2}{3E_w\tau} \tag{5-146}$$

当 $\sigma_y^* = \sigma_f^w$ 时，u 取得最大值 u_c

$$u_c = \frac{r(\sigma_f^w)^2}{4E_w\tau} = \frac{1}{2}E_w l_d \tag{5-147}$$

将式 (5-144) 和式 (5-146) 代入式 (5-141) 得

$$\Delta G_b^f = A_b^f \int_0^{u_c} \sigma_y du = \frac{A_b^f(\sigma_f^w)^2 l_d}{3E_w} \tag{5-148}$$

将上式代入式 (5-140) 得复合材料的断裂韧性为

$$K_{IC}^\infty = \sqrt{E_c G_C^m + (\sigma_f^w)^2 \frac{rA_b^f E_c \sigma_y^*}{6E_w\tau}} \tag{5-149}$$

5.4.3.3　纤维的拔出效应

纤维与基体结合强度适当，在断裂过程中当裂纹扩展到纤维时，应力集中导致纤维与基体之间的界面解离，在进一步应变时将导致纤维断裂。纤维的断头从基体中拔出需要吸收能量，纤维拔出所消耗的能量同样可以由式 (5-141) 计算。

纤维拔出所承受的桥接力

$$p(u) = p_{max}\left(1 - \frac{u}{u_0}\right) \tag{5-150}$$

p_{max} 为最大桥接力，$p_{max} = A_p\sigma_y^*$。

式中，A_p 为拔出的增强体在桥接区裂纹面中所占的面积分数。

为了达到拔出效应，纤维必须首先发生断裂，因而拔出长度小于剥落长度，相应地拔出体所承受的桥接应力 σ_y^p 为

$$\sigma_y^p = 2l_p\tau/r \tag{5-151}$$

将式 (5-150)、式 (5-151) 代入式 (5-141) 可得拔出效应对复合材料断裂韧性的贡献为

$$\Delta G_p = A_p\tau\left(\frac{l_p}{r}\right)l_p \tag{5-152}$$

复合材料的断裂韧性为

$$K_{IC}^\infty = \sqrt{E_c\left[G_C^m + A_p\tau\left(\frac{l_p}{r}\right)l_p\right]} \tag{5-153}$$

5.5 复合材料的拉/压/弯/剪试验

5.5.1 复合材料的拉伸试验

拉伸试验是指材料在轴向拉伸载荷的作用下测试其材料特性的方法，它是材料机械性能试验的基本方法之一，主要用于检验材料是否符合规定的标准和研究材料的性能。沿试样轴向均匀施加静态拉伸载荷，直到试样断裂或达到预订的伸长量，在整个过程中，测量施加在试样上的载荷和试样的伸长量，以测定拉伸应力（拉伸屈服应力、拉伸断裂应力或拉伸强度）、拉伸弹性模量、泊松比、断裂伸长率和绘制应力—应变曲线等[42]。

拉伸试验采用位移加载控制，纤维增强聚合物基复合材料的加载速率一般选用 $1\sim2mm/min$[43]，纤维增强陶瓷基复合材料的加载速率通常选用 $0.1\sim1mm/min$[44]。测得试样标距段的尺寸后，粘贴加强片，然后安装位移计或应变片。将试样装夹到试验机上下夹头，保证载荷对中，将应变片或位移计与采集系统连接。按照设定的加载速率均匀加载，直至试样断裂或破坏，记录载荷、位移、应变等数据。

绘制拉伸应力—应变曲线时，应力可由下式进行计算。

$$\sigma_t = \frac{P_t}{bh} \tag{5-154}$$

式中 σ_t——拉伸应力（MPa）；

$\quad P_t$——拉伸载荷（N）；

$\quad b$——试样宽度（mm）；

$\quad h$——试样厚度（mm）。

若采用位移计测量变形，应变可由下式进行计算。

$$\varepsilon_j = \frac{\Delta L_j}{L_j} \tag{5-155}$$

式中 ε_j——应变；

$\quad \Delta L_j$——位移计标距的变化量（mm）；

$\quad L_j$——位移计标距（mm）。

且上式中符号 j 可取 L 和 T，j 取 L 时，表示应变与载荷方向一致（纵向）；j 取 T 时，表示与载荷方向垂直（横向）。

拉伸强度可由下式进行计算：

$$\sigma_{bt} = \frac{P_{max}}{bh} \tag{5-156}$$

式中 σ_{bt}——拉伸强度（MPa）；

$\quad P_{max}$——试样破坏前承受的最大载荷（N）。

拉伸弹性模量可由下式进行计算：

$$E_t = \frac{\Delta P \cdot L_0}{bh \cdot \Delta L}$$

$$或\ E_t = \frac{\Delta\sigma_t}{\Delta\varepsilon} \tag{5-157}$$

式中　E_t——拉伸弹性模量（MPa）；

L_0——试样工作段内的引伸计标距（mm）；

ΔP——载荷—变形曲线上初始直线段的载荷增量（N）；

ΔL——与载荷增量 ΔP 对应的标距 L_0 内的变形量（mm）；

$\Delta\sigma_t$——与 ΔP 对应的拉伸应力增量（MPa）；

$\Delta\varepsilon$——与 ΔP 对应的应变增量（mm/mm）。

拉伸泊松比可由下式进行计算。

$$\nu_t = -\frac{\Delta\varepsilon_T}{\Delta\varepsilon_L} \tag{5-158}$$

式中　ν_t——拉伸泊松比；

$\Delta\varepsilon_T$——横向应变增量；

$\Delta\varepsilon_L$——纵向应变增量。

5.5.2　复合材料的压缩试验

压缩试验是测定材料在轴向静压力作用下的力学性能的试验，是材料机械性能试验的基本方法之一。复合材料的压缩试验是通过压缩夹具以恒定速率沿试样长度方向进行压缩，使试样破坏或长度减小到预定值，在整个过程中测量施加在试样上的载荷和试样高度或应变，测定压缩应力和压缩弹性模量。

首先测得试样标距段内的宽度和厚度，粘贴加强片，加强片采用厚度为 1.2mm～2mm 与试样夹持部分同宽度的铝合金板，或者采用玻璃布增强环氧材料等弹性模量与试样弹性模量相近的材料；然后在试样标距内安装位移计或粘贴应变片；之后装夹试样，陶瓷基复合材料一般较脆，采用试验机液压夹头夹持时，应防止夹紧力过大造成试样夹持部分局部损伤并保证试样载荷对中；将应变片或位移计与采集系统连接；按设定加载速率（0.1mm/min～1mm/min）均匀加载，直至试样断裂，记录载荷、位移、应变等数据[45]。

压缩试验完成后，可根据采集的数据绘制压缩应力——应变曲线，应力可由下式进行计算

$$\sigma_c = \frac{P_c}{bh} \tag{5-159}$$

式中　σ_c——压缩应力（MPa）；

P_c——压缩载荷（N）；

b——试样宽度（mm）；

h——试样厚度（mm）。

若采用位移计测量变形，应变可由与上式（5-155）相同的公式进行计算。

压缩强度可由下式进行计算

$$\sigma_{bc} = \frac{P_{bc}}{bh} \tag{5-160}$$

式中　σ_{bc}——压缩强度（MPa）；

P_{bc}——最大压缩载荷（N）。

压缩弹性模量可由下式进行计算

$$E_c = \frac{\Delta P \cdot L_0}{bh \cdot \Delta L}$$

$$或\ E_c = \frac{\Delta \sigma_c}{\Delta \varepsilon} \tag{5-161}$$

式中　E_c——压缩弹性模量（MPa）；

　　　L_0——试样工作段内的引伸计标距（mm）；

　　　ΔP——载荷—变形曲线上初始直线段的载荷增量（N）；

　　　ΔL——与载荷增量 ΔP 对应的标距 L_0 内的变形量（mm）；

　　　$\Delta \sigma_c$——与 ΔP 对应的压缩应力增量（MPa）；

　　　$\Delta \varepsilon$——与 ΔP 对应的应变增量（mm/mm）。

压缩泊松比可采用与式（5-158）相同的公式进行计算。

对于压缩应力—应变曲线呈现非线性的材料，需要给出比例极限，比例极限可根据试样压缩应力—应变曲线图确定。在压缩应力—应变曲线图上，过纵向压缩应变轴上应变等于 0.05% 的点，做曲线初始线性段的平行线，平行线与压缩应力—应变曲线的交点所对应的应力值即为比例极限 $\sigma_{p0.05}$。

5.5.3　复合材料的弯曲试验

复合材料弯曲试验方法的载荷状态复杂，影响因素多，可能发生的破坏形式多。一般复合材料弯曲试验方法设计时，往往以获得外表层的纤维拉伸破坏为目标。弯曲性能包括弯曲强度和弯曲弹性模量。

对纤维增强复合材料试样，采用三点弯曲或四点弯曲方法施加载荷，在试样中央或中间位置形成弯曲应力分布场，测试复合材料的弯曲性能。陶瓷基复合材料的弯曲强度可参照 GB/T6569—2006《精细陶瓷弯曲强度试验方法》，弹性模量可参照 GB/T 10700—2006《精细陶瓷弹性模量试验方法弯曲法》进行测试，具体测试方法在第二章已介绍，这里不再赘述。

5.5.4　复合材料的剪切试验

复合材料是由增强相和基体通过人工复合工艺制得的，具有多相细观结构，是一种具有特殊性能的固体新型材料系统。为准确设计及分析复合材料构件，工程人员须获得齐全可靠的复合材料性能数据，特别是其剪切性能。因为复合材料结构的一个通病就是抗剪性能较差，这不仅使其剪切刚度低，而且其剪切强度也低。对于空间结构而言，抗剪性能差就意味着构件在较小切应力的作用下就会丧失承载能力，导致整体结构发生破坏，这是非常危险的。因此准确评价复合材料的剪切性能是至关重要的，目前复合材料的剪切性能评价方法主要有以下几种。

5.5.4.1　短梁剪切试验方法

短梁剪切试验方法是采用小跨厚比试验，进行三点弯曲或四点弯曲试验，获得试样的短梁剪切强度。从理论上看，四点弯曲的主要优点是可减少接触应力，与三点弯曲一个加载点相比，四点弯曲的两个加载点处的接触应力大约可减少一半，因而可减少加载圆柱支点下压缩屈曲的产生。在短梁剪切试验时，加载圆柱支点下的压缩屈曲是造成三点弯曲试样破坏的常见因素之一，鉴于此，四点弯曲法要比三点弯曲法更好一些。

　　Whintey 用弹性理论对短梁三点剪切和四点剪切试样作了分析比较，分析表明，经典梁理论显然不适用于分析短梁剪切试样的应力分布。因此，短梁法所得层间剪切强度令人生疑。此外，大量研究表明，短梁法所测得值与跨厚比及宽厚比有关。跨厚比越小，所得强度值越大，也越接近实际，但跨厚过小的话，经典梁理论的就越不适用[46]。因此，标准建议跨厚比为 4～5。虽然，短梁法所测的值令人生疑、应力状态也非纯剪切，但是由于该法简单易行，试验便宜，在实际使用中，该方法的使用频率最高。具体试验方法可参照 GB/T 30969—2014《聚合物基复合材料短梁剪切强度试验方法》、ASTM D2344/D2344M—16《聚合物基体复合材料及其层合材料的短梁强度试验方法》、ISO 14130—1997《纤维增强塑料短梁法测定层间剪切强度》等。

5.5.4.2　（±45）ns 层合板轴向拉伸试验方法

　　通过对（±45）ns 层合板试样施加单轴拉伸载荷测定复合材料纵横剪切性能（面内剪切模量和面内剪切强度）。（±45）ns 层合板试样须加装加强片，在其工作段中心两个表面对称位置背对背安装双向引伸计或粘贴应变片。然后安装试样，将试样对中夹持于试验机夹头中，试样的中心线应与试验机夹头的中心线保持一致；应采用合适的夹头夹持力，以保证试样在加载过程中不打滑并不对试样造成损伤。按照 1～5mm/min 加载速度对试样连续加载至试样破坏或剪应变超过 5% 后停止试验，连续记录试样的载荷—应变曲线[47]。

　　剪切强度及每个点的剪应力可由下式进行计算。

$$S = \frac{P_{\max}}{2bh}$$
$$\tau = \frac{P}{2bh} \tag{5-162}$$

式中　S——剪切强度（MPa）；

　　　τ——剪应力（MPa）；

　　$P_{\max}$——剪应变等于或小于 5% 的最大载荷（N）；

　　　P——试样所承受的载荷（N）；

　　　b——试样宽度（mm）；

　　　h——试样厚度（mm）。

　　剪切弹性模量可由下式进行计算。

$$G_{12} = \frac{\Delta\tau}{\Delta\gamma}$$
$$\gamma = |\varepsilon_x| + |\varepsilon_y| \tag{5-163}$$

式中　G_{12}——剪切弹性模量（MPa）；

　　　γ——剪应变（rad/rad）；

　　　ε_x——纵向应变（mm/mm）；

　　　ε_y——横向应变（mm/mm）；

　　　$\Delta\tau$——两个剪应变点之间的剪应力差值（MPa）；

　　　$\Delta\gamma$——两个剪应变点之间的剪应变差值（rad/rad）。

　　（±45）ns 层合板轴向拉伸试验方法简单易行，无须特殊的夹具，因此在实际中常常被使用。该方法在测量面内剪切模量时，所得数据较好[48]。具体实验方法可参照 GB/T 3355—2014《聚合物基复合材料纵横切试验方法》、ISO 14129—1997《纤维增强塑料复合材料用±45°拉伸试验测定面内剪应力/剪应变，包括面内剪切模量和强度》、ASTM D3518/D3518M—13《采用±45°层压板拉伸试验测量聚合物基复合材料面内剪切特性的标准试验方法》等。

5.5.4.3 剪切试验法

该类方法是通过在矩形板两侧施加对称力偶来逼近纯剪切状态。按方法原理可分为利用大小相等、方向相反的一对不共线载荷对试样实现剪切加载的轨道剪切法、Iosipescu 剪切法和 V 形开口轨道剪切法等。

轨道剪切法是指通过双轨或三轨夹具对试样的边缘施加剪切载荷以测定其面内剪切性能，该方法中试样工作区较大，但对于抗剪强度较高的试样往往会发生滑移，从而引起试样与轨道螺栓发生压力接触，引发沿螺栓线而不是在试样中心的过早断裂，导致无法获得最终的抗剪强度[49]。

为克服上述缺点，Adams 等人将用于测试金属剪切性能的 Iosipescu 剪切法引入复合材料[50]。Iosipescu 剪切试验原理是通过专用夹具对带有双 V 形槽层压板试样槽口左右两边施加一对大小相等、方向相反的集中载荷，实现在试样工作区（双 V 形槽中间部分）形成均匀的面内剪切应力场。该法可测得所有三个平面内的剪切性能（包括面内剪切性能及层间剪切性能），并且可获得较满意的测试结果[48]，也是目前公认的测试多向层合板面内剪切模量和剪切强度的试验方法，具体试验方法可参照 ASTM D5379/D5379M—12《V 形切口梁法测量复合材料剪切性能的标准试验方法》、GB/T 28889—2012《复合材料面内剪切性能试验方法》等。该方法主要缺点是工作区较小，且受试件纤维取向影响较大且加载过程中容易引起局部压碎。为此，研究人员提出了 V 形开口轨道剪切法。

V 形开口轨道剪切法是双轨剪切法和 Iosipescu 剪切法的综合产物，采用两对加载轨将 V 形开口试样两边夹持住。实验时加载轨道通过试件夹持面将剪力引入试件。与 Iosipescu 剪切法相比，该方法采用的是面内加载方式，而不是在试样上下端部施加载荷，而且使用更大的测试截面积，从而可以对试样提供更高的剪切载荷。与双轨剪切法相比，该方法使用 V 形槽口试样，其剪应力比未用 V 形槽口试样分布更均匀，实现测试截面部位发生破坏。另外，该方法试样无需钻孔，从而克服了试样与加载螺栓的挤压破坏。总的来说，V 形开口轨道剪切法综合了上述两种方法的优点，克服了部分缺点，被认为是目前最有前途的剪切实验方法[51]。通过对层合板选用不同的测试面，V 形开口轨道剪切法不仅可以测试层合板的面内剪切性能，还可以测试层合板的层间剪切性能。该方法测量结果相对准确，但是加载设备和配套夹具复杂，试验成本较高。具体试验方法可参照 ASTM D7078/D7078M—05《V 形切口轨道剪切法测量复合材料剪切性能的标准试验方法》。

5.5.4.4 扭转试验法

扭转法沿用了金属材料剪切性能试验方法原理。最常用的扭转法为薄壁圆筒扭转法，其测试原理为在薄壁圆筒两端施加扭矩，在薄壁圆筒中产生纯剪切应力场来对材料的力学响应进行测试。薄壁圆筒扭转法试样容易制备，加载方便。圆筒端部附加胶接层加厚以便夹持。但是该方法造价较高，需要专业的夹持设备，因此其实际应用较少，且采用薄壁圆筒扭转法时，夹在试样两端的扭矩会引起剪切应力，致使主要破坏发生在试样的端部，而不是试样主要测量的中间部位，导致试验结果偏差比较大[51]。基于该方法的实验标准有ASTM D5448/D5448M—16《环形缠绕聚合物基复合材料圆筒面内剪切性能的标准试验方法》。

5.5.4.5　界面剪切强度的微观力学分析法

上述短梁剪切试验法、（±45）ns 层合板轴向拉伸试验法、剪切试验法、扭转试验法均属于宏观力学性能研究方法，为进一步研究复合材料界面（主要是指纤维与基体间的界面）剪切强度，逐渐提出了一些微观力学分析法[52]，例如单纤维拔出试验、碎断试验、顶出试验等[38]。

（1）单纤维拔出实验

单纤维拔出试验是直接测定界面剪切强度的方法。将一根纤维的一端埋入基体材料中，制成试样。沿轴线方向施加拉力将纤维从基体中拔出，得到界面剪切强度[53]：

$$\tau_i = \frac{F}{\pi d_f l} \tag{5-164}$$

式中　F——纤维拔出的最大荷载减去摩擦力（N）；

d_f——纤维直径（mm）；

l——纤维埋入基体长度（mm）。

为了保证试验中纤维不会被先拉断，纤维埋入长度不能超过临界长度：

$$l_c = \frac{d_f \sigma_f}{2\tau_i} \tag{5-165}$$

式中　σ_f——纤维断裂强度（MPa）。

当纤维很细时，估算的纤维临界长度往往很短，有时只有几十个微米，制作单纤维拔出试件很困难。于是有人提出一种微粘结试验方法，将基体的微液滴滴在纤维上制成试样，采用拉伸的方法将纤维拔出，得到界面剪切强度。

（2）单纤维碎断试验

将一根纤维伸直，并完全包埋入基体中，制成哑铃状试样。然后沿轴向施加拉伸荷载，载荷将通过界面传递至纤维，随荷载增加，埋入的纤维持续碎断成小段。当碎断纤维已短到可能传递荷载的临界长度时，测量断裂纤维的临界长度 l_c，即可得到界面剪切强度：

$$\tau_i = \frac{\sigma_f d_f}{2l_c} \tag{5-166}$$

临界长度的测量对透明基体材料，可以用光学、光弹性等直接的方法，对金属和陶瓷基复合材料等不透明基体可以用声发射方法，根据纤维断裂次数（再发射次数）计算临界长度。

需要强调的是单纤维碎断试验只适用于基体的拉伸破坏应变远远大于纤维拉伸破坏应变的材料。

（3）纤维顶出试验

纤维顶出试验也称纤维压出试验，对于金属基、陶瓷基复合材料来说，要制成单纤维拔出试验的试样是不可能的，因此有人提出了纤维顶出试验测试界面剪切强度的方法。试验须充分保证复合材料试样的截面与纤维轴向方向垂直，采用专门纤维顶出设备将试样中的纤维顶出，这样可以获得顶出的最大载荷，根据有限元分析可得到界面的剪切强度。

参考文献

［1］Coble R L. Sintering Crystalline Solids. I. Intermediate and Final State Diffusion Models［J］. J Appl Phys, 1961, 32: 787-792.

［2］金宗哲, 张国军, 包亦望, 等. 复相陶瓷增强颗粒尺寸效应［J］. 硅酸盐学报, 1995, 23 (6): 610-617.

［3］白辰阳, 金宗哲. Si_3N_4-SiC 复相陶瓷增强颗粒尺寸效应［J］. 佛山陶瓷, 1996 (4): 5-8.

［4］金宗哲, 包亦望, 脆性材料力学性能评价与设计［M］. 北京: 中国铁道出版社, 1996.

［5］Jin Zongzhe, Bao Yiwang. Mechanical analysis on reinforcement of nanoparticulate composite［C］. In: Asian Pacific Conference on Fracture and Strength' 93, Tsuchiura, Japan, Tokyo: Shinjuku anahin Bldg, 1993: 545.

［6］Selsing J. Internal Stresses in Ceramics［J］. Journal of the American Ceramic Society, 1961, 44 (8): 419-419.

［7］Bao Y W, Liu C C, Huang J L. Effects of residual stresses on strength and toughness of particle-reinforced TiN/Si_3N_4 composite: Theoretical investigation and FEM simulation［J］. Materials Science & Engineering A, 2006, 434: 250-258.

［8］徐芝纶. 弹性力学 (第 3 版)［M］. 北京: 高等教育出版社, 1990.

［9］Clegg W J, Kendall K, Alford N M, et al. A simple way to make tough ceramics［J］. Nature, 1990, 347 (6292): 455-457.

［10］Zhang L, Krstic V D. High toughness silicon carbide/graphite laminar composite by slip casting［J］. Theoretical & Applied Fracture Mechanics, 1995, 24 (1): 13-19.

［11］Chartier T, Merle D, Besson J L. Laminar ceramic composites［J］. Journal of the European Ceramic Society, 1995, 15 (2): 101 – 107.

［12］Lii D F, Huang J L, Chou F C. Mechanical Behaviors of Si_3N_4-SiC/Si_3N_4-Si_3N_4 Layered Composites［J］. Journal of the Ceramic Society of Japan, 1996, 104 (1212): 699-704.

［13］包亦望, 樊启晟, 苏盛彪. 预应力陶瓷与层合复相材料的残余热应力分析［A］. 第一届海峡两岸复合材料研讨会［C］. 上海, 2000: 16-22.

［14］包亦望, 郑元善, 苏盛彪, 等. 预应力陶瓷及其抗冲击与穿甲性能［A］. 第十一届全国高技术陶瓷年会［C］. 杭州, 2000.

［15］Clegg W J. The fabrication and failure of laminar ceramic composites［J］. Acta Metallurgica Et Materialia, 1992, 40 (11): 3085-3093.

［16］Y Huang, H. N Hao, Y. L. Chen and B. L. Zhou. Design and preparation of silicon nitride composite with high fracture toughness and nacre structure［J］. Aeta Metallurgica Sinica, 1996, 9 (6): 479-484.

［17］钱晓倩, 葛曼珍, 吴义兵, 等. 层状复合陶瓷强韧化机制及其优化设计因素［J］. 无机材料学报, 1999, 14 (4): 520-526.

［18］Russo C J, Harmer M P, Chan H M, et al. Design of a Laminated Ceramic Composite for Improved Strength and Toughness［J］. Journal of the American Ceramic Society, 1992, 75 (12): 3396-3400.

［19］Yaroshenko V, Orlovskaya N, Einarsrud M A, et al. Laminar Si_3N_4-TiN Hot-Pressed Ceramic Composites［J］. Key Engineering Materials, 1997, 132-136: 2017-2020.

［20］Zheng Chen, John J. Mecholsky Jr. Toughening by Metallic Lamina in Nickel/Alumina Composites［J］. Journal of the American Ceramic Society, 1993, 76 (5): 1258-1264.

［21］Virkar A V, Huang J L, Cutler R A. Strengthening of Oxide Ceramics by Transformation-Induced Stress［J］. Journal of the American Ceramic Society, 1987, 70 (3): 164-170.

［22］Cutler R A, Bright J D, Virkar A V, et al. ChemInform Abstract: Strength Improvement in Transformation-Toughened Alumina by Selective Phase Transformation［J］. ChemInform, 1988, 19 (3): 714-718.

［23］Huang J L, Lu H H. Fabrication of multilaminated Si_3N_4-Si_3N_4/TiN composites and its anisotropic fracture behavior［J］. Journal of Materials Research, 1997, 12 (9): 2337-2344.

［24］苏盛彪. 预应力陶瓷与层状陶瓷复合材料应力分析与设计［D］. 北京: 中国建筑材料科学研究总院, 2002.

［25］包亦望, 苏盛彪, 黄肇瑞. 对称型陶瓷层状复合材料中的残余应力分析［J］. 材料研究学报, 2002, 16:

449-457.

[26] Bao Y, Jin Z, Sun L. Strength degradation and lifetime prediction of HP-Si$_3$N$_4$/TiC under static load at 1200℃ [J]. Mater Lett, 2000, 45: 27-31.

[27] 包亦望, 左岩, 石新勇, 马眷荣. 有机—无机层合玻璃的热应力分析 [J]. 航空材料学报, 1999, 19: 51-56.

[28] Jones R. M. 复合材料力学 [M]. 朱颐龄等译, 上海：上海科学出版社, 1981.

[29] 刘锡礼, 王秉权. 复合材料力学基础 [M]. 北京：建筑工业出版社, 1984.

[30] 包亦望, 苏盛彪, 杨建军, 黄肇瑞. 非均匀应变模型分析非对称层状陶瓷的残余应力 [J]. 硅酸盐学报, 2002, 30: 579-584.

[31] 苏盛彪, 包亦望, 杨建军. 强界面陶瓷层状复合材料优化设计的最佳层厚比探讨 [J]. 硅酸盐学报, 2003, 31 (8): 743-747.

[32] Bao Y. Anisotropic Deformation and Damage Behavior of Brittle-Ductile Laminated Composites in Bending at High Temperature [J]. Journal of Composite Materials, 2005, 39 (2): 147-162.

[33] SHELDON M. WIEDERHORN, Roberts D E, TZE-JER CHUANG, et al. Damage-Enhanced Creep in a Siliconized Silicon Carbide: Phenomenology [J]. Journal of the American Ceramic Society, 1988, 71 (7): 602–608.

[34] Chen C F, Wiederhorn S M, Chuang T J. Cavitation Damage During Flexural Creep of SiAlON – YAG Ceramics [J]. Journal of the American Ceramic Society, 1991, 74 (7): 1658-1662.

[35] Bao Y, Su S, Yang J, et al. Prestressed ceramics and improvement of impact resistance [J]. Materials Letters, 2002, 57 (2): 518-524.

[36] 包亦望, 郑元善. 预应力陶瓷及其抗冲击与穿甲性能 [J]. 材料导报, 2000, 14: 110-112.

[37] 关振铎. 无机材料物理性能 [M]. 北京：清华大学出版社, 2011.

[38] 赵渠森. 先进复合材料手册 [M]. 北京：机械工业出版社, 2003.

[39] 龚江宏. 陶瓷材料断裂力学 [M]. 北京：清华大学出版社, 2001.

[40] Marshall DB, Cox BN, Evans AG. The mechanics of matrix cracking in brittle-matrix fiber composites [J]. Acta Metall, 1985, 33: 2013-2021.

[41] Mccartney LN. Mechanics of Matrix Cracking in Brittle-Matrix Fibre-Reinforced Composites [J]. Proceedings of the Royal Society A, 1987, 409: 329-350.

[42] 全国纤维增强塑料标准化技术委员会. GB/T 1447—2005. 纤维增强塑料拉伸性能试验方法 [S]. 2005.

[43] 全国纤维增强塑料标准化技术委员会、全国航空器标准化技术委员会. GB/T 3354—2014. 定向纤维增强聚合物基复合材料拉伸性能试验方法 [S]. 2014.

[44] 国防科技工业标准化研究中心. GBJ 6475—2008. 连续纤维增强陶瓷基复合材料常温拉伸性能试验方法 [S]. 北京：国防科工委军标出版发行部, 2008.

[45] 国防科技工业标准化研究中心. GBJ 6476—2008. 连续纤维增强陶瓷基复合材料常温压缩性能试验方法 [S]. 北京：国防科工委军标出版发行部, 2008.

[46] 赵祖虎. 复合材料剪切试验方法述评 [J]. 航天返回与遥感, 1996, 17 (3): 39-48.

[47] 全国纤维增强塑料标准化技术委员会、全国航空器标准化技术委员会. GB/T 3355—2014. 聚合物基复合材料纵横剪切试验方法 [S]. 北京：中国标准出版社, 2014.

[48] 张浩. 纤维增强复合材料剪切试验方法综述 [J]. 科技创新导报, 2015 (21): 65-66.

[49] 王言磊, 郝庆多, 欧进萍. 复合材料层合板面内剪切实验方法的评价 [J]. 玻璃钢/复合材料, 2007 (3): 6-8.

[50] D. F. Adams, E. Q. Lewis. Experimental assessment of four composite material shear test methods [J]. Journal of Testing and Evaluation, 1997, 25 (2): 174-181.

[51] 徐琪. 复合材料面内剪切性能测试方法的研究 [J]. 玻璃纤维, 2012 (3): 6-10.

[52] 郑安呐, 胡福增. 树脂基复合材料界面结合的研究 I：界面分析及界面剪切强度的研究方法 [J]. 玻璃钢/复合材料, 2004 (5): 12-15.

[53] 王润泽, 李龙. 界面性能表征及对纤维增强复合材料的影响 [J]. 高科技纤维与应用, 2008, 33 (2): 18-20.

第6章 陶瓷的表面性能与评价技术

陶瓷材料具有离子键或共价键，其键能较高，原子间结合力较强，使得陶瓷材料具有高熔点、高硬度、高耐磨性、化学稳定性等优点。通常在表面工程领域，利用性能优异的陶瓷材料作为保护涂层，以实现对基体材料的保护（耐磨损、耐高温、耐腐蚀等）。近年来，陶瓷涂层材料迅猛发展，满足了工作条件日益苛刻的工程机械设备与构件对材料的要求，同时也对陶瓷涂层表面性能的力学评价与表征技术提出了更高的要求。

另外，结构陶瓷具有良好的高温强度和硬度、耐磨、抗腐蚀、抗氧化等许多独特的性能，已经越来越多地应用在航天、卫星和导弹等高技术领域。由于其服役条件的复杂性，通常也对其表面性能的测试提出了更高的挑战，且脆性材料的表面和界面残余应力分析以及表面损伤和损伤演变过程对脆性材料的应用与结构设计具有重要意义，也是脆性材料进入实际工程应用的安全保障，因此陶瓷材料表面性能评价技术的提出对指导其使用安全性至关重要。

陶瓷材料的表面性能主要包括硬度、弹性模量、强度、残余应力、摩擦磨损性能、弹性恢复与能量耗散率等。接触理论和压痕方法具有操作方便和有定量解析计算公式的优点，已越来越受到重视，并被广泛用于脆性材料断裂表征和变形特性分析。

6.1 接触理论和压痕技术的发展

压痕技术是材料表面性能测试的最普遍的一种方法，其理论基础是接触力学。接触应力理论是赫兹19世纪80年代建立起来的一个理论体系[1]，迄今已经经历了一百多年的发展和完善。赫兹接触理论对两个弹性体的弹性接触应力求解和应力场分析等作了经典的描述，奠定了接触理论的基础。其中，球与半无限体的接触已被广泛用于分析和表征陶瓷[2,3]、金属以及其他材料的断裂与变形特征，并用于评价材料的硬度[4,5]和颗粒冲击[6]等问题，也称之为压痕法。

接触压痕损伤对材料的强度、韧性、耐磨性等许多力学性能都有很大的影响。这种损伤现在已被认为是大量工程应用中材料寿命最主要的影响因素[7]。但由于其力学模型为理想弹性体，与材料和结构的真实情况有较大的差距，因而其应用和发展也受到一定的限制。很长时间内，赫兹接触理论的应用仅仅局限于玻璃和陶瓷等高度脆性材料的接触问题研究上。许多力学和材料学家对这些材料及其构件的断裂和变形的分析和表征做了大量的研究工作。最近十几年，接触理论已被广泛用于陶瓷和薄膜材料的损伤演变机理研究、循环接触疲劳分析、强度衰减寿命预测和裂纹阻力特性等领域[8-10]。其中球形或锥形压头与半无限体的接触，也称为压痕技术，得到了广泛的研究和发展。对于不同的材料、不同硬度和不同半径的压球、不同的载荷水平和不同的加载时间等各种因素下的接触问题，在理论和实验上近年都得到了深入而广泛的研究。美国的 Lawn 和 Evans 教授在压痕方面已作了相当多的基础性研究[11-13]。Lawn 在压痕方法中，发现了脆性和准脆性材料完全不同的接触损伤特征。国内在利用接触理论评价脆性材料力学性能方面的研究相对少些。20 世纪九十年代中国建材院通过动态接触损伤分析建立了一种小能量冲击的等效实验方法[14]。后来又将静载荷下的接触问题应用于测试玻璃、陶瓷和混凝土等材料的局部强度、弹性模量和损伤阻力分析[15-17]。目的是为了建立一种像中医号脉似的非破坏性的材料表面性能测试方法。在基础理论方面，清华大学在维氏压痕的测试方面做了大量的工作[18-20]。最近的主要研究工作是将这些新的方法和技术转化为使用方便的测试仪器和产品，最有代表性的是位移敏感压痕技术的应用，在这方面，国外很多机构都在积极地研究新产品，都想抢先一步。

大量的赫兹裂纹研究都是按照传统的方法用弹性硬钢球或碳化钨球在平板样品上进行的。对于脆性材料，赫兹裂纹的起始是以弹性接触区外围表面环形裂纹的形式出现，然后以喇叭状向深处扩展，形成一个被截去顶部的锥形裂纹。早期研究工作多集中在锥形裂纹的启始机理的探讨上，尤其是临界荷载和压球尺寸之间的线性关系。一个世纪前 Auerbach 发现了球压的一个有趣规律，即球半径很小时，赫兹裂纹起始的临界荷载与压球的大小成正比。但它明显违背了基本的强度理论和材料强度恒定的条件：F_c/r^2＝常数。这种令人费解的现象可以由应力梯度和均强度准则[8]解释。

现在，球压法的应用已扩展到具有 R—曲线特征的非均质陶瓷中。在这些材料中，接触区下的高度剪压部位将出现一个"准脆性"变形区，赫兹断裂理论似乎无法解释这个现象。这个变形区宏观上类似于出现在金属中的塑性区，然而它们的损伤在微观机理上是完全不同的，这种变形区在微观结构层次上是由具有内部滑动摩擦、"剪切缺陷"形成"闭合"Ⅱ型裂纹组成的。在高荷载下，次级"扩张"微裂纹将在缺陷的末端启动。这种扩张型损伤在关于岩石受约束于压力场的文献中已有报道[21]。这就意味着可以通过适当设计陶瓷的微观结构来控制材料的准脆性程度[22]。

压痕试验的特征是实验简单性和材料评价的可操作性，对样品尺寸没有严格要求。在所有的接触方式中，球接触压痕法拥有独特的两大优点：1）在弹性范围内不会对试件产生任何损伤，而且具有精确的解析解；2）可以跟踪整个损伤模式的发展，包括从最初的弹性到最终完全塑性或接触裂纹出现的整个渐进发展过程。因此，球压法有望实现无损和在线检测。总之，最近几年压痕方法的研究已经越来越活跃，理论研究和应用研究齐驱并进，形成了一门新的学科。很多国际刊物都出版这一领域的专集。

6.2　普通压痕与位移敏感压痕技术

6.2.1　位移敏感压痕技术的提出

压痕技术，简而言之就是利用一种力学性能（弹性模量、硬度、泊松比）已知的材料与待测材料发生力和变形的相互接触作用，而在待测材料表面留下残余压痕，基于一定的理论、假设和实验分析获得待测材料力学性能的一种实验方法。压痕技术最早用于硬度的测量，即采用一定形状的压头，以一定的加载速率对待测试样施加一定的载荷，并保持目标载荷一段时间后卸载，然后利用标尺或光学显微镜测量待测试样表面残余压痕的半径或对角线长度，从而通过计算可得压痕面积，再根据所施加载荷与压痕面积、压入深度的关系得到材料的硬度，基于此原理的传统硬度测试方法主要有：维氏硬度（利用残余压痕对角线长度计算其面积）、努氏硬度（利用残余压痕对角线计算其投影面积）、布氏硬度（利用残余压痕直径计算硬度值）、洛氏硬度（根据残余压痕深度计算硬度值）等。根据所施加最大载荷和压入深度的大小，通常压痕试验法可分为宏观硬度、显微硬度和纳米硬度三类[23,24]。

传统的压痕测量技术是将一特定形状尺寸的压头在一垂直压力作用下压入待测试样，保载一段时间后即撤除压力。通过测量残余压痕的截面面积，即可得到待测材料的硬度。这种测量方法仅够测得材料的硬度，而无法表征其弹性模量，且只能是用于较大尺寸的试样。随着现代材料表面工程（气相沉积、溅射、离子注入、热喷涂、高能束表面处理等）、微电子、微机械加工、薄膜材料的快速发展，试样本身或涂层材料的特征尺寸越来越小，传统的压痕测试技术无法满足微小尺寸材料性能测试准确性的要求，而纳米压痕技术却能较好地解决这一问题。

纳米压痕技术又称位移敏感压痕技术，其能够获得高分辨率连续载荷和位移的测量，在极小的尺寸范围内测试材料的力学性能[25]，纳米压痕技术是对传统压痕技术的延伸，通过加载、卸载曲线的分析不仅可获得待测材料的硬度和弹性模量，也可得到材料残余应力、能量耗散、相变、晶体学缺陷等丰富的信息。最近十几年随着位移敏感压痕（depth-sensing indentation）的出现，特别是纳米硬度计的推广应用，使得各种各样的压痕和接触方法越来越引起重视，被称为万能的、无损的、简单的材料性能评价技术。

6.2.2 位移敏感压痕技术的理论基础

位移敏感压痕技术是利用一定形状的压头压入待测试样，通过高分辨率的位移和力传感器连续记录加载和卸载过程中压头压入深度和载荷，然后根据压入深度-载荷曲线和接触面积由弹塑性理论推算出材料的硬度和弹性模量等值。位移敏感压痕技术大体上有 5 种技术理论：Oliver-Pharr 方法、应变梯度塑性理论、Hainsworth 方法、体积比重法、分子动力学模拟方法，其中最为常用的是 Oliver-Pharr 方法，以下针对 Oliver-Pharr 方法在位移敏感压痕技术中的应用作具体阐述。

由于材料表面通常都有一层松软层（如未抛光的固体、表面腐蚀等），导致压头压入过程在初始阶段和后期阶段所测材料反映出来的载荷与变形线性关系较差，但压头卸载过程受到表层影响较小，基本上表现为完全线弹性的恢复变形。1961 年 Stillwell 和 Tabor 提出利用压入的弹性恢复测定材料力学的方法[26]。1975 年 Bulychev 等人提出了利用卸载过程中载荷-压入深度的曲线测量接触面积的处理方法[27]。1984 年 Loubet 等人使用这种方法进行了 1N 量级载荷的测试[28]，1986 年 Doerner 和 Nix 将载荷测量拓宽到 mN 量级[29]。1992 年 Oliver 和 Pharr 在 Doerner 和 Nix 工作的基础上完善了压入测量原理[25]，奠定了纳米压入测量技术的基础，是目前使用最广泛的方法，也是当前市场上主要的商业化纳米硬度计中所设置的方法。Oliver 和 Pharr 建立了一个确定弹性模量和硬度的压痕测试方法，简称 O-P 法，该方法的核心是利用加载-卸载曲线分析计算出材料的硬度和弹性模量。

一个完整的压痕过程包括两个步骤，即所谓的加载过程与卸载过程，其载荷-位移曲线如图 6-1 所示。在加载过程中，以一定的控制方式（载荷控制、位移控制、应变率控制）将一定形状的压头压入待测试样表面，随着载荷的增加（最大载荷值 P_m），压痕深度逐渐增大（最大压入深度 h_m）；达到目标载荷或目标深度后，以相同的控制方式进行卸载，卸载后会在材料表面形成残余压痕（其剖面图如图 6-2 所示），残余压痕深度为 h_f。在图 6-2 中，最大压入深度 h_m 等于接触深度 h_c 和接触周围处的弹性表面位移 h_s 之和[25]：

$$h_m = h_c + h_s \tag{6-1}$$

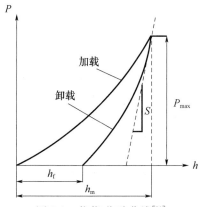

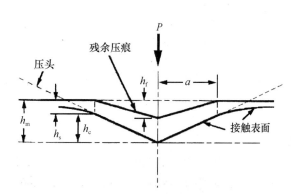

图 6-1　载荷-位移曲线[30]　　　　　　图 6-2　残余压痕剖面图[31]

如图 6-1 所示为典型的样品材料载荷-位移曲线，在一个光滑的弹性半无限平面上的加载-卸载过程中，载荷和压头的位移遵守 power 法则[29,32]，其关系式如下所示：

$$P = \alpha_1 h^{m_1} \qquad 加载曲线 \tag{6-2a}$$

$$P = \alpha (h - h_f)^m \qquad 卸载曲线 \tag{6-2b}$$

式中，P 为载荷值；h 为压入深度；h_f 为残余压痕深度；α_1 与 α 为幂函数的系数，m_1 与 m 为幂指数，其值均可由最小二乘法确定。

定义卸载曲线的起始部分斜率为弹性接触刚度 S[25]，则：

$$S = \left[\frac{\mathrm{d}P}{\mathrm{d}h} \right]_{h=h_m} = \alpha m (h_m - h_f)^{m-1} \tag{6-3}$$

定义硬度 H 为最大载荷值 P_m 除以接触面投影面积 A[25]，则：

$$H = \frac{P_m}{A} \tag{6-4}$$

对于一个锥形的压头，Oliver 等人根据最大接触载荷和接触刚度得到了一个弹性表面位移的表达式[25]：

$$h_s = \varepsilon \frac{P_m}{S} \tag{6-5}$$

将式（6-5）代入式（6-1），可得：

$$h_c = h_m - h_s = h_m - \varepsilon \frac{P_m}{S} \tag{6-6}$$

ε 是与压头形状有关的常数，Oliver 和 Pharr 规定了圆锥形压头时 ε 为 0.72，平冲头时 ε 为 1，抛物线形压头时 ε 为 0.75（包括四棱面的 Vickers 和三棱面的 Berkovich 压头）。

纳米压痕技术评价弹性模量的路径是先确定接触模量，然后通过接触模量与弹性模量的关系求出弹性模量。广泛用来确定接触模量的公式[25,33]为：

$$E_r = \frac{S\sqrt{\pi}}{2\beta\sqrt{A}} \tag{6-7}$$

式（6-7）是建立在弹性接触理论基础上的，A 为最大载荷下的投影面积，β 是与压头几何形状有关的常数，对圆锥形压头和球形压头，$\beta=1$；对 Vickers 压头，$\beta=1.012$；对 Berkovich 压头，$\beta=1.034$。把式（6-4）、式（6-5）代入式（6-7），可得：

$$E_r = \frac{\varepsilon\sqrt{\pi}}{2\beta}\sqrt{\frac{HP}{h_s^2}} = D\sqrt{\frac{HP}{h_s^2}} \tag{6-8}$$

式（6-8）中，$D=\dfrac{\varepsilon\sqrt{\pi}}{2\beta}$，是一个与压头形状有关的几何常数。$E_r$ 可看作由压头和被测材料共同耦合的弹性模量值，也叫接触模量，可用来解释压头和被测材料的复合弹性形变[25]，且有：

$$\frac{1}{E_r} = \frac{1-v^2}{E} + \frac{1-v_i^2}{E_i} \tag{6-9}$$

式中，E、v 分别为待测材料的弹性模量和泊松比；E_i、v_i 分别为压头的弹性模量和泊松比，对于金刚石压头，$E_i=1141GPa$，$v_i=0.07$。

计算材料的弹性模量，首先应计算出材料的硬度，由式（6-4）可知材料的硬度与接触面投影面积有关，人们常常用经验的方法获得接触面投影面积和接触深度的函数关系，常见的面积函数[25,34]为：

$$A(h_c) = 24.5h_c^2 + \sum_{n=1}^{8} C_n h_c^{\frac{1}{2^{(n-1)}}} \tag{6-10}$$

式（6-10）中第一项表述了理想压头的几何参数，对于理想 Berkovich 压头，$A(h_c)=24.5h_c^2$，但是实际使用的压头往往都会偏离理想情况，$C_1 \sim C_8$ 的常数就是对压头尖端钝化的修正，可通过对标准样块进行标定试验来获得其具体值。

根据式（6-6）和式（6-10）可计算出材料在最大载荷作用时的接触面投影面积，然后由式（6-4）计算出材料的硬度，再由式（6-8）和式（6-9）即可计算出接触弹性模量和材料的弹性模量。

与传统压痕技术相比，纳米压痕技术表现出极大的优势：①该方法可以测试出试样在微纳米尺度下任意深度的硬度值，根据硬度-深度变化曲线获得涂层或多层复合材料各层的厚度；②纳米压痕技术避免了传统压痕技术中的不足。传统压痕技术中压痕面积的测量是利用光学显微镜对压痕形状直接测量得到的，这种方法比较直接，但存在误差较大的缺点，特别是在微纳米尺度下，需要利用电子显微镜或原子力显微镜测量压痕面积，且准确寻找出压痕点的位置较为困难。而纳米压痕技术是利用压入深度和一定的理论分析计算得到了与压头直接接触面积的投影，测量更为精准，且简单快捷；③纳米压痕技术提高了硬度的检测精度，使得边加载边测量成为可能，为检测过程的自动化和数字化创造了条件。

6.2.3　位移敏感压痕测试设备

压痕理论和技术可应用于工程构件的无损在线测试和材料性能的实验室测试，并根据这种原理研制开发具有实用价值的新型仪器设备，现在较常用的有两种仪器，一种是大载荷微米精度的多功能材料性能实验仪，一种是微小载荷的纳米硬度计。前一种试验仪器集小型万能材料实验机、位移敏感硬度计、损伤探测仪以及可在线测试等多种功能于一体，能为材料研究、工程应用和产品检测带来极大便利的新一代多功能材料性能测试仪[35]。真正实现号脉式的性能诊断，由"压痕"辨识材料性能。小载荷的纳米硬度计的位移测量精度要求能达到 0.1 纳米，国内在这方面还没有生产厂家，但是对于微米级的位移敏感压痕试验仪，中国建材研究总院 2000 年开始已经研制了相关的实验仪。

实验仪的主要特征是体积小，功能多、可以垂直方向加载或水平方向加载（图 6-3）。配合光学显微镜进行在线测试，并通过数码相机记录加载过程中的变形和裂纹扩展过程，并将测试数据存入计算机；在压头旁边可安装声发射探头监测损伤的发生，并将测试数据通过声发射信号自动控制实验机停机。全数字控制方式，操作简单安全，加载系统、控制系统和处理分析系统有机地结合；具有自动保护和过载报警功能。加载速率在 0.0001～2mm/s 范围内无级可调，测力精度为示值的 0.5%，位移测试精度为 $1\mu m$。可记录整个加载卸载过程中的载荷-位移变化曲线，并通过该曲线自动获得所测试样表面涂层的硬度、局部弹性模量和弹性恢复能力等性能。该仪器做压痕试验时可以得到类似纳米硬度计的加载—卸载曲线，但是精度达不到纳米级，载荷量程可以大大高于纳米硬度计，但是它的一个优点是可以在线观测压痕过程中的损伤演变[35]。

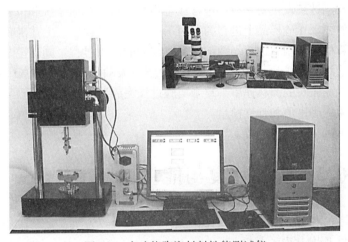

图 6-3　多功能陶瓷材料性能测试仪

对于微小载荷的纳米硬度计，在国际市场上有很多种纳米压痕实验设备销售，由于纳米压痕技术还处在发展之中，因此现在的纳米压痕实验设备也在不断发展和更新。商用纳米压痕设备主要包括三部分：特殊几何形状的压头、小载荷范围的施力马达、精确测量位移的传感器。压头通常安装在刚性杆上，微小的载荷通过刚性杆传递到压头上。常见的压头按照形状的不同可分为金字塔形状的 Berkovich 压头、直角立方压头和球形压头。施力方式按照马达的加载方式不同可分为电磁加载、静电加载和压电加载等。位移测量方式包括电容传感器方式、线性可变微分变压器方式和激光干涉仪方式等。图 6-4 为一个标准的 Nanoindenter XP™测试系统的示意图，包括电磁加载马达、电容位移传感器 D_i、刚度系数为 K_s 的支撑弹簧、质量为 m 的刚性压杆、刚度系数为 K_f 的加载框架等。

在进行纳米压痕实验之前，应当确保纳米压痕实验设备已经经过调试校准，并且稳定连续运行了一段时间。在实验中要保证设备的环境没有较大的变化，并且具有较好的隔振措施。开始实验时，一般要首先利用显微镜选择平整、光滑的区域以避免表面较大的起伏和缺陷对实验结果的干扰。纳米压痕实验过程是由计算机控制完成的，在实验之前要对各种参数进行设置。需要设定的参数包括压痕的深度、压痕的个数和排列方式、加载卸载方式和速率、漂移速率、泊松比等。纳米压痕实验可以选择定载荷控制和定位移控制，其中定载荷控制需要设定载荷的增加速率，而定位移控制需要设定压头位移速率。参数设定完成后，设备会首先检测漂移速率，如果漂移速率的测量值小于设定的值，则进行下一步实验，如果漂移速率的测量值大于设定的值，系统

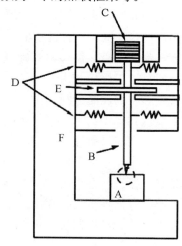

图 6-4　Nanoindenter XP™纳米
硬度计测试系统示意图
（A：试样；B：压杆；C：加载线圈；
D：支撑弹簧；E：电容式位移传感器；F：机架）

会继续检测，直到测量结果达到设定要求。如果漂移速率的设定值过小，此步骤会花费很多时间。漂移速率检测达到设定要求后，进行标定实验，包括载荷系统和位移系统的标定。标定实验是在标准的二氧化硅样品上进行的，用于校正设备的误差。上述准备和检测工作完成后，设备会在计算机的控制下进行加载—保持—卸载的压入过程，同时记录相应的载荷和位移值。如果采用连续刚度法，设备还会同时记录压头振动的频率和幅值。在卸载达到 95% 时，系统会再次检测压头的漂移速率。整个实验过程完成后，计算机按照经过校正的程序计算出每个压痕实验的硬度值和弹性模量。

6.3　弹性恢复与能量耗散率评价[31]

6.3.1　E_r 和 H 间的理论关系

弹性模量 E 和硬度 H 是结构材料的两个基本参数，它们间的联系使材料科学家深感兴趣。根据统计趋势，弹性模量通常认为是随硬度提高而提高，但具体的解析关系一直没有找到。压痕技术的发展使得通过精确测量载荷-位移关系来评价弹性模量和硬度成为可能。在压痕技术中，样品的弹性模量和接触模量 E_r 关系如式 6-9 所示，式中 E 和 υ 是样品的弹性模量和泊松比，而 E_i 和 υ_i 则为压头的弹性模量和泊松比。由此，怎样测定接触模量成为测定样品的弹性模量的关键。因为 E_i 和 υ_i 已知，则弹性模量和接触模量之比 $\dfrac{E}{E_r}$

是接触模量和泊松比的函数，如图 6-5 所示，计算的结果显示 E_r 值的增加或者样品泊松比的下降将导致 $\dfrac{E}{E_r}$ 值的增加。

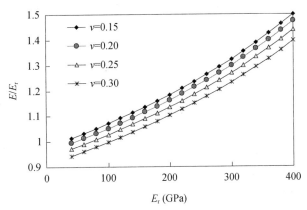

图 6-5　在金刚石压头（$E_i = 1141\text{GPa}$，$v_i = 0.07$）测试下，
计算出的弹性模量作为接触模量的函数随泊松比变化。

因此，推导出 $E_r - H$ 间的解析关系，即可得 $E - H$ 间的理论关系。根据 6-2-2 介绍的 Oliver-Pharr 方法，由载荷-位移曲线计算出待测材料的硬度和弹性模量时，压痕面积的计算很重要。然而由式（6-10）计算接触面积，需要精确的迭代运算和更多的经验来获得 8 个常数系数 C1～C8，因此，一个更加简单的面积函数经常被使用，对于 Berkovich 压头一般使用如下的面积公式[36-38]：

$$A = 24.5 \, (h_c + h_d)^2 \tag{6-11}$$

式中，h_d 为带有圆形尖端的压头的横截面的长度（m）。然而，如果式（6-10）中面积函数中 8 个常数和修正式（6-11）中 h_d 仅仅取决于钝化的尖端，那么 8 个常数 C_n 或者 h_d 就应该只取决于刚性压头的形状并且与样品材料无关。因此，随着样品材料来调节这些变化的常数的话，那么通过这种传统方法测量的数据的可靠性是值得怀疑的。特别对于某些未知性能的样品或者测试时某些修正因素被引入的时候，差别可能更大。

为了改进 O-P 这种传统的方法，并且获得与材料本身无关的一些数据，作者对此做出了一些努力，提出了一种新的方法[31]。这种方法主要包括：通过直接测量的 P_m，h_m 和 h_f 来获得 h_c，并且把压头当成一个完美的 Berkovich（玻氏）压头，即面积函数只取主项 $A = 24.5 h_c^2$。

同时，对于圆锥压头，相关研究表明弹性表面位移 h_s 和最大弹性恢复位移呈线性关系[25,32]，如下式所示：

$$h_s = \eta \, (h_m - h_f) \tag{6-12}$$

式（6-8）$E_r = D \sqrt{\dfrac{HP}{h_s^2}}$ 中，$D = \dfrac{\varepsilon \sqrt{\pi}}{2\beta}$，为与压头形状有关的常数。假如弹性表面位移为 0，接触模量将变为无穷大，因此固体材料的弹性表面位移不可能为零，否则深度—敏感压痕技术将不可行[39]。在给定的压痕载荷下，反映了压痕边缘处的弹性变形，它正比于压痕中心的弹性恢复深度。为便于分析，我们定义一个恢复阻力 R_s 为[31]：

$$R_{\mathrm{s}} = \frac{P_{\mathrm{m}}}{h_{\mathrm{s}}^2} \qquad (6-13)$$

在式（6-8）中 E_{r} 和 H 都是材料参数，因此恢复阻力也应为材料参数，并且有自己的物理意义。于是将式（6-13）代入式（6-8）可以得到接触模量、硬度和恢复阻力之间的理论关系为：

$$E_{\mathrm{r}} = D\sqrt{HR_{\mathrm{s}}} \qquad (6-14)$$

对于 Berkovich 压头，$\varepsilon = 0.72$，$\beta = 1.034$，则可计算出 $D = 0.6647$，式（6-14）可变为：

$$E_{\mathrm{r}} = 0.6647\sqrt{HR_{\mathrm{s}}} \qquad (6-15)$$

式（6-14）是建立在严格的数学理论基础上，接触模量、硬度和恢复阻力间的本征联系被建立了。显然 E_{r}、H、R_{s} 中，仅仅有两个参量是独立的，对式（6-15）进行变形处理可得恢复阻力被表示为接触模量和硬度的函数[31]：

$$R_{\mathrm{s}} = 2.263\frac{E_{\mathrm{r}}^2}{H} \qquad (6-16)$$

这种简单的关系可以用来分析和预测材料特性。当给定一个接触模量时，恢复阻力 R_{s} 与材料的硬度是成反比的，即材料越软，则弹性变形恢复所遇到的阻力越大，越难恢复；材料越硬，则恢复的阻力越小，越容易恢复（图 6-6a）。当给定一个接触模量时，并且样品材料的最大载荷相同的情况下，硬度 H 是与弹性表面位移 h_{s} 的平方成正比；即材料越软，弹性表面的位移越小，材料越硬，弹性表面的位移越大（图 6-6b）。当两个材料给定一个相同的恢复阻力时，材料的硬度会随着接触模量的平方增长而增长，如图 6-6c 所示。

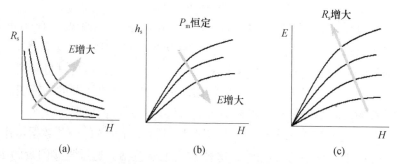

图 6-6　E_{r}，H 和 R_{s} 的关系曲线[31]。

（a）把接触模量做参数的 R_{s}-H 关系；（b）把接触模量做参数的弹性表面位移与硬度关系；

（c）把恢复阻力做参数的 E_{r}－H 关系

因此，总结起来，E_{r} 和 H 间的理论关系跟材料的弹性恢复性能有关，基本上呈现一种非线性关系，恢复阻力越大，能量耗散越大。如果弹性模量和硬度都已知，则可以直接从前面的关系评价材料的恢复阻力或能量耗散能力，这对于很对脆性材料的设计和能量耗散评价非常有意义。特别是在生物材料，如牙齿或骨骼之间的接触问题常常被用到，这种简单的评价陶瓷能量耗散能力的方法被一些生物材料同行称为 BWZ method[40]。按照 BWZ 方法测试固体材料力学性能将分为以下几个具体步骤：

（1）首先，通过测量获得 P_{m}、h_{m} 和 h_{f}，利用公式 $h_{\mathrm{s}} = \eta(h_{\mathrm{m}} - h_{\mathrm{f}})$ 可以得到 h_{s}；

（2）其次，通过 $h_m = h_c + h_s$ 可以获得接触深度 h_c；

（3）假设压头是一个完美的压头，并利用公式 $A_c = 24.5 h_c^2$ 获得接触面积 A_c；

（4）使用 $H = \dfrac{P_m}{A_c}$ 计算获得样品的硬度 H；

（5）通过 $R_s = \dfrac{P_m}{h_s^2}$ 来获得样品的恢复阻力 R_s；

（6）通过 $R_s = 2.263 \dfrac{E_r^2}{H}$ 来获得样品的接触模量 E_r。

由以上可知，通过 BWZ 这种方法极大地简化了对材料性能的评价工作并且减小了传统技术中不确定性的因素。

利用传统的压痕技术式（6-7）与 BWZ 方法简单压痕计算方法式（6-15）分别测得了熔融二氧化硅的弹性模量，见表 6-1。由表 6-1 可以看出两种计算方法所测得的弹性模量值相近，表明了式（6-15）的可行性，且所测得的弹性模量值并不随着峰值载荷的增加而发生变化，即弹性模量为一常数。

表 6-1　不同峰值载荷下熔融二氧化硅弹性模量的测量结果

P_m (μN)	S (μN/nm)	h_m (nm)	h_s (nm)	E_r (GPa) by Eq. 6-7	H (GPa)	R_s (GPa)	E_r (GPa) by Eq. 6-15
8926.14	74.75	277.35	89.55	69.04	9.70	1112.88	69.06
8033.72	70.79	261.44	85.10	69.26	9.79	1109.19	69.28
7229.00	67.07	247.53	80.83	69.04	9.75	1106.40	69.06
6503.55	63.46	233.69	76.85	69.00	9.79	1101.13	69.02
5852.39	60.13	221.01	72.99	68.82	9.76	1098.46	68.84
5266.35	57.55	209.32	68.62	68.88	9.60	1118.30	68.90
4738.52	53.96	196.37	65.85	68.93	9.85	1092.63	68.95
4263.72	51.66	186.71	61.89	68.57	9.57	1112.79	68.59
3836.10	48.88	176.09	58.85	68.43	9.57	1107.3	68.45
3451.04	46.37	164.53	55.81	69.15	9.77	1107.77	69.17
3105.42	44.19	157.13	52.69	68.13	9.40	1118.19	68.15
2793.78	41.88	149.10	50.02	67.41	9.22	1116.52	67.43

为进一步验证 E_r-H-R_s 间的关系，可由 NIST 陶瓷数据库中获得 α-Al_2O_3 的力学性能数据，可由给出的弹性模量结合式（6-9）即可得到其接触模量值（计算时 $\nu = 0.23$）。则 E_r、H、R_s 与温度的关系如图 6-7 所示。随着温度的升高，α-Al_2O_3 的接触模量和硬度逐渐降低，而恢复阻力逐渐增大，这就说明硬度的降低导致了 α-Al_2O_3 塑性变形能力的提升。图 6-7 中 E_r-H 的关系与图 6-6c 相近，也说明了所推导的 E_r-H-R_s 间关系式的可行性。

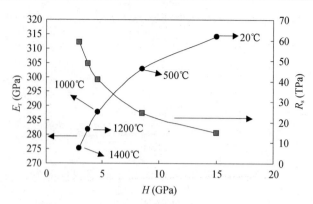

图 6-7 α-Al_2O_3 在不同温度下的 E_r、H、R_s 值

6.3.2 恢复阻力 R_s 和能量耗散的关系

为研究恢复阻力的物理意义，根据上式（6-2a）和（6-2b）描述载荷—位移曲线。由加载曲线，可计算出压头所做的总功 W_t：

$$W_t = \int_0^{h_m} (\alpha_1 h^{m_1})dh = \frac{\alpha_1 h_m^{m_1+1}}{m_1+1} = \frac{P_m h_m}{m_1+1} \tag{6-17}$$

从上式可以得出，加载以后，压头所做的总功 W_t 转换成了两个部分，首先，由于样品材料发生塑性变形和产生了微裂纹导致了能量耗散（ΔW）；其次，材料的弹性位移发生恢复，即转换为弹性恢复能（W_e）。如图 6-8 所示为一个完整的加卸载曲线和对应的能量耗散图。从图中我们不仅可以得到载荷随位移的变化图，而且还可以看出材料的能量耗散。当卸载时，由式（6-2b）可知，材料的弹性恢复功 W_e 可以表示为如下：

$$W_e = \int_{h_f}^{h_m} [\alpha (h-h_f)^m dh = \frac{\alpha (h_m - h_f)^{m+1}}{m+1} = \frac{P_m (h_m - h_f)}{m+1} \tag{6-18}$$

且存在 $W_t = \Delta W + W_e$，ΔW 为在压痕过程中由于塑性变形和微裂纹导致的能量耗散，则 ΔW 可表示为：

$$\Delta W = W_t - W_e \tag{6-19}$$

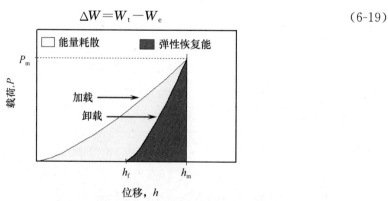

图 6-8 压痕的载荷—位移曲线及对应的能量比率示意图

由式（6-17）和式（6-18）可计算出弹性恢复功占比 r_e：

$$r_e = \frac{W_e}{W_t} = \frac{(m_1+1)(h_m - h_f)}{(m+1)h_m} \tag{6-20}$$

由一系列的数据分析可得加载—卸载过程中的指数相近，即 $m_1 \approx m$，则 (m_1+1) / $(m+1) \approx 1$，式（6-20）可转变为：

$$r_e \approx \frac{(h_m - h_f)}{h_m} \qquad (6\text{-}21)$$

由式（6-17）和式（6-19）可计算出能量耗散占比 r_d：

$$r_d = \frac{\Delta W}{W_t} = \frac{W_t - W_e}{W_t} = 1 - \frac{W_e}{W_t} = 1 - r_e = \frac{h_f}{h_m} \qquad (6\text{-}22)$$

将式（6-12）代入式（6-21）和式（6-22）可得：

$$r_e = \frac{\dfrac{1}{\eta} h_s}{h_m} \qquad (6\text{-}23)$$

$$r_d = 1 - r_e = \frac{h_m - \dfrac{1}{\eta} h_s}{h_m} \qquad (6\text{-}24)$$

将式（6-23）代入式（6-13）可得：

$$R_s = \frac{P_m}{\eta^2 h_m^2 r_e^2} = \frac{P_m}{\eta^2 h_m^2 (1 - r_d)^2} \qquad (6\text{-}25)$$

由式（6-25）可知，恢复阻力 R_s 与 r_e 的平方成反比，而 R_s 是 r_d 渐增的函数，即 R_s 会随着 r_d 的增大而增大，因此恢复阻力表征了压痕期间的能量耗散。另外，式（6-14）和式（6-16）揭示出固体材料的一个以往未被发现的特性，即 $\dfrac{E_r^2}{H}$ 的值越高，R_s 的值越高，材料产生能量耗散的能力越大。

利用纳米硬度计测得了熔融二氧化硅（Si）、（001）取向的单晶铝（Al）、（001）取向的单晶铜（Cu）、多晶 Ti_2SnC、镁基金属玻璃（Mg）的恢复阻力、能量耗散与弹性恢复，测试结果如图 6-9 所示。由图 6-9 可以看出，随着恢复阻力 R_s 的增大，材料的能量耗散占比逐渐增大，而弹性恢复占比逐渐降低，即材料的恢复阻力值越大，其产生弹性恢复的能力越弱，越易发生塑性变形。

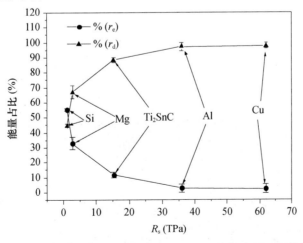

图 6-9　五种材料的能量耗散、弹性恢复与恢复阻力间的关系

6.4 硬度与弹性模量的痕迹法评价[41]

压痕残余痕迹与材料的性能有密切的关系。因此，一种新的思路是根据残余痕迹的几何形貌预测材料的基本力学性能，只需要测得一个残余压痕的几何尺寸，就可以通过系列理论公式估算出材料在当时受压时刻的材料性能。

对于压痕实验中的加载—卸载循环（重叠现象不予考虑），载荷峰值 P 所对应的最大位移 h_m 等于接触深度 h_c 和接触边界的弹性位移 h_s 的和，即 $h_m = h_s + h_c$。由压痕残余深度和接触半径决定的残余压痕角 θ 是计算硬度—接触模量比参数 λ 值的关键参数。残余压痕角 θ 大于初始角 θ_0（图 6-2），这是因为在卸载过程中弹性变形的恢复造成的。在压痕理论中，中轴线和棱之间半角 $\theta_0 \approx 74°$ 的维氏压头与 $\theta_0 \approx 70.3°$ 的锥形压头是等效的，这是因为两者的面积深度比是相等的[25,42]。因此，所有这些相等的计算都是基于锥形压头都具有轴对称的外形。当前的工作有两个重要的线索：i）固体材料残余压痕的几何尺寸唯一的由 H-E_r 比决定；ii）在加载—卸载过程中，压痕尖端的弹性恢复是于接触区域周界处的弹性变形是成比例的，如式（6-12）所示。

为了方便的分析材料的性能，这里引入一个重要的参数：硬度和接触模量之比 λ：

$$\lambda = \frac{H}{E_r} \tag{6-26}$$

由式（6-8）、式（6-13）和式（6-26）可得：

$$R_s = \frac{4\beta^2}{\varepsilon^2 \pi} \frac{E_r}{\lambda} \tag{6-27}$$

公式中 ε 是和 η 一样的常数，它们均与卸载曲线 $P = \alpha (h - h_f)^m$ 的指数相关，比例因子 η 是一个可由"有效压头形状"[43]推导出的关于 m 的函数，这个因子与 Woirgard 和 Dargenton[44]定义的常数 $1 - \lambda$ 具有相同的形式。

$$\eta = \frac{h_s}{h_m - h_f} = 1 - \frac{1}{\sqrt{\pi}} \times \frac{\Gamma \left[0.5 (m-1)^{-1} + 0.5 \right]}{\Gamma \left[0.5 (m-1)^{-1} + 1 \right]} = 1 - \gamma \tag{6-28}$$

上式（6-28）中 Γ 为 γ 函数，因此 ε、η 和 m 的关系可表述为：

$$\varepsilon = m \cdot \eta = \frac{m \cdot h_s}{h_e} \tag{6-29}$$

上式（6-29）中，$h_e = h_m - h_f$，即为压入深度的弹性部分。因此，如果 m 值确定的话，那么 ε、η 的值也就确定了。严格来说，ε、η 的值是与材料相关的，在小范围内变化要取决于 m 的值。可是，就像泊松比 $\nu = 0.3$ 在多数金属位移敏感压痕实验中使用，因此对多数压痕实验可以把 ε、η 可认为是常数。事实上，作为一个几何常数，$\varepsilon = 0.75$ 在文献中被广泛采用[25,45-49]，并且显示了充分的可靠性。经过 Bao 等人对不同材料进行理论和实验数据的优化分析，选取两个参数分别为 $\varepsilon = 0.765$ 和 $\eta = 0.570$[41]，对于玻氏压头 $\beta = 1.034$，因此式（6-27）可以简化为：

$$R_s = \frac{P}{h_s^2} = 2.176 \frac{E_r}{\lambda} \tag{6-30}$$

硬度可由 $H = P/(\pi a^2)$，a 为接触半径，代入式（6-27）可得：

$$h_s = \frac{\sqrt{\pi}}{2}\varepsilon\lambda\sqrt{\frac{P}{H}} = \frac{\pi}{2}\cdot\varepsilon\cdot\lambda\cdot a \tag{6-31}$$

对于轴对称的刚形压头，$a = h_c\tan(\theta_0)$，θ_0 为最大压入深度压痕半角，对于与玻氏压头等效的圆锥压头，其 $\theta_0 = 70.3°$，则上式（6-31）可简化为：

$$h_s = \frac{\pi}{2}\varepsilon\lambda\cdot h_c\cdot\tan(\theta_0) = 3.356\lambda h_c \tag{6-32}$$

将式（6-32）代入式（6-6）可得：

$$h_m = h_s + h_c = (1 + 3.356\lambda)h_c \tag{6-33}$$

由 $h_m = h_s + h_c$、$h_s = \eta(h_m - h_f)$ 可得：

$$h_s = \frac{\eta}{1-\eta}(h_c - h_f) \tag{6-34}$$

联立式（6-33）和式（6-34），解得：

$$h_f = \left(1 - \frac{1-\eta}{\eta}3.356\lambda\right)h_c = (1 - 2.532\lambda)h_c \tag{6-35}$$

联立式（6-31）、式（6-34）与 $\cot(\theta_0) = h_c/a$、$\cot\theta = h_f/a$，可得：

$$\lambda = \frac{2}{\pi\varepsilon}\frac{\eta}{1-\eta}\frac{h_c - h_f}{a} = \frac{2}{\pi\varepsilon}\frac{\eta}{1-\eta}\left[\cot(\theta_0) - \cot\theta\right] \tag{6-36}$$

由此可见，λ 值是由压头和相应的残余压痕的几何尺寸唯一确定的，由于公式（6-35）是基于轴对称的模型推导的，所以它不仅对圆锥形压头 [其中 $\text{ctg}(\theta_0) = h_c/a$]，而且对球形压头 [其中 $\text{ctg}(\theta_0) = a/(2R)$] 都是适用的。由残余维氏压痕决定的 H-Er 之比，考虑了圆锥形压头与维氏压头接触半径的关系，即 $a = a_v\sqrt{2/\pi}$，公式中 a_v 是维氏压痕对角线长度的一半。因此，把 $\text{ctg}(\theta_0) = \text{ctg}70.3 = 0.358$，$\varepsilon = 0.765$ 代入式（6-35），得到一个由维氏残余压痕计算 H-Er 之比的简单函数：

$$\lambda = 0.39492 - 1.38256\cdot\text{ctg}(\theta_v) \tag{6-37}$$

上式（6-36）中，$\text{ctg}(\theta_v) = h_f/a_v$ 反映了残余维氏压痕残余半角。联立式（6-21）、式（6-32）和式（6-35），可解得：

$$r_e = 5.888\lambda/(1 + 3.356\lambda) \tag{6-38}$$

$$r_d = 1 - r_e = (1 - 2.532\lambda)/(1 + 3.356\lambda) \tag{6-39}$$

当残余压痕角在 74.1～80° 范围内变化时，则 H/E_r 将在 0.001～0.151 范围内变化，能量耗散占比将在 0.994～0.41 内变化，$\theta\rightarrow\lambda\rightarrow r_d$ 间的关系如图 6-10 所示。由图 6-10 可以看出，H/E_r 与 θ 近似呈线性关系。因此，待测材料的力学性能和变形参数均可由 H/E_r 值进行计算得来，且 H/E_r 值可由残余压痕进行计算得来。

综上，根据残余压痕的几何尺寸，由式（6-36）、式（6-37）可以计算出 λ 值，由式（6-38）、式（6-39）可以计算出材料的弹性恢复和能量耗散，由式（6-26）、式（6-9）可得材料的弹性模量。因而，材料的能量耗散、弹性恢复、变形能力、硬度和弹性模量都可简单的由一个压痕而得到。性能评价仅需要三个初始参数，即接触直径、残余压痕深度和最大载荷。假如产生残余压痕的载荷是未知的，则硬度的绝对值将是难以获得的，但 H-E_r 比却是可以有残余压痕得到，进而恢复变形和能量参数也是可以进行估计的。另外，对于一些硬度和弹性模量可知的常用材料，恢复功比和能量耗散率都是可以由 H-E_r 比而直接进行预测的。

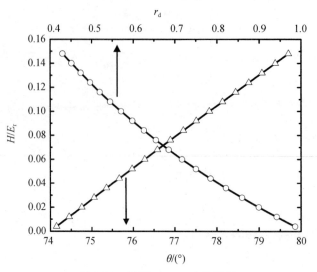

图 6-10　H/E_r 与 r_d、θ 的关系

分析准塑性陶瓷 Ti_3SiC_2 和脆性钠钙玻璃在 10N 载荷下的残余维氏压痕。用 SEM 观察弯曲破碎实验后的条形样品的压痕横截面，Ti_3SiC_2（图 6-11a）残余维氏压痕的半角为 ctg（θ_v）$\approx 20.5/75 = 0.27333$，玻璃的为 ctg（$\theta_v$）$\approx 0.21739$（图 6-11b）。因此，得到了实验材料的 H-E_r 比值，随后，将两种材料的力学性能测试结果与传统的实验对比，由表 6-2 可见，利用残余压痕预测材料的性能得到的结果与传统实验非常的一致，此外，最大载荷处的变形得以预测和重现，如图 6-11b 所示的玻璃样品。因而，常规的没有敏感位移压痕系统的压头可用于评价固体材料的特性。由表 6-2 的结果可知，Ti_3SiC_2 的能量耗散率为 90.5%，玻璃的能量耗散率为 57.8%，这都与先前的实验很一致[31]。这项研究显示可通过残余压痕来揭示固体材料的基本特性，残余压痕的几何尺寸和材料特性建立解析等式关系，因此，这将使材料性能评价变得简单。并且利用这种残余痕迹的预测和分析，可以获得各种无法在实验室测试的性能，例如，太空环境下、有毒环境下、深海环境下、过去历史过程中留下的痕迹等情况下的在线和及时性能的预测。

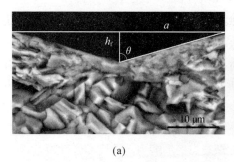

(a)

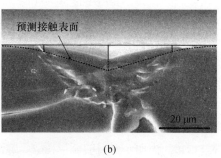

(b)

图 6-11　Ti_3SiC_2 陶瓷和普通玻璃的表面压痕的横截面形貌。

（a）Ti_3SiC_2 陶瓷的压痕截面 ctg（θ_v）$= h_f/a_v = 0.2733$，求得 $\theta_v = 74.6°$；

（b）玻璃的压痕截面和由此预测的当时最大变形线，残余角度被估计为 $\theta_v = 77.7°$

表 6-2 Ti₃SiC₂ 和玻璃在 10N 载荷作用下残余压痕预测所得到的
基本参数和变形，并与传统的实验结果进行对比

名称		ctg (θ_v) (h_f/a_v)	H_v (GPa)	H/E_r λ	E_r (GPa)	E (GPa)	h_m (μm)	h_s (μm)	r_e (%)	r_d (%)
Ti₃SiC₂	预测	0.27333	4.0	0.01708	253.0	307	9.755	0.53	9.5	90.5
	已知		4.0	0.016	254.6	310	9.746	0.52	8.8	91.2
玻璃	预测	0.21739	6.6	0.0944	69.9	70.8	9.97	2.53	42.2	57.8
	已知		6.6	0.095	69.4	70	10.03	2.46	42	58

6.5 表面局部强度与局部性能

接触理论和球压法由于操作方便和具有解析解的特点已越来越受到重视，并被广泛用于脆性材料断裂表征和变形特性分析。压痕损伤研究及其应用也日益受到关注，并且已用在许多实际领域。对于脆性材料来说，赫兹环形裂纹的萌生代表着压痕损伤的开始和线弹性接触理论成立的上限。表面环形裂纹启始的临界压痕应力是分析断裂韧性和材料性能的重要参数。然而许多研究表明在压痕断裂领域存在一些有待于进一步弄清楚的问题：1) 材料的强度应该是一个常数，但开裂时的临界压痕应力并不为常数，并远高于常规强度值，且理论分析表明，临界压痕应力随着压球半径的增大而减小；2) 最大拉应力发生在表面接触圆周线上，但实践中环形裂纹总是大于接触圆，即裂纹不是产生于最大拉应力处；3) 大量实验表明临界压应力 F_c 与压球半径成比例，但这违背了基本的强度理论和强度恒定条件，$F_c/r^2 =$ 常数。

这些问题的研究对压痕理论的发展和应用有重要意义，实际上这些问题的存在暗示了应力梯度对临界压痕应力的影响。作者通过应力计算发现应力梯度随着压球尺寸和样品材料的改变而变化的特性以及脆性材料在接触应力下的失效规律，利用均强度准则导出高度非均匀应力场下的临界应力计算，从而建立了一种用球压法测评脆性材料的强度性能的非破坏性方法。该方法不仅在理论上解决了接触压痕理论中的以上三个矛盾问题，同时提出了一种材料力学性能的无损在线评价方法，具有较大的实用意义[15]。

6.5.1 应力梯度和接触应力的均强度准则[15,50]

对于半径为 r 的压球，荷载为 P，作用在一个弹性体上，球与试样的接触圆半径 a 可由赫兹接触理论确定：

$$a^3 = 4kP \cdot r/(3E) \tag{6-40}$$

式中，$k=(9/16)[(1-\nu^2)+(1-\nu'^2)E/E']$；$E$、$E'$ 和 ν、ν' 分别为样品和压头的弹性模量和泊松比。接触区的平均压力为 P_0

$$P_0 = P/(\pi a^2) \tag{6-41}$$

将式（6-40）代入式（6-41），式（6-41）可以写为 P 和 r 的函数

$$P_0 = \left(\frac{3E}{4k}\right)^{2/3} \cdot \frac{1}{\pi} \cdot \left(\frac{P}{r^2}\right)^{1/3} \tag{6-42}$$

脆性材料的开裂主要是由拉应力引起。接触应力是一种复杂的多轴应力状态。在表面接触圆周围，最大主应力为径向应力。因此可以认为径向应力 σ_R 达到某临界值时表面接触区周围产生一个环形裂纹。当压力继续增大，该环型裂纹向纵深与法向成 68° 角的喇叭状扩展，这个扩展方向恰恰是垂直于内部最大主应力的方向[51]。对于局部强度的评价，最关键的是要找到正好产生表面环形裂纹的临界载荷。因此压痕周边径向应力 σ_R 的分析对局部强度的评价非常重要。在轴对称的柱坐标中 R, z, σ_R 关系如下

$$\frac{\sigma_R}{P_0} = \frac{1}{2}(1-2\nu)\left(\frac{a}{R}\right)^2\left[1-\left(\frac{z}{\sqrt{u}}\right)^3\right] + \frac{3z}{2\sqrt{u}}\left[\frac{(1-\nu)u}{(a^2+u)} + (1+\nu)\frac{\sqrt{u}}{a}\arctan\left(\frac{a}{\sqrt{u}}\right) - 2\right] \tag{6-43}$$

式中，$u = \frac{1}{2}\{(R^2+z^2-a^2) + [(R^2+z^2-a^2)^2+4a^2z^2]^{1/2}\}$。

当球形压头压在试件表面上，随着正压力增大，球和试件的接触圆半径也增大，这种弹性特征也被用来在线测试构件的表面弹性模量。脆性和准脆性材料的临界接触损伤有不同的表现，当载荷达到某临界值时，脆性试件表面产生一个环形裂纹，如玻璃或精细陶瓷；而准脆性材料往往被压出一个小圆坑，如一些微晶玻璃或粗晶陶瓷。图 6-12 显示了这两种典型的压痕形貌。

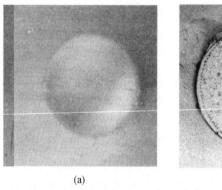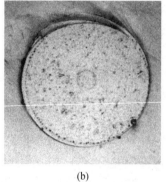

(a)   (b)

图 6-12   两种典型的压痕形貌

(a) 微晶玻璃（准脆性材料）表面压痕（圆坑）直径 0.7mm；

(b) 玻璃（脆性材料）表面的压痕（环形裂纹），直径 0.62mm，压头为半径 3mm 的钢球

根据赫兹接触理论，最大拉应力发生在表面接触圆的边缘上（$z=0$，$R=a$）。

$$\sigma_m = \frac{1}{2}(1-2\nu)P_0 \tag{6-44}$$

按常规的观点，当最大应力值高于材料的抗拉强度时将在此处发生开裂或产生裂纹。但令许多研究者都感到困惑的两个问题是：i) 脆性材料的接触表面产生环形裂纹时刻的最大拉应力总是比材料的强度高得多；ii) 虽然最大拉应力发生在表面接触圆的边缘上，但环型裂纹总是大于接触圆，即断裂不是发生在最大应力处。这种现象可通过应力梯度的影响来解释，并用均强度理论求出材料的局部强度。接触应力计算结果表明：在接触圆边缘上，径向应力在深度方向迅速减小并变为受压。即此处沿着深度方向的应力梯度非常

大，沿试样表面深度方向的应力随着压球半径和径向无量纲坐标 R/a 值的变化而变化。

接触应力有两个特征：（a）沿着深度方向上的应力梯度随着接触半径（或压球半径）的增大而减小；（b）沿着深度方向上的应力梯度随径向位置坐标 R/a 的增大而减小，最大的应力梯度发生在 $R/a=1$ 处。事实上，对于一个非均匀应力场，一点的应力峰值不能控制断裂发生。例如，在低于 K_{IC} 的应力强度因子作用下，尽管裂纹尖端的应力大大高于材料的抗拉强度，裂纹不会扩展。研究表明脆性材料中裂纹起始的临界状态取决于一个特定的小区域（过程区 process zone）内的平均应力，而不是取决于一点的应力峰值。这称为均强度准则[8]。当过程区的平均应力达到一个临界值 σ_i 时脆性材料将由此处开裂。过程区宽度 Δ 是一个取决于材料特性而与样品尺寸和形状无关的常数。σ_i 是材料的本征拉伸强度。于是，在球压作用下环形裂纹起始的均强度条件如下：

$$\frac{1}{\Delta}\int_0^\Delta \sigma_R dz = \sigma_i \tag{6-45}$$

Δ 的值可以通过将均强度准则用于裂纹尖端的应力场来确定[8]，不考虑应力屈服。

$$\Delta = \frac{2}{\pi}\left(\frac{K_{IC}}{\sigma_0}\right)^2 \tag{6-46}$$

通常 Δ 是一个随脆性材料晶粒尺寸的递增函数，它反映了微结构中相互联系、相互制约的最大区域，也代表了裂纹起始前局部能量积累的极限。需要指出的是它不同于弹塑性材料中裂纹尖端的塑性区。对于 Δ 值不同的两种材料，具有较小过程区的材料更脆并有更快的断裂速率。玻璃和精细陶瓷的过程区尺寸约为 0.03～0.06mm。均强度准则说明在非均匀应力场中开裂时刻的临界应力峰值不是常数而是与应力梯度有关。应力梯度越大，开裂时可达到的应力峰值越高。因此，在非均匀应力场中，应力峰值大大超过材料的强度而材料不发生开裂是不奇怪的。但是这种情况下的临界均应力则稳定得多。在接触载荷下，产生赫兹裂纹时刻样品表层过程区内的平均应力被定义为材料的局部强度。对于局部强度的评价，最关键的是要准确确定正好产生表面环形裂纹的临界载荷，而不是产生喇叭状裂纹的高于临界载荷的压力。实验操作上可采用声发射技术来确定临界载荷。

6.5.2　临界问题与局部强度[15]

作为一个例子，用钢球压头和钠钙玻璃做实验和计算。钢球的弹性模量和泊松比分别为 200GPa 和 0.29；玻璃为 72GPa 和 0.22。由于开裂的条件是过程区内的平均拉应力达到一个临界值，所以首先须算出平均应力。在径向坐标 R 的不同位置从表面向深处 Δ 距离内对轴向应力积分，可得到表层过程区平均应力在不同位置的值。

$$\sigma(R) = \frac{1}{\Delta}\int_0^\Delta \sigma_R(z,R)dz \tag{6-47}$$

将式（6-43）代入式（6-47），并用计算机进行数字积分，我们得到了作为 R/a 函数的平均应力。将接触圆周围区域的平均应力与表面径向应力进行比较（图 6-13）。

我们可以从图中看到最大径向应力发生在 $R=a$ 的地方，但此处的平均应力最小。对于 $\Delta=0.03$mm 和 $a=0.5$mm 的情况，平均应力的最大值发生在 $R/a=1.15$ 的地方。故此情况的环形裂纹的半径应该为 $1.15a$，而不是在应力峰 $R=a$ 的地方开裂。该预测与实际相符，如图 6-14 所示。

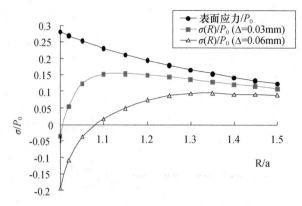

图 6-13　压痕周围的表面应力和在表面深度分别为 0.03mm 和
0.06mm 厚度层上的平均应力沿径向的变化

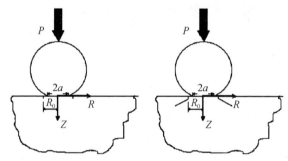

图 6-14　球压痕裂纹半径和接触区半径示意图

　　值得注意的是最大平均应力 σ_m 的位置是随着材料特性 Δ 和球半径 r 而变的。最大平均应力所对应的位置是随着材料过程区的增大而增大，随着压球的尺寸增大而减小，这种变化如图 6-15 所示。设环形裂纹在最大平均应力处起始，环形裂纹半径为 R_0，那么 R_0/a 的值可随着材料的脆性和压球的尺寸而变化。例如当 $\Delta=0.06$mm 和 $a=0.5$mm 时，R_0/a $=1.3$。当已知过程区和压球半径，R_0/a 的位置及其最大平均应力就可以确定。表示对于两种不同的材料 R_0/a 随接触半径的变化规律：（1）对于相同大小的接触圆，材料越脆（过程区越小），环形裂纹半径 R_0 与接触半径 a 相差越小；（2）R_0/a 的值随压球尺寸的增大而减小。由于裂纹起始依赖于过程区的平均应力，临界状态时的应力峰值随应力梯度的增大而增大，但临界状态下过程区内平均应力的最大值是由材料决定的常量，故它可反映受压点处的局部强度。过程区中的平均应力在 $R=R_0$（$R_0>a$）的地方达到最大，而不是在拉应力最大的接触环 $R=a$ 上达到最大。这就是脆性材料压痕环形裂纹尺寸总是大于接触圆的原因。环形裂纹在平均应力最大的地方起始，即表面环形裂纹的半径为 R_0，因此，R_0/a 的值不仅取决于材料的性质而且取决于压球大小。球越大，R_0/a 的值越低。一般，$R_0/a \geqslant 1$。

　　R_0/a 的位置决定后，该点的最大平均应力 σ_m 可以通过对不同的接触半径（或球半径）和不同的过程区来确定。研究表明：随着压球尺寸的增大，σ_m/P_0 非线性地增大，最后趋于恒定；对于过程区较大的材料，由于均强度准则未满足，所以环形裂纹不发生，只产生一个小球冠的圆坑，这时材料被认为是准脆性材料。在大多数实际应用中接触半径尺寸在 0.2mm$<a<1$mm 范围，数据能很好地满足下式（6-48）的对数函数。

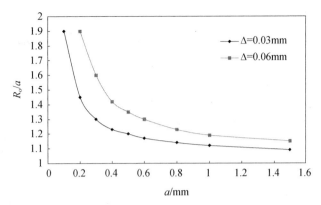

图 6-15　两种不同材料的最大平均应力的位置随接触半径大小而变化

$$\sigma_m = [0.0619\ln(a) + 0.1745] \cdot P_0 \qquad (\Delta = 0.03mm) \qquad (6\text{-}48a)$$

$$\sigma_m = [0.0637\ln(a) + 0.1327] \cdot P_0 \qquad (\Delta = 0.06mm) \qquad (6\text{-}48b)$$

在开裂临界状态，

$$P_0 = P_{0c} = \left(\frac{3E}{4k}\right)^{2/3} \cdot \frac{1}{\pi} \cdot \left(\frac{P_c}{r^2}\right)^{1/3} \qquad (6\text{-}49)$$

临界接触半径为：

$$a_c = [4kP_c \cdot r / (3E)]^{1/3} \qquad (6\text{-}50)$$

裂纹起始时对应的最大平均应力 σ_m 代表了样品的局部强度 σ_0，它也可以看作本征强度或单位体积的强度。由于 R_0/a 的值是随着压球尺寸和材料而变化（图 6-13 所示），接触半径通常比环形裂纹半径小一点。实验中若压痕接触半径 a_c 测量困难时，可直接利用接触半径与压球半径的关系式（6-50）来表示局部强度。玻璃和一些精细陶瓷材料的局部强度有如下的形式：

$$\sigma_0 = [0.0619\ln(a_c) + 0.01745] \cdot \left(\frac{3E}{4k}\right)^{2/3} \cdot \frac{1}{\pi} \cdot \left(\frac{P_c}{r^2}\right)^{1/3} \qquad (6\text{-}51a)$$

式中 a_c 通过式（6-50）确定，局部强度 σ_0 应该大于宏观强度，因为体积越小含缺陷概率越小。

在应力梯度较高的情况下，有可能应力峰值远远高于常规强度而不产生裂纹，尤其是那些具有较大过程区的材料（准脆性材料），因为过程区的平均应力还未达到临界值。对于准脆性材料，不能用球压法无损测试局部断裂强度，但可用类似方法评价材料的屈服强度和抗变形能力。

6.5.3　脆性材料局部强度测定

用球压法可以测得材料或构件的局部强度，此强度值几乎不受试样边缘缺陷的影响，故可认为它是材料的本征强度。另外，用球压法可以方便地测评脆性材料的表面残余应力，并可进行构件的无损保证实验。这种方法无须加工特殊要求的样品，同时，对于大的工作构件的不同位置，或在不同表面环境下的区域，可以方便地测试它们的局部强度并比较各自的差异。因此，这种方法又可以很方便地评价一个脆性构件上不同位置处强度分布的均匀性[52]。

根据均强度准则的计算，平均应力最大值与压痕应力的比值 σ_m/P_0 近似为接触半径 a 的对数函数。因此，临界状态的最大平均应力（局部强度）对不同的压球几乎是一个常数。局部强度反映了材料的本征强度，并按单位体积强度来确定，然后总体强度可通过脆性材料强度的体积效应来推算。用普通玻璃和化学钢化玻璃为样品，其厚度为10mm，面积为 $10 \times 10mm^2$，加载速率为 0.2mm/min，用多种半径不同的钢球进行实验以确定临界载荷 P_c。玻璃局部强度在线检测仪采用直径为 5mm 碳化钨（WC）球（$E=600GPa$，泊松比为 0.25），玻璃的弹性模量为 72GPa，泊松比为 0.22，则局部强度计算公式简化为

$$\sigma_{loc} = 8.21P_c^{1/3} + 3.014P_c^{2/3} - 0.0437P_c \qquad (6-51b)$$

由于玻璃和碳化钨压球的弹性模量已知，可以直接用临界载荷进行计算，计算结果如图 6-16 所示。它表明随着压球尺寸的增大，临界载荷线性增加，但是局部强度几乎为常量。由于局部强度受试样边缘缺陷的影响很小，因此它比普通梁试样测得的弯曲强度要高。但与双环试验测得的轴对称弯曲强度差不多，因为双环弯曲试验受边缘缺陷影响也很小。若考虑局部强度可以近似代表单位体积（1mm³）的强度，那么宏观强度 σ_f 和局部强度的关系可以用 Weibull 统计理论的尺寸效应来建立：

$$\sigma_f = \left[\frac{V_0}{V}\right]^{1/m} \cdot \sigma_0 = \frac{\sigma_0}{V^{1/m}} \qquad (6-52)$$

式中 V 为样品体积，m 为 Weibul 强度模量。通常样品体积比单位体积大，但纤维或晶须试样可认为是小于单位体积，所以玻璃纤维的强度通常接近于本征强度水平或高一些。

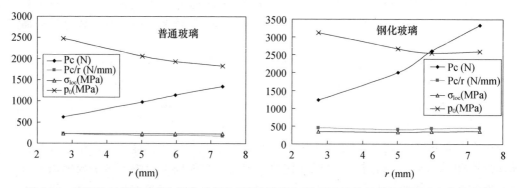

图 6-16　球压法对普通玻璃和钢化玻璃的局部强度测试结果以及临界载荷随压球半径的变化

6.5.4　脆性材料残余应力测评

脆性材料的断裂主要由拉应力引起。当材料表面存在残余压应力时，引起破坏的外力首先要平衡掉该部分残余应力，然后继续增加到材料强度值时发生破坏。因此材料的承载能力提高了，提高的幅度近似等于预压应力的幅度。如果表面残余应力是拉应力，则强度下降相同幅度。因此，通过测试有残余应力和无残余应力两种情况下的局部强度，可以较简便地估算出材料的残余应力。以玻璃和钢化玻璃作为例子进行测试。残余应力可由式（6-53）近似估计：

$$\sigma_r = \sigma'_0 - \sigma_0 \tag{6-53}$$

式中　σ'_0——增强玻璃的局部强度（MPa）；

　　　σ_0——原始玻璃的局部强度（MPa）。

这里残余应力 σ_r 也是过程区内的平均应力，对增强玻璃来说从表面沿着深度方向有较大的残余应力梯度。用这种方法测得的玻璃表面残余应力与用光弹法测得的表面残余应力基本一致[16]。

6.5.5　球压法做强度保证实验

强度保证是指产品的强度必须高于一个预先给定的数值，如何检验一批产品的强度是否达到预期要求，同时又尽量使材料损失和费用降到最低，这是一个很关键但又一直没有解决的问题。通常，玻璃产品的检验是从产品种中随机抽取小部分试样进行强度实验，从而预测总体的强度和合格率。因此，被抽到的试样全被破坏掉了，没有被抽到的样品仍然包含有不合格产品，并且浪费很多样品和经费。

作者采用球压接触的方法，在对玻璃表面不同位置的局部强度测试的基础上，利用球压时当接触应力达到材料强度时在脆性材料表面产生一个环形裂纹这一特点进行无损保证试验[53]。对于陶瓷、玻璃产品的质量检验，要求强度大于某一特定值，根据这一应力水平计算出对应的球压载荷 P_c 作为预设压力，对待测材料不同选点处进行球压使载荷达到 P_c 时卸载（其加载卸载如图 6-17 所示），然后检查球压点处是否有微裂纹，若没有任何裂纹则认为产品高于所预期的强度，否则可认为此处没有达到预期的强度。另外，该方法还可以检测钢化玻璃的均匀性，在同一块玻璃上若有的地方有压痕，有的地方没压痕，则表明有压痕的地方钢化效果差一点，无压痕的地方钢化效果好一些。进而，可用此方法来预测钢化玻璃的碎片数，通过所要求得碎片数与球压载荷之间的关系，设定球压载荷值。

采用统计力学方法，对玻璃产品进行球压试验，确定出不同的载荷水平下的球压损伤概率，从而达到非破坏性地测试玻璃产品的强度，并确定出产品的合格率。这种合格率与常规抽样检测所得到的合格率的一个重要的区别是可以确定不合格的产品可能是哪几个。而常规的抽样强度测试只能估算合格率，但无法确定具体是哪些产品不合格。

使用碳化钨和氧化铝压球对钢化玻璃平板进行无损性能测试和强度保证实验，估算出在给定的强度要求下的合格率和一定的工作应力

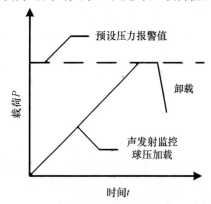

图 6-17　球压保证实验的加载卸载示意图

下的失效概率。为高强安全玻璃和钢化玻璃的可靠性和产品合格性的评价提供一种新的思路和方法。例如，为了保证某一陶瓷部件在油井下安全使用，要求该部件的强度在 400MPa 以上，弹性模量在 300GPa 以上，但又不能损伤或破坏该部件来进行测试。故可采用球压比较法进行无损检测：这种保证试验有两方面的作用：①保证构件的强度达到要求后才能使用，可避免事故发生；②对珍贵难得到（或借来）的部件进行力学性能评价又不损坏它，这用常规强度测试方法是办不到的[15]。

6.6　摩擦磨损性能

陶瓷、玻璃等脆性材料的表面性能（包括表面硬度、抗划伤性、耐磨性能等）是影响整体性能和可靠性的重要因素，表面的微小缺陷可导致脆性材料的强度大幅度下降。随着我国现代化进程的高速发展，航空器、列车的窗玻璃以及大型建筑上的玻璃幕墙等工程玻璃构件以及一些家用玻璃器件的安全性和可靠性显得越来越重要。因此，各种工程用的玻璃的重要性能指标之一就是表面抗划伤和抗磨损能力的测试。很多重要的玻璃部件，例如大型玻璃幕墙和玻璃天顶，航空航天器的玻璃风挡和窗板，都要求有较高的表面硬度、抗沙尘磨损和划伤的能力。据报道新北京音乐厅将采用全玻璃顶棚，为抵抗北方风沙磨损而影响透光度和强度，对玻璃要求非常严格。因此检验玻璃的表面性能就显得越来越重要。同时对于一些精密的玻璃，检测它们的表面残余应力、表面光洁平整度、界面结合强度、表面耐磨损性能以及表面弹性模量等对于构件的安全使用和可靠性也是非常重要的。

陶瓷材料具有高硬度、高强度、高刚度、低密度以及优异的化学稳定性和高温力学强度等优点，故其在空间技术、密封部件、发动机关键部件、高速高效切割工具等领域得到了相当广泛的应用，成为耐磨部件用材料的最佳选择之一。但是陶瓷摩擦学材料也有其缺点，突出问题是摩擦系数和磨损率都比较高。因此，有关陶瓷材料摩擦磨损性能的研究日益受到人们的重视，已经成为当前材料科学和摩擦学领域的前沿课题之一。为保证其构件服役安全性和可靠性的要求，必须对其材料表面抗划伤和抗磨损能力进行测试。

在测试材料之间的摩擦磨损特性时，通常需要将测试样品置于摩擦磨损试验机上进行试验，通过试验中测定的摩擦系数及试验后试件磨损的状况和磨损程度，对固体材料进行评定，或对不同固体材料之间的性能进行比较[54]。

6.6.1　摩擦磨损试验机

摩擦磨损试验的目的在于对工程应用中的磨损现象及其本质进行模拟，精确分析各种条件对材料磨损性能的影响规律，从而确定符合使用条件的摩擦副的最优参数。摩擦磨损试验可根据实验条件和目的分为两大类[55,56]：第一类是现场实物摩擦磨损试验，第二类是实验室摩擦磨损模拟试验。第一类试验是在实际使用条件下进行的，这种试验的真实性和可靠性较好，但机械零部件在实际使用工况下的磨损一般都比较慢，因而需要较长的周期才能得到试验结果，而且磨损量需要可靠和精密的仪器测量。由于机械零部件在服役期间使用工况条件不固定，会使得所测得的数据重现性较差，不便于研究材料的摩擦磨损规律性，也难以进行单项因素对摩擦磨损性能的影响研究；第二类试验不需要进行整机运行，只需要模拟机械零部件的使用条件，同时可改变各种参数来分别研究各个参数对摩擦磨损性能的影响，且测试数据重现性和规律性好，便于进行对比分析。此外，还可以通过强化试验条件来缩短试验周期和减少试验费用，可用来重复地对大量试件进行测量。实验室摩擦磨损模拟试验可细分为实验室试件实验和模拟性台架实验：实验室试件实验是根据给定的工况条件，在通用的摩擦磨损试验机上对试件进行试验。由于实验中影响因素和工况参数容易控制，因而试验数据的重复性较高、实验周期短、实验条件的变化范围宽，可以在短时间内进行比较广泛的实验。但由于试件的实验条件与实际工况不完全符合，因而实验结果往往不十分可靠，不能直接应用。实验室试件实验主要用于各种类型的摩擦磨损机理和影响因素研究，以及摩擦副材料、工艺和润滑剂性能的评定；模拟性台架实验是在实验室试件实验的基础上，根据所选定的参数设计实际的零件，并在模拟使用条件下进行台架实验。由于台架实验的条件接近实际工况，增强了实验结果的可靠性。同时，通过实验条件的强化和严格控制，可以在较短的时间内获得系统的实验数据，还可进行个别因素对摩擦磨损性能影响的研究。因此台架实验通常用于校验试件实验数据的可靠性和零件磨损性能设计的合理性。

目前国内外有很多各种型号的摩擦磨损试验机，其性能各有特点，能够实现固体材料室温和高温（1000℃）摩擦磨损性能测试。摩擦磨损试验机试件之间的相对运动方式可以是纯滑动、纯滚动或者滚动伴随着滑动的复合运动，大多数试验机的试件采用旋转运动或者往复运动。试件的接触形式可分为面接触、线接触和点接触，图 6-18 为几种常见的摩擦磨损试验机所采用的试样接触形状和运动方式。而且可以在干摩擦或者介质润滑条件下，对摩擦副材料进行粘着摩擦磨损实验、磨粒磨损实验以及接触疲劳磨损实验研究。

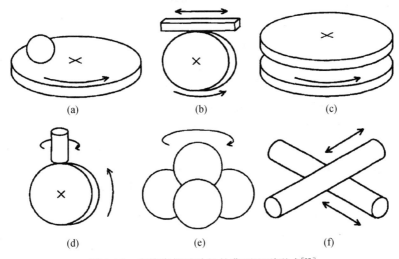

图 6-18　摩擦磨损试验机的典型配副形式[57]
(a) 球—盘；(b) 环—块；(c) 盘—盘；(d) 销—环；(e) 四球；(f) 柱—柱

通用摩擦磨损试验机是使用范围广、工况简单、具有较大通用性的一类摩擦磨损试验机，这类试验机是进行摩擦学研究的基本设备，主要包括四球摩擦试验机、端面摩擦磨损试验机、往复式摩擦磨损试验机、环块摩擦磨损试验机、微动摩擦磨损试验机，其测试系统如图 6-19 所示。其工作运转变量一般要求在一定范围内可调，以便模拟零部件的实际服役工况，对于测试参数可根据具体要求选定。此外，常用的通用摩擦磨损试验机还有销盘摩擦磨损试验机、冲击摩擦磨损试验机以及可进行多种摩擦副接触及运动形式试验的多功能摩擦磨损试验机等。这些试验机也都已实现商品化，在摩擦学研究的各个领域发挥着重要作用。随着航空航天及空间科技等高技术工程的发展，对材料在高温、高速、真空等特殊工况下的摩擦学性能要求越来越高。在特殊工况下，通用摩擦磨损试验机已无法满足使用要求，特种摩擦磨损试验设备应运而生，主要包括：高温摩擦磨损试验机、高速摩擦磨损试验机、真空摩擦磨损试验机、特种环境气氛摩擦磨损试验机。

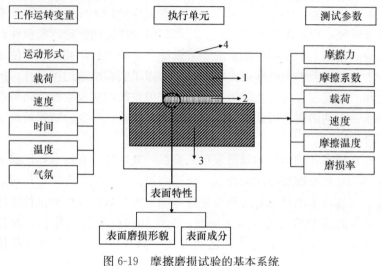

图 6-19　摩擦磨损试验的基本系统

（1、3—摩擦元素；2—润滑剂；4—气氛）

在摩擦磨损试验机生产领域，比较有代表性的是美国的 MTS 公司，它是全球最大的力学性能测试分析及模拟系统设备供应商，MTS 公司生产的摩擦磨损试验机采用 PC 机控制，主要特点是自动化和智能化与新原理和新技术的结合，结构小巧、精度高，具有较强的自动处理功能，通用性强，可以实现球盘式和往复式两种摩擦副运动形式。近几年以来，我国在引进、消化、吸收的指导原则下，通过自主研发，国产摩擦磨损试验机也取得了巨大的成就。国内在摩擦磨损试验机方面研究的厂家也很多，比较有代表性的比如济南宏试金试验仪器有限公司生产的高温高速销盘摩擦磨损试验机 MMS-1G，济南试金集团有限公司生产的四球摩擦试验机 MRS-10A、环块磨损试验机 MRH-5A 和济南益华摩擦学测试技术有限公司生产的 MMU-10 屏显端面摩擦磨损试验机等多种类型的成套试验设备。

6.6.2　万能材料试验机

目前国内外有很多各种型号的摩擦磨损试验机，性能各有特点，但是大部分型号的摩擦磨损试验机都是一个独立的设备，无论是驱动装置、传动装置和控制装置都必须配备齐全，因此价格比较昂贵。而目前已有的万能材料试验机具有测试固体材料的弯曲强度、抗拉强度、抗压强度和应力应变关系等功能，却无法实现固体材料摩擦磨损性能的测试。

作者所在的研究团队提出了一种摩擦磨损测试装置，该装置可以与万能材料试验机配合使用以实现固体材料摩擦磨损性能的测量。该装置摩擦副采用球盘式运动形式，其工作原理如图 6-20 所示，其主要操作步骤及原理为：计算机控制调节万能材料试验机横梁位置，带动检测装置缓缓向下移动，使压头与待测样品接触并施加一定的垂直载荷 F_y；启动直流电动机，通过同步带传动，使待测样品与转盘一起以一定转速旋转。在待测样品旋转过程中，将产生水平摩擦力 F_x，通过水平传感器检测信号并将信号送到计算机中；预先施加的垂直力 F_y 通过垂直传感器检测信号并将信号送到计算机中。通过软件进行控制、数据处理，得到 F_y、F_x 随时间的函数曲线，以及摩擦系数 $\mu = F_x/F_y$ 随时间的函数曲线。用精密电子秤测出摩擦磨损试验前后的质量损失 ΔW，计算出磨损率 $G = \dfrac{\Delta W}{(F_y L)}$，其中 L 是摩擦点总的滑移长度。

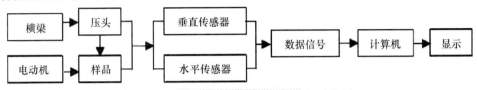

图 6-20　摩擦磨损测试装置工作原理示意图

选用普通钠钙硅玻璃为研究对象，摩擦副材料选用 45♯钢（$\phi 5$ 圆球），平均硬度为 HRC22。在试验过程中，电动机转速保 500r/min，摩擦圆半径为 20mm，载荷分别设定为 5N、10N、15N 和 20N，摩擦时间为 600s，其摩擦系数测试结果如图 6-21 所示。由图 6-21 可以看出，当载荷增加到 10N 时，其摩擦系数增大，原因在于摩擦过程将很快进入玻璃内部形成犁沟，犁削作用明显增强而使其摩擦系数增大；但随着力值的继续增加，其摩擦系数有所下降，因为摩擦过程中局部温度升高，玻璃塑性变形也随之增大[58]。由此可见，该摩擦磨损测试装置扩展了万能材料试验机的适用范围，实现了利用万能材料试验机测试材料摩擦磨损性能的功能。

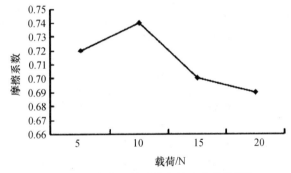

图 6-21　摩擦系数随载荷的变化曲线[58]

该装置以现有的万能材料试验机为工作平台，通过万能材料试验机的压力施加、数据采集处理等完备的技术设施，设计制造一套小型摩擦磨损夹具，能够实现传感检测、旋转运动和往复运动，实现对固体材料进行摩擦磨损测试的功能。其性价比高，是现有技术中摩擦磨损测试设备所无法比拟的。另外，该装置传感检测部分的垂直传感器和水平传感器与万能试验机上的数据采集系统结合，不但可以获取非常精确可靠的测量数据，而且试验中的摩擦系数随时间的变化趋势可由万能试验机的控制软件实时自动记录。该装置结构简单、成本低、装拆方便、测量精确，它与万能材料试验机一起可以完成各种固体材料的力学性能测试，真正实现了"万能"，而不再专门配备其他摩擦磨损试验机。

参考文献

[1] H. Hertz. In Miscellaneous Papers [M]. London U. K：Macmillan，1896.

[2] B. R. Lawn，T. R. Wilshaw. Fracture of Brittle solids [M]. Cambridge U. K：Cambridge University Press，1993.

［3］B. Lawn，R. Wilshaw. Indentation fracture：principles and applications ［J］. Journal of materials science，1975，10
　　（6）：1049-1081.

［4］B. R. Lawn，D. B. Marshall. Hardness，toughness，and brittleness：an indentation analysis ［J］. Journal of the A-
　　merican ceramic society，1979，62 (7-8)：347-350.

［5］D. Tabor. The hardness of metals ［M］. Oxford U. K. ：Oxford university press，2000.

［6］Y. Bao，Z. Jin. Evaluation of impact resistance and brittleness of structural ceramics ［J］. Nuclear engineering and
　　design，1994，150 (2)：323-328.

［7］R. F. Cook，G. M. Pharr. Direct observation and analysis of indentation cracking in glasses and ceramics ［J］. Journal
　　of the American Ceramic Society，1990，73 (4)：787-817.

［8］Y. Bao，Z. Jin. Size Effects and a Mean-Strength Criterion for Ceramics. ［J］. Fatigue & Fracture of Engineering
　　Materials & Structures，1993，16 (8)：829-835.

［9］K. S. Lee，Y. G. Jung，I. M. Peterson，et al. Model for Cyclic Fatigue of Quasi - Plastic Ceramics in Contact with
　　Spheres ［J］. Journal of the American Ceramic Society，2000，83 (9)：2255-2262.

［10］E. Takakura，S. Horibe. Fatigue damage in ceramic materials caused by repeated indentation ［J］. Journal of mate-
　　rials science，1992，27 (22)：6151-6158.

［11］B. Lawn，R. Wilshaw. Indentation fracture：principles and applications ［J］. Journal of materials science，1975，
　　10 (6)：1049-1081.

［12］B. R. Lawn，A. G. Evans，D. B. Marshall. Elastic/plastic indentation damage in ceramics：the median/radial crack
　　system ［J］. Journal of the American Ceramic Society，1980，63 (9 - 10)：574-581.

［13］D. B. Marshall，B. R. Lawn，A. G. Evans. Elastic/plastic indentation damage in ceramics：the lateral crack system
　　［J］. Journal of the American Ceramic Society，1982，65 (11)：561-566.

［14］包亦望，黎晓瑞，金宗哲. 陶瓷材料的冲击弯曲强度 ［J］. 材料研究学报，1993，7 (2)：120-126.

［15］包亦望，陈志城，苏盛彪. 球压法在线评价脆性材料的强度特性和残余应力 ［J］. 无机材料学报，2002，17
　　（4）：833-840.

［16］Y. W. Bao，S. B. Su，J. J. Yang，et al. Nondestructively determining local strength and residual stress of glass by
　　Hertzian indentation ［J］. Acta materialia，2002，50 (18)：4659-4666.

［17］包亦望，陈志城，接触损伤及其对脆性构件无损在线检测的应用 ［J］，建筑材料学报，2000，3.

［18］J. Gong，Y. Bao. Empirical method for the determination of hardness from low-load ball indentation tests for brittle
　　materials ［J］. Journal of materials science，2004，39 (9)：3175-3177.

［19］J. Gong，H. Miao，Z. Zhao，et al. Load-dependence of the measured hardness of Ti (C，N) -based cermets ［J］.
　　Materials Science and Engineering：A，2001，303 (1)：179-186.

［20］J. Gong，Y. Chen，C. Li. Statistical analysis of fracture toughness of soda-lime glass determined by indentation ［J］.
　　Journal of Non-Crystalline Solids，2001，279 (2)：219-223.

［21］M. S. Paterson，T. Wong. Experimental rock deformation-the brittle field ［M］. Berlin，Germany：Springer Sci-
　　ence & Business Media，2005.

［22］S. K. Lee，B. R. Lawn. Contact fatigue in silicon nitride ［J］. Journal of the American Ceramic Society，1999，82
　　（5）：1281-1288.

［23］张泰华，杨业敏. 纳米硬度技术的发展和应用 ［J］. 力学进展，2002，32 (3)：349-364.

［24］杨迪，李福欣. 显微硬度试验 ［M］. 北京：中国计量出版社，1998.

［25］W. C. Oliver，G. M. Pharr. An improved technique for determining hardness and elastic modulus using load and dis-
　　placement sensing indentation experiments ［J］. Journal of materials research，1992，7 (06)：1564-1583.

［26］N. A. Stillwell，D. Tabor. Elastic recovery of conical indentations ［J］. Proceedings of the Physical Society，1961，
　　78 (2)：169-179.

［27］S. I. Bulychev，V. P. Alekhin，M. K. Shorshorov，et al. Determining Young's modulus from the indenter penetra-
　　tion diagram ［J］. Zavod. Lab. ，1975，41 (9)：1137-1140.

［28］J. L. Loubet，J. M. Georges，O. Marchesini，et al. Vickers indentation curves of magnesium oxide (MgO) ［J］.

Journal of tribology，1984，106（1）：43-48.

［29］ M. F. Doemer，W. D. Nix. A method for interpreting the data from depth-sensing indentation instruments ［J］. Journal of Materials research，1986，1（04）：601-609.

［30］ 王秀芳. 水泥物料力学性能评价与小能量破碎理论 ［D］. 北京：中国建筑材料科学研究总院，2011.

［31］ Y. W. Bao，W. Wang，Y. C. Zhou. Investigation of the relationship between elastic modulus and hardness based on depth-sensing indentation measurements ［J］. Acta Materialia，2004，52：5397-5404.

［32］ I. N. Sneddon. The relation between load and penetration in the axisymmetric Boussinesq problem for a punch of arbitrary profile ［J］. International journal of engineering science，1965，3（1）：47-57.

［33］ G. M. Pharr，W. C. Oliver，F. B. Brotzen. On the generality of the relationship among contact stiffness，contact area，and elastic modulus during indentation ［J］. Journal of Materials Research，1992，7（3）：613-617.

［34］ 全国纳米技术标准化技术委员会. GB/T 22458—2008，仪器化纳米压入试验方法通则 ［S］. 北京：中国标准出版社，2008.

［35］ 邱岩. 玻璃及其层合材料表面与界面性能评价技术研究 ［D］. 北京：中国建筑材料科学研究总院，2008.

［36］ Takeshi Sawa，Kohichi Tanaka. Simplified method for analyzing nanoindentation data and evaluating performance of nanoindentation instruments ［J］. Journal of Materials Research，2001，16（11）：3084-3096.

［37］ Martin M，Troyon M. Fundamental relations used in nanoindentation：Critical examination based on experimental measurements ［J］. Journal of Materials Research，2002，17（9）：2227-2234.

［38］ Jianghong Gong，Hezhuo Miao，Zhijian Peng. Analysis of the nanoindentation data measured with a Berkovich indenter for brittle materials：effect of the residual contact stress ［J］. Acta Materialia，2004，52（3）：785-793.

［39］ K. Zeng，E. Söderlund，A. E. Giannakopoulos，D. J. Rowcliffe. Controlled indentation：A general approach to determine mechanical properties of brittle materials ［J］. Acta Materialia，44（3）：1127-1141.

［40］ G. Lewis，J. S. Nyman. The use of nanoindentation for characterizing the properties of mineralized hard tissues：State of the art review ［J］. Journal of Biomedical Materials Research Part B：Applied Biomaterials，2008，87（1）：286-301.

［41］ Yiwang Bao，Lizhong Liu，Yanchun Zhou. Assessing the elastic parameters and energy-dissipation capacity of solid materials：A residual indent may tell all ［J］. Acta Materialia，2005，53：4857-4862.

［42］ A. C. Fischer-Cripps. Nanoindentation. New York（NY）：Spriger-Verlag，2002.

［43］ G. M. Pharr，A. Bolshakov. Understanding nanoindentation unloading curves ［J］. Journal of Materials Research，2002，17（10）：2660-2671.

［44］ J. Woirgard，J. C. Dargenton. An alternative method for penetration depth determination in nanoindentation measurements ［J］. Journal of Materials Research，1997，12（9）：2455-2458.

［45］ W. C. Oliver，G. M. Pharr. Measurement of hardness and elastic modulus by instrumented indentation：Advances in understanding and refinements to methodology ［J］. 2004，19（1）：3-20.

［46］ 李坤明，贾蒟宇，包亦望，孙立，万德田，霍艳丽. 位移敏感压痕技术评价 SiC 硬质膜的力学性能 ［J］. 2010，29（2）：272-277.

［47］ 万德田，包亦望，刘小根，田远. 玻璃材料的弹性模量评价技术和影响因素分析 ［J］. 门窗，2012（8）：31-35.

［48］ Michelle L. Oyen，Robert F. Cook. A practical guide for analysis of nanoindentation data ［J］. Journal of the Mechanical Behavior of Biomedical Materials，2009，2：396-407.

［49］ D. A. Lucca，K. Herrmann，M. J. Klopfstein. Nanoindentation：Measuring methods and applications ［J］. CIRP Annals—Manufacturing Technology，2010，59：803-819.

［50］ 苏盛彪. 预应力陶瓷与层状陶瓷复合材料应力分析与设计 ［D］. 北京：中国建筑材料科学研究院，2002.

［51］ R. W. Davidge. Mechanical behaviour of ceramics ［M］. London，UK：Cambridge University Press，1979.

［52］ Y. W. Bao，Y. F. Han，F. T. Gong. Stress Relaxation and Reliability Evaluation of Soda-Lime Glass ［J］. Acta Metallurgica Sinica（English letters），2009，17（4）：460-464.

［53］ 包亦望，杨建军，邱岩，等. 一种玻璃强度保证试验方法及其在玻璃检测中的应用 ［P］. 中国专利，CN 1558203A，2004-12-29.

[54] 包亦望，李庆阳，邱岩．一种摩擦磨损测试装置［P］．中国专利，CN 100478669C，2009-04-15.

[55] 陈卓君，杨文通．摩擦学试验方法的研究及发展［J］．机械设计与制造，1999（6）：62-63.

[56] 李庆阳．玻璃材料的摩擦磨损性能测试及其装置的研制［D］．哈尔滨：哈尔滨工业大学，2006.

[57] 张辉．硬脆刀具材料的高温摩擦磨损特性及机理研究［D］．山东：山东大学，2011.

[58] 邱岩，包亦望，李庆阳．钠钙硅玻璃摩擦磨损性能研究［J］．国外建材科技，2008，29（6）：49-51.

第7章 陶瓷的界面性能与评价技术

在实际生产和生活中，很多固体结构材料都是通过相互粘结在一起形成具体构件而发挥功能的。这些通过粘结而形成的构件的强度和可靠性、安全性，除了与固体结构材料本身的强度有关外，还与界面的粘结性能有关。对于工程实际中的多数陶瓷粘结构件，如陶瓷—陶瓷、陶瓷—金属等，从很大程度上说，界面性能的好坏可以决定整个零部件或设备的寿命。在服役过程中，由于界面两侧的材料在力学、热学等性能方面上存在着差异，在机械、热等各种载荷的作用下通常会表现出两种材料在应力、应变上的失配，最终会导致界面的失效。可以说，界面结合的良好与否从很大程度上决定着这种材料或构件的服役寿命。

陶瓷材料中的界面包括：①涂层与基体间的界面。②层合陶瓷复合材料的层间界面。③颗粒增强陶瓷基复合材料中颗粒与基体间的界面。④纤维增强陶瓷基复合材料中的纤维与基体间的界面。本章主要讨论前两种界面，即界面面积较大的两种界面。陶瓷与涂层间的界面应力分析详见 4.5 节，层合陶瓷复合材料中界面应力分析详见 5.3 节。此外，本章对界面拉伸强度、剪切强度、界面疲劳与蠕变等界面问题与测试方法进行讨论。

7.1 界面及界面结合力

7.1.1 界面及其力学性能的重要性

界面是基体与增强体或基体与涂层间的结合区域，界面两侧的基体与增强体/涂层的性能具有明显的不连续性，例如二者的密度、弹性模量、热膨胀系数、力学强度、断裂韧性等性能参数均不相同。作为不同部件间力学、热学、电学等性质耦合的界面，连接界面层的质量决定了整个陶瓷构件的服役性能。两种固体材料焊接在一起之后界面结合强度也是考核构件服役可靠性的关键。

陶瓷与其他固体材料之间通过物理或化学的方法相粘结，可以提高材料的抗高温、抗腐蚀、耐磨损等性能。粘结界面拉伸和剪切强度是衡量两种材料结合牢固程度的重要指标。1986 年的"挑战者"号航天飞机刚起飞 73s 就发生解体，机上 7 名机组人员全部遇难。这次灾难性事故导致美国航天飞机飞行计划被冻结了长达 32 个月之久。最终调查发现，原因之一是陶瓷隔热瓦与母体发生界面脱粘后失去隔热能力，导致价值 12 亿美元的航天飞机被炸成碎片。如果能对陶瓷界面力学性能和界面疲劳特性做出准确评价，不仅可以保证构件安全可靠，还能对其失效时间做出预测。

在金属或其他固体材料上通过化学或物理的方法镀上一层高强度、高硬度、抗高温、耐腐蚀、耐磨损的陶瓷涂层，对于现代机械领域包括汽车、航空、航天以及各种高温耐磨器械的性能提高具有重要意义。涂层在面向实际工程应用时必须解决力学性能的评价问题，以便改善工艺，提高其使用寿命。涂层与基体的粘结性能如何，直接决定了涂层的使用安全可靠性。

在表面工程技术领域，陶瓷涂层作为一种结构功能一体化的表面材料已被广泛应用于石油化工、国防军工、航天航空、机械电子等领域，大幅度提高一些重要构件的抗腐蚀、抗磨损、抗高温等性能。而涂层与基体间良好的界面结合力是保证涂层复合构件服役安全性及使用寿命的关键所在。在涂层实际应用过程中，人们最关心的是涂层与基体间的界面结合力，因为没有足够的结合力，其结构功能性也就无从谈起。

7.1.2　界面结合力

涂层与基体通过一定的物理化学作用结合在一起，存在于界面上的结合力随涂层制备工艺的不同而有着较大的区别。这种结合力来自范德华力、静电作用力或者化学键力。涂层制备过程中，由于涂层与基体材料中的分子或原子充分靠近，即它们的距离处理引力场范围内，将会产生化学吸附，形成化学键力；或产生物理吸附，形成静电作用力或范德华力。与静电作用力和范德华力相比，化学键具有较高的键能，所以涂层界面处引入化学键力连接将会大幅度提高涂层的界面结合力。然而在涂层—基体间普遍存在的是分子间的作用力——范德华力，要想使得涂层与基体间产生化学键结合，则应使分子具有足够的能量，即能越过一定的能量势垒，接近到化学键作用的距离；此外，元素间还应要求具有一定的化学活性，原子键也不应饱和。在不同的涂层制备工艺中，通过相应能源提供的能量，使得涂层分子（原子）与基体分子（原子）接近到一定的距离而获得化学键力[1]。其中，当涂层和基体表面出现扩散和合金化（堆焊）时，涂层与基体间可形成以化学键为主的冶金结合带。而喷涂工艺中，由于涂层的熔滴喷到基体表面后很快凝固，在界面间没有足够的时间进行扩散并形成化合物，因而很难形成化学键力结合。

化学溶液沉积过程中，通过溶液中的金属离子与金属基体表面的电化学或化学反应，可形成金属键，获得较高的结合强度。气相沉积技术中，真空蒸镀所涉及的多为物理吸附，其他 PVD 方法由于引入了化学反应、离子轰击、伪扩散、基体表面渗杂质等作用；或 CVD 方法由于气—固界面上的某些化学反应、高温下元素的扩散作用；均可使涂层—基体界面处产生不同程度的化学吸附[1]。某些溶胶凝胶法制备陶瓷涂层时，在凝胶的烧结过程中，会发生涂层与基体的元素扩散，从而在涂层—基体界面处产生一定的化学键力结合。高温自蔓延合成法利用基体与涂覆在基体表面的物质在一定的条件下通过自身反应生成一种新的涂层材料[2]，由于涂层与基体间发生了化学反应，所以涂层与基体间的结合较为牢固。

涂层与基体的实际界面结合力是由实验测得的，它是指单位面积的涂层与基体分离所需的应力，它与理论的分析计算会有较大的差别。因为涂层与基体难以做到完全的接触，在界面处总会存在一定的缺陷，涂层与基体的分离是从这些缺陷开始，而不是界面上的原子或分子同时发生断裂破坏，因而理论计算值只是其结合力的上限值，在实际应用时是很难达到这一极限值的。涂层与基体间界面结合力与涂层材料的润湿性、基体的表面状态、界面元素的扩散、涂层的应力状态等因素密切相关[1]，以下对其影响作用进行相关介绍。

（1）涂层材料的润湿性

表面涂层技术一般都是以涂层在基体表面上的润湿为其结合的前提条件，例如在涂覆前须利用熔融或配制浆料的方法将涂层材料制备成各种液态物质，如果不能在固态基体表面上润湿，也就谈不上与基体的结合。润湿过程的自发进行必须满足液体与固体接触后总体系的自由能降低这一热力学条件。涂层材料润湿性的好坏通常以接触角 θ 的大小进行评价，接触角 θ 计算式如下所示。

$$\cos\theta = \frac{\gamma_{SV} - \gamma_{SL}}{\gamma_{LV}} \tag{7-1}$$

式中　θ——接触角（°）；

　　　γ_{SV}——固/气间界面张力（N/m），即基体材料的表面张力；

　　　γ_{SL}——固/液间界面张力（N/m）；

　　　γ_{LV}——液/气间界面张力（N/m），即液体涂层材料的表面张力。

θ 越小，即 $\cos\theta$ 值越大，涂层与基体间的润湿性越好，反之则润湿性越差。由式（7-1）可以看出，为提高涂层的润湿性，可以减小 γ_{SL} 和 γ_{LV} 的值。当固体表面组成与涂层组成相近时，γ_{SL} 值较小，润湿性能好，但这在实际过程中很难达到。因此改善涂层润湿性的有效方式是降低 γ_{LV} 值，通过向涂层中加入低表面能的成分可降低液体涂层的表面张力，从而提高了涂层与基体间的润湿性[3]。

（2）基体的表面状态

对于所有的表面涂层技术，在制备涂层之前必须有效地清除掉基体表面上的污染物、疏松层等有害物质，尽量增大涂层与基体的有效接触面积，以获得良好的界面结合力。此外，对基体表面进行粗化处理，增大其表面粗糙度，一方面涂层在凹凸不平的基体表面沉积可以产生铆接或嵌接钩连效应；另一方面可增大涂层与基体的接触面积；这样均可使得涂层与基体的界面结合力增强。

（3）界面元素的扩散

元素的扩散是存在于涂层与基体界面间的一种普通运动形式，一些涂层制备工艺主要是利用涂层与基体界面间发生元素扩散而形成新的界面层以获得较高的界面结合强度。例如 CVD 中反应气体、反应产物和基体的相互扩散；离子镀中离子的轰击作用也能起到增强扩散的作用；电镀后进行热处理也会发生基体与镀层中一些组分的相互扩散；这些均对提高涂层/基体界面结合力有着重要贡献。

（4）涂层的应力状态

陶瓷涂层在制备工程中均会经受一定的热历史，使得涂层在镀覆完成后会存在一定的残余应力。涂层内的应力状态是影响涂层/基体界面结合强度的重要因素，无论残余应力是拉应力，还是压应力，都会在界面处产生剪应力；当剪应力大到能够克服涂层与基体间的结合力时，涂层就会发生开裂、翘曲或剥落。

因此提高涂层/基体间的界面结合力就可从上述一个或几个方面入手：①降低液体涂层的表面张力、基体表面洁净化处理，可提高涂层的润湿性；②增大基体表面粗糙度，可改善基体表面状态；③改善涂层制备工艺、引入中间过渡层，可降低涂层制品的残余应力；④采用加热涂层和基体材料、离子辐照、提高涂层形成时的温度以及在膜层形成后进行适当热处理等方法，都会促进原子间的相互扩散，扩散的结果使得涂层和基体之间界面变宽，提高了两者之间的结合强度。

以上介绍是从陶瓷涂层/基体界面的角度出发，而层合陶瓷复合材料中增强层与基体层间的界面可类比与涂层/基体界面，即可将层合陶瓷复合材料中的增强层视为一种特殊涂层。对于层合陶瓷复合材料而言，界面层的力学性能直接影响着复合材料的断裂行为，其界面结合一方面应强到足以传递轴向载荷，具有较高的拉伸强度；另一方面要求界面要弱到足以沿界面处发生横向裂纹及裂纹偏转。较强的界面结合往往导致脆性破坏，即裂纹可在复合材料的任一部位形成，并迅速扩展直至断裂，利用增强层较优的力学性能对基体进行力学性能改善；较弱的界面结合时，裂纹扩展至界面处，会发生偏转、裂纹桥接等效应，这些过程会消耗大量的能量，从而提高了陶瓷基体的断裂韧性，避免了突然的脆性失效。层合陶瓷复合材料的强韧化机制详见 5.3.1 节，而测定层间界面结合力是确定其强韧化机制的前提，对确保层合陶瓷复合材料的优化设计具有重要意义。

7.2　界面结合力的测量方法

从应力的观点出发，涂层与基体的界面结合力应是将单位面积的涂层从基体上剥离时所需要的力值大小，包括界面拉伸强度和界面剪切强度，其单位为 MPa。目前对界面结合力定量测量的方法主要有：拉伸法、弯曲法、双切口剪切法等。

7.2.1　拉伸法

（1）横向拉伸法

横向拉伸法由 Agrawal 和 Raj 提出[4]，其示意图如图 7-1 所示，在平行于涂层/基体界面方向上施加拉伸载荷，并逐渐增大载荷，直至涂层发生开裂，在裂纹达到饱和后（即裂纹的数量不再随着拉伸应变的增加而增加的时候）停止加载。

图 7-1　横向拉伸法示意图

这种方法的理论是基于纤维增强复合材料中的剪滞模型，即涂层所受的任何应力都必须由涂层/基体的界面进行传递。Agrawal 和 Raj 以 Si 薄膜/Cu 基体体系为研究对象[4]，Si 薄膜厚度约为 60nm，在横向拉伸载荷的作用下，脆性 Si 薄膜在垂直于拉伸方向处发生开裂，当裂纹到达饱和之后，涂层与基体的界面剪切强度可由下式进行计：

$$\tau = \frac{\pi \sigma_b h}{\delta_{max}} \tag{7-2}$$

式中　τ——界面剪切强度（MPa）；

σ_b——涂层的断裂强度（MPa）；

h——涂层的厚度（mm）；

δ_{max}——涂层裂纹的最大间距（mm）。

这种横向拉伸法仅适用于测定涂层弹性模量大于基体弹性模量的情况，若涂层的变形能力较基体强时，该方法就不能测得涂层与基体间的界面结合强度。

（2）垂直拉伸法（拉拔法）

垂直拉伸法是利用胶粘剂将涂层表面与一个能够方便加载的拉伸夹具粘结在一块，然后在垂直于涂层/基体界面方向上施加一拉伸载荷，直至涂层与基体发生剥离，如图 7-2 所示。

垂直拉伸法评价涂层/基体的界面结合强度非常简单，即根据涂层与基体界面处断开所对应的载荷除以涂层与基体的接触面积，计算获得的平均拉伸强度即为涂层/基体界面结合的拉伸强度[5]。这种方法的好处在于能够较准确地定量测得界面结合的拉伸强度，但是其能够测量的拉伸结合强度的限值取决于胶粘剂的粘结强度，因为粘结剂的粘结强度小于涂层与基体间的界面拉伸强度时，就会导致破坏在胶粘剂处发生，而导致实验失败，无法测得涂层与基体间的界面拉伸强度。该方法须对拉伸夹具进行夹持设计，以满足拉伸加载要求。另外，该方法必须保证加载轴心与试样平面的中心点在同一条直线上，否则会在涂层/基体界面处引入剪力的作用，造成涂层与基体间的撕裂破坏，而不是拉伸破坏。

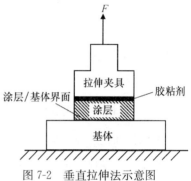

图 7-2　垂直拉伸法示意图

另外，对于较薄的涂层或薄膜，也可以用拉拔法。即用一个平头小钉子，顶头的圆半径已知，并垂直于钉子，用高强胶将钉子的顶头粘接在涂层表面，然后用拉拔仪器夹住钉子往上拔，直到将涂层从基体上脱离。这种方法一个问题就是涂层与基体之间脱开的面积并非正好与钉头面积相同，而是远大于钉头的面积，因为周围的涂层都被牵连撕开了。因此最好是在钉子粘结固定之后，用工具将钉头周围划刻出一圈细槽，且细槽深度不小于涂层的厚度，以免周围的涂层受到牵连拉拔。

7.2.2　弯曲法

弯曲法也被广泛地应用于涂层/基体界面结合强度的测量，较为常用的是悬臂梁弯曲法、三点弯曲法和四点弯曲法。悬臂梁弯曲法的原理如图 7-3 所示，该方法需结合声发射技术对涂层/基体界面结合强度进行测量[6]。该方法在加载时，加载端的压头易发生滑动，从而产生强烈的声发射信号，这种信号很容易被误认为是界面开裂的信号，直接影响着测试结果的准确性。另外，这种方法适用于较厚涂层，对于太薄的涂层，基体本身的自重就可能会导致涂层无法承受而发生屈服或脆裂。

长短棒平行粘结后三点弯曲法，也称长短层合弯曲法[7,8]，测试界面粘结强度如图 7-4a 所示，作为长棒的弯曲梁必须是延性的金属材料，不能是脆性的陶瓷材料，且该方法测量界面拉伸强度时，界面破坏表现为撕开，计算时采用经验公式，而无解析计算式。四点弯曲法在我国广泛用于测试横截面对接的弯曲试样，如

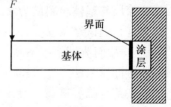

图 7-3　悬臂梁弯曲法示意图

图 7-4b 所示，但断裂常常不是发生在界面处，试验成功率较低。此外，这些方法测得的均是弯曲强度，无法测得界面拉伸强度和剪切强度，不能用于单轴拉伸状态下界面结合力的测定[9]。

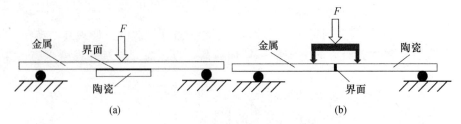

图 7-4　弯曲法测量界面结合强度

(a) 三点弯曲法示意图；(b) 四点弯曲法示意图

7.2.3　双切口剪切法

双切口剪切法广泛应用于层合板层间剪切强度的评价[10,11]，如图 7-5 所示，也可推广应用于涂层/基体界面剪切强度的测量。利用该方法可测得界面剪切强度，但是试样制备较麻烦，试验的影响因素也较多，且当界面强度较高时，断口大多沿切口尖端 45°角开裂。采用双切口剪切法测量界面剪切强度时，需要在试验片两侧设置挡片用以控制和减小弯曲。当侧挡片压力较小时，弯曲力矩的影响难以消除；而当侧挡片压力较大时，又增加了试验片与侧挡片间的摩擦，使得界面剪切强度的测试结果偏大；并且试验须保证夹具与剪切面保持中心对齐，界面一定要在中轴线上，而这存在一定的操作难度，试验员试验时不可避免地将产生测试误差。

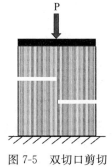

图 7-5　双切口剪切法示意图

7.2.4　其他方法

划痕法和压入法也被广泛地应用于涂层/基体界面结合强度的测量。划痕法是一种半定量评价硬质涂层/基体界面结合性能的方法，它是将一具有很小曲率半径、圆锥形端头的金刚石类硬质材料压头，立在涂层表面，然后施加一定的法向力并使压头沿涂层表面方向进行滑刻，直至涂层发生剥离[12]，以涂层从基体上剥落时的临界载荷 L_c 作为涂层/基体界面结合强度的度量。但是这种评价方法并不是十分的科学，因为临界载荷是力的概念（单位是 N），而不是反映强度的应力指标概念（单位是 MPa）；且临界载荷值的大小不能反映涂层与基体材料的力学、几何参数对其的影响，故而只能部分地反映了涂层的界面结合强度；测试结果易受许多外部因素的影响，例如加载速度、划痕速度、压头磨损情况等[13]，故而测试精度不高。压入法有多种，常见的有：涂层表面压入法、界面压入法、基体侧面压入法[14]。表面压入法是利用压头压入涂层表面（图 7-6a），根据涂层开裂时的加载载荷（临界载荷）及建立的有限元模型，可计算得临界载荷下的界面应力场；该方法仅适用于弱结合界面，且测试精度取决于所建立的有限元模型与实际实验情况的接近程度。界面压入法是将压头直接压在涂层与基体的界面结合处（图 7-6b），从而使界面开裂，以界面开裂的临界载荷表征界面结合强度[15]；该方法仅适用于较厚的涂层，且测试对象为脆性涂层时，会发生涂层已开裂，而界面未开裂的现象，此时该方法就不再适用。基体侧面压入法是把压头置于试样侧面且离界面一定距离的基体上进行加载（图 7-6c），通过侧向力作用使得涂层开裂[16]；该方法仅适用于弱结合面的脆性涂层/脆性基体材料体系，而对于塑性基体材料在压入过程中由于存在一定的塑性变形，而使得计算过程变得非常复杂。

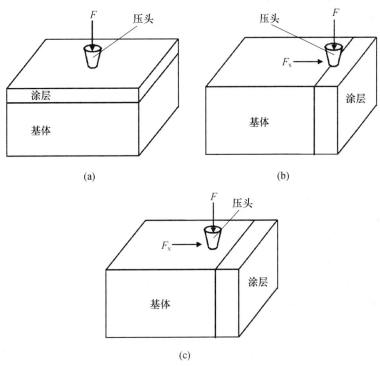

图 7-6　压入法测量界面结合强度

（a）表面压入法示意图；（b）界面压入法示意图；（c）基体侧面压入法示意图

此外，还有胶带法、激光层裂法、鼓泡法、刮剥法、超声波测试法等，这些方法由于存在许多限制，因而其实际应用并不是十分广泛，且适用范围非常有限。关于界面结合强度的测试方法虽然有很多种，但是这些方法有各自的适用范围，且不同方法测得的界面结合强度值间无可比性，无法解决界面结合强度定量测量准确性的问题。

7.3　十字交叉法测量界面拉伸强度和剪切强度

基于上述多种界面结合强度测量方法所存在的问题，一种测量的涂层/基体界面结合强度的新方法——十字交叉法[17,18]于 2002 年被提出，该方法能同时测得陶瓷/金属与涂层的界面拉伸强度和剪切强度，且可将层合陶瓷复合材料中的增强层类比为涂层，利用十字交叉法可测得增强层与基体层间的界面拉伸强度和剪切强度。

7.3.1　十字交叉法介绍

十字交叉法可通过一个简单的单向压缩载荷，在两种或同种固体材料的十字粘结试样的粘结面上产生均匀的拉伸应力或剪切应力，通过开裂时的应力确定界面拉伸强度或剪切强度。如图 7-7a 所示，对于界面拉伸强度测试，试样通过压缩载荷在界面处产生单轴拉伸应力；如图 7-7b 所示，对于界面剪切强度测试，压缩载荷作用在垂直条状试样上从而在界面上产生剪切应力。试验以某一恒定的速率加载（通常选用 0.5mm/min），采用界面开裂破坏时对应的载荷值和粘结面积计算拉伸和剪切强度[19,20]。

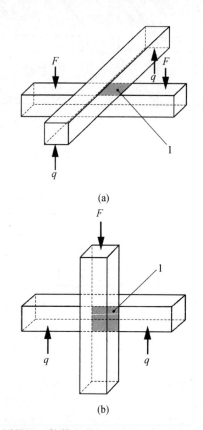

图 7-7　测量界面拉伸和剪切强度的十字交叉试样示意图

（a）界面拉伸强度试验中十字交叉试样负载、粘结面和支撑面示意图

（b）界面剪切强度试验中十字交叉试样负载、粘结面和支撑面示意图

（1：粘结面；F：加载载荷；q：支撑面反作用力）

采用十字交叉法测试涂层界面结合强度时，须将待测试样（涂层/基体复合体）和对接试样（不锈钢条，与待测试样具有相同的横截面积）裁切成矩形或正方形截面的条状试样，利用高强胶以十字交叉方式进行粘结。将含涂层的矩形截面棒在涂层面上，用金刚石锯片沿着垂直棒长度方向切割两条平行的细槽，深度达到涂层的厚度，两条槽之间的宽度等于棒的宽度，形成中间含涂层的十字交叉样品。界面拉伸强度测试如图 7-8a 所示，将粘结试样中的一根水平悬挂于专用的带槽夹具中，在其表面设置带圆弧形压头的加载夹

具；另一根对接试样横跨夹具边，使其被夹具两边托住；通过对夹具进行加载，以施力于水平悬吊在夹具槽中的一根试样，利用万能试验机进行压缩试验，使得界面处产生拉伸应力[18]；但是这种实验结果可能发生三种，若破坏处发生于涂层与基体的界面处，即测得界面拉伸粘结强度；若破坏发生在高强胶的界面，计算只是反映了胶的粘结强度，但是也说明了涂层的结合强度高于此强度；第三种情况可能是破坏发生在涂层材料内部，这对于涂层材料强度较差的情况可能发生。测量界面拉伸强度时，应确保十字交叉试样在放入夹具中无任何摩擦；加载夹具的底面粘结一块软胶带，保证压头和试样之间的均匀接触，压头宽度应与试样宽度相同，且压头下表面应与粘结面平行。以 0.5mm/min 加载至界面断开，记录断裂时的最大载荷，则界面拉伸强度可由下式进行计算。

$$\sigma_t = \frac{P_c}{A_1} \tag{7-3}$$

式中 σ_t——界面拉伸粘结强度（MPa）；

P_c——断裂载荷（N）；

A_1——拉伸试样中的粘接面积（mm²）。

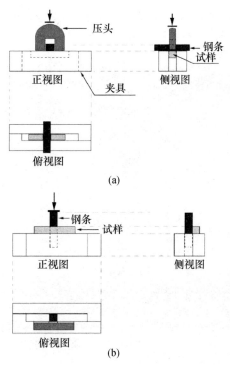

图 7-8 十字交叉法测试界面拉伸强度和剪切强度的示意图[17]
(a) 界面拉伸强度；(b) 界面剪切强度

界面剪切强度如图 7-8b 所示，将所制备的十字交叉试样中的一条对接试样竖直插入所设计的夹具槽中，另一条待测试样则被夹具的一边托住，施力于竖插入夹具的一根试样，让其受压使其粘结界面处产生剪应力，从而可以测试涂层/基体界面开裂时的剪切强度。将试样摆放在夹具中间，在上压头底部固定一块软胶带，保证压头与试样之间的均匀接触。也可以将竖立的对接短棒上端研磨或切割成斜坡面，对应粘接界面的一端稍高，从而可使压头向下运动时首先接触该处，避免弯曲载荷的出现。以某一速率施加载荷直至界面断开，记录断裂时的最大载荷值，则可利用下式计算出界面剪切强度。

$$\tau = \frac{P'_c}{A_2} \tag{7-4}$$

式中　τ——界面剪切强度（MPa）；

　　　P'_c——涂层与基体分离的临界载荷（N）；

　　　A_2——为剪切强度测试时的粘结面积（mm²）。

采用十字交叉法也可测得高温界面拉伸粘结强度和剪切强度，须采用耐高温的碳化硅压头和夹具[8]，同时粘结剂应选用耐高温的无机胶，测试试验如图 7-9 所示，且该技术已被国际标准化组织精细陶瓷委员会（ISO/TC 206）制定为国际标准 ISO 17095[21]。表 7-1 为 1200℃空气中氧化 2h 后获得的 Ti_3SiC_2-Al_2O_3 十字交叉粘结试样在不同试验温度下的界面拉伸粘结强度及剪切强度的测试结果[22]。1200℃空气中氧化 2h 的目的是使得 Ti_3SiC_2 和 Al_2O_3 相互产生氧化和扩散粘结。由表 7-1 可得，随着试验温度的升高，Ti_3SiC_2-Al_2O_3 界面拉伸粘结强度和剪切强度都迅速下降。

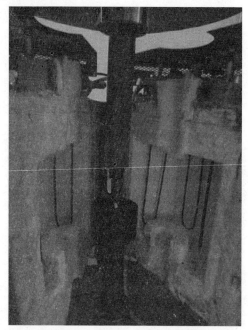

图 7-9　高温界面结合强度试验

表 7-1　Ti_3SiC_2-Al_2O_3 粘结试样在不同温度下的界面拉伸粘结强度和剪切强度[22]

试验温度/℃	界面拉伸粘结强度/MPa	界面剪切强度/MPa
室温	19.7±3.3	44.2±5.8
500	14.8±4.8	33.7±7.5
800	11.2±3.9	24.3±8.1

7.3.2　十字交叉法评价陶瓷涂层的界面结合强度[23,24]

采用十字交叉法可对硅基/DLC 类金刚石涂层界面结合强度进行测试，该涂层基体厚度为 4mm，DLC 涂层的厚度为（20±2）μm。先将待测陶瓷涂层样品切割成 4mm×4mm×20mm 的长条，同时需要加工同样大小的不锈钢条，涂层切割出两条凹沟，凹沟深度应大于或等于涂层厚度，如图 7-10 所示。然后把涂层面与不锈钢条用 502 胶、AB 胶、Weicon胶等胶粘剂粘结，待测涂层样品示意图如图 7-11 所示。

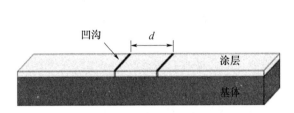

图 7-10　划刻两条凹沟的　　　　　　图 7-11　硅基/DLC 涂层试样与
膜基体系示意图　　　　　　　　　　　不锈钢粘结示意图

将粘结样品固化至少 24h，待涂层面与不锈钢条完全粘结牢固后就可以测试膜基界面拉伸强度和剪切强度。十字交叉试验在 TDS-1 型多功能台式材料性能试验仪上进行，加载速率为 0.3mm/min，直到 DLC 涂层与硅基分离，停止加载，记录其载荷-位移/载荷-时间曲线。

图 7-12 为典型的利用十字交叉法测试硅基/DLC 涂层界面结合强度的拉伸和剪切加载曲线。由图 7-12 可以看出：剪切方式使涂层与基体分离的临界载荷大约是拉伸方式使涂层与基体分离的临界载荷的 2.3 倍左右，但是达到临界载荷所用的时间相差不大，因为剪切方式加载时，载荷随时间增加较快，说明该涂层具有良好的抗剪切性能。

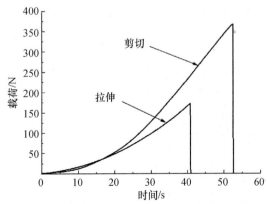

图 7-12　典型的拉伸与剪切粘结强度试验加载曲线

根据式（7-3）和式（7-4）计算得知，硅基/DLC 涂层界面拉伸和剪切强度分别为（8.9±2.7）MPa 和（20.1±2.6）MPa。剪切强度约为拉伸强度的 2.3 倍，说明该硬质涂层抗剪切能力比较强。图 7-13 是拉伸与剪切试验后样品与不锈钢条的断面形貌，从涂层与基体分离的形貌可知，拉伸分离后界面的均匀性更好，剪切时，受力方向与界面平行，受基体的牵制更大，可能会出现分离后界面的不均匀性。

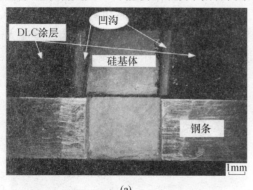
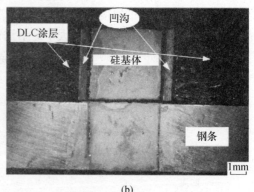

(a)　　　　　　　　　　　　　(b)

图 7-13　拉伸与剪切试验后样品与不锈钢条的断面形貌

（a）拉伸试验后样品与不锈钢条的断面形貌；（b）剪切试验后样品与不锈钢条的断面形貌

7.3.3　改进十字交叉法评价涂层界面剪切强度

对于十字交叉法而言，在评价陶瓷涂层界面剪切强度时存在一个问题，即利用图 7-7b 的加载方式进行剪切试验时，对竖直条状试样进行加载，载荷分布于竖直条状试样的端面上，使得基体/涂层界面处在受到剪应力作用的同时也会受到弯矩的作用（图 7-14a），也即无法保证所测试截面受到的单一剪切应力，故需对十字交叉法进行改进[25]，以提高界面剪切强度的测试准确性。

对于十字交叉法而言，在进行剪切试验时，由于对接样品顶部受到均布力作用，导致在界面上会产生一个弯矩，如图 7-14a 所示。该弯矩的产生会导致界面在进行剪切强度测试时发生撕裂，导致测得的结果偏小。对于改进十字交叉法而言，由于在样品的顶端打磨出一个斜面，使得样品顶部受到集中于边缘的力作用，如图 7-14b 所示。该改进使得界面不再受到弯矩，提高了十字交叉法评价界面结合强度的准确性。

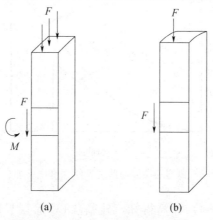

(a)　　　　　　(b)

图 7-14　十字交叉法与改进十字交叉法剪切试验界面应力对比

（a）十字交叉法界面应力分析；（b）改进十字交叉法界面应力分析

针对十字交叉法中存在的问题，提出了一种改进的十字交叉试件（图 7-15），采用该试件可以准确测得陶瓷涂层与基体界面之间的拉伸和剪切粘结强度。将需测试材料加工成一面是涂层的正方形或矩形截面的短棒，并加工尺寸相同的不锈钢条，且不锈钢条的一端为斜面，斜端面与不锈钢条长度方向的粘结面之间的夹角 α 为一锐角，且 $\alpha \geqslant 85°$；在涂层/基体试样长度方向的一面（粘结面）加工两个垂直于长度的凹沟，凹沟深度大于等于涂层厚度，两条凹沟间距与不锈钢条宽度一致；在不锈钢条长度方向的粘结面中央加工一个宽度与样品宽度相等的浅槽，浅槽的深度不得大于涂层的厚度。不锈钢条的一端做成粘结面为最高的斜面，十字交叉试样在测试界面剪切强度时，不锈钢条有斜面的一端向上；万能试验机加载夹具直接作用于斜端面顶线位置，从而避免了在涂层/基体界面处弯矩的产生。

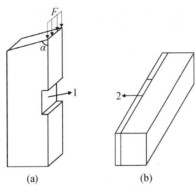

图 7-15　改进十字交叉法试件示意图
（a）不锈钢条；（b）涂层/基体试样
1—浅槽；2—凹沟

对于十字交叉法而言，当界面结合强度大于胶粘剂的结合强度时，破坏将发生在粘结面上，导致无法准确定量评价界面结合强度，只能进行定性评价。而对于改进十字交叉法而言，设计粘结面上有凹槽的不锈钢条，可以保证测试界面剪切粘结强度时，破坏发生在涂层与基体界面上，而不发生在高强胶的粘结面上，从而确保测得的强度为涂层与基体的界面结合强度。

7.4　界面疲劳与界面蠕变

界面疲劳与蠕变是陶瓷复合材料极为重要的力学性能之一。通常而言，造成陶瓷材料界面失效主要有两种表现形式：(1) 外界施加的作用力超过了陶瓷材料界面拉伸结合强度或界面剪切结合强度，导致界面脱粘失效；(2) 虽然外界作用力小于陶瓷材料界面拉伸粘结强度或界面剪切结合强度，但由于长时间的作用力或循环载荷作用也会导致界面疲劳失效，即疲劳特性。故而，准确评价陶瓷材料界面疲劳性能，对于陶瓷材料结构件的安全和可靠性设计以及材料优化都是至关重要的，当陶瓷材料作为结构件设计使用时，需要准确评价室温下陶瓷材料界面疲劳性能。

针对目前陶瓷材料界面结合强度测试方法存在的问题，如 7.3 节所述，陶瓷材料界面疲劳与蠕变性能亦采用十字交叉法进行测试：将待测样品制备成十字交叉样品，如图 7-7 所示。将十字交叉样品采用两种方式放置于固定的夹具中，分别用于拉伸界面疲劳强度与剪切界面疲劳强度的测试，如图 7-8 所示。

在室温条件下，十字交叉样品以恒定的频率或者固定振幅在两个恒定应力水平下循环，此时在试样表面会产生拉伸/拉伸或者剪切/剪切应力。典型的循环载荷波形图在图 7-16 中显示。将十字交叉试样以两种不同放置方式固定好后再施加压缩/压缩疲劳载荷，可以分别测定界面拉伸/拉伸和剪切/剪切疲劳性能。记录总循环数并测定寿命持续时间或者剩余界面粘结强度。

图 7-16 是典型的循环载荷波形图，图中：σ_{max} 是疲劳循环过程中的最大应力；σ_{min} 是疲劳循环过程中的最小应力；σ_m 是疲劳循环过程中的平均应力，且 $\sigma_m = (\sigma_{max} + \sigma_{min})/2$；$t$ 为测试时间。循环过程中施加的最小力值一般取 2～5N，最大力值一般取极限承载力的 70%～90%。

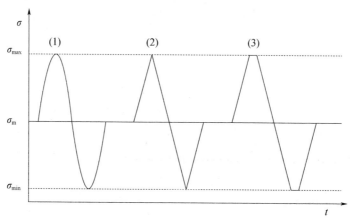

图 7-16　三种典型的循环载荷波形图
(1) 正弦波；(2) 三角波；(3) 梯形波

测量界面拉伸疲劳性能时，如图 7-8a 所示在夹具中摆放试样，保证十字交叉试样在放入夹具中无任何摩擦。压头下表面粘接一块软胶带，保证压头和试样之间的均匀接触。压头宽度必须与试样宽度相同，压头应与下面的试样平行，在规定的频率下应用测试力并记录循环次数。具体测量步骤为：①将力值传感器归零；②设置最大循环数 N；③设置最小应力值和最大应力值；④设置频率和波形；⑤在载荷控制模式下开始疲劳测试；⑥记录循环数 N 或者十字交叉试样发生界面拉伸破坏时的循环次数 N_f。

测量界面剪切疲劳性能时，在如图 7-8b 所示的夹具中摆放试样。建议在夹具的上表面固定一块软胶带接近于界面，从而避免产生弯矩，同时也能保证压头和试样之间的均匀接触。在规定的频率下应用测试力并记录循环总数，具体测量步骤与上述测量界面拉伸疲劳性能的步骤相同。

测试结果以失效时间和参与性能两种形式进行表征。测得十字交叉试件发生界面拉伸/剪切破坏时的循环次数 N_f，由式（7-5）即可计算出材料的使用寿命或界面的失效时间：

$$t_f = N_f / (f \times 3600) \tag{7-5}$$

式中　t_f——达到破坏时的时间（h）；

　　　N_f——达到破坏时的总循环次数；

　　　f——疲劳循环的频率（Hz）。

如果试样在所设置的最大循环次数 N 结束后，仍未发生界面破坏，将依照 7.3 节所介绍的方法来测试残余界面拉伸或者剪切强度。

陶瓷涂层/基体界面的蠕变性能也是影响涂层使用寿命和服役安全性的重要因素。涂层与基体的界面处是材料的薄弱部位，在热/力耦合作用下，界面处会产生蠕变损伤，随着时间的增加，蠕变损伤积累到一定的量后会形成晶界蠕变孔洞，孔洞经过扩展、连接而汇聚成裂纹，最后导致涂层快速失稳、开裂破坏，涂层的服役寿命受蠕变孔洞形核和孔洞扩展的控制。可利用十字交叉试件及碳化硅高温夹具对涂层/基体的界面进行蠕变性能测试，获得变形-时间曲线，由此可对涂层的界面蠕变性能进行评价。但是当界面层尺寸（厚度）较小时，很难精确测得其拉伸应变或切应变，所以利用十字交叉法难以获得其蠕变性能，特别是高温蠕变性能。界面强度和界面疲劳对于一些涂层与金属焊接的构件和陶瓷涂层材料的安全使用以及耐久性，特别是对于航空航天器件以及高温机械等领域的先进材料与结构设计，具有很重要的现实意义。

参考文献

[1] 苏修梁，张欣宇. 表面涂层与基体间的界面结合强度及其测定 [J]. 电镀与环保，2004，24（2）：6-11.

[2] 穆柏春，刘秉余. 金属表面化学反应陶瓷涂层的研究 [J]. 硅酸盐通报，1997，16（6）：19-22.

[3] 黄镇东，陶杰，汪涛. 搪瓷涂层对 316L 不锈钢表面润湿性的研究 [J]. 功能材料，2007，38（A04）：1666-1668.

[4] Agrawal D C，Raj R. Measurement of the ultimate shear strength of a metal-ceramic interface [J]. Acta Metallurgica，1989，37（4）：1265-1270.

[5] 杨班权，陈光南，张坤，等. 涂层/基体材料界面结合强度测量方法的现状与展望 [J]. 力学进展，2007，37（1）：67-79.

[6] Zhang H，Li D Y. Determination of interfacial bonding strength using a cantilever bending method with in situ monitoring acoustic emission [J]. Surface and Coatings Technology，2002，155（2）：190-194.

[7] The International Organization for Standardization. ISO9693：Dental ceramic fused to metal restorative materials，2005.

[8] 包亦望，万德田. 结构陶瓷特殊条件下力学性能评价的新技术与技巧 [J]. 科学通报，2015，60（3）：246-256.

[9] 包亦望. 陶瓷及玻璃力学性能评价的一些非常规技术 [J]. 硅酸盐学报，2007，35（S1）：117-124.

[10] Morrell R. Mechanical test methods for ceramic matrix composites [J]. British ceramic transactions，1995，94（1）：1-9.

[11] Y. Shindo，R. Wang，K. Horiguchi，et al. Theoretical and Experimental Evaluation of Double-Notch Shear Strength of G-10CR Glass-Cloth/Epoxy Laminates at Cryogenic Temperatures [J]. Journal of Engineering Materials and Technology，1999，121（3）：367-373.

[12] Richard P，Thomas J，Landolt D，et al. Combination of scratch-test and acoustic microscopy imaging for the study of coating adhesion [J]. Surface and Coatings Technology，1997，91（1）：83-90.

[13] 马峰. 膜基界面结合强度表征和评价 [J]. 表面技术，2001，30（5）：15-19.

[14] 宋亚南，徐滨士，王海斗，等. 喷涂层结合强度测量方法的研究现状 [J]. 工程与试验，2011，51（4）：1-8.

[15] Chicot D，Araujo P，Horny N，et al. Application of the interfacial indentation test for adhesion toughness determination [J]. Surface and Coatings Technology，2005，200（1）：174-177.

[16] Sanchez J M，El-Mansy S，Sun B，et al. Cross-sectional nanoindentation：a new technique for thin film interfacial

adhesion characterization [J] . Acta materialia，1999，47 (17)：4405-4413.

[17] Bao Y，Zhang H，Zhou Y. A simple method for measuring tensile and shear bond strength of ceramic-ceramic and metal-ceramic joining [J] . Materials Research Innovations，2002，6 (5-6)：277-280.

[18] 包亦望，周延春 . 一种测试固体材料的粘结强度的方法 [P] . 中国，ZL02158874.0，2006-09-27.

[19] 全国工业陶瓷标准化技术委员会 . GB/T 31541—2015. 精细陶瓷界面拉伸和剪切粘结强度试验方法十字交叉法 [S]，2015.

[20] ISO 13124：2011 (E) . Fine ceramics (advanced ceramics，advanced technical ceramics) -Test method for interfacial bond strength of ceramic materials [S]，2011.

[21] ISO 17095：2013 (E) . Fine ceramics (advanced ceramics，advanced technical ceramics) -Test method for interfacial bond strength of ceramic materials at elevated temperatures [S]，2013.

[22] Wan D T，Bao Y W，Liu X G，et al. Evaluation of high temperature interfacial bonding strength of Ti3SiC2-Al2O3 joint in air [J] . Key Engineering Materials，2013，544：321-325.

[23] 李坤明 . 陶瓷薄膜（涂层）材料力学性能评价技术研究 [D] . 北京：中国建筑材料科学研究总院，2010.

[24] 李坤明，包亦望，万德田，等 . 压痕法与十字交叉法评价类金刚石硬质涂层的界面结合强度 [J] . 硅酸盐学报. 2010，38 (1)：119-125.

[25] 包亦望，马德隆，万德田 . 涂层界面结合强度测试件 [P] . 中国，CN205483844U，2016-08-17.

第8章 高温及超高温极端环境下的力学性能与测试技术

极端环境，是由美国 NASA 空间探测计划提出的一个概念。为了完成空间探测任务，其面临的最大挑战之一就是了解所遭遇的极端环境及其对航天器的影响。所谓极端环境，其范围包括[1]：

(1) 进入大气时的热流超过 $1kW/cm^2$；

(2) 辐射总剂量超过 300krad；

(3) 速度超过 20km/s；

(4) 加速度超过 100g；

(5) 低温低于 $-55℃$；

(6) 高温超过 $+125℃$；

(7) 压力超过 $2×10^6Pa$；

(8) 粉尘环境；

(9) 酸化学腐蚀环境。

上述的极端温度环境主要是指航天器在太空真空中飞行，由于没有空气传热和散热，受阳光直接照射的一面，可产生高达 100℃ 以上的高温[2]；而背阴的一面，温度则可低至 $-100～-200℃$。然而航天器在升空或重返大气层时会产生气动加热现象，特别是重返大气层再入过程中的气动加热。相关研究已表明，航天器以 $Ma=8$ 的速度在 27km 高度飞行时头锥处的温度为 1793℃，机翼或者尾翼前缘的温度高达 1455℃[3]；而航天器在再入大气层时更是要承受至少 15min，温度高达 2000K 的恶劣环境考验[4]。

应对极端环境技术的内容包括：通过飞行探测、地面观测、地面模拟试验、理论分析和数值仿真等研究极端环境及其环境效应；通过环境隔离技术、暴露材料及组件的环境耐受性技术设计、环境隔离与环境耐受性组合技术进行航天航空器材的防护[1]。为确保航天器运行安全性，必须对航空航天用材料进行模拟极端环境下的性能测试表征，以选择合理的材料及构件复合形式。

随着超音速飞机、导弹、火箭、宇宙飞船和航天飞机等飞行器的迅速发展，对结构材料的性能提出更为苛刻的要求，除了要求其具有良好的模量、强度和刚度、抗氧化性、耐磨性、耐腐蚀性等，还要能在各种高温（1000～1500℃）和超高温（1600℃以上）等复杂极端环境下一次或多次重复使用。特别是对飞行器的喷嘴、燃烧室内衬、前椎体、尾喷管、喷气式发动机叶片等使用的材料要求就更高，如喷气式发动机推进剂药柱燃烧时会产生 3000℃ 以上的超高温，6MPa 的高压，瞬时产生 2500℃ 的温差热冲击。这就要求相关材料具有良好的高温强度、高温韧性和抗热冲击性能以及高温氧化阻力。在这些场合下，一般金属材料是望尘莫及的，只有具有高模量、高熔点、高硬度的陶瓷或陶瓷基复合材料才能胜任。

超高温陶瓷和超高温纤维复合材料统称为超高温材料（Ultra-High Temperature Materials，UHTMs），是指在超过 2000℃ 以上有氧气氛等苛刻环境条件下仍能够正常使用的特殊材料[5]。超高温材料所具有的高温强度和高温抗氧化性使得它们能够胜任于各种极端环境下，包括超音速导弹、火箭、航天飞机和宇宙飞船在大气飞行时的高热高摩擦等恶劣环境，单次服役时间一般不超过 30min。常见的超高温材料可分为两大类，一类是以硼化物、氮化物、碳化物及其相互组合而成的复合材料为代表的超高温陶瓷[6]，另一类是以纤维编织体或连续纤维增韧的碳基复合材料[7]。通常航空航天用超高温材料的选用需要非常慎重，尤其制成飞行器价值不菲，动辄几千万或上亿元，如果因选材不当造成火箭爆炸、飞机坠毁等发射失败现象，物毁人亡，其损失无法估量。

实际上，对于超高温部件的结构设计和可靠性评价，如果不知道材料在超高温极端服役环境下的弹性模量、强度和短期蠕变行为等基本力学性能指标，则很难保障产品的质量和安全性，甚至会影响到飞行器的运动轨道精度和寿命。由此可见，超高温力学性能评价对于超高温结构设计和安全可靠性是至关重要的，有必要在设计之前了解和测试材料的性能。因此，寻求在超高温力学性能分析评价方法和技术研发是世界各国在高技术材料研究领域的重要攻关课题。对于陶瓷力学性能的测试，过去大都只能测到 1500℃，高于这个温度水平由于炉子、传感器和夹具等受到温度限制无法测试。因此，常规的高温性能评价可以将 1500℃ 作为上限，高于该温度上限基本上属于难以测试的温度范围，所以可以将材料的力学性能测试环境在高于 1500℃ 以上都称为超高温力学性能测试。

8.1　高温弹性模量的评价

陶瓷材料的弹性模量反映了其抵抗变形的能力，是描述构件刚度性能的重要参数。为了保证陶瓷材料在高温环境下的服役安全性，同时为高温部件的结构设计及可靠性评价提供计算数据，通常需要对陶瓷材料的高温弹性性能进行测试评价，中国建筑材料科学研究总院对此展开了一系列研究工作，不断完善脆性材料的高温弹性性能评价技术。

目前，研究人员已开发出多种评价室温及高温弹性模量的方法，如应力—应变法[8]、挠度法[9]、压痕法[10]、共振激励法[11]、超声波法[12]等。然而在高温及超高温的极端环境下，现有的变形监测系统（如高温引伸计和非接触式应变仪等）及脉冲信号采集器等大多无法正常工作。一般说来，1500℃ 下，测量脆性材料高温弹性模量的传统方法主要有静态法和动态法[13-17]。针对静态法，提出了将相对法与三点弯曲或压缩法结合，进而可表征陶瓷材料的高温弯曲模量及高温压缩模量；针对动态法，提出了脉冲激励法，并建立了相关国家标准和国际标准。

8.1.1　相对法评价高温弹性模量

陶瓷材料在许多领域都是十分有潜力的耐高温结构材料，故评价与表征其在高温下的弹性模量及变形恢复等力学性能对于结构陶瓷的实际应用和安全设计具有十分重要的意义。在室温下可以通过直接法（应力—应变法）或间接法（脉冲激励法、超声波法）评价陶瓷的弹性模量，但这些测试技术由于设备的环境限制等原因无法在高温环境下应用或测试精度有所下降。如果可以获得室温弹性模量与高温弹性模量之间的相对关系，那么通过测试室温弹性模量就可以得到高温下的弹性模量。

由于弹性模量是由应力与应变的比值而定义的，因此通过测量材料的应力—应变关系则是一种十分简便且直接获得弹性模量的方法[18]。在弹性范围内，室温下的弹性模量可由三点弯曲法计算得到。

$$E = \frac{L^3}{4000BH^3} \times \frac{\Delta P}{\Delta d} \tag{8-1}$$

式中　E——弹性模量（GPa）；

$\quad\quad L$——跨距（mm）；

$\quad\quad B$——试样的宽度（mm）；

$\quad\quad H$——试样的厚度（mm）；

$\quad\quad \Delta P$——载荷增量（N）；

$\quad\quad \Delta d$——相应载荷下试样的挠度增量（mm）。

室温下通常可利用电感量仪测得其挠度变形，从而计算可得弹性模量。

对试件在室温与高温下分别进行加载—卸载实验来研究其在不同温度下的刚度变化（由于首次加载可能存在的接触间隙等系统误差，故首次加载—卸载曲线不建议用于分析）。在固定的加载速率下，载荷—时间曲线的斜率就反映了待测试件的刚度。由于试件的几何尺寸都为常数，故其斜率随测试温度的变化就可以等价为弹性模量的变化。基于式（8-1），弹性模量又可以表达为 $E = g(\Delta P/\Delta d)$，这里 g 为常数。因此，高温弹性模量 E_{HT} 与室温弹性模量 E_{RT} 的比值就可以近似等效于对应温度下加载斜率的比值。图 8-1 展示了加载时间 S、ΔP、Δd 之间在室温和高温下的关系，其中载荷增量 ΔP 在两个温度下是相同的而挠度增量 Δd 则与 S 成正比例。因此，斜率的比值可由加载时间的比值 S_{load} 来表示

$$\frac{E_{RT}}{E_{HT}} = \frac{\Delta P}{S_{RT}} \Big/ \frac{\Delta P}{S_{HT}} = \frac{S_{HT}}{S_{RT}} \tag{8-2}$$

式中，S_{RT} 和 S_{HT} 分别为在给定应力范围内室温和高温下加载过程的持续时间（s）。由于室温弹性模量 E_{RT} 是已知的，或较易测得的，那么高温弹性模量 E_{HT} 就可以通过斜率比计算得到：

$$E_{HT} = E_{RT}(S_{RT}/S_{HT}) \tag{8-3}$$

由上式（8-3）可知，高温弹性模量可由试样常温和高温下不同的力学行为响应相对比较获得，这也是相对法的基本思路。

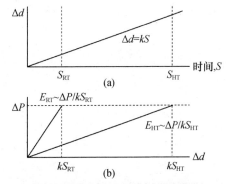

图 8-1　载荷增量与挠度增量与加载时间的关系示意图

（a）挠度与加载时间成正比；（b）载荷增量与挠度的线性函数关系.

（ΔP：载荷增量；Δd：挠度变化量；k：加载速率；S_{HT}：高温下的加载时间；

S_{RT}：室温下的加载时间；E_{HT}：高温弹性模量；E_{RT}：室温弹性模量）

不同材料的弯曲载荷循环曲线有三种典型模式，如图 8-2 所示。如果在一个弯曲试件中没有塑性或滞后变形，其弹性变形与弹性恢复都与载荷呈线性关系，且加载—卸载曲线呈对称的等腰三角形状，如图 8-2a 所示。在此情况下，加载时间与卸载时间相同，即 $S_{load}＝S_{unload}$。如果卸载时的恢复变形没有达到初始位置时，卸载时间将短于加载时间（图 8-2b），即 $S_{load}＞S_{unload}$。对于完全没有弹性恢复的塑性变形来说，从最大载荷到最小载荷所需卸载时间几乎为零从而其加载—卸载曲线呈非对称的三角形状，如图 8-2c 所示[18-20]。

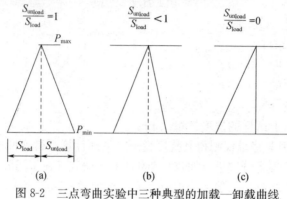

图 8-2　三点弯曲实验中三种典型的加载—卸载曲线

（a）弹性材料；（b）弹塑性材料；（c）塑性材料

大多数情况下，陶瓷在室温下基本符合弹性恢复的模式；但在高温下，图 8-2b 下的模式则较为常见。而卸载时间和加载时间的比例 $\alpha＝S_{unload}/S_{load}$ 即代表了卸载过程中的弹性恢复，例如 $\alpha＝0.8$ 表明 80％的弹性恢复和 20％的塑性或滞后变形，即 α 值越小，材料的弹性恢复性能越差。那么高温弹性模量就可以通过室温与高温加载曲线斜率间的相对比较来进行评估，而卸载与加载时间的比值则可用于判断待测试样的弹性恢复。很明显，该方法的测试精度取决于试验机加载和卸载速率的稳定性。

利用相对法测得 Ti_3AlC_2（TAC）和 Ti_3SiC_2（TSC）的高温弹性模量，其测试结果如图 8-3 所示[18]。根据试样在室温和高温下的加载曲线，由加载时间的比值可得室温弹性模量与高温弹性模量的比值，进而由式（8-3）可得高温弹性模量。另外，可由卸载时间与加载时间的比值表征 TAC 和 TSC 在不同温度下的弹性恢复，其测试结果如图 8-4 所示[18]。结果表明，弹性恢复和弹性模量随温度的变化趋势相近，均在 1000℃后，出现了较为明显的下降。

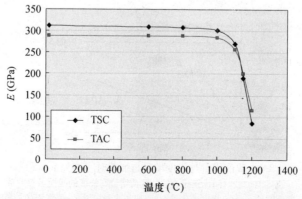

图 8-3　Ti_3AlC_2 和 Ti_3SiC_2 的弹性模量随温度变化曲线[18]

在 1000℃以下的测试温度，其加载—卸载曲线的斜率基本相同且对称；当测试温度高于 1000℃时，加载—卸载曲线不再对称，即在相同应力范围内加载时间要长于卸载时间。这意味着卸载过程中的恢复变形并未达到初始状态。由于温度超过样品的韧脆转变温度（BDTT）后其中产生的塑性和迟滞变形，卸载过程中的恢复变形要小于加载过程中的弹性变形，从而导致其弹性恢复性能降低。实验结果证实了该方法的可靠性，适合于评价高温陶瓷材料在高温下的弹性模量。

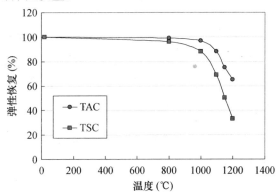

图 8-4　Ti_3AiC_2 和 Ti_3SiC_2 的弹性恢复随温度变化曲线[18]

8.1.2　脉冲激励法评价高温弹性模量

脉冲激励法是固体弹性模量测试中最为简便和快捷的方法，可以测得块状试样的高温弹性模量的，但需要对样品的支撑系统、激励系统及信号采集系统进行改装，使其能够承受住高温环境的作用。但是在高温下样品会产生玻璃相或发生软化，而产生较高的声阻尼，难以获得可靠的激发信号，影响测试结果的准确性，固通常测试温度较低（＜1500℃）。另外，高温下传感器材料会因超过居里温度而失效。因此，脉冲激励法只能测得材料的高温弹性模量，而无法应用于超高温弹性模量测量领域。

脉冲激励法评价高温弹性模量时，首先应建立高温测试系统，如图 8-5 所示，包括样品夹持装置、敲击装置、高温炉、信号接收器和信号分析系统。高温下样品夹持通常采用陶瓷或铂丝等高温材料做成悬空装置，也可采用接触式支撑装置（支撑架可采用氧化铝、氮化硅等高温陶瓷），为减少夹持装置对测试试样自由振动的干扰，夹持位置通常位于样品两端 $0.224L$（L 为试样的长度）处[21]。

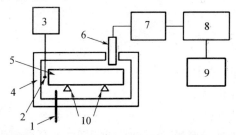

图 8-5　高温环境脉冲激励法测试装置示意图

（1—激励器；2—温度测量装置；3—温度测量装置；4—加热炉；5—待测试样；6—信号采集器；

7—信号处理器；8—频率分析系统；9—测试结果输出系统；10—支撑节点）

试验时应将待测试样加热到预设温度，然后保温足够的时间（通常选用 15min），使得试样温度均匀，炉内温度的变化幅度应小于 ±2℃，试样表面温度差别应不大于 ±10℃[22]。然后对试样施加脉冲激励，通过接收和分析计算出样品固有频率信号，根据 GB/T 31544—2015《玻璃材料高温弹性性能试验方法脉冲激振法》、ISO 17561—2002 (E)《精细陶瓷（高级陶瓷、高级工业陶瓷）。室温下通过声共振对整块陶瓷弹性模量的试验方法》等给出的弹性模量计算公式，即可测试高温下试样的弹性模量。

此外可结合相对法测量涂层弹性模量的方法（详见第四章 4.2.1），利用脉冲激励法也可测得涂层材料的高温弹性模量。其基本思路是利用脉冲激励法测得复合试样及不含涂层的基体的弹性模量，然后代入式（4-7）和式（4-12），即可获得涂层的高温弹性模量。利用该方法[21]测试了商用釉面砖釉层的高温弹性模量，具体测试方法流程参见第四章 4.2.3，且利用相对法模型可将这种高温弹性模量测试推广到陶瓷涂层的测试，这种相对法测试涂层高温弹性模量已经于 2017 年建立了国际标准 ISO 20343《精细陶瓷（高级陶瓷、高级工业陶瓷）陶瓷厚涂层高温弹性模量的测试方法》/《Fine ceramics (advanced ceramics, advanced technical ceramics) — Test method for determining elastic modulus of thick ceramic coatings at elevated temperature》。

8.1.3 高温压缩模量[23]

利用万能试验机及其配套的可编程高温加热炉，可对样品高温压缩模量进行测试评价，相应的测试方法亦可推广应用于其他材料的高温压缩模量测量。

首先将待测试样打磨切割为规则的长方体或圆柱体试样，然后置于万能试验机抗压夹具下，在设定的温度下进行加载试验。试验系统为刚性优良的试验机，但是在试验过程中位移仍然会受到温度以及加载端连接处接触变形的影响。因此，采用载荷—位移曲线与真实的应力—应变是有误差的。故而需要对测得的横梁位移进行修正，对没有任何试样的刚性压头与垫块之间进行压缩加载，最大载荷与待测样品压缩载荷相同，记录不同温度点下的横梁位移值，此值即为试验机产生的系统误差。则试样的真实压缩变形量为：

$$\Delta L = \Delta L_1 - \Delta L_2 \tag{8-4}$$

式中　ΔL——试样的真实压缩变形量（mm）；

　　　ΔL_1——试样的压缩变形时的横梁位移量（mm）；

　　　ΔL_2——相同温度及载荷下，试验机的系统误差（mm）。

在试验过程中忽略由热膨胀所引起的试样形状尺寸的变化，其压缩模量可由式（8-5）进行计算。

$$E = \frac{\sigma}{\varepsilon} = \frac{F \cdot L}{A \cdot \Delta L} \tag{8-5}$$

式中　E——压缩弹性模量（MPa）；

　　　A——试样的横截面积（mm²）；

　　　F——试样所受载荷（N）；

　　　ΔL——试样的真实压缩变形量（mm），即试样在加载过程中其高度方向的变化量。

对于高温压缩，特别是压缩强度测试，由于载荷较大，对于高温陶瓷夹具有较大的损伤和影响，故要求样品尽可能小一些。如直径为 2～3mm 的小圆棒。王秀芳等人[23]利用该方法测得不同温度下水泥熟料的压缩模量，如图 8-6 所示。由图可以看出，在 800～1200℃，随着温度的升高，水泥熟料的压缩模量逐渐减小。因为弹性模量对温度变化很敏感，当温度升高时，原子间距变大，原子间的结合力变小，抵抗另一种材料压入的能力减弱，使材料发生一定弹性变形的应力也越小。当温度由 800℃ 升至 1200℃ 时，水泥熟料的弹性模量从 24.50GPa 减小至 7.57GPa。

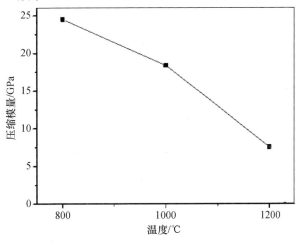

图 8-6　水泥熟料的压缩模量—温度变化曲线

高温弹性模量的测试大都是在大气环境下进行，也有少数容易氧化的材料需要在真空或惰性气体环境下进行。

8.2　超高温弹性模量的评价

在超高温极端环境下，陶瓷的弹性模量反映了陶瓷材料抵抗变形的能力，是保障构件刚度性能的重要参数。强度则是保障脆性材料在使用过程中安全不被破坏的最为关键的参数。30min 以内的陶瓷短期蠕变行为是衡量材料能够满足航空航天飞行器服役周期设计（大多数飞行器服役时间不超过 30min）和超高温变形是否会导致失效的重要判据。全面准确地了解超高温极端环境条件下国防工业和航空航天领域材料的应用和质量保障提供依据，这也是我国材料工作者和航天航空科研设计人员的迫切希望。到现在为止，国内外大多数关于超高温性能试验都集中在超高温烧蚀试验、高温冲击或高温氧化实验[24]，而极少有关于 1500℃ 以上陶瓷超高温弹性模量试验结果的公开报道。

8.2.1　缺口环法简介

缺口环法又称作"C"形测试法（图 8-7），德国的 Munz 教授从理论上分析了"C"形环的应力计算公式。假设缺口环受力点的轴线在变形过程中始终为一条直线，得到一个应力计算公式[25]，研究微裂纹扩展阻力和疲劳损伤特性[26]，这是因为它的样品形式便于裂纹的观测。且理论和实验都表明，横截面相似的缺口环试样的垂直位移量要比弯曲梁大得多，这就方便了试样的变形位移精确测试[27]；且能实现管材试样的性能测试，而无须再次加工为条状或板状试样。针对缺口环法的一系列优点，可利用该方法进行材料弹性模量和弯曲强度的测量，并推导了相关计算公式[13]。

缺口环的几何示意图如图 8-7a 所示，根据材料力学计算可得缺口环上任一截面处的弯矩为：

$$M = \frac{1}{2} P \ (R+r) \ \sin\varphi \tag{8-6}$$

式中　M——弯矩（N·m）；

　　　P——施加载荷（N）；

　　　R——缺口环外径（m）；

　　　r——缺口环内经（m）；

　　　φ——横截面与垂线间的夹角（°）。

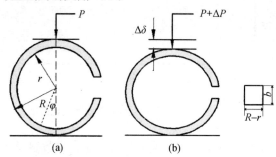

图 8-7　缺口环加载前及加载过程中的示意图

（a）加载前；（b）加载后

则弯矩 M 对载荷 P 的偏微分为：

$$\frac{\partial M}{\partial P} = \frac{1}{2}(R+r)\sin\varphi \tag{8-7}$$

由卡氏定理可得受力点处的竖直位移 $\Delta\delta$（图 8-7b）为：

$$\Delta\delta = \int \frac{M}{EI} \times \frac{\partial M}{\partial P} ds = \frac{1}{8EI} \int_0^\pi P \ (R+r)^3 \ \sin^2\varphi d\varphi \tag{8-8}$$

式中　E——弹性模量（Pa）；

　　　I——横截面的惯性矩（m⁴）。

由上式（8-8）可得：

$$\Delta\delta = \frac{\pi \Delta P \ (R+r)^3}{16EI} \tag{8-9}$$

将 $I = \frac{b \ (R-r)^3}{12}$ 代入上式（8-9），可得：

$$E = \frac{3\pi \Delta P \ (R+r)^3}{4\Delta\delta b \ (R-r)^3} \tag{8-10}$$

式中　ΔP——载荷增量；

　　　b——试样宽度。

令 ΔP 的单位为 N，$\Delta\delta$ 和 b 的单位为 mm，E 的单位为 GPa，则上式（8-10）可写成：

$$E = \frac{3\pi}{4000b} \times \frac{\Delta P}{\Delta \delta} \times \frac{(R+r)^3}{(R-r)^3} \qquad (8\text{-}11)$$

式中，$\Delta P / \Delta \delta$ 为试样的载荷—位移曲线的斜率[28]，如图 8-8 所示。

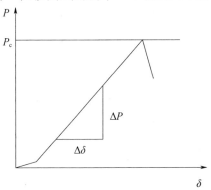

图 8-8　缺口环的载荷—位移曲线示意图

由式（8-11）可见，通过测量载荷—位移曲线的斜率及样品尺寸即可得到材料的弹性模量，并使得试验容易操作。在室温条件下，可通过电感量仪或高精度位移计测得缺口环试样的变形量，如图 8-9 所示。利用此方法，万德田等人对普通玻璃、Al_2O_3、ZrO_2 陶瓷的室温弹性模量进行了测试[13]，其测试结果见表 8-1，测试结果与传统的弯曲法测得的弹性模量值相近，从而证明了该方法的正确性。

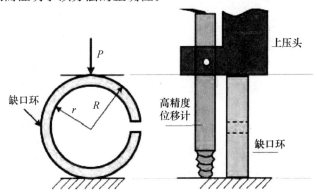

图 8-9　缺口环变形测量示意图

表 8-1　缺口环法测量玻璃、Al_2O_3、ZrO_2 陶瓷的室温弹性模量

样品	样品尺寸（mm）			$\Delta P / \Delta \delta$（N/mm）	E（GPa）
	R	r	b		
玻璃	17.74	15.70	3.94	29.52	73.6
Al_2O_3	60.60	46.90	4.94	2400.02	409.2
ZrO_2	3.18	2.44	4.78	1036.82	223.8

缺口环方法测量弹性模量特别适合管状或环状的陶瓷构件，只要将管材用金刚石刀片切成多个圆环，研磨好每个圆环的切口截面，然后再将圆环切一个缺口，缺口宽度约为外径的一半。对于陶瓷和玻璃等脆性材料，该方法也可以直接测试弯曲强度，不需要其他夹

具，非常方便。该方法已被国际标准组织采用制订为国际标准[28]，同时也被制订为国家标准，具体操作可以参照标准进行。

8.2.2　相对缺口环法评价超高温弹性模量

缺口环法测量室温弹性模量时，可利用电感量仪或高精度位移计测得缺口环试样在压缩载荷作用下产生的位移量。但是，这些位移测量装置无法在高温及超高温条件下应用，因此缺口环法评价陶瓷材料的高温及超高温弹性模量存在一个技术难题——高温变形如何准确测量？针对这一问题，作者提出了一种简单有效的相对缺口环法，即缺口环法与相对法的有机结合，是解决超高温弹性模量评价关键性技术难题的一种思路和试验方法[29]。

相对法是借鉴相对比较的基本原理所提出的一种间接表征方法，可评价材料或部件在特殊环境下无法直接测试的力学参数。核心问题是建立未知参数与已知参数之间的定量解析关系式。在高温甚至超高温极端环境下，上述缺口环法也面临普通静态法所遇到的问题。一方面，由于加载系统和压头等连接部位在施加载荷时自身也存在变形和接触位移，而高精度的外接位移测量仪又无法在高温大气或超高温真空环境下使用，因此缺口环试件的变形量也缺乏准确有效的评价手段；另一方面，当缺口环试件放置在加热炉中后，在整个实验过程中要求尽可能不产生任何水平方向的移动和滚动，所以缺口环试件的固定夹持也是试验顺利进行的前提条件。

为了解决这一评价难题，这里通过借鉴相对法的思路实现了缺口环试件变形在高温及超高温下的精确测量。由于加载系统（试验机）的横梁位移记录系统是本实验中唯一可用于测量变形的装置，而该位移其实由以下两部分组成：1）缺口环试件的真实变形；2）各种接触和变形误差（即系统误差）。只要能够表征出这部分系统误差，就能够得到缺口环试件的真实变形[30]。本方法的核心关键点就是利用相对法消除这部分系统误差。

采用一个与待测缺口环试件外径和轴线长度都相同的实心刚性圆板作为对比参照物，如图 8-10 所示。在完全相同的条件下，对缺口环试件和校正刚性圆板分别施加相同的载荷 ΔP，则会得到两个不同的横梁位移 Δd 和 $\Delta d'$。由于外加载荷 ΔP 较小（所施加的最大载荷值

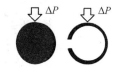

图 8-10　刚性圆板与缺口环试件的加载示意图

P_{max} 一般不超过缺口环试件断裂载荷 P_c 的一半），校正刚性圆板自身的变形则可忽略不计。因此，$\Delta d'$ 就代表了横梁位移的系统误差，而 $\Delta d - \Delta d'$ 就代表了高温及超高温下缺口环试件的真实变形 $\Delta \delta$（见图 8-11）。用 $\Delta d - \Delta d'$ 替换式（8-11）中的 $\Delta \delta$，即可得到缺口环试件在高温及超高温环境下的弹性模量[31]

$$E = \frac{3\pi}{4000b} \times \frac{\Delta P}{\Delta d - \Delta d'} \times \left(\frac{R+r}{R-r}\right)^3 \tag{8-12}$$

式中，Δd 和 $\Delta d'$ 分别为缺口环试件和校正刚性圆板在 ΔP 作用下产生的横梁位移量（mm）。

利用缺口环法和相对法的结合，即相对缺口环法，能够十分简便快捷准确地评价超高温陶瓷等材料在高温及超高温环境下的弹性模量。除此之外，考虑到试件在加热炉中的固定夹持问题，作者还设计了一种在高温炉及超高温炉中固定缺口环试件和刚性圆板的十字槽夹具装置（图 8-12），包括：基台和柱状的止动辊。上述基台为柱体平台，在其上表面

加工有两条相互正交的十字形水平槽，将缺口环试件竖直嵌入基台的一条水平槽中，其缺口在缺口环试件的竖直高度方向上且位于该竖直高度的一半的位置。再将止动辊以其曲面与缺口环试件接触的方式放置于缺口环试件上，并嵌入基台的另一条水平槽中，止动辊的长度应大于水平槽的宽度。而对于刚性圆板，则利用摩擦力通过两个止动辊将其固定在十字槽夹具上[32]。

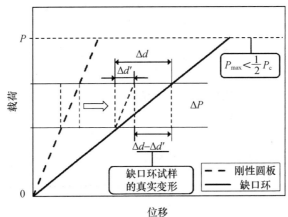

图 8-11　缺口环试件和刚性圆板各自对应的载荷—横梁位移曲线

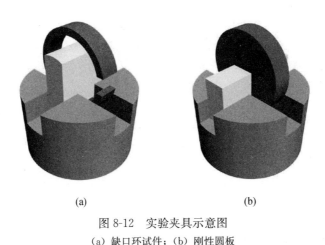

(a) (b)

图 8-12　实验夹具示意图

（a）缺口环试件；（b）刚性圆板

则利用相对缺口环法测量陶瓷材料高温及超高温弹性模量的测试步骤可归纳为[29]：

① 试件准备：将待测试样加工成缺口环试样（须加工成小曲率试样，即 $\frac{9}{11} < \frac{r}{R} <$ 1[33]），同时加工一个与缺口环试样外径 R、厚度 b 相同的刚性圆板；对于超高温环境下的测试，刚性圆板通常可选用石墨、碳化硅等高温材料；

② 试件安装：将加工好的缺口环试样安装于如图 8-12a 所示的夹具中，将校正用刚性圆板安装于图 8-12b 中的夹具中；

③ 升温加载：将安装缺口环试样后的夹具置于加热炉中的力学试验机的加载试验台上，须确保试验机压头的施力点与缺口环试样的圆心在同一直线上；然后以一定的升温速率进行程序控制升温（若须真空环境，须提前进行抽真空处理），升至目标温度后须保温

一段时间，以确保炉内温度达到平衡；之后即可进行加载试验，加载装置对缺口环试样施加垂直向下的压缩载荷，施加的最大载荷一般均不超过其压缩断裂载荷的 1/2，记录试样在载荷增量 ΔP 的作用下产生的横梁位移量 Δd。

④ 对校正刚性圆板进行升温加载：关闭加热炉，随炉冷却至室温后取出缺口环试件，然后将安装刚性圆板后的夹具置于加热炉中，重复上述步骤③，记录刚性圆板在相同温度及载荷 ΔP 的作用下产生的横梁位移量 $\Delta d'$，则缺口环试样在高温及超高温下的真实变形为 $\Delta\delta=\Delta d-\Delta d'$。

⑤ 计算弹性模量：将上述测得的 Δd、$\Delta d'$ 及缺口环试样的几何尺寸代入上式（8-12）即可计算出试样的高温及超高温弹性模量。

该方法的前提条件是仪器的横梁位移的精度需要保证，因此在实验之前必须用千分表之类的高精度位移计标定横梁位移。利用该方法，刘钊等人测得了石墨材料在 2100℃弹性模量，其测试结果如图 8-13 所示[31]。由图可知，室温下石墨的弹性模量为 11.0GPa，之后随温度一直上升，在 1900℃达到 17.2GPa，与石墨强度的变化趋势基本一致[34]。此后，石墨的弹性模量在 2000℃（17.0GPa）和 2100℃（16.6GPa）略微有些下降，但仍高于 1700℃下的弹性模量（16.4GPa）。

为了与之前的测试结果相比较[35,36]，图 8-13 又额外地补充了从室温至 1500℃的实验组。从图中可以看出，石墨的弹性模量不是在一开始就随温度而上升，而是在 400℃范围内仍保持在室温下的水平。在 1000℃时，其弹性模量缓慢上升了 10%。在之后的 500℃弹性模量快速上升，在 1500℃时则升高了 40%。这一结果与之前的数据基本相符，因此也证明了这种新方法的可靠性。此外，大多数之前的工作由于静态法和动态法各自存在的问题，几乎都无法用于评价石墨材料在 1500℃以上的弹性模量。这也间接证明了相对缺口环法能够准确、可行、有效地评价材料在超高温极端环境下的弹性模量。

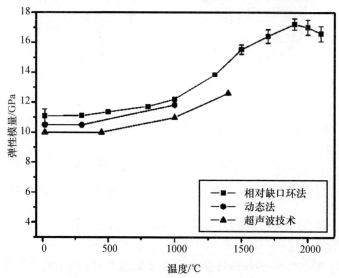

图 8-13　不同方法测试石墨的高温及超高温的弹性模量及温度范围[31,35,36]

8.2.3　冲击压痕痕迹法

常温弹性模量可利用位移敏感压痕技术，根据加载-卸载曲线即可计算出材料的弹性模量。相关研究表明，利用残余痕迹法，可根据残余压痕和材料性能间的关系推算出材料的力学性能[37]，并可应用于失效分析及恶劣环境条件下的材料性能评价，该方法的具体原理已在第六章 6.4 进行了详细介绍。利用该方法，根据材料表面在高温下形成的残余压痕即可获得材料的高温及超高温力学性能，主要包括弹性模量、硬度、能量耗散、弹性恢复系数。

另外，许多在超高温条件下服役过的结构部件，由于高速粒子的冲刷会在其表面留下各种各样的残余痕迹，它保留了最直接的环境信息和材料服役性能相关信息。因此，结构材料在超高温极端环境下的服役性能评价完全可通过分析材料在服役时或服役后表面的残余痕迹、几何尺寸，进而评价材料的力学性能、预测使用能力和残余寿命。就像侦探可以通过各种蛛丝马迹分析出来案件的缘由及经过，法医通过尸检或现场勘探得知案情并使真相大白于天下，材料在超高温下的表面痕迹完全有可能再现当时的变形和损伤过程。如果能够从构件在服役时或服役后表面的一些残余痕迹分析出来材料服役期间的各种性能，而无须再进行后续模拟试验或者破坏性试验，这无疑是一项具有重要意义和实用价值的工作，且由于痕迹分析不需要另做试样和试验，还可节约大量研究经费[38]。

针对材料在超高温等特殊环境下直接评价力学性能的困难性，我们采用一种残余痕迹在高温和常温下的相对纵向比较分析评价高温下材料力学性能的简单、快捷方法。采用陶瓷圆锥压头或陶瓷球快速冲击试验在材料表面高温区域形成一个残余压痕痕迹，高温材料力学性能即可通过残余痕迹在常温与高温下冲击响应的相对纵向比较分析得到。其中假设陶瓷圆锥压头在接触材料时仍然是刚性的，因为冲击接触时间非常短，只有千分之几秒。若常温下的材料力学性能已知，通过高温和常温的冲击残余压痕参数和材料力学响应的比较，用相对法可以得到弹性模量等高温材料性能。

由第六章 6.4 的介绍分析可知，根据材料表面的残余痕迹确定材料力学性能时，须引入一个重要参数 λ，即硬度与接触模量的比值。对于圆锥压头和球形压头，λ 值均可通过压痕痕迹的残余压入深度和残余压痕半径参数确定，确定了 λ 值后，即可计算出材料的各种力学性能[19]。则材料的各种力学性能可由残余压痕的形状、尺寸直接估算出来，计算流程如图 8-14 所示。

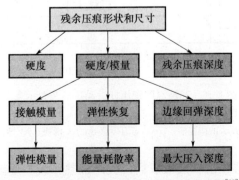

图 8-14　痕迹法测试材料力学性能的流程图[25]

为实现冲击压痕痕迹法测量材料的力学性能，须设计一套高温在线测试试验装置和数据分析系统。将相对法、超高温材料性能评价、残余压痕痕迹理论紧密结合，最终在实用技术上取得突破，实现非破坏性的、无需标准试样的超高温材料性能测试。技术路线和实施方案归述如下[19]：

① 材料表面处理：对待测材料表面进行打磨、抛光处理，使其上、下表面尽量平整、光滑；

② 超高温测试条件的实现：材料超高温环境和条件的重现是实现超高温力学性能评价、预测的基础技术环节。采用乙炔氧气喷射火焰加热、乙炔喷头固定于耐热不锈钢支座上（带有冷却循环水装置），调节氧气、乙炔喷枪出气量、喷头与材料表面夹角以及气体压力等方式对材料表面进行快速加热，同时采用便携式红外测温仪实时监测材料表面温度，温度控制在 1600～3000℃；

③ 动态冲击压痕装置：为实现超高温条件下压痕的形成，可设计一套动态冲击压痕装置，如图 8-15 和 8-16 所示。图 8-15 是采用击发器发射氮化硅陶瓷球冲击超高温样品示意图，当陶瓷球发射速度已知时，可以利用陶瓷球的冲击在待测样品表面上残留一定尺寸的压痕痕迹；当无法精确计算冲击样品时的最大冲击力值时，可采用图 8-16 的超高温陶瓷压杆滑动压痕测试装置[38]，利用一带有锥形或球形压头的陶瓷压杆（锥形冲击压痕压头如图 8-17 所示）冲击待测试样的高温区域，利用与压杆相连动态力传感器可获取压头压入过程中的冲击力，从而确定压入过程中的最大载荷。

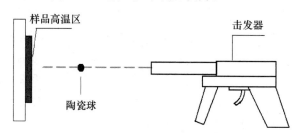

图 8-15　陶瓷球冲击压痕示意图

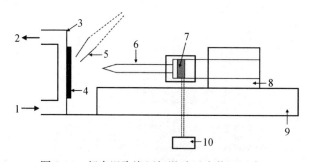

图 8-16　超高温陶瓷压杆滑动压痕装置示意图

1—冷却水进水口；2—冷却水出水口；3—钢座支架；4—待测试样；5—高温热源；
6—带有锥形或球形压头的陶瓷棒；7—动态力传感器；8—滑块；9—导轨；10—控制计算机

④ 压痕尺寸测量：待冲击压痕形成后，关闭加热系统，逐渐冷却至室温后，利用光学显微镜对残余压痕的横截面进行观察，测得残余压痕的几何尺寸（残余压痕深度、残余

压痕半径或残余压痕半角)。

⑤ 力学性能参数计算:将所测得的残余压痕尺寸及压头材料的弹性模量、泊松比代入相关计算公式(如 6.4 节所述),即可计算出材料的弹性模量、硬度、恢复阻力、弹性恢复系数、能量耗散率。

利用该方法测量陶瓷材料的超高温弹性模量和其他弹性参数具有以下优点:① 样品制备简单,对材料尺寸、形状无特殊要求;②采用乙炔加热系统能够迅速将材

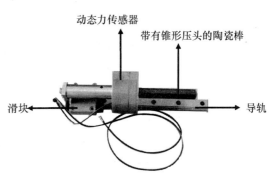

图 8-17 超高温锥形冲击压痕压头

料加热至目标温度,真实地再现了发动机推进剂药柱燃烧等瞬时产生的高温环境;③带有锥形或球形压头的陶瓷杆或陶瓷球冲击到材料表面,再现了材料在超高温环境下受到高速粒子的冲击或碰撞时变形和损伤的演变过程;④该方法可操作性强,容易实现,成本较低,对于庞大的加热设备间接获得材料超高温力学性能的方法,此方法无疑是最简单的,价格也是最低的;⑤此方法除了可模拟材料在超高温条件下的环境从而测得其力学性能,也可应用于其他特殊/极端环境下材料力学性能的测试。

利用此方法评价材料的超高温弹性模量时,需对超高温环境下残余压痕的一些参数进行修正。由于温度对材料的影响,常温下压痕尺寸的测量值不能代替高温下的压痕尺寸。因此,可以通过同一材料常温材料力学性能和高温、常温下残余压痕尺寸的关系纵向得到高温材料力学性能。高温和常温下测量尺寸之间存在下列关系

$$a_{HT} = a(1 + \alpha \cdot \Delta T) \tag{8-13}$$

式中 α——被测材料的膨胀系数(K^{-1});

a_{HT}——高温下的压痕尺寸(m);

a——常温下测得的压痕尺寸(m)。

根据残余压痕痕迹分析及高温和常温下压痕几何尺寸关系,相对法测量高温力学性能的表达式由一般数学模型转化为

$$X = F(X_0, h_{f0}, a_0, P, \alpha, \Delta T) \tag{8-14}$$

式中 X,X_0——高温和常温下的材料性能;

h_{f0},a_0——常温下材料压痕参数的测量值;

P——最大冲击载荷值;

ΔT——温度差。

因此,只要知道材料在常温下的力学性能,即可通过相对法的纵向比较分析得到不同温度下的材料力学性能。这种方法和思路可为材料在特殊环境下的力学性能评价提供理论参考。

8.3 超高温强度的评价

随着新材料和航天航空技术的飞速发展,对具有耐高温、抗腐蚀、耐磨损等优点的高

温结构材料的需求越来越多，例如火箭和航空发动机中的喷嘴材料，需要承受从燃烧室喷出的 2000～3100℃高温高速燃气的机械冲刷，这就要求喷嘴材料具有足够的耐高温性能，特别是其高温强度，这是保障其在超高温条件下安全服役的关键参数之一。同时，也需要研发一些能够在超高温极端环境条件下实时测量高温结构材料力学强度的测试技术，需对此开发一些专用设备。为此，开发了一系列超高温强度评价方法。

8.3.1 局部受热同步加载法[25]

超高温陶瓷和超高温纤维复合材料统称为超高温材料，是指在超过 2000℃以上有氧气氛等苛刻极端环境条件下仍能够使用的一种特殊材料，主要应用于航天器的喷嘴、燃烧室内衬、前锥体、尾喷罐、喷气发动机叶片等。超高温力学性能对于超高温结构设计和安全可靠性至关重要，全面准确地了解超高温下材料的力学性能，对于其研制、应用和结构设计、部件的寿命预测以及可靠性保证是极为重要的。

常规有氧环境下高温力学性能测试设备中的高温发生装置几乎都是采用硅钼棒或电阻丝作为发热体，最高温度可以达到 1500℃，夹具一般都采用碳化硅材质。对于 1500℃ 以上的超高温氧化环境，常规的实验夹具和方法均不再适用。陶瓷材料力学性能测试都是在低于 1500℃的大气环境下，或 1500～1800℃高真空或惰性气体保护环境下完成[6,39-41]。超高温材料所服役的极端环境下的力学性能很难在实验室测试，到现在为止，国内外很少有关于超高温氧化环境下的力学性能测试方法的报道，大多是电弧风洞超高温烧蚀实验或氧化实验[6,39,42,43]。对于导电材料，虽然可以采用电弧放电快速升温，但温度测试的准确性和均匀性常常被质疑，而且加载方式也受到限制[44,45]。

在超高温氧化环境下，考虑到对样品进行整体加热的技术方案目前并不可行，于是提出了局部超高温的设计思路[46]，即保证样品断裂位置处于超高温局部区域，不影响夹具和拉/压头的正常工作。这种方法称之为局部高温同步加载法，可用来测试陶瓷材料的超高温强度和断裂韧性。图 8-18 为局部高温冲击弯曲法测量陶瓷材料弯曲强度的实验装置示意图[47]。该系统包括超高温模拟装置、运动冲击装置和控制监测装置。超高温模拟装置采用氧乙炔喷射火焰加热系统作为高温热源，火焰喷头朝向待测样品的受载区域。运动冲击装置采用直线导轨，在导轨上的滑块处固定连接高速动态力传感器和耐高温的 SiC 陶瓷棒，陶瓷棒前端为"一"字形压头，作为冲击三点弯曲装置的冲击压头。通过连接运动冲击装置中的动态力传感器，获取压头与样品接触时间内的冲击力曲线，得到冲击过程中的最大载荷，从而计算出陶瓷材料的冲击弯曲强度。

通常整个冲击实验仅需要 5～10ms，从而避免了支撑夹具出现明显损伤。利用该方法对 $Zr_2Al_3C_5$（ZAC），Ti_3SiC_2（TSC），ZrB_2-25%SiC（体积分数），无保护涂层 C/C 复合材料等进行了超高温冲击实验，获得的冲击弯曲强度见表 8-2。结果显示，所测试材料的冲击三点弯曲强度都随着实验温度的升高而降低。无保护涂层 C/C 复合材料的室温冲击弯曲强度最大，但在 1920℃的强度只有室温强度的 7.9%。综合性能比较好的是 ZrB_2-25%SiC（体积分数）复合材料，在 1847℃时该复合材料的冲击弯曲强度为 155.28MPa，与室温强度相比仅下降了 28.1%。为准确测得试样的断裂载荷，动态力传感器的采样频率应该尽可能高一些。

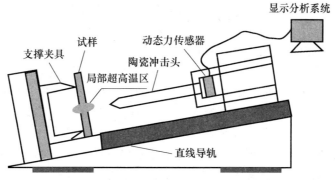

图 8-18　超高温冲击强度实验装置示意图[47]

表 8-2　ZAC、TSC、ZrB2-25%SiC（体积分数）、C/C 复合材料（无保护涂层）、
无压烧结 SiC 的冲击三点弯曲强度

样品/保温时间（s）	编号	尺寸（mm×mm）	温度±30℃	断裂载荷（N）	冲击强度（MPa）
ZAC/5	1	4.10×3.10	室温	140.12	160.02
	2	4.08×3.10	1716	80.85	92.70
	3	4.10×3.08	1827	57.76	66.83
	4	4.08×3.10	1960	33.87	38.87
TSC/15	1	3.94×3.00	室温	158.20	200.76
	2	3.94×3.02	1708	112.7	141.32
	3	4.10×3.08	1768	23.96	55.00
	4	4.08×3.10	1843	烧断	—
ZrB2-25%SiC（体积分数）/60	1	3.80×3.30	室温	198.63	216.00
	2	4.18×3.48	1725	238.20	211.75
	3	4.26×3.622	1847	192.63	155.28
C/C 复合材料（无保护涂层）/40	1	4.14×3.12	室温	346.88	387.33
	2	4.14×3.12	1700	229.70	256.49
	3	4.14×3.12	1740	135.68	151.50
	4	4.00×3.10	1860	70.80	82.88
	5	4.14×3.10	1920	26.30	30.74
无压烧结 SiC	1	4.00×3.00	室温	125.21	156.51
	2	4.02×3.00	1600	113.26	140.87
	3	4.14×3.12	1640	105.68	118.01
	4	4.00×3.10	1700	95.84	112.20
	5	4.14×3.10	1720	82.73	93.57

　　利用氧乙炔喷射加热系统作为局部加热热源时，试样局部温度是通过火焰喷枪与试样表面距离、乙炔、氧气流量、压力及氧气/乙炔流量比等因素控制，根据红外测温与目标温度的区别适时调整这些控制参数，以使测试温度尽可能接近目标温度。实际操作过程中

发现，利用氧乙炔喷射加热系统时，测试温度与目标温度间会存在一定的差别，见表 8-2。且乙炔属于易燃易爆气体，与氧气或空气混合时，超过一定的比例极限会发生剧烈燃烧甚至爆炸，不利于保障操作人员和设备的安全性。因此，中国建筑材料科学研究总院设计并开发了一种感应加热系统，可对待测材料进行局部超高温力学性能测试。电磁感应加热是根据电磁感应和电流热效应原理，利用感应电流的焦耳热效应，在待测试样中产生热能而使其温度升高。把待测试样放入空心铜管绕成的感应线圈中，将线圈通入一定频率的交流电，使试样表面产生感应电流，并在极短的时间内进行升温（根据试样导电率的不同，其升温速率会有所差异，为 30～100℃/s）。而对于非导电或导电率低的试样，将试样套入石墨加热套管之后再套入感应线圈内，利用石墨的感应热效应间接对试样进行加热升温。

图 8-19 为我国新研发的模块化组装式超高温力学性能实验系统（图 8-19a）和采用电磁感应加热模式的拉伸样品局部图（图 8-19b）。该系统可获得材料在超高温氧化环境下的拉伸、弯曲强度和断裂韧性等力学性能参数。表 8-3 列出了渗硅涂层的 C/SiC 纤维增韧型陶瓷复合材料的超高温实验结果。局部高温同步加载法具有设计巧妙、操作简单的特点，不需要专门的高温实验炉和气氛保护等，达到了简单、方便、快捷地评价脆性材料 1500℃以上超高温氧化环境下强度和断裂韧性的目的。

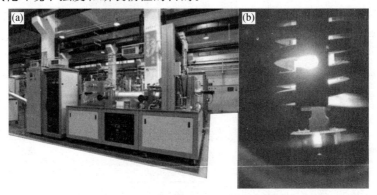

图 8-19　模块化组装式超高温力学性能实验系统及测试现场照片

（a）超高温氧化极端环境力学性能实验系统；（b）2100℃高温拉伸炉内现场照片

表 8-3　渗硅涂层的 C/SiC 纤维增韧型陶瓷复合材料的超高温强度和断裂韧性

编号	测试项目	样品尺寸 （mm）	测试温度 ±30℃	试验结果
1	拉伸强度	3.10×3.84×90.30	2038	(7.58±0.81) MPa
2	弯曲强度	3.02×3.84×90.06	2095	(48.38±5.81) MPa
3	断裂韧性	4.02×7.98×90.10	1610	(4.09±0.48) MPa·m$^{1/2}$

局部受热同步加载法可利用便携式试验仪和不同的夹具对样品施加弯曲、拉伸或压缩载荷等，从而可获得材料的多项超高温力学性能（拉伸强度、压缩强度、弯曲强度、断裂韧性）[46]。

① 对于超高温拉伸强度测试，可将待测试样水平安装，一端固定于固定支座的固定孔中，另一端固定于加载仪水平方向伸缩的加载杆内，喷火加热系统的喷嘴对准待测样品中部位置，升至目标温度并保温一段时间后，加载系统对待测试样施加拉伸载荷，记录其破坏时的最大载荷值，利用式（8-15）即可计算其超高温拉伸强度。

$$\sigma_1 = \frac{P_{c1}}{bh} \tag{8-15}$$

式中　σ_1——超高温拉伸强度（MPa）；

　　　P_{c1}——临界载荷，即拉伸破坏时的最大载荷（N）；

　　　b——试验宽度（mm）；

　　　h——试样厚度（mm）。

此外，利用图 8-19 的设备也可实现超高温拉伸强度的测试。在设定的氧分压环境下，采用电磁感应加热技术对待测样品标距段部分进行局部快速加热，达到设定温度，并保温一段时间。利用非接触式遥感测温仪监测样品表面温度，对样品以设定的加载速率施加拉伸载荷，直至样品断裂，记录下相应的临界断裂载荷。根据获得的断裂载荷和样品断口横截面尺寸计算其最大平均应力，得到其拉伸强度。

② 对于超高温压缩强度测试，可将试样直接置于试验台，上端可利用加载仪的加载杆对其进行加载，喷火加热系统的喷嘴对准待测试样的中部位置，待升至目标温度并保温一段时间后，加载系统即可对试样施加压缩载荷，并记录其压缩破坏的最大载荷，利用式（8-16）即可计算其超高温压缩强度。

$$\sigma_2 = \frac{P_{c2}}{bh} \tag{8-16}$$

式中　σ_2——超高温压缩强度（MPa）；

　　　P_{c2}——临界载荷，即压缩破坏时的最大载荷（N）；

　　　b、h——试样的宽度和厚度（mm）。

③ 对于超高温弯曲强度测试，可利用悬臂梁弯曲法、三点弯曲法和四点弯曲法测试。悬臂梁弯曲法是将待测试样水平安装于固定支座的固定孔（支撑点）中，加载仪纵向伸缩加载杆直接作用于试样的端点，喷火加热系统的喷嘴对准试样的中段位置，待升至目标温度并保持一段时间后，利用加载仪施加竖直向下的载荷[46]，记录其断裂破坏的最大载荷，利用式（8-17）即可计算出其超高温弯曲强度；三点弯曲法和四点弯曲法是将待测试样水平安装于三点弯曲夹具或四点弯曲夹具[48]，喷火加热系统的喷嘴对准试样的中段位置，待升至目标温度并保持一段时间后，加载仪的加载杆直接作用于三点弯曲夹具或四点弯曲夹具的上压头施加弯曲载荷，记录其弯曲破坏的最大载荷，利用式（8-18）和式（8-19）即可计算其超高温弯曲强度。

$$\sigma_c = \frac{6P_c(L-L_1)}{bh^2} \tag{8-17}$$

$$\sigma_{b3} = \frac{3P_c L_2}{2bh^2} \tag{8-18}$$

$$\sigma_{b4} = \frac{3P_c(L_3-L_4)}{2bh^2} \tag{8-19}$$

式中　σ_c——悬臂梁弯曲强度（MPa）；

　　　σ_{b3}——三点弯曲强度（MPa）；

　　　σ_{b4}——四点弯曲强度（MPa）；

　　　P_c——试样弯曲破坏的最大载荷（N）；

　　　L——悬臂梁测试中加载点到试样支撑点的距离（mm）；

L_1——悬臂梁测试中喷火加热点到支撑点的距离（mm）；

L_2——三点弯曲测试中的下跨距（mm）；

L_3——四点弯曲夹具中的下跨距（mm）；

L_4——四点弯曲夹具中的上跨距（mm）；

b、h——试样的宽度和厚度（mm）。

④ 对于超高温断裂韧性测试，将待测试样加工成单边切口梁试样或单边斜切口梁试样，将加工好的试样水平安置于四点弯曲的夹具上，喷火加热系统的喷嘴对准试样的中段位置，待升至目标温度并保持一段时间后，利用加载仪的加载杆对试样上侧的上压头施加压缩载荷，记录试样破坏时的最大载荷值，利用式（8-20）即可计算出其断裂韧性。

$$K_{IC} = \frac{P_{c3} \ (L_5 - L_6)}{bh^{3/2}} \times Y^* \tag{8-20}$$

式中 K_{IC}——试样的高温断裂韧性（MPa·mm$^{1/2}$）；

L_5——四点弯曲夹具的下跨距（mm）；

L_6——四点弯曲夹具的上跨距（mm）；

b、h——试样的宽度和厚度（mm）；

Y^*——应力强度因子系数。

⑤ 对于超高温剪切强度测试，可分为层间剪切强度和面内剪切强度，可于超高温石墨炉内进行加载测试，也可对试样剪切破坏处进行局部加热。层间剪切强度的大小反映了增强体与基体间界面结合的牢固程度；面内剪切强度，又称平面剪切强度，表征了材料平面内抵抗剪切载荷而不失效的能力，是某些复合材料构件设计的重要参量，如直升飞机复合材料旋翼、飞机复合材料机翼、受扭转的玻璃钢部件等。层间剪切强度测试试样如图 8-20a 所示，沿垂直于织物层方向开两个切口，两切口深度之和等于试样的厚度。将制得的双切口试样置于石墨或碳化硅夹具中固定，并设置侧挡片以减小弯曲的影响，然后在平行于织物层长度方向施加压应力，直至试样产生层间剪切破坏，记录其破坏的最大载荷值，利用下式（8-21）即可计算得其层间剪切强度[49]：

$$S = \frac{P_{max}}{wh} \tag{8-21}$$

式中 S——层间剪切强度（MPa）；

P_{max}——剪切破坏的最大载荷值（N）；

w——试样宽度（mm）；

h——两切口间距（mm）。

面内剪切强度测试试样如图 8-20b 所示，在试样中截面上下表面各开一个 V 型缺口，即试样关于中截面对称，而载荷关于中截面反对称，由材料力学可知，试样在中截面只承受剪力的作用，弯矩为 0，因而可以保证在试样中截面上产生纯剪应力状态。将制得的试样放入石墨或碳化硅夹具中，然后施加一压缩载荷直至试样发生剪切破坏，利用下式（8-22）可得面内剪切强度[50]：

$$\sigma_s = \frac{P_{max}}{th} \tag{8-22}$$

式中 σ_s——面内剪切强度（MPa）；

P_{max}——剪切破坏时的最大载荷值（N）；

t——试样的厚度（mm）;

h——两 V 型槽口间距（mm）。

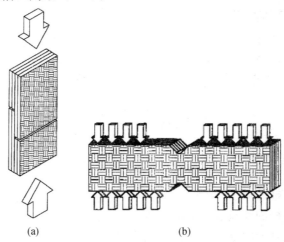

(a)　　　　　　　　　　　　　(b)

图 8-20　剪切强度测试示意图
(a) 双切口剪切试验　　(b) Iosipescu 剪切试验

另外，利用十字交叉法试样及夹具（详见 7.3.3 节），粘结选用耐高温的无机胶，在高温测试环境下也可测得涂层的界面结合强度及强度。

上述的四种测试方法均可在 1500～3000℃的大气环境下超高温与高温氧化、高温冲蚀耦合作用的服役环境下测得材料的超高温强度。

8.3.2　缺口环法评价超高温弯曲强度

对于薄壁缺口环试样（9/11<r/R<1），其在压缩载荷的作用下产生的轴力和剪力可以忽略，而只受弯曲应力的作用，试样发生破坏的临界弯曲应力即为其弯曲强度，因此利用缺口环法可测得试样的弯曲强度。且该方法有利于评价异形构件的弯曲强度，如管材、圆环试样等[29]。此外设置一定的高温夹具，可实现高温及超高温条件下对缺口环试样进行压缩加载，可方便地测得脆性材料的超高温强度。

缺口环法测量试样的弯曲强度时，须对缺口环试样进行加载至断裂（一般发生在缺口环试样一半高度处的外表面，因为此处为加载过程中产生最大拉应力的位置），由材料力学分析可知，该处的受拉面的弯曲应力为[13]:

$$\sigma=\frac{My}{S\xi}-\frac{P}{b(R-r)} \tag{8-23}$$

式中　σ——缺口环试样一半高度处外表面所受的拉伸应力（MPa）;

$\qquad M$——弯矩（N·mm），$M=\dfrac{P(R+r)}{2}$;

$\qquad y$——缺口环试样一半高度处外表面至截面中性轴的距离（mm），$y=R-\dfrac{R-r}{\ln\left(\dfrac{R}{r}\right)}$;

$\qquad S$——截面对中性轴的静矩，$S=b(R-r)\left(\dfrac{R+r}{2}-\dfrac{R-r}{\ln\dfrac{R}{r}}\right)$;

· 263 ·

ξ——缺口环试样一半高度处外表面至圆心的距离（mm），$\xi=R$；

P——缺口环试样断裂时的临界载荷（N）；

b——缺口环试样的宽度（mm）；

R——缺口环试样的外径（mm）；

r——缺口环试样的内径（mm）。

将 M、y、S、ξ 的表达式代入上式（8-23）可得试样的弯曲强度为[13,28]：

$$\sigma=\frac{P}{bR\left(\ln\frac{R}{r}\cdot\frac{R+r}{R-r}-2\right)} \tag{8-24}$$

式中 σ——弯曲强度（MPa）；

P——缺口环试样断裂时的临界载荷（N）；

b——缺口环试样的宽度（mm）；

R——缺口环试样的外径（mm）；

r——缺口环试样的内径（mm）。

则通过断裂临界载荷及试样尺寸就可计算出缺口环试样的弯曲强度。

对于小曲率曲杆 $\left(\frac{9}{11}<\frac{r}{R}<1\right)$，可按照直梁进行计算，则缺口环试样的弯曲强度为[13]：

$$\sigma=\frac{My}{I_z}-\frac{P}{b(R-r)} \tag{8-25}$$

式中 I_z——界面惯性矩（mm^4）。

将 $I_z=\frac{1}{12}b\,(R-r)^3$ 代入上式（8-25）可得：

$$\sigma=\frac{2P(R+2r)}{b\,(R-r)^2} \tag{8-26}$$

对于小曲率曲杆试样，可利用式（8-26）对其弯曲强度进行简化计算。

在高温及超高温条件下利用缺口环法测量试样的弯曲强度，可将缺口环试样安装于如图 8-12a 所示的夹具中，然后将安装好缺口环试样后的夹具置于高温炉内，以一定的升温速率升至目标温度，并保温一段时间，以避免缺口环试样中温度梯度的产生。然后，利用万能试验机进行加载试验，加载速率为 0.5mm/min，直至试样断裂，记录试样破坏时的最大载荷值，代入式（8-24）即可计算得试样的超高温弯曲强度。然而由于材料在高温条件下会发生一定的热膨胀，高温下试样尺寸会与室温下测得的尺寸有所不同，因此有必要对式（8-24）进行一定的修正[51]。

$$\sigma=\frac{P}{bR(1+\alpha\Delta T)\left(\ln\frac{R}{r}\cdot\frac{R+r}{R-r}-2\right)} \tag{8-27}$$

式中 α——室温至目标温度间待测试样的平均热膨胀系数（K^{-1}）；

ΔT——室温与目标温度差值（K）。

刘钊等人[51]利用式（8-27）测得了氧化铝管的高温弯曲强度，测试结果如图 8-21 所示。图 8-21 所示氧化铝弯曲强度与温度的关系图可以分为 3 个阶段：①室温约 800℃，随着温度的升高，氧化铝的弯曲强度呈线性降低；②800～1200℃，氧化铝的弯曲强度随着温度升高而逐渐降低，且降低幅度高于第①阶段；③1200～1300℃，由于高温蠕变的发生，氧化铝的弯曲强度在1300℃时出现大幅度降低，仅为其室温弯曲强度的0.223。

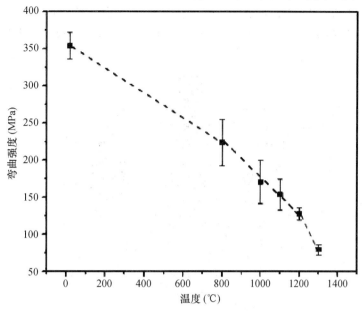

图 8-21　氧化铝管室温～1300℃的弯曲强度[51]

8.4　多因素耦合条件下的性能评价

现实工程应用中，一些脆性材料构件经常服役于多因素耦合条件，例如航空航天领域中的高温结构陶瓷在服役过程中，不仅会受到机械载荷的作用，还会受到高温、大气层氧化等作用；一些电磁功能陶瓷在使用过程中，会经受力场、电场、磁场、温度场等多个因素的耦合作用；混凝土的劣化也是一个物理、化学、电化学和机械作用相互耦合的过程。这些材料的破坏失效也大都发生在多因素耦合作用条件下，因此在多因素耦合作用条件下评价材料的服役性能具有重要意义。

8.4.1　力、电、热多场耦合测试

复杂条件下常采用小冲压试验法（MSP）[52]的基础上，通过设计模具，配置高温炉、引入交直流电源和声发射器，实现了力、电、热及其耦合条件下材料强度、疲劳寿命等力学性能的综合测试，尤其适合于评价脆性材料的力学性能，同时还可对测试过程中材料的损伤和破坏实时监测，进而建立了具有多场耦合加载功能的 MSP 力学性能测试系统[53]。通过引入交直流一体化高压电源（交流电输出频率50HZ、交流电压输出 0～10kV、直流电场输出 0～10kV、直流电流输出连续可调），通过高压电源、模具和待测样品间的电路设计，可实现作用于待测试样的电场；为了实现多场耦合中电场的加载，需要对原有力学性能的测试的模具进行改装设计，主要包括压头、上模、下模、高精度位移传感器和电源，设计的示意图如图 8-22 所示。其上方与载荷传感器连接，下方与高精度位移传感器

连接，固定于材料力学性能试验机上的载荷传感器、高精度位移传感器分别与材料性能试验机的控制系统相接，控制系统再与计算机相接，样品由下模支撑，负载通过压头加在试样的中心，试样的变形位移由高精度位移传感器探测。在样品的上下面分别引出一个电极，作为材料的正负极，这样只需在仪器外部增加一个电源给材料正负极加一电场就可以实现材料的力电耦合测试[54]。

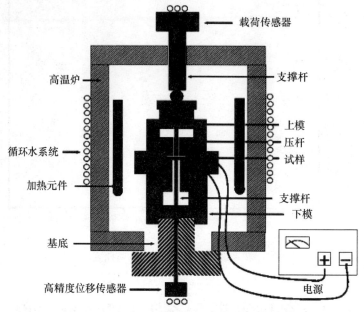

图 8-22　力、电、热多场耦合测试系统示意图

为了实现多场耦合中温度场的加载，需要在模具包括样品所在区域引入专用高温炉及相关辅助设备。利用保温隔热性能和抗热震性优良的多孔纤维砖建造炉膛，即可保证炉膛的小尺寸和良好的密闭性；在高温上方加载装置和下方位移测量装置配备水冷系统和热防护措施，以保证高精密的位移传感器和载荷传感器的正常工作[54]。力、电、热多场耦合测试系统中，温度由外部面板控制和记录，电场信息可直接于电源中读取，载荷传感器、位移传感器分别与控制系统连接，控制系统信号通过接口传入计算机，计算机软件处理信号并发出信号控制载荷传感器和位移传感器，并记录样品承受的载荷及发生的位移。

为了实现力、电、热多场耦合测试系统中的动态实时监测待测试样的裂纹扩展及破坏行为，需要选择合适的声发射传感器及耦合剂，并对样品和声发射传感器的连接进行设计。小样品表面抛光放置于下承载模上，并与下承载模紧密接触，可减少声波的衰减，声发射传感器用真空脂粘在下承载模的外侧表面，并由信号线与前置放大器连接，前置放大器的另一端用同轴电缆线连接于配置在声发射主机中的声发射采集卡上，提供压电陶瓷小样品损伤、破坏过程的实时监测条件。在上述声发射部件组合设计的基础上，由声发射传感器采集样品出现微裂纹过程中的声发射信号，并转换为电压信号，前置放大器将经降噪、放大的电压信号输出到声发射采集卡，由采集卡完成实时的波形采集、特征提取及滤波等，通过配置在声发射主机中的软件系统给出声发射信号的幅度、能量、计数和上升时间等特征参量，实现对陶瓷等材料力学性能测试中损伤、破坏的实时监测[54]。

利用该力、电、热多场耦合测试系统，邓启煌等人[55]测得了不同载荷速率下锆钛酸铅（PZT）陶瓷在纯力场和力电耦合场下的 MSP 强度，如图 8-23 所示。由图 8-23 可以看出，无论是在纯力场还是力电耦合场下，PZT 陶瓷的 MSP 强度均是随着加载速率的增大而增大。在纯力场下 PZT 陶瓷的 MSP 强度为 110～144MPa 之间，力电耦合场下其 MSP 强度为 76～124MPa，即电场的存在会使得 PZT 的力学强度降低，其原因在于：交变电场引起材料内部的电畴，电畴的翻转会诱导微裂纹的产生，从而降低了材料的强度[55,56]。

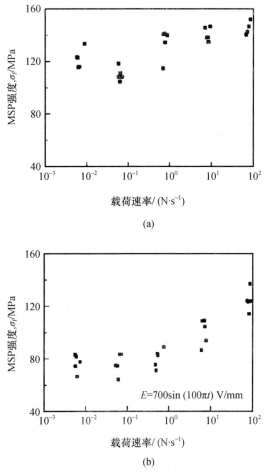

图 8-23　不同载荷速率下 PZT 陶瓷的 MSP 强度
（a）纯力场；（b）力电耦合场

8.4.2　力、电、磁多场耦合测试

铁电材料和铁磁材料作为两种重要的智能材料和信息功能材料，在现代科学技术中发挥着不可替代的作用，在电力电子、航空航天、核能工程、机器人智能系统、信息存储系统、智能传感系统等国民经济与国防安全领域中得到广泛的应用[57,58]。这些电磁功能材料往往应用于力—电—磁—热等多因素耦合环境下，其力学性能不仅受到应力状态的影响，而且会在电场、磁场和温度场的作用下发生变化，表现出不同的力学行为。为此，有专家开发了一套力、电、磁耦合加载设备，能够实现多场耦合试验[59]，在力—电耦合场或力—磁耦合场下测得材料的力学性能与电磁性能。

电场是通过一套高压电源获得的，其交流电压输出为 0～50kV，直流电压输出电位 0～60kV，且配有高压输出的监控装置。高压电源的过流自动切断功能最大限度地保证了其使用安全性。配备了 0～10MHz 电压信号发生器，可以实现不同的数控波形、幅值、频率、幅值比、占空比等参数的输出电压[60]。此外还对电极形状、表面状态、工作区域，力电加载装置、夹持装置等进行设计，解决了高压试验过程中绝缘、电弧放电和电击穿等安全问题。

采用 Weiss 型通用电磁铁作为磁场发生设备，电磁铁极头距离可调，最大极间距为 100mm。最大磁场可达到 1.2T，此时 3min 内磁场波动小于 2%；而当磁场不大于 0.4T 时，10min 内磁场波动小于 1%。同时设计了横向、纵向加载设备，横向加载是无级调速电极加载，加载量程为 10000N；纵向加载是通过涡轮蜗杆传动，加载量程为 2000N[60]。通过加载装置与压头、夹具的配合，可实现各种力学试验（三点弯曲试验、压痕实验等）。整个试验过程由计算机控制，通过 D/A 控制电源进行加载。

利用该力、电、磁耦合系统，方岱宁等人[60]对不同导磁率的锰锌铁氧体陶瓷进行了磁致断裂试验，采用三点弯曲试验和压痕实验测得了外磁场对锰锌铁氧体陶瓷断裂韧性的影响。将导磁率 μ 为 2000 和 10000 的锰锌铁氧体陶瓷加工成长条状，采用超声波控制刀具技术加工单边缺口，利用三点弯曲试验测得其断裂韧性分别为 1.37MPa·m$^{1/2}$ 和 1.38MPa·m$^{1/2}$，断裂韧性与外磁场强度的关系如图 8-24 所示。由图 8-24 可见，随着外磁场强度的增加，锰锌铁氧体陶瓷的断裂韧性无明显变化。

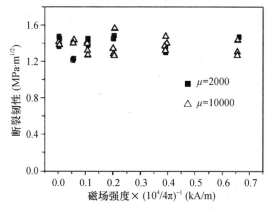

图 8-24　三点弯曲试验测得磁场下陶瓷的断裂韧性值

另外，采用维氏压痕试验测得三种导磁率锰锌铁氧体陶瓷的断裂韧性，见表 8-4。由测试结果可以看出，平行于磁场方向和垂直于磁场方向的断裂韧性差别很小，表明磁化后锰锌铁氧体陶瓷的断裂韧性没有各向异性现象；且在外磁场的作用下，锰锌铁氧体陶瓷的断裂韧性没有发生变化[60]。

表 8-4　维氏压痕试验结果

相对导磁率	平行磁场方向的 $K_{IC}/\text{MPa}\cdot\text{m}^{1/2}$	垂直磁场方向的 $K_{IC}/\text{MPa}\cdot\text{m}^{1/2}$
2000	0.92	0.93
5000	1.04	1.03
10000	1.03	1.02

8.4.3 热、力、氧多因素耦合测试

一些高温结构陶瓷材料在服役过程，不仅会受到高温热场和机械载荷的作用，还会受到空气或水的氧化作用，例如服役于燃烧室、涡轮、尾喷管等部件的高温结构陶瓷，在服役工作时会受到燃气中剩余氧气和生成水的氧化作用[61]，从而造成高温结构陶瓷的氧化腐蚀，造成陶瓷构件的失效，从而降低了其服役安全性能。

针对钛化物陶瓷 TiB_2-TiC（TT）、TiB_2-TiC_xN_{1-x}（TTT）、TiB_2-TiC-SiC（TTS）的高温服役性能，通过研究其在高温下的蠕变行为，继而可确定其使用温度的上限值[62]。在 156MPa 的载荷作用下，利用柔度修正法（详见第三章 3.6.1），分别测得 TT、TTT、TTS 三种材料在 800℃和 1000℃下的三点弯曲挠度变形，结果如图 8-25 所示。在 800℃时，TT、TTT、TTS 的弯曲蠕变均较小，TT 的挠度变形大于 TTT 和 TTS；在 1000℃时，TT 的蠕变速率较大，而 TTT 和 TTS 在 1000℃下的蠕变速率较 TT 小得多。

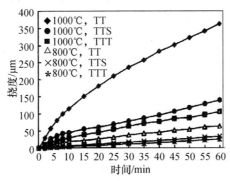

图 8-25　TT、TTT、TTS 在 800℃和 1000℃下挠度与时间的关系

TiC 是一种常用的增韧增强相，但由于它的脆延转变温度为 800℃，并在高温下表现为明显的塑性变形，因此 TiB_2-TiC 复相陶瓷的抗蠕变性能在 800℃以上的温度条件下出现显著的下降。而由图 8-24 可以看出，SiC、TiN 的引入可改善 TiC 的高温抗蠕变性能。三种材料中，高温抗高温蠕变性能最为优异的是 TTT，对其常温和高温断口进行扫描电镜微观分析，其常温断口是沿晶和穿晶断裂的混合断口，断面上晶粒棱角分明且尖锐，而高温断口上晶粒表面较为平滑，有明显的液相溢出痕迹。这种晶界玻璃相的软化是导致晶界滑移而产生蠕变的主要原因。TTT 蠕变的微观机制可以认为是硬晶粒软晶界在持续应力作用下的缓慢滑移。从宏观断口来看，断口上有裂纹扩展的痕迹，裂纹源产生于受拉面的边缘，这可能是在蠕变过程中层间剪切力导致的微裂纹，它表明静疲劳产生的微裂纹亚临界扩展存在于这种复相陶瓷的蠕变过程。蠕变产生微裂纹和空穴，而微裂纹的缓慢扩展又会促进蠕变进程。

采用高温蠕变疲劳试验机结合三点弯曲试验，测得 TTT 试样在 800℃、1000℃、1100℃和 1200℃下的蠕变特性（大气环境），测试结果如图 8-26 所示。由测试结果可以看出，温度对 TTT 的蠕变有明显作用，TTT 试样在 1100℃时的蠕变速率已相当大；而在 1200℃时试样已丧失了抗蠕变能力，试样在几分钟内就已因过大的挠度变形而失效。对图 8-26 中四条曲线进行最小二乘法拟合，假设试样的挠度变形超过其跨距的 1%时即发生变形，然后利用式（3-38）可计算得 TTT 试样在 800℃、1000℃、1100℃和 1200℃的连

续使用寿命分别为：1317min、309min、22.6min、1.7min，可见在1100℃时蠕变速率迅速增加，而使用寿命大幅度降低。

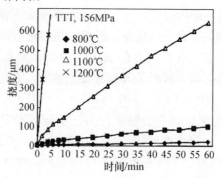

图 8-26　TTT 试样在 800～1200℃下的蠕变曲线

TTT 材料在1100℃时蠕变速率迅速增加，材料因变形过大而失效，通过对其进行 TG-DTA 分析，可以发现产生上述现象的一些原因。图 8-27 是 TTT 的 TG-DTA 分析结果，可以看出 TTT 材料在 500℃和 800℃出现了两个放热峰，同时伴随着质量的增加，这表明材料发生了氧化反应。因而 TTT 在 800℃时的氧化反应使得 TiB_2 被氧化成 TiO_2、BO_x 等氧化物，这在材料表面形成硼玻璃相，这种硼玻璃在 1000℃以上的温度下，其黏度会急剧下降[63]，可导致 TTT 试样在 1000℃以上温度下的抗蠕变性能大幅度降低。另外，由图 8-27 可以发现 TTT 试样在 1100℃附近存在一个吸热峰，这可能是由于 TTT 材料的热分解反应或晶型转变造成的，这也是 TTT 试样在 1100℃时抗高温蠕变性能急剧劣化的原因[62]。

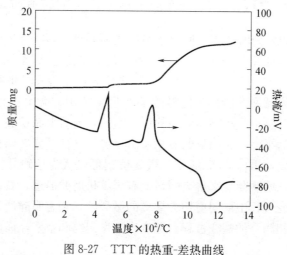

图 8-27　TTT 的热重-差热曲线

此外，在热、力、氧多因素耦合条件下测得了 Al_2O_3/SiC 复相陶瓷、氮化硅陶瓷的高温蠕变性能[64,65]，测试结果表明陶瓷材料在高温下的失效是由于蠕变、微裂纹扩展、高温氧化等因素综合所致，其中微裂纹扩展与裂纹尖端原子热激活和化学腐蚀（包括高温氧化）过程密切相关，蠕变也与陶瓷高温氧化产物的种类与数量有关，因此陶瓷材料的高温破坏是热、力、氧综合作用的结果。通常，温度、载荷与氧分压三项指标均为可以调控，以实现所需实验环境。

另外，利用常规高温加热或局部受热同步加载装置，均可实现陶瓷材料在热、力、氧多因素耦合条件下的力学性能测试。其在氧化环境下实现高温及超高温测试条件常见有以下两种方法：一是用感应加热的方法，温度可以达到 3000℃，稳定性好；二是采用氧乙炔喷射火焰加热，它涉及喷枪出气量、喷头与材料表面夹角、材料表面温度状态及其分布等问题，温度控制在 1500～2500℃[25,38,46]。

参考文献

[1] 童靖宇．什么是极端环境 [J]．航天器环境工程，2009，2：023．

[2] 邓传明，于伟东．太空环境中舱外航天服的外层防护问题 [J]．东华大学学报：自然科学版，2004，30（4）：110-116．

[3] 邱惠中．美国空天飞机用先进材料最新进展 [J]．宇航材料工艺，1994（6）：5-9．

[4] Clark S D，Larin M，Rochelle B．NASA Shuttle Orbiter Reinforced Carbon Carbon（RCC）Crack Repair Arc-Jet Testing [C]．ASME District E Student Professional Development Conference，2007．

[5] NASLAIN R，CHRISTIN F．SiC-matrix composite materials for advanced jet engines [J]．MRS Bulletin，2003，28（9）：654-658．

[6] ZHANG G J，ANDO M，YANG F J，et al．Boron carbide and nitride as reactants for in situ synthesis of boride-containing ceramic composite [J]．Journal of European Ceramic Society，2004，24（2）：171-178．

[7] PAVESE M，FINO P，ORTONA C，et al．HfB$_2$/SiC as a protective coating for 2D C$_f$/SiC composites：Effect of high temperature oxidation on mechanical properties [J]．Surface and Coating Technology，2008，202（10）：2059-2067．

[8] 陈宗平，徐金俊，郑华海，等．再生混凝土基本力学性能试验及应力-应变本构关系 [J]．建筑材料学报，2013（1）：24-32．

[9] Neuman E W，Hilmas G E，Fahrenholtz W G．Mechanical behavior of zirconium diboride-silicon carbide ceramics at elevated temperature in air [J]．Journal of the European Ceramic Society，2013，33（15）：2889-2899．

[10] 李坤明，贾露宇，包亦望，等．位移敏感压痕技术评价 SiC 硬质膜的力学性能 [J]．硅酸盐通报，2010（2）：272-277．

[11] López-López E，Erauw J P，Moreno R，et al．Elastic behaviour of zirconium titanate bulk material at room and high temperature [J]．Journal of the European Ceramic Society，2012，32（16）：4083-4089．

[12] Saddeek Y B．Study of elastic moduli of lithium borobismuthate glasses using ultrasonic technique [J]．Journal of Non-Crystalline Solids，2011，357（15）：2920-2925．

[13] WAN DT，BAO YW，LIU XG，et al．Evaluation of elastic modulus and strength of glass and brittle ceramic materials by compressing a notched ring specimen [J]．Advanced Materials Research，2011，177：114-117．

[14] Werner J，Aneziris C G，Schafföner S．Influence of porosity on Young's modulus of carbon-bonded alumina from room temperature up to 1450℃ [J]．Ceramics International，2014，40（9）：14439-14445．

[15] Luz A P，Huger M，Pandolfelli V C．Hot elastic modulus of Al$_2$O$_3$-SiC-SiO$_2$-C castables [J]．Ceramics International，2011，37（7）：2335-2345．

[16] 桑英军，王亮，唐圣平，等．透明有机玻璃弹性模量的测量方法研究 [J]．考试周刊，2009（36）：181-181．

[17] Zhao J，Zheng J J，Peng G F．A numerical method for predicting Young's modulus of heated cement paste [J]．Construction and Building Materials，2014，54：197-201．

[18] BAO Y W，ZHOU Y C．Evaluating high-temperature modulus and elastic recovery of Ti$_3$SiC$_2$ and Ti$_3$AlC$_2$ ceramics [J]．Materials Letters，2003，57（24-25）：4018-4022．

[19] 卜晓雪，包亦望．相对法及其在脆性材料力学性能评价中的应用 [D]．北京：中国建筑材料科学研究总院，2007．

[20] 苏盛彪．预应力陶瓷与层状陶瓷复合材料应力分析与设计 [D]．北京：中国建筑材料科学研究院，2002．

［21］魏晨光．陶瓷涂层物理性能评价的相对法模型及验证［D］．北京：中国建筑材料科学研究总院，2015．

［22］全国工业玻璃和特种玻璃标准化技术委员会．GB/T 31544—2015．玻璃材料高温弹性性能试验方法脉冲激振法［S］，北京：中国标准出版社，2015．

［23］王秀芳．水泥物力学性能评价与小能量破碎理论［D］．北京：中国建筑材料科学研究总院，2011．

［24］Monteverde F，Bellosi A. The resistance to oxidation of an HfB 2-SiC composite［J］. Journal of the European Ceramic Society，2005，25（7）：1025-1031.

［25］包亦望，万德田．结构陶瓷特殊条件下力学性能评价的新技术与技巧［J］．科学通报，2015，60（3）：246-256．

［26］KUZMENKO V A，SHEVEHUK A D，BOROVIK V G. Using C-shaped specimens for examining fatigue of ceramics［J］. Strength of Materials，1985，16（5）：607-611.

［27］刘钊，万德田，包亦望，等．高温和超高温极端环境下陶瓷管材弹性模量评价新技术［J］．现代技术陶瓷，2016，37（2）：107-118．

［28］ISO 18558. Fine ceramics（advanced ceramics，advanced technical ceramics）- Test method for determining elastic modulus and bending strength of ceramic tube and rings［S］.2015.

［29］刘钊．基于缺口环法和相对法评价材料在特殊条件下的弹性模量［D］．北京：中国建筑材料科学研究总院，2016．

［30］刘钊，包亦望，魏晨光，等．校正缺口环法评价石英玻璃管的高温弹性模量［J］．无机材料学报，2015，30（8）：838-842．

［31］LIU Z，BAO Y W，WAN D T，et al. A novel method to evaluate Young's modulus of ceramics at high temperature up to 2100 ℃. Ceramics International，2015，41（10）：12853-12840.

［32］包亦望，刘钊，万德田．高温及超高温环境下弹性模量测试用装置［P］．中国：CN 204302112 U，2015-04-29．

［33］包亦望，万德田，刘正权，等．一种评价圆环或圆管状脆性材料弹性模量和强度的方法，CN102095637A［P］.2011.

［34］Manocha L M. High performance carbon-carbon composites［J］. Sadhana，2003，28（1-2）：349-358.

［35］Mason I B，Knibbs R H. The Young's modulus of carbon and graphite artefacts［J］. Carbon，1967，5（5）：493-506.

［36］Maruyama T，Eto M，Oku T. Elastic Modulus and bend strength of a nuclear graphite at high temperature［J］. Carbon，1987，25（6）：723-726.

［37］Bao Y，Liu L，Zhou Y. Assessing the elastic parameters and energy-dissipation capacity of solid materials：A residual indent may tell all［J］. Acta Materialia，2005，53（18）：4857-4862.

［38］包亦望，万德田，卜晓雪，等．一种材料超高温力学性能测试方法及系统，CN101149320［P］.2008.

［39］Monteverde F，Bellosi A. Effect of the addition of silicon nitride on sintering behavior and microstructure of zirconium diboride［J］. Scr Mater，2002，46：223-228.

［40］武保华，刘春立，张涛，等．碳/碳复合材料超高温力学性能测试研究［J］．宇航材料工艺，2001，6：67-71．

［41］易法军，韩杰才，杜善义．混杂碳/碳复合材料超高温力学性能实验研究［J］．复合材料学报，2003，20：118-122．

［42］张立同，成来飞，徐永东．新型碳化硅陶瓷基复合材料的研究进展［J］．航空制造技术，2003（1）：24-32．

［43］乔生儒，罗国清，杜双明，等．3D-C/SiC复合材料的高温拉伸性能［J］．机械科学与技术，2004，23：335-338．

［44］Fujii K，Yasuda E，Tauabe Y. Dynamic mechanical properties of polycrystalline graphite and 2D C/C composite by plate impact［J］. Int J Impact Eng，2001，25：473-491.

［45］Gupta J S，Alix O，Boucard P A，et al. Fracture predications of a 3D C/C materials under impact［J］. Compos Sci Technol，2005，65：375-386.

［46］包亦望，万德田，邱岩，等．局部受热加载测试材料在超高温氧化环境下力学性能的检测方法及装置［P］．中国专利，ZL201010244891.7，2012-06-20．

［47］Wan D T，Bao Y W，Tian Y，et al. Evaluation of impact bending strength of ceramiccomposites at ultra-high temperatures from 1500～2000℃ in air［J］. Key Eng Mater，2014，591：145-149.

［48］GB/T 1439—2008，精细陶瓷高温弯曲强度试验方法［S］，2008．

［49］ASTM C1425-13，Standard Test Method for InterlaminarShear Strength of 1-D and 2-D Continuous Fiber-Reinforced Advanced Ceramics at Elevated Temperatures ［S］，2013.

［50］ASTM C1292-10，Standard Test Method for Shear Strength of Continuous Fiber-Reinforced Advanced Ceramics at Ambient Temperatures ［S］，2010.

［51］Liu Z，Bao Y W，Hu C L，et al. Evaluating High Temperature Modulus and Strength of Alumina Tube in Vacuum by a Modified Split Ring Method ［J］. Key Engineering Materials，2016，680：9-12.

［52］奥田誠一，斎藤雅弘，橋田俊之，et al. 傾斜機能材料開発のための小形パンチ試験法に関する研究 ［J］. 日本機械学會論文集 . a 編，1991，57（536）：940-945.

［53］邓启煌 . 多场耦合条件下 MSP 测试系统的建立及在 PZT 陶瓷中的应用 ［D］. 上海：东华大学，2012.

［54］邓启煌，王连军，王宏志，等 . 多场耦合 MSP 测试系统的建立及应用 ［J］. 稀有金属材料与工程，2011，40（S1）：421-424.

［55］邓启煌，王连军，王宏志，等 . 锆钛酸铅陶瓷在力电耦合场下疲劳性能的评价 ［J］. 无机材料学报，2012，27（4）：358-362.

［56］Duiker H M，Beale P D，Scott J F，et al. Fatigue and switching in ferroelectric memories：Theory and experiment ［J］. Journal of Applied Physics，1990，68（11）：5783-5791.

［57］方岱宁，刘金喜 . 压电与铁电体的断裂力学 ［M］. 北京：清华大学出版社，2008.

［58］O'Handley R C. Modern Magnetic Materials：Principles and Applications ［M］. New York：John Wiley & Sons，Inc. 2000.

［59］方岱宁，裴永茂 . 电磁功能材料的多场耦合实验研究进展 ［J］. 力学与实践，2010，32（6）：1-7.

［60］方岱宁，毛贯中，李法新，等 . 功能材料的力、电、磁耦合行为的实验研究 ［J］. 机械强度，2005，27（2）：217-226.

［61］刘宝林，刘荣军，张长瑞，等 . SiCf/SiC 复合材料高温抗氧化研究进展 ［J］. 硅酸盐通报，2014（5）：1107-1112.

［62］包亦望，苏盛彪，王毅敏，等 . 钛化物陶瓷的高温蠕变行为与失效机理 ［J］. 硅酸盐学报，2002，30（3）：300-304.

［63］叶大伦 . 实用无机物热力学数据手册 ［M］. 北京：冶金工业出版社，1981.

［64］包亦望，王毅敏，金宗哲 . Al₂O₃/SiC 复相陶瓷的高温蠕变与持久强度 ［J］. 硅酸盐学报，2000，28（4）：348-351.

［65］苏盛彪，包亦望，杨建军 . 氮化硅陶瓷高温蠕变行为及 Y₂O₃ 和 CeO₂ 的影响 ［J］. 中国稀土学报，2003，21（2）：179-183.

第9章 陶瓷冲击阻力和热震阻力

陶瓷材料所受的冲击作用主要包括机械冲击和热冲击。机械冲击即在冲击载荷的作用下，材料发生快速变形或破坏；热震也叫热冲击，它是由于急冷或急热而产生冲击内应力的一种形式，即部件的表面和内部或不同区域之间的温度差而产生的热应力。冲击阻力和热震阻力均表示陶瓷材料在载荷冲击作用或热冲击作用下抵抗瞬态破坏的能力，体现了材料在冲击作用下的能量转移和传播能力。

9.1 陶瓷的抗冲击阻力与脆性

评价材料脆性和抗冲击能力，对产品或结构的选材、抗震设计、可靠性保证等具有重大意义。然而至今未有统一而合理的度量脆性方法。有的用拉、压强度或冲击强度来表示[1]，有的用断裂表面能表示[2]，有的用应变条件表示[3,4]，也有用裂纹扩展速率描述[5]。显然都是不全面的，脆性不能单用断裂韧性，弹性或塑性参数来衡量。脆性最重要的标志是抗冲击性差。绝大多数脆性材料及产品的破坏都是由冲击力引起的瞬态破坏，脆性越大，破坏速度越快。因此脆性应由抗冲击性能来定义。我们定义缓冲能力和抵抗瞬态破坏能力为材料的冲击阻力，表现为裂纹扩展速率（破坏速率）以及变形量，体现了材料在冲击载荷下的能量转移和传播能力。脆性与冲击阻力互为倒数，材料越脆，越容易应力集中而快速断裂。

由于脆性材料或构件大都因冲击或振动导致破坏，因而抗冲击性能是脆性材料力学性能中最重要的性能之一[7,8]。脆性或冲击阻力仅仅反映缓冲能力或破坏速度，并不体现抵抗冲击力的程度。例如泡沫材料缓冲能力好、脆性小，但强度很低，很小的冲击力可使它破坏，但脆性跟抗冲击能力有着本征的联系。

9.1.1 脆性的定量化

脆性材料的破坏大都是拉应力引起的弹性范围内脆断，因为其抗拉强度远低于抗压和抗剪强度。研究表明，脆性材料的临界破坏应力随应力梯度的增加而增加，因此其破坏准则不能用最大应力而应以体积应力来表征，称为均强度准则[9,10]，即当材料内某一小区内的平均拉应力达到临界值时，就会从此处开始发生破坏。这个小区称为破坏发生区，它是脆性材料的重要特性，其宽度为 $\Delta = 2 (K_{IC}/\sigma_t)^2/\pi$，$\sigma_t$ 是特征抗拉强度。换言之脆性材料断裂不是取决于某一点的应力，而是取决于某一小面积上的应力平均值，这也是为什么在高度应力集中作用下，虽然最大应力值远高于抗拉强度，但却不发生断裂破坏。破坏发生区越小，越容易达到均强度条件而开裂，因此，裂纹扩展速率跟破坏发生区尺寸成反比，从而可以得到破坏发生区跟冲击阻力的关系。

冲击阻力是抵抗瞬态破坏的能力，它主要依赖于（1）裂纹扩展速率，扩展速率越慢，冲击阻力越大。这是因为断裂不仅需要一定的外力，还需要一定的外力持续时间。在瞬态冲击力作用下，裂纹扩展快的材料容易断裂，而裂纹扩展速率慢的材料完成断裂所需时间较长，或者断裂尚未完成外力就已消失。因此冲击阻力与破坏发生区尺寸成正比，即 $R \propto (K_{1c}/\sigma_t)^2$。（2）冲击阻力与材料的极限应变成正比。在冲击过程中，冲击动能首先转换成变形能，再转换成断裂表面能。变形能越大吸收的能量越大，而极限应变正好反映了极限变形能和缓冲能力的大小，它通常可用强度来表示。脆性材料在破坏前应力与应变基本上是线性本构关系，故有 $R \propto \sigma_t/E$。

根据以上分析，脆性材料的抗冲击阻力可以表示为：

$$R = A\left(\frac{K_{IC}}{\sigma_t}\right)^2 \frac{\sigma_t}{E} \tag{9-1}$$

A 是与冲击速度和试样形状、尺寸有关的常数，它反映了同种材料的脆性随结构、外力的不同而变化。测试过程可利用相对法，取普通玻璃（钠钙玻璃，以下简称"玻璃"）为参照材料相对于玻璃的冲击阻力为 $R_{re} = R/R_{glass}$。而脆性为冲击阻力的倒数，从而可以得到脆性和相对脆性的表达式为：

$$B = 1/R, \quad B_{re} = 1/R_{re} \tag{9-2}$$

B_{re} 是不同材料相对于玻璃的脆性程度，或某一特定待测材料脆性与玻璃脆性的比值，其物理意义明确直观，可作为基本材料参数。这里是利用了玻璃材料作为参比物，当然也可利用其他材料作为参比物。

9.1.2　冲击模量

冲击阻力或脆性仅反映抵抗瞬态破坏的能力，或者说是缓冲能力的大小，并不反映抗冲击力的大小。抗冲击能力还与材料强度有关，即冲击阻力乘以强度代表了抗冲击破坏的能力，称之为冲击模量（IM）。

$$IM = R\sigma_t = A\left(\frac{K_{IC}}{\sigma_t}\right)^2 \frac{\sigma_t}{E} \cdot \sigma_t = AK_{IC}^2/E \tag{9-3}$$

相对冲击模量 $IM_{re} = IM/IM^0 = (K_{IC}/K_{IC}^0)^2 \cdot E^0/E$。冲击模量反映了材料在破坏发生区面积上的冲击断裂能。它也可以用脆性来表示，即 $IM = $ 静态强度/脆性 $= \sigma_t/B$。冲击模量真正反映了材料的抗冲击能力，它是一个综合的材料常数，而不是单独地依赖于强度值或断裂韧性值。这对于抗震部件的选材是重要的，抗冲击能力可由以下几种情况来分析：

（1）强度低，脆性小的材料。则 IM 值居中，缓冲性好，抗冲击性差（如聚酯泡沫）；

（2）强度高，脆性大的材料，IM 值居中，能量耗散小，抗冲击较差（如陶瓷）；

（3）强度高且脆性小的材料，IM 值高，抗冲击性能优越（如钢材）；

（4）强度低，脆性大的材料，IM 值低，不能抗冲击（如木炭、酥饼）。

对于陶瓷材料，通常选用弯曲强度来评价其力学强度，实际上弯曲强度是特定条件下的抗拉强度[11]，故可以用弯曲强度代替式（9-1）和式（9-3）中的抗拉强度。弯曲强度测试选用三点弯试验，断裂韧性测试选用单边切口梁法。一些常见的工程陶瓷的相对脆性及冲击模量测试结果见表 9-1。

表 9-1　脆性材料的相对脆性和相对冲击模量估算

No.	Material	E GPa	K_{IC} MPa·m$^{(1/2)}$	σ_b MPa	R_{re}	B_{re}	IM
1	glass	60	0.6	80	1	1	1
2	Al_2O_3	358	3.2	190	1.86	0.54	4.42
3	SiC	295	2.35	180	1.39	0.72	3.13
4	HP-SiC	400	4	550	0.97	1.03	6.7
5	HP-Si$_3$N$_4$（1200℃）	230	4.2	400	2.56	0.39	12.8
6	HP-Si$_3$N$_4$（RT）	290	5.7	700	2.13	0.47	18.67
7	Si$_3$N$_4$ (cavity ratio 20%)	98	2.7	167	4.8	0.2	10.1
8	ZSB	400	5.1	580	1.5	0.67	10.84
9	ZrO$_2$	200	7.56	754	5.05	0.184	47.6
10	SiC/ZrB$_2$	385	5.95	331	3.7	0.27	15.3

由表 9-1 可见，一般脆性材料的冲击阻力均大于玻璃。多孔材料的冲击阻力更好。ZrO_2 材料的冲击模量最高，因为它的脆性小而强度高。从动态可靠性的观点来看，材料的冲击模量越高越好。

通过脆性的测试和计算，可以评价各种脆性材料的脆性，缓冲能力，冲击强度等。例如对于 Al_2O_3（2 号）和 Si_3N_4（7 号），仅从单一的常见力学参数判断哪种材料更脆是很困难的。7 号的断裂韧性和脆性都比 2 号的低，这是否矛盾？完全不是，这里的脆性可按字面意义理解，但韧性并非是它字面的意思。如果用非脆性材料来比较就直观了，学生用橡皮的断裂韧性只有 $0.038MPa·m^{1/2}$，是脆性陶瓷的百分之一，但显然不能说它比陶瓷更脆。只有脆性或者冲击阻力 R 可作为评价缓冲性能的指标，但它不能衡量材料的冲击强度，冲击强度须用冲击模量来评价。另外，脆性越小的材料对微缺陷的敏感性也越小，从而疲劳性能也更好。

9.1.3　脆性改善判据

在结构陶瓷的研究中最主要的问题是改善脆性，或者说增强韧性，但至今没有明确的判据来定量表明脆性是否得到改善，使得改善脆性工作带有盲目性。

对于金属材料（弹塑性材料），强度—韧度关系常常是此长彼消[12]，这主要因为塑性的存在和塑性区大小变化所致。因此可以仅从断裂韧性值的改善情况判断增韧效果。而对于断裂前不出现任何塑性和屈服的准脆性材料，由于断裂韧性的物理意义实质上是：（1）缺陷条件下的强度水平，（2）裂纹扩展阻力。对于脆性材料特别是陶瓷材料，强度的提高往往使断裂韧性也有所提高，而提高断裂韧性则一定也会提高强度，这种特征与金属相反。

需要指出的是，陶瓷材料的增韧效果决不能只看断裂韧性值是否提高，而是要提高断裂韧性与强度的比值，或降低弹性模量。韧性与强度的比值正好把断裂韧性物理意义中的第一项除掉了，所以它反映了断裂韧性的第二个物理意义：裂纹扩展阻力。

如果改进工艺，强度提高了 2 倍，断裂韧性和弹性模量提高了 1 倍，则 K_{IC}/σ_t 减小，从式（9-1）和（9-2）可知脆性比原来增大 0.5 倍，不过冲击模量仍提高了 1 倍。因此容易得出改善脆性的判据，假设材料通过工艺改进后的断裂韧性是原来的 a 倍，强度是原来的 b 倍，弹性模量是原来的 c 倍，则由式（9-1）和式（9-3）得脆性改善判据为：

$$\begin{cases} a^2 > b \cdot c \text{；（脆性降低）} \\ a^2 = b \cdot c \text{；（脆性不变）} \\ a^2 < b \cdot c \text{；（脆性增加）} \end{cases} \begin{cases} a^2 > c \text{；（冲击模量增加）} \\ a^2 < c \text{；（冲击模量减小）} \end{cases} \tag{9-4}$$

可见对于脆性材料，认为断裂韧性提高就是脆性降低，是不正确的。例如，加入 SiC 纳米粒子使 Si_3N_4 陶瓷的强度提高至原来的 b=1550/750=2.06 倍，韧性提高至原来的 a=6.7/5=1.34，弹性模量提高至原来的 c=350/300=1.17，但由于 $a^2 < b \cdot c$，说明复合后的材料比原来更脆了，同时又由于 $a^2 > c$，说明冲击模量增加了[13]。

9.2　冲击强度

尽管结构陶瓷具有许多性能上的优点，但脆性材料的抗冲击性差是它的致命弱点，几乎所有陶瓷构件都是因受动态载荷或冲击而产生破坏。因此评价结构陶瓷的冲击强度和抗冲击性具有较大实际意义。虽然弯曲法测试陶瓷的冲击韧性制定了摆锤冲击试验方法标准，但是高速载荷下冲击强度的评价还不够完善，对陶瓷材料，这方面的研究刚起步。关于冲击强度的定义以及冲击强度的计算实际上还没有一个明确的规定。据此，提出了冲击弯曲强度的计算方法[14]。

对于梁试样的弯曲受力，传统的最大冲击力 P 的计算是假设从静载到动载，力与位移服从同一线弹性关系，并利用能量守恒而求出为：

$$P = Q\left(1 + \sqrt{1 + \frac{V^2}{g\delta_Q}}\right) \tag{9-5}$$

式中　Q——静载力（N）；

　　　δ_Q——静载力 Q 作用点处的静位移（m）；

　　　V——冲击速度（m/s）；

　　　g——重力加速度（m/s²）。

式（9-5）只在不考虑受冲击物的惯性力时成立。因而它可以看做是最大冲击力的上限值计算公式。在瞬态力作用下，物体内部应力与作用力之间的关系不能沿用静载时的关系式。但以往很多资料，包括教科书[15]和手册[16]中都是直接应用静载时的荷载与应力关系而得出冲击应力与静载应力的关系。

$$\sigma_{dy} = \sigma_{\delta t}\left(1 + \sqrt{1 + \frac{V^2}{g\delta_Q}}\right) \tag{9-6}$$

显然，这个公式不能代表梁的动态响应的内应力。在梁的冲击过程中，最大冲力 P 等于两支座上的支反力之和再加上梁的惯性力。跨中截面上的最大应力由两部分引起，第一部分是支反力产生的弯矩引起静态应力，第二部分是由惯性力产生的弯曲运动达到最大时的弯矩所引起称为动态应力。在无惯性力（静态）的情况下，载荷达到最大时，梁的变形也达到最大。但在冲击力作用下，载荷达到峰值时，梁的挠度由于惯性仍在继续增大，直到系统动能转化成变形能。因此最大应力出现在冲击力峰值过后一点的时刻。可见应力与载荷关系不再像静态下的对应关系。

9.2.1 三点弯曲梁的冲击响应

一个矩形截面梁，其跨、高、宽分别为 L、H、B。采用三点弯曲冲击实验装置，设重锤下落的高度为 h，锤重为 Q，质量为 m_1，试件受到的最大冲击力为 P。梁的质量为 m_2，总支反力为 R。冲击力从零到 P，再到零所经历的时间为 T，称为冲击时间。

对于简支梁在动态力 $f(x,t)$ 作用下的控制方程为：

$$\rho A \frac{\partial^2 W}{\partial t^2} + EI \frac{\partial^4 W}{\partial x^4} = f(x,t) \tag{9-7}$$

W 是挠度，ρ 是密度，落锤实验的载荷函数可以用 δ 函数和三角函数表示[17]，即：

$$f(x,t) = P \cdot \delta\left(x - \frac{l}{2}\right) \cdot \sin\left(\frac{\pi t}{T}\right) \tag{9-8}$$

将 W 表示为梁的主模态，其表达式为：

$$W(x,t) = \sum_i \Phi_i(x) \cdot \xi_i(t) \tag{9-9}$$

Φ_i 是梁的主模态，ξ_i 是时变因子。将式（9-9）代入式（9-7），并利用主模态的正交性可得 ξ_s 的微分方程：

$$\ddot{\xi}_s + \omega_s^2 \xi_s = \frac{\sin\left(\frac{\pi t}{T}\right) \int_0^l P \cdot \delta\left(x - \frac{l}{2}\right) \cdot \Phi_s(x) dx}{\int_0^l \rho A \left[\Phi_s(x)\right]^2 dx} \tag{9-10}$$

ω_i 是系统的固有频率，对于简支梁，上式（9-7）的解为：

$$W = \sum_i \frac{2P \sin\left(\frac{i\pi}{2}\right)}{m_2 \left[\omega_i^2 - \left(\frac{\pi}{T}\right)^2\right]} \sin\frac{i\pi x}{L} \cdot \sin\left(\frac{\pi t}{T}\right) \tag{9-11}$$

在 $x = l/2$ 处的弯曲应力 $\sigma\left(\frac{l}{2}, t\right) = -\frac{EI}{Z}\left(\frac{\partial^2 W}{\partial x^2}\right)_{x=l/2}$，$Z = H^2 B/6$，代入上式（9-11），忽略高阶模态的影响，只取一阶主模态，则有：

$$\sigma_{\max} = \frac{3Pl}{2H^2 B} \cdot \frac{8}{\pi^2} \cdot \left[1 - \left(\frac{\pi}{T\omega_1}\right)^2\right]^{-1} \tag{9-12}$$

梁的基本周期为 $T_1 = 2\pi/\omega_1$，忽略高阶模态时，最大挠度为：

$$W_{\max} = \frac{Pl^3}{48EI} \cdot \frac{96}{\pi^4} \cdot \left[1 - \left(\frac{T_1}{2T}\right)^2\right]^{-1} = K\delta_P \tag{9-13}$$

如果 $T = 0.5T_1$，则 $K \to \infty$，即所谓的共振现象。

9.2.2 冲击时间与冲击物特性的关系

落锤的冲击时间实际上是与冲击物的固有频率和质量有关，为了从理论上找出这种关系，可从能量守恒入手。落锤系统原有势能为 $m_1 gh$，冲击瞬时锤和梁中点的共同速度为 u，此刻锤的动能为：

$$\frac{1}{2}m_1u^2 = \frac{1}{2}m_1\left[V\left(\frac{l}{2},0\right)\right]^2 = m_1\left(\frac{P\pi}{m_2T}\right)^2 \Big/ \left[\omega_1^2 - \left(\frac{\pi}{T}\right)^2\right]^2 \tag{9-14}$$

梁的动能为：

$$\frac{1}{2}\int_0^i \rho A dx \cdot \left[V\left(\frac{l}{2},0\right)\right]^2 = m_2\left(\frac{P\pi}{m_2T}\right)^2 \Big/ \left[\omega_1^2 - \left(\frac{\pi}{T}\right)^2\right]^2 \tag{9-15}$$

此刻系统的总动能应等于落锤的原有势能 m_1gh，从而可得到最大冲击力与落锤高度的关系：

$$P = \sqrt{\frac{m_1gh}{m_1+m_2} \cdot \left[\omega_1^2 - \left(\frac{\pi}{T}\right)^2\right]} \Big/ \left(\frac{\pi}{m_2T}\right) \tag{9-16}$$

设冲击物的冲击速度为 V_1，则 $V_1 = \sqrt{2gh}$，则有：

$$P = \sqrt{\frac{m_1}{m_1+m_2}} \cdot \frac{V_1}{\sqrt{2}} \cdot \left[\omega_1^2 - \left(\frac{\pi}{T}\right)^2\right] \Big/ \left(\frac{\pi}{m_2T}\right) \tag{9-17}$$

在 $0 \sim T/2$ 时间内，落锤动量的减少量为 $m_1(u\text{-}0)$，它所受到的冲量为：

$$S = \int_0^{T/2} P \cdot \sin\left(\frac{\pi t}{T}\right)dt = \frac{T}{\pi} \cdot P \tag{9-18}$$

由动量定理可得：

$$\frac{T}{\pi}P = m_1u = m_1\frac{2P\pi}{m_2T}\Big/\left[\omega_1^2 - \left(\frac{\pi}{T}\right)^2\right] \tag{9-19}$$

求出 T 为：

$$T = \sqrt{1 + 2\frac{m_1}{m_2}} \cdot \frac{\pi}{\omega_1} \tag{9-20}$$

上式（9-20）表明，冲击时间 T 只与系统的固有频率以及冲击物的质量有关，与冲击速度无关，这一结果对冲击实验有指导性意义，它表明冲击时间与固有频率成反比，与冲击物质量的平方根成正比。

利用式（9-20），上式（9-12）、（9-13）可化为：

$$\sigma_{\max} = \frac{3Pl}{2H^2B} \cdot \frac{8}{\pi^2}\left(1 + \frac{m_2}{2m_1}\right) \tag{9-21}$$

$$W_{\max} = \frac{Pl^3}{48EI} \cdot \frac{96}{\pi^4}\left(1 + \frac{m_2}{2m_1}\right) \tag{9-22}$$

以上两个公式对冲击强度分析很重要，它表明动态强度计算可按静态的公式乘以一个系数，这个系数只与试样和冲击物的质量有关。以上这些分析主要对于陶瓷、玻璃、晶体材料等脆性材料有意义，对金属等弹塑性材料意义不大。

9.2.3　冲击失效临界条件评价

由于冲击应力是瞬态的，一定条件下的应力峰值尽管大于材料的断裂强度，而材料也不会完全断裂，这是因为材料在高速冲击下的断裂不仅取决于应力波的峰值，而且还依赖于应力波持续时间，裂纹成核和扩展需要一定的应力持续时间。因此裂纹扩展速度越快的材料，抗冲击性就越差。如果应力峰值大于断裂强度就可产生损伤，并以此作为临界条件，则临界条件为 $\sigma_{\max} = \sigma_b$。

由上式（9-21）可以求出临界冲击力为：

$$P_c = \frac{H^2 B}{12l}\left(\frac{2m_1}{2m_1+m_2}\right)\sigma_b \tag{9-23}$$

将上式（9-20）代入式（9-17）可得一定质量的冲击物的速度与冲击力之间的关系（对简支梁）：

$$P = \sqrt{\frac{m_2+2m_1}{m_1+m_2} \cdot \frac{m_1}{m_2}} \cdot \frac{\sqrt{2}\,m_1 m_2}{m_2+2m_1} \cdot \omega_1 V_1 \tag{9-24}$$

上式也可写成：$P = \alpha \cdot \omega_1 \cdot V_1$，$\alpha$ 是与冲击物及试样质量有关的常量。它表明冲击力与系统的固有频率和冲击速度成正比，联立式（9-23）和式（9-24）可得临界冲击速度：

$$V_c = \beta \cdot \frac{\sigma_b}{\omega_1} \tag{9-25}$$

式中，$\beta = \dfrac{H^2 B}{12l\alpha}\left(\dfrac{2m_1}{2m_1+m_2}\right)$ 是与冲击物及试样质量有关的常量。设最大总惯性力为 F_a，则

$$F_a = \int_0^l \rho A \cdot \frac{\partial^2 W}{\partial t^2}dx = \rho A \cdot \frac{P}{m_1}\int_0^l \sin\left(\frac{\pi x}{l}\right)dx$$

$$= \rho A \cdot \frac{P}{m_1} \cdot \frac{2l}{\pi} = \frac{2}{\pi} \cdot m_2 \cdot \frac{P}{m_1} = \frac{2}{\pi} \cdot m_2 a_m \tag{9-26}$$

a_m 是冲击点的最大加速度，上式表明总惯性力相当于梁以加速度 a_m 作刚体运动时惯性力的 $2/\pi$ 倍。以上全部理论主要针对梁不破坏的情况。由于忽略高阶模态的响应，计算误差约在 10% 以下。如果实验测到的不是跨中的冲击力 P，而是底座上动态力传感器上的冲击反力 R，利用简支梁中点受力 P 可等效于悬臂梁（长为 $l/2$）在端点受力 $P/2$ 时的应力，可求出跨中位置的最大应力近似为：

$$\sigma_{max} = 1.8 \cdot \frac{3Rl}{2H^2 B} \tag{9-27}$$

它表明高速冲击下的最大弯曲应力大约为静态弯曲应力的 1.8 倍。实际上它依赖于冲击速率和惯性力的大小，不是固定的常量。上面的分析是在梁试样不破坏的情况下成立。

9.2.4　冲击速度与冲击强度[14,18]

当冲击力大于一个临界值时，试样受冲击后断裂，断裂时试样受到的最大应力称为冲击强度。重锤在冲击过程中动能的减少转化为断口的表面能，或者说动能转化成断裂功。严格地说还应加上试件的动能。理论分析和实验都表明冲击强度随着冲击速度的提高而提高，这主要是因为在高速加载的情况下，断裂功比低速加载时要大。在静载下，弯曲试件的断裂通常是开始时出现短裂纹（开裂过程），产生这种裂纹表面的断裂功很大，随后的破坏是短裂纹的扩展直至断裂，这一阶段的断裂功较小，断口表面平整。在高速冲击下由于加载速度的增大，裂纹来不及扩展或只有很小的扩展。也就是说只有开裂时间，没有裂纹扩展时间。开裂的表面能大大高于裂纹扩展的表面能，前者从断口上反映的是坑洼不平的部分，后者是断口上的平整部分，因此可以推断，当冲击速度高到一定程度 V_s 时，整个断裂过程都是开裂过程，这时冲击强度达到上限，即使冲击速度再增大，冲击强度也不会继续增加。另一方面，当加载速度低于某临界值 V_{th} 时，加载速度远低于开裂速度，对断裂功的影响很小，这时 V_{th} 对应于冲击强度的下限，因此冲击强度与冲击速度的理论关系如图 9-1 所示。

假如冲击速度超过了材料的应力波传播速度，则弯曲应力还没完全产生，冲击物已穿过试样，这种冲击剪应力引起的破坏可能使脆性材料冲击后发生粉碎性破坏。冲击强度是在一定冲击速度下的强度，如果不考虑作用力的时间，则在远低于冲击强度的应力下材料也会断裂。所以冲击强度反映的只是一定条件下断裂功的大小。

在动载作用下的应力—应变关系不完全是线性对应关系，通常应变响应有一定的滞后性。由前面的分析，可知材料的裂纹扩展速率直接影响它的抗冲击性。而裂纹扩展速率与材料的破坏发生区有关。细晶陶瓷的裂纹扩展速率比粗晶陶瓷快，因而更容易受冲击或瞬态力而破坏。从这种意义上来定义材料的脆度是合适的。脆度与材料的断裂韧性值无关，但可以用裂纹扩展速度来衡量，从而可以由破坏发生区的大小来评价材料的脆性。

对 Si_3N_4 陶瓷和粗晶 Al_2O_3 进行了三点弯曲的冲击实验，测出冲击支反力，实验结果如图 9-2 所示。图 9-2 可以清楚看出由于 Al_2O_3 的裂纹扩展速率相对慢，其临界速度 V_{th} 较低，随着冲击速度（加载速度）的增加，其冲击强度逐渐增大，因而在一定速度范围内，它的冲击强度超过了 Si_3N_4。然而这已经接近它的上限值了。但 Si_3N_4 的冲击强度还可继续增长，所以当速度继续增大时 Si_3N_4 的冲击强度又超过了粗晶 Al_2O_3。

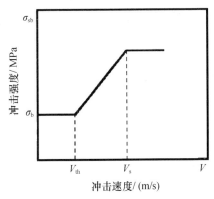

图 9-1　冲击速度与冲击强度的关系
示意图（理论推测图）

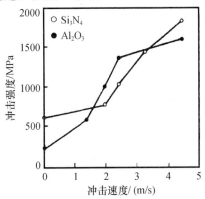

图 9-2　Si_3N_4 与 Al_2O_3 冲击速度与
冲击强度的关系（试验结果）

对于颗粒冲击在材料表面，硬脆材料常用冲量表征，在等冲量的冲击下，冲击波周期越短，冲击加速度越大。而冲击周期与 $\sqrt{m_1}$ 成正比，因此在冲量相等的情况下，小颗粒的冲击往往比大颗粒冲击造成的损伤要大。这也可从式（9-23）看出来，梁的临界冲力可随冲击物的质量增加而增加。虽然冲击强度随着冲击速度增加而增加，但是冲击强度的上限不可能达到材料的理论强度。对于陶瓷材料，缺陷对断裂强度的影响将随着加载速率的增加而下降。对于完全无缺陷的理想化材料，其强度也远低于其理论强度，但是随着断裂速率的提高，强度可以接近理论强度。当样品的横截面积非常小并且高速断裂，其断裂强度可接近理论强度。

9.3　陶瓷表面的颗粒冲击损伤

陶瓷作为一种典型的脆性材料，在服役过程中会受到颗粒的冲击、碰撞与碾压作用，由此形成的表面损伤会对其力学性能和服役安全性造成影响。因此，评价陶瓷的颗粒冲击损伤是至关重要的。

9.3.1　颗粒冲击损伤[18,19]

9.3.1.1　颗粒冲击损伤的理论分析

为便于分析，可假设冲击颗粒为一小球。在小球开始撞击试样的那一时刻，球的速度为 V，试样对球的作用力为 0。经过时间间隔 τ 以后，球的速度降为 0，试样对小球的作用力从 0 增加到 P（最大值）。这一过程为冲击的第一过程，如图 9-3 所示。

在冲击的第一过程中，如果不考虑变形，则可直接利用动量定理，小球在这一过程中动量的改变等于小球所受到的冲量，即

$$m(V - 0) = \int_0^\tau F \mathrm{d}t = S \qquad (9\text{-}28)$$

式中，m 为冲击小球的质量（kg）。

对于弹性材料，可近似地认为在这一过程中的反力 F 是时间 t 的线性函数，则冲量 S 是半波的三角形面积。从而有：

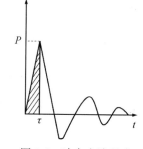

图 9-3　冲击力波形式

$$mV = \int_0^\tau F \mathrm{d}t = S = 0.5P\tau \qquad (9\text{-}29)$$

小球自由落体的冲击高度为 h，则 $V = \sqrt{2gh}$，代入式（9-29）可得：

$$P = \frac{2mg}{\tau} \cdot \sqrt{\frac{2h}{g}} \qquad (9\text{-}30)$$

试样所受到的最大冲击力 I 等于 P 加上落球的自重：

$$I = mg\left(1 + \frac{2}{\tau}\sqrt{\frac{2h}{g}}\right) \qquad (9\text{-}31)$$

对于弹性模量较小的材料，可将冲击波看做是正弦波来积分，则可得：

$$I = mg\left(1 + \frac{\pi}{2\tau}\sqrt{\frac{2h}{g}}\right) \qquad (9\text{-}32)$$

上式中反力的计算需要已知冲击时间间隔 τ，如果能测出 τ，也就同时能测得冲击反力。另外，由于上式计算过程中未考虑变形，所以以上理论不易建立冲击与损伤参数间的关系。

下面通过能量原理可推导出最大冲击反力的计算式。首先假设小球与试样的碰撞是弹性的，即碰撞过程中没有能量损耗，设小球的半径为 r，质量为 m。由于颗粒相对于构件来说是很小的，所以试件可看作是半无限体。小球与试件碰撞挤压后形成的圆接触面的半径为 a，小球的球心在碰撞过程中最大位移为 α。根据弹性理论[20]和赫兹方法，可得：

$$a = \left[\frac{3\pi P(k_1 + k_2)r}{4}\right]^{1/3}$$

$$\alpha = \left[\frac{9\pi^2 P^2 (k_1 + k_2)^2}{16r}\right]^{1/3} \tag{9-33}$$

式中，$k_i = \dfrac{1 - \nu_i^2}{\pi E_i}$，$i = 1, 2$，其中 E_1、ν_1 分别是小球的弹性模量和泊松比；E_2、ν_2 分别是试样的弹性模量和泊松比。设小球在冲击开始时刻动能为 $T = \dfrac{1}{2}mV^2$，当冲击反力达到最大值 P 时（$t = \tau$），小球的动能为 0，这时系统的弹性势能为：

$$U = \frac{1}{2}P\alpha = \frac{1}{2}P\left[\frac{9\pi^2 P^2 (k_1 + k_2)^2}{16r}\right]^{1/3} \tag{9-34}$$

由能量守恒定理可得：

$$\frac{1}{2}mV^2 = U = \frac{1}{2}P^{5/3}\left[\frac{9\pi^2 (k_1 + k_2)^2}{16r}\right]^{1/3} \tag{9-35}$$

将 $V = \sqrt{2gh}$ 代入上式，可解得最大冲击反力：

$$P = 1.7\,(mgh)^{3/5}\left[\frac{1 - \nu_1^2}{E_1} + \frac{1 - \nu_2^2}{E_2}\right]^{-2/5} \cdot r^{1/5} \tag{9-36}$$

式（9-36）表明，最大冲击力不仅与小球的速度、重量、尺寸有关，而且还与冲击和被冲击材料的弹性参数有关，即弹性模量越大，最大冲击反力也越大；泊松比越大，则最大冲击反力越小。

在确定了最大冲击力和接触面积、接触压力后，利用弹性力学的方法可以计算出试件内的应力分布。最大压应力作用在冲击点的中心，其值为：

$$\sigma_{cmax} = \frac{3P}{2\pi a^2} \tag{9-37}$$

最大剪应力作用在距离接触面中心下约 $0.47a$ 的法线上，其值为：

$$\tau_{max} = 0.465\,\frac{P}{\pi a^2} \tag{9-38}$$

最大拉应力作用在圆接触面的边界上，其值为：

$$\sigma_{tmax} = 0.2\,\frac{P}{\pi a^2} \tag{9-39}$$

对于陶瓷类脆性材料而言，其抗拉强度远低于抗压和剪切强度。因此当圆形接触面边界上的拉应力大于该材料的拉伸极限时，将会产生一个沿接触面边界的圆环形小裂纹，这一结论已为试验所证实。如果随后接触点中心下方 $0.47a$ 处的最大剪应力也达到极限值，则在该点处发生沿剪切方向的轴对称开裂，并与上述的圆形裂纹汇合而造成小块剥落。

陶瓷类材料通常以弯曲强度作为其强度参数指标，假设开裂的临界条件为：$\sigma_{tmax} = \sigma_b$，则有：

$$0.2\,\frac{P_c}{\pi a^2} = \sigma_b \tag{9-40}$$

联立式（9-40）和式（9-33）可得：

$$P_c = 21274.5 \cdot (k_1 + k_2)^2 \cdot r^2 \cdot \sigma_b^3 \tag{9-41}$$

设临界冲击速度为 V_c，联立式（9-35）和式（9-41）可得颗粒冲击的临界速度：

$$V_c = 544.92 \cdot m^{-1/2} \cdot r^{3/2} \cdot \left(\frac{1-\nu_1^2}{E_1} + \frac{1-\nu_2^2}{E_2} \right)^2 \cdot \sigma_b^{5/2} \tag{9-42}$$

当颗粒冲击速度达到临界值 V_c 时，容易导致材料表面产生小裂纹。上式表明，临界速度或临界冲力与材料的弹性参数有关，同时与冲击颗粒的质量和大小有关。以上理论是建立在弹性假设和能量无损耗的前提下的，对于金属等弹塑性材料则需要考虑塑性变形能的影响。

9.3.1.2 颗粒冲击试验

为了考察材料特性对冲击响应的影响，采用同一落锤和同一小球分别对六种不同的材料进行冲击试验。落锤质量为 0.02kg，氧化锆小球直径为 6mm，落锤高度为 1m，所测得的不同材料的冲去反力、冲力与冲击时间见表 9-2。试验结果表明，随着材料硬度或弹性模量的增加，碰撞时间逐渐缩短，冲击反力逐渐增大。

表 9-2 冲击反力、冲力及冲击时间测试结果

试样编号	材料	E (GPa)	τ (ms)	P_{exp} (N)	P_{cal} (N)
1	橡胶	0.008	0.9	153.8	157.0
2	木头	10	0.32	461.0	443.7
3	树脂复合材料	40	0.24	990.2	791.2
4	铁	150	0.2	1061.5	881.0
5	碳钢	210	0.16	1292.0	1157.7
6	刚玉	290	0.14	1461.1	1323.3

上表中，P_{exp} 为试验测得的冲击反力，橡胶和木材的 P_{cal} 是利用式（9-32）计算得来的冲力，有机玻璃、铁、硬质合金和 Al_2O_3 的 P_{cal} 是利用式（9-31）计算得来的冲力。它表明冲击过程中弹性模量越低、能量耗散越大的材料缓冲能力越好，冲击力越小。

冲力和碰撞时间不仅与试样的弹性模量有关，而且与试样的几何形状和厚度也有关系。恢复系数越小的材料，试件厚度影响越大。恢复系数 k 是碰撞后的速度 u 与碰撞前速度 V 的比值，即 $k = \dfrac{u}{V}$（$0 < k < 1$）。对于一定的冲量，相同厚度试样的弹性模量与冲力的关系如图 9-4 所示，最大冲力随着试样弹性模量的提高而增大。

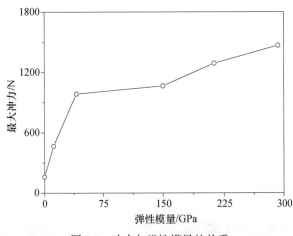

图 9-4 冲力与弹性模量的关系

在不同的冲量下对玻璃和 Si_3N_4 陶瓷试样进行冲击试验，试验后表面损伤对强度影响可以通过测试样品的残余弯曲强度进行分析。玻璃试样尺寸为（mm）：$5 \times 20 \times 110$，Si_3N_4 陶瓷试样的尺寸为（mm）：$3 \times 4 \times 36$。试样的冲击面抛光，受冲击后利用三点弯曲试验测得残余弯曲强度。试验结果如图 9-5 所示，结果表明，陶瓷与玻璃的残余弯曲强度随着所受冲量的增加而下降。这表明材料的损伤程度随冲量的增加而增加。

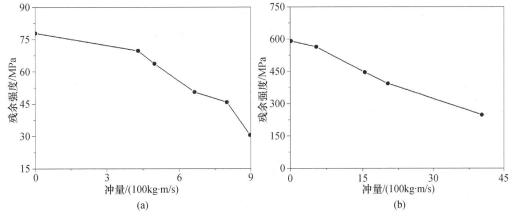

图 9-5　残余强度与冲量的关系
（a）玻璃；（b）Si_3N_4

试验表明，冲击产生的环形圆裂纹的大小与临界冲力和小球尺寸有关，与冲量无关。对于给定的小球尺寸和材料，临界作用力下的接触面半径 a_c 是一定的。冲力大于临界值时，也只会使环形裂纹进一步扩展或在外边产生另一个裂纹，即裂纹深度与冲力有关。

陶瓷构件的冲击损伤与冲击物体的硬度、冲击接触面积、冲量大小有关。冲击的力学表征是冲量而不是速度，所以仅用冲击速度和残余强度的关系研究损伤是不能说明问题的。冲击物的质量、体积、弹性模量以及被冲击试样的尺寸和约束条件都直接影响着损伤的形式和程度。

可以认为，对于给定的材料和给定的冲击接触面积，不同冲击速度和不同质量形成的冲击损伤，在一定冲击速度范围内可以在冲量相同的意义下进行等效。即如果小质量高速度和大质量低速度两种情况下的冲量相等，则可近似地认为它们对受冲击物体产生的损伤度相等。通过这种近似等效关系，可以很容易地从一定的冲击试验来推断产生同等损伤时小质量颗粒所需要的速度。

9.3.2　等效冲击方法[21]

脆性材料的破坏和失效绝大部分是由于冲击和动态载荷而导致。评价和检测脆性部件的抗冲击性能和颗粒的冲击模拟试验对无机脆性材料的广泛应用，以及对航空航天、汽车及军事等工业的发展均有现实意义。然而，在脆性材料的冲击阻力和冲击损伤测试方面，至今没有一种有效和统一的规范。这方面的理论研究和试验方法都还只在初期阶段，很不成熟。过去国际上的冲击研究领域重点在大能量冲击破坏，如撞车、爆炸、地震等。小能量的颗粒冲击和划伤所导致的损伤和部件强度下降，在很长时间没有受到足够的重视，但近十年来这问题越来越引起各国科学家的兴趣，例如航空器、汽车和陶瓷涡轮等受空气中尘沙的冲击损伤。在试验方法方面，常用的摆锤式冲击机只能测试给定形状的试样在弯曲状态下的断裂功，普通落锤式冲击机又往往能量太大，而且仅有金属锤头，无法模拟砂粒的冲击损伤。硬脆材料的表面损伤模拟常用静态压痕方法试验检测。由于动态下的应力波传递和惯性力的作用与静态方式下完全不同，压痕方法不易准确模拟冲击损伤问题。虽然国外常采用高压气枪式的颗粒冲击装置进行陶瓷的冲击损伤试验，但这种方法较昂贵和不安全，并且不易准确地测试颗粒（子弹）撞击时的速度和冲力，另外子弹的大小尺寸不易改变。若能用一种简单的方法完成这种复杂的试验，对于脆性材料或结构的检测和评价是有意义的。

9.3.2.1 等效冲击原理

对于一个构件或试样的冲击断裂分析，通常要考虑构件的形状和尺寸的影响以及它们对冲击的响应、冲击应力和惯性力等的作用，而微小颗粒对脆性部件的高速冲击，则可近似将部件看作弹性半无限体处理。当球形颗粒冲击速度超过一个临界值，往往在靶材料表面上形成一个微小的圆环裂纹（赫兹裂纹）。这种环形裂纹的形貌反映了冲击损伤程度，它由冲击颗粒的质量和冲击力等因素所决定。

假设颗粒冲击过程中没有能量损耗，当冲击力 P 达到最大时，颗粒的动能全部转化成了弹性势能。由式（9-36）可知冲击力与材料性能和颗粒的动能有关。

当冲击靶和冲击颗粒的材料一定，且冲击接触面积不变（接触头的曲率半径不变）时，相同的冲击动能是否可以导致相同的冲击损伤效果？如果是，则我们可以用大质量低速冲击代替小质量高速冲击进行试验检测，模拟微小砂子的高速碰撞就很容易了。考虑两个不同质量的冲击物 m_1 和 m_2 对同一材料的冲击，如果两个冲击物接触头的材料和曲率半径相同，令其动能相等，则有：

$$\frac{1}{2}m_1v_1^2 = \frac{1}{2}m_2v_2^2 \tag{9-43}$$

由式（9-35），可得：

$$\frac{1}{2}mv_1^2 = \frac{1}{2}P_1^{5/3}\left[\frac{9\pi^2(k_1+k_2)^2}{16r}\right]^{1/3}$$
$$\frac{1}{2}mv_2^2 = \frac{1}{2}P_2^{5/3}\left[\frac{9\pi^2(k_1+k_2)^2}{16r}\right]^{1/3} \tag{9-44}$$

联立式（9-43）和（9-44）可得 $P_1 = P_2$，即最大冲击力相等。对于相等的冲击力作用在同一冲击接触面积上，受冲击物体上的冲击损伤应相等。根据这一设想，我们用玻璃和陶瓷试件进行试验。通过观测冲击后的表面环形裂纹形貌和残余弯曲强度，说明等效冲击结果完全类似。采用自由落体锤击靶子，可使得速度计算和试验操作更为简便。将相同的陶瓷小球固定在不同质量的落锤前端，设落锤的初始高度为 h，则有 $mgh = 0.5mv^2$，能量等效冲击公式变为：

$$m_1h_1 = m_2h_2 \tag{9-45}$$

设冲击能量分为三个范围：1）不导致表面损伤；2）导致表面损伤；3）导致试件断裂或粉碎破坏。用本方法可以模拟第二种范围内任何小颗粒冲击所造成的损伤和效果。显然该等效原理的前提条件是不同体积的冲击物上的冲击头是一致的。第三种冲击范围可能有不同的能量损失，该等效原理是否可行有待进一步研究。同时根据相等冲量（$m_1v_1 = m_2v_2$）的冲击试验结果比较，发现相同冲量所产生的冲击效果不一致。这可能是由于冲量原理仅适用于刚体质点运动，不适用弹性体。因此，等效冲击原理应用能量等效，而不可用冲量等效。

脆性材料的拉伸强度通常远低于抗压和剪切强度，裂纹的产生和扩展大都是由于拉应力所致。根据赫兹理论，最大拉应力发生在接触圈的法线方向，可由下式进行计算。

$$\sigma_{max}=\frac{1-2\nu}{2}\frac{P}{\pi a^2} \tag{9-46}$$

上式中 a 为圆接触面的半径，可由式（9-33）进行计算。如果将接触环上的径向拉应力等于受冲击材料的断裂强度作为产生环形裂纹的临界状态，则很容易从理论上求出这种假设下的临界冲击力和临界动能。值得注意的是脆性材料在瞬态冲击载荷下的断裂强度要比常规的静态强度高得多，故一般瞬态应力的峰值达到材料的静态强度并不发生开裂。设动态断裂强度为 σ_f，则临界条件为

$$\frac{1-2\nu}{2}\frac{P}{\pi a^2}=\sigma_f \tag{9-47}$$

结合式（9-33）和式（9-47），可得开裂的临界冲力为

$$P_c=139.5r^2\left[1-\nu_1^2+\left(1-\nu_2^2\right)\frac{E_1}{E_2}\right]^2\frac{\sigma_f^2}{E_1^2\left(1-2\nu_2\right)^2} \tag{9-48}$$

当冲击动能小于临界值时，试件表面不产生明显损伤。

微小颗粒对脆性材料的冲击损伤取决于运动粒子的尺寸、弹性常数和动能。当接触面积一定时，相同的冲击动能对冲击靶产生基本上相同的冲击损伤效果。

故等效冲击原理可以描述为：对于陶瓷表面颗粒冲击损伤试验，如果冲击头相同，则相等的动能导致的表面冲击损伤近似等效。因而，在冲击损伤范围内可以用大质量低速冲击试验来模拟小粒子的高速冲击，解决了小质量颗粒不同能量的高速冲击损伤的试验难题。

9.3.2.2　等效冲击试验

最简单的等效冲击试验可以采用自由落体的冲击，利用一个小锤在无摩擦导管里垂直下落，冲击样品表面。落锤通常采用电磁阀控制，高度可调。试验采用 5mm 厚的玻璃试样为受冲击靶材料，为便于冲击后残余弯曲强度的测试，试样尺寸与玻璃强度的标准方法（JC/T 676—1997 玻璃材料弯曲强度试验方法）一致，即厚 5mm，宽 20mm，长 120mm。落锤试验装置如图 9-6 所示。

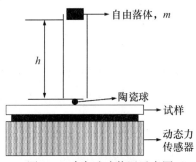

图 9-6　冲击试验装置示意图

（陶瓷球为冲击头；试样为板状玻璃试样）

为简便起见，可采用普通钢落锤冲击试件上的陶瓷小球代替陶瓷锤头的冲击，该氧化锆小球的半径为 3mm。在这种情况下，落锤的动能转化成两部分：一是小球与试件之间

的弹性变形能，二是落锤冲击小球后在接触面产生的小圆坑的塑性变形能。落锤吸收的塑性变形能占总能量的比例不易直接算出，它随着试件材料和落锤材料以及小球的尺寸而变化。对已知的试件，可采用试验标定的方法来确定。这个问题不影响冲击损伤的等效性，分别利用 $m=6.5g$ 和 $m=72g$ 的落锤在相同动能时对玻璃试件进行冲击试验，由试件表面的环形裂纹形貌基本一致可知，相同动能的落锤上产生的小圆坑尺寸基本相同。

试验对应四种不同重量的落锤，采用不同的高度下落，使其冲击动能相等。冲击后将受损试件进行三点弯曲试验测残余强度，试验跨距为 100mm，试验的冲击参数和残余强度见表 9-3，每组试样 5 条。完全相同的试件和试验条件但不受冲击损伤所测的强度为原始强度（表 9-3 中试样 5）。

表 9-3　四种落锤等效试验的参数和玻璃试件的残余弯曲强度及原始强度

试样编号	1	2	3	4	5
质量（g）	6.5	42	72	98	0
高度（cm）	107	16.5	9.66	7.1	0
残余弯曲强度（MPa）	47.57	46.60	48.24	47.34	79.65
标准偏差/（MPa）	4.73	4.75	4.62	2.3	8.8

结果表明，四种不同的冲击速度在等动能的条件下导致非常相近的损伤效果，残余强度几乎相等。这种有趣的结果为等效冲击的设想提供了有力的证明。这种证明体现在三个方面，即相同的冲击动能作用在相同的接触面上产生（1）相同的冲击力；（2）相同的冲击表面裂纹；（3）相同的残余强度。因此具有完全相同的冲击效果。比较表 9-3 中的试件原始强度和残余强度，损伤后试样的弯曲强度下降了约 40%。

残余强度随着损伤程度的增加而衰减，设冲击导致试样断裂或粉碎时，其残余强度为 0，则玻璃试件受一次冲击损伤后，其残余强度与冲击动能的关系如图 9-7 所示。冲击颗粒产生的环形裂纹以喇叭状向靶材料表面深处扩展，张开角为 120°～140°，且表现为冲击力越大，喇叭形裂纹穿透深度越大。由图 9-7 可知，随着冲击动能的增加，时间的残余强度逐渐降低，即损伤程度加剧。

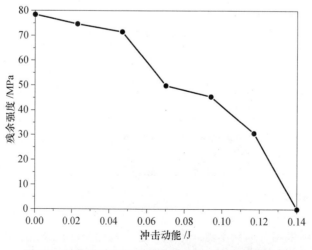

图 9-7　钠钙玻璃试件的残余强度随冲击动能的变化

微小颗粒对脆性材料的冲击损伤取决于运动粒子的尺寸、弹性常数和动能。当接触面积一定，相同的冲击动能对冲击靶产生基本上相同的冲击损伤效果。因而在冲击损伤范围内可以用低速冲击模拟小粒子的高速冲击。对不同质量和高度的自由落锤，当它们动能相等且靶试样受冲击的面积不变时，可以验证试样受到的冲击力相等，表面裂纹相似，残余强度相等。

9.4　热震特性与抗热震设计

抗热震性是指材料承受温度急剧变化而不致破坏的能力，亦称热稳定性。由于陶瓷材料在加工和服役过程中，经常会受到周围环境温度起伏的热冲击，因此抗热震性是陶瓷材料的重要性能之一，亦称抗热冲击性、热稳定性、热震稳定性等。陶瓷材料的热震也叫热冲击，它是由于急冷或急热而产生冲击内应力的一种形式，即部件的表面和内部或不同区域之间的温度差而产生的热应力。陶瓷的热冲击能力是其力学性能和热学性能对应于各种受热条件的综合表现。

9.4.1　抗热冲击断裂性能

陶瓷材料的抗热震性能一般是较差的。其热震损伤破坏可以分为两大类：一类是一次性破坏，表现为热冲击断裂，抵抗这类破坏的能力称为抗热冲击断裂性能；另一类是在热冲击循环作用下，材料先是出现开裂、剥落，并不断发展，然后碎裂或变质，终至整体破坏，称为热震损伤，抵抗这类破坏的能力称为抗热冲击损伤性能。热冲击产生的瞬态热应力（由于材料热膨胀或收缩所产生的内应力）比正常情况下的热应力要大得多，它是以极大的速度和冲击的形式作用在物体上，所以也称热冲击。对于无任何边界约束的试件，热应力的产生是由于试件表面和内部温度场瞬态不均匀分布造成的。当试样受到一个急冷温差 ΔT 时，在初始瞬间表面收缩率为 $\alpha \cdot \Delta T$，而内层还未冷却收缩，于是表面受到拉力，内层受到压力。这种表面拉应力可表示为[18]

$$\sigma_t = \frac{E\alpha}{1-\nu}\Delta T \tag{9-49}$$

试件内、外温差随时间的增长而变小，表面热应力也随之减小，所以式（9-49）代表热应力的瞬态峰值。反之，若试件受急热，则表面受到瞬态压应力，内层受到拉应力。由于脆性材料表面受拉应力比受压应力更容易引起破坏，所以陶瓷材料的急冷比急热更危险。习惯上将表面热应力达到材料强度 σ_f 作为临界状态，并认为临界温差 ΔT_c 为抗热震系数，也称第一热应力断裂抵抗因子 R，表示为

$$\Delta T_c = R = \frac{1-\nu}{E\alpha} \cdot \sigma_f \tag{9-50}$$

上式表明，只要材料中最大热应力 σ_{max} 不超过材料的强度极限 σ_f，材料就不会被破坏。且 ΔT_c 值越大，材料所能承受的温度变化就越大，热稳定性也越好。由上式可知，要使陶瓷材料具有优异抗热震性，需要陶瓷弹性模量低，抗拉强高，泊松比低。上式是基于一些

理想假设而得到的，未考虑几何因素和热传导性能的影响。由于热应力的应力梯度很大，而且是瞬态应力，应力分布随时间急剧变化。在这种情况下，最大热应力达到材料强度时并不会马上发生破坏。更精确的临界准则则可考虑用均强度准则来确定临界热应力条件，即以材料破坏发生区内的拉伸热应力平均值达到材料的特征强度为临界条件。考虑应力梯度的影响而得到的抗热震系数为

$$R_m = \frac{1-\nu}{E\alpha}\sigma_f \left[1 - \frac{k}{\pi}\left(\frac{K_{IC}}{\sigma_f}\right)^2 \right]^{-1} \tag{9-51}$$

式中，k 为应力分布斜率，它与试件厚度成反比。

9.4.2　抗热冲击损伤性

上述抗热冲击断裂性能是基于热弹性力学的观点出发的，认为：材料中的热应力达到材料自身的强度极限时，材料就会发生开裂破坏，且一旦出现裂纹成核就会导致材料的完全破坏。这样导出的结果对于一般的玻璃、陶瓷和电子陶瓷等都适用。但对于一些含有微孔的材料（例如粘土质耐火材料）以及非均质的陶瓷材料等并不适用。研究表明，这些材料在热冲击的作用下产生裂纹时，即使裂纹是从表面开始的，在裂纹的瞬时扩张过程中也可能会被微孔、晶界或第二相所阻止，而不致引起材料的完全断裂[22]。

热冲击对陶瓷材料的损伤主要体现在强度衰减方面。材料的原始强度越高，其热震后强度衰减的程度越大。陶瓷受到热冲击后，残余强度的衰减反映了该材料的抗热冲击性能。因此比较通用的热震性能测试方法就是测出陶瓷在不同温差情况下的强度衰减，找到不产生强度衰减的临界温差，为设计服务。

Hasselman 基于断裂力学理论[23,24]，从能量观点出发，提出了抗热冲击理论，分析材料在温度变化下裂纹成核、扩展动态过程。以弹性应变能与断裂表面能之间平衡作为抗热震损伤判据，导出抗热震损伤参数：

$$R'' = \frac{E}{\sigma_f^2 (1-\nu)}$$

$$R''' = \frac{2E\gamma}{\sigma_f^2 (1-\nu)} \tag{9-52}$$

式中，σ_f 为抗拉强度（Pa），E 为弹性模量（Pa），γ 为材料的断裂表面能（J/m²），v 为泊松比。由上式可知，要使陶瓷材料具有优异抗热震性，需要陶瓷弹性模量高，抗拉强低，泊松比高。

上式（9-50）与式（9-52）比较说明，从抗拉强度、弹性模量、泊松比对抗热震性影响看，抗热震断裂理论与抗热震损伤理论矛盾。两种理论建立模型与标准不同，适用范围不同。抗热震断裂理论建立于陶瓷不存在气孔与微裂纹情况，认为陶瓷材料所受热应力超过材料抗拉强度就会发生断裂，导致灾难性破坏，适用于细晶陶瓷。抗热震损伤理论建立于陶瓷具有大量气孔与缺陷情况，缺陷不存在相互作用，适用于多孔性陶瓷热震过程中，经裂纹成核、形成、扩展直至最后断裂。实际工作条件下，两种理论很难作为标准评价陶瓷抗热展性能，气孔率高低也很难确定，这给判据应用带来困难[25]。

最常见的热震方法是试样直接从高温落入室温的水中（水冷）或落入空气中（气冷），然后测试它的强度衰减量，或找出强度不产生大幅下降的临界温差 ΔT。显然，即使温差相同，但温差的上、下限不同，所产生的损伤也是不同的，所以通常以室温为基本下限。

抗热震的好坏取决于材料的热膨胀系数和热导率。膨胀系数越小、热导率越高，抗热震性越好。另外，陶瓷孔隙率越大，热震性越好。

热疲劳是指材料受温度变化时，因其自由变形受约束而产生循环应力和循环应变，最终导致龟裂破坏的现象。热疲劳的外部因素是温度的反复升降，本质上是由于交变温度场，断而产生交变热应力场，继而产生疲劳。因而热疲劳性能不仅与材料的强度和疲劳性能有关，而且与热膨胀系数、弹性模量等因素有关。热疲劳与热震疲劳的区别在于热疲劳的变温速率是缓慢的，内部热应力是靠外部约束来平衡的，而不是内部应力自平衡。

9.4.3　提高抗热震性的措施

针对致密的陶瓷材料而言，提高其抗热震性能主要是指提高抗热冲断裂性能，主要有以下措施：

（1）提高材料强度，减小其弹性模量，即提高 σ_f/E。这就意味着提高材料的柔韧性，使其在热冲击过程中能吸收较多的弹性应变能而不至开裂，从而提高材料的热稳定性。

（2）提高材料的热导率，使得其传递热量速度加快，从而在热冲击过程中，材料表面与内部之间的温差能够较快的得到缓解、平衡，继而降低了短时间内的热应力聚集。

（3）降低材料的热膨胀系数。热膨胀系数较小的材料，在同样热冲击的作用下，所产生的热应力也较小。

（4）降低材料表面散热速率。材料表面向外散热速度慢，则材料内、外温差较小，热应力也小。为了降低材料表面散热速率，周围环境的散热条件也是特别重要的。

（5）减小产品的有效厚度，和提高孔隙率。

而对于多孔、粗晶、干压和多相陶瓷材料，则需从抗热冲击损伤性能的角度加以考虑。由式（9-52）可知，提高弹性模量和泊松比，降低材料强度，有利于提高材料的热稳定性。此外，提高这类材料的热稳定性，就应该尽可能减小材料的弹性应变能释放率，这就要求材料具有较高的弹性模量和较低的强度，使材料在胀缩时，所储存的用以开裂的弹性应变能小；另一方面，则要选择断裂表面能大的材料，一旦裂纹成核就会吸收较多的能量使裂纹很快止裂。

9.5　纳米层状陶瓷的抗热震性能[26]

三元层状陶瓷 Ti_3AlC_2 在高温领域具有良好的应用前景，因此抗热震性能对保证其服役安全性是至关重要的。陶瓷材料在急剧降温过程中，由于材料表面与内部存在温差将会在表面产生瞬态拉应力。表面热应力达到材料极限强度的临界温差为 ΔT_c，已被广泛应用，并用于表征材料的抗热震系数，可由式（9-50）计算。

但是对于脆性材料而言，裂纹的成核与发展需要在一定区域内承受一段时间的应力作用。由于热应力的应力梯度很大，且是瞬态应力（持续时间有限），故而其临界温差通常比式（9-50）计算出来的结果大。Kim[27] 和 Sherman、Schlumm[28] 的研究表明，陶瓷材料的抗热震性能与热应力梯度和持续时间的影响因素有关，例如热导率、样品的几何形状与尺寸。此外，也提出了许多抗热震性能参数计算式的修正式，它们能对临界温差作出更加精确的预测[29-31]。

材料的强度退化反映了材料的热冲击损伤，因此实验室通常利用淬火强度试验来评价陶瓷材料的抗热震性能。不同的淬火介质将会产生不同的热损伤。其中，水会导致最迅速冷却，因此，是用于评价具有高抗热冲击性材料的热冲击行为的合适选择。空气是对于许多实际应用的实际介质，所以在空气骤冷对于模拟环境影响非常重要的。在一般情况下，陶瓷的热冲击损伤随温度差增加而增大，并且由于陶瓷材料的裂纹敏感性，其残余强度在临界温差处会发生急剧下降。然而，对于在水中骤冷层状 Ti_3AlC_2 材料，一个有趣的现象已经被分别 Tzenov[32] 等和 Wang[33] 等人发现，即残余强度在一定温度范围内会随着温差增大而提高。这个结果是与基于传统损伤力学和热力学的预测矛盾的。因为以前的试验限制于样品数量和温度变化范围，许多重要的问题，比如用于热冲击损伤的临界温度、抗热震性能异常的机制以及淬火介质的影响作用，至今为止仍是不清楚的。显然，探索上述问题存在的原因是非常重要的。

通过对 Ti_3AlC_2 进行不同温差、不同介质的淬火，然后测试其残余弯曲强度，可评价其热冲击损伤。淬火介质选用水、空气和硅油。图 9-8 比较了从不同淬火温度对在空气，水和油中淬火样品残余强度的影响。在空气中淬火的样品中，测得的强度略微增大，它表明由空气中的热冲击不会对 Ti_3AlC_2 材料产生损伤。另一方面，在水中淬火的样品残余强度与淬火温度（20～1300℃）之间的关系较为复杂，表现为：强度保持不变→逐渐退化→保持低的残余强度→残余强度逐渐增大。残余强度这种变化的趋势，不仅证实了温差对强度的异常增强作用，也提供与淬火温度相关的更详细的损伤演化。因此，残余强度根据淬火温度的不同可以分为四个区域：1）无损伤区域（20～300℃），2）强度退化区（300～500℃），3）稳定的低强度区（500～1000℃），4）强度增强区（1000～1300℃）。基于这些结果，Ti_3AlC_2 材料的抗热冲击性估计为 300-400℃，这比从式（9-50）计算值（107℃）大，并且也比氧化铝的抗热震系数更高（$R=100～250℃$）[27,28]。而对于在油中淬火的样品，强度退化的临界温度要高于在水中骤冷样品。上述结果表明，三种淬火介质之间的冷却速率的顺序为：$V_{water}>V_{oil}>V_{air}$。

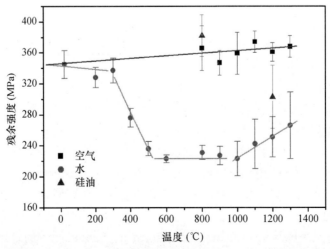

图 9-8　不同介质、不同温度对 Ti_3AlC_2 淬火后残余强度的影响

在水淬试验中，脆性陶瓷材料通常变现为：在临界温差处其强度急剧下降。但是 Ti_3AlC_2 材料的强度退化是在第二温度范围内（300～500℃）一个渐进的过程。而在第三温度区中的稳定残余强度表明温差的继续增大不会对 Ti_3AlC_2 材料造成更进一步的热冲击损伤。更有趣的是，当淬火温度高于 1000℃ 时，残余强度会随着淬火温度的增加而增加。因此，最小残余强度是在第三温度范围内（500～1000℃）出现的，且残余强度高于初始强度的 60%。这种异常的变化表明，任何温差的热冲击对 Ti_3AlC_2 材料造成的损伤低于 40%，由此可预测热冲击对 Ti_3AlC_2 材料的强度损失。

不同温差下淬火试样的硬度如图 9-9 所示。由图可以看出，无论是在空气中还是在水中进行急冷淬火时，试样硬度与淬火温度的变化关系均表现为：随着淬火温度的增加，试样硬度逐渐提高。其原因在于，温度的提高有利于硬脆相 α-Al_2O_3 的生成，即样品表面形成一层氧化层起到保护作用，从而使其表面硬度增大。在弯曲强度试验中，在空气中淬火的试样表现为脆性断裂，即具有较高的强度和裂纹扩展速率。而在水中淬火的试样则表现为准塑性断裂，试样破坏后的碎片并未发生分离，"潮湿"晶界作用下，使得 Ti_3AlC_2 具有较低的强度和较慢的裂纹扩展速率。在水中淬火后，潮湿的晶界会降低材料的脆性。在水中淬火后试样的破坏形貌如图 9-10 所示，由图 9-10a 和 9-10b 可以看出，在试样受拉表面和侧面均可见较大的裂纹张开位移；而由图 9-10c 可知，试样受压表面并未发现可见裂纹，即试样并未完全破坏。

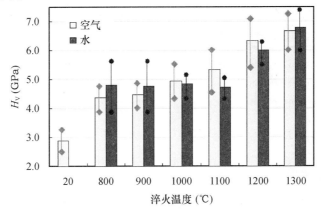

图 9-9　淬火温度与表面维氏硬度的关系

注：维氏硬度测量压入载荷为 3N，保载 15s。

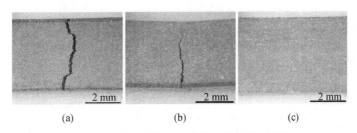

图 9-10　在水中淬火后试样的断裂破坏形貌

（a）试样受拉表面；（b）侧面；（c）试样受压表面

试验结果表明，在水中淬火后，由于试样表面晶界变得潮湿，使得试样强度下降，且具有准塑性断裂的特点。潮湿的晶界会导致试裂纹偏转、分支和桥接（图 9-11a），且存在晶粒的拔出效应（图9-11b），这些均会导致试样脆性和强度的降低。另外，试样在1000～1300℃淬火时，其残余强度会有所增大，其原因在于：①高温下 $\alpha\text{-Al}_2\text{O}_3$ 的生成并包裹 Ti_3AlC_2 试样；②在降温过程中，表面 $\alpha\text{-Al}_2\text{O}_3$ 涂层内残余压应力。

图9-11　水中淬火后试样断面的微观形貌

（a）A裂纹分支，B裂纹桥接；（b）裂缝中的晶粒拔出现象

参考文献

[1] 山口梅太朗，西松裕一. 岩石力学入门［M］. 东京：东京大学出版会，1979.

[2] 中川元. 材料试验方法［M］. 东京：日本养贤堂，1978.

[3] 吴科如. 混凝土在压力荷载下弹性变形和残余变形的变化及其脆性系数［J］. 同济大学学报自然科学版，1983，（1）：75-88.

[4] 金宗哲，干福熹. 现代玻璃科学技术［M］. 上海：上海科学出版社，1988.

[5] Orowan E. Trans Inst Engrs Shipbulders，1964；89（2）：165.

[6] 包亦望，黎晓瑞，金宗哲. 陶瓷材料的冲击弯曲强度［J］. 材料研究学报，1993，7（2）：120-126.

[7] Evans A G. Fracture in Ceramic Materials［M］. USA：Noyes Publications，1984：403.

[8] Jin Z，Bao Y. Damage from Particle Impact for Structural Ceramics［J］. Journal of Materials Science & Technology，1994，10（1）：54-58.

[9] 金宗哲，包亦望. 脆性材料的均强度破坏准则［J］. 实验力学，1992（1）：97-102.

[10] Bao Y，Jin Z. Size effects and a mean strength criterion for ceramics［J］. Fatigue & Fracture of Engineering Materials & Structures，1993，16（8）：829-835.

[11] 包亦望，金宗哲. 脆性材料弯曲强度与抗拉强度的关系研究［J］. 中国建筑材料科学研究院学报，1991（3）：1-5.

[12] 李庆生. 材料强度学［M］. 太原：山西科学教育出版社，1990.

[13] 包亦望，金宗哲，孙立. 脆性的定量化和冲击模量［J］. 材料研究学报，1994，8（5）：419-423.

[14] 包亦望，黎晓瑞，金宗哲. 陶瓷材料的冲击弯曲强度［J］. 材料研究学报，1993，7（2）：120-126.

[15] Popov E P. Mechanics of Materials［M］. Vol. 2，2nd Edition，1979.

[16] 皮萨连科 Г.С.，亚科符列夫 A.П.，马特维也夫 B.B. 编著. 范钦珊，朱祖成译. 材料力学手册［M］. 北京：中国建筑工业出版社，1982.

[17] 王文亮，杜作润. 结构振动与动态子结构方法［M］. 上海：复旦大学出版社，1985.

[18] 金宗哲，包亦望. 脆性材料力学性能评价与设计［M］. 北京：中国铁道出版社，1996.

[19] Jin Z，Bao Y. Damage from particle impact for structural ceramics［J］. Journal of Materials Science and Technology，1994，10（1）：54-58.

[20] 徐芝纶. 弹性力学第五版［M］. 北京：高等教育出版社，2016.

[21] 包亦望，黎晓瑞，金宗哲. 等效冲击方法研究硬质颗粒对玻璃的冲击损伤［J］. 航空材料学报，1998，18（2）：41-46.

[22] 王杰曾，金宗哲，王华，等. 耐火材料抗热震疲劳行为评价的研究［J］. 硅酸盐学报，2000，28（1）：91-94.

［23］Kim B H，Na Y H. Fabrication of fiber-reinforced porous ceramics of Al_2O_3-mullite and SiC-mullite systems ［J］. Ceramics international，1995，21（6）：381-384.

［24］Liu Q，An S，Qiu W. Study on thermal expansion and thermal shock resistance of MgO-PSZ ［J］. Solid State Ionics，1999，121（1）：61-65.

［25］陈桂华，杨辉. 抗热震陶瓷研究进展 ［J］. 材料导报，2007，21（11）：441-443.

［26］Bao Y W，Wang X H，Zhang H B，et al. Thermal shock behavior of Ti_3AlC_2 from between 200 ℃ and 1300 ℃ ［J］. Journal of the European Ceramic Society，2005，25（14）：3367-3374.

［27］Kim，I. S.，Thermal shock resistance of the Al_2O_3-metal composites made by reactive infiltration of Al into oxide fiber board ［J］. Mat. Res. Bull.，1998，33，1069-1075.

［28］Sherman，D. and Schlumm，D.，Thickness effect in thermal shock of alumina ceramics ［J］. Scr. Mater.，2000，42，819-825.

［29］Faber，K. T.，Huang，M. D. and Evans，A. G.，Quantitative studies of thermal shock in ceramics based on a novel test technique ［J］. J. Am. Ceram. Soc.，1981，64，296-300.

［30］Collin，M. and Rowcliffe，D.，Analysis and prediction of thermal shock in brittle materials ［J］. Acta. Mater.，2000，48，1655-1665.

［31］Andersson T，Rowcliffe D J. Indentation thermal shock test for ceramics ［J］. Journal of the American Ceramic Society，1996，79（6）：1509-1514.

［32］Tzenov N. V.，Barsoum M. W. Synthesis and Characterization of Ti_3AlC_2 ［J］. Journal of the American Ceramic Society，2000，83（4）：825-832.

［33］Wang X. H.，Zhou Y. C. Microstructure and properties of Ti_3AlC_2 prepared by the solid-liquid reaction synthesis and simultaneous in-situ hot pressing process ［J］. Acta Materialia，2002，50（12）：3143-3151.

第 10 章　陶瓷的可靠性评价与寿命预测

脆性材料及其构件的安全可靠性和服役安全性与材料的力学性能密切相关。由于它们的本征脆性，这类材料也是最容易发生突发事故，成为最不安全的材料。脆性材料的断裂、失效、疲劳破坏、腐蚀等问题均会引发一系列危及国民安全的灾难性事故。由于脆性材料及其构件的质量和损伤引发的事故频繁发生，给社会经济和人民财产安全带来了巨大的损失。航天飞机失事、桥梁断裂、房屋倒塌、大坝漏水等很多工程问题都跟材料性能和结构设计有关。因此对脆性材料进行可靠性评价与寿命预测，对保障其构件的服役安全性至关重要。

材料的可靠性可以分为功能上和结构上的可靠性。功能上的可靠性通常指材料所具有功能的稳定性和准确性，它引起的失效通常不影响人身安全。结构上的可靠性主要与材料的力学性能及其离散性分布特征有关，如强度、断裂韧性和弹性模量等参数的稳定性和均匀性，同时脆性结构的可靠性还与支撑条件和外部环境密切相关。且脆性材料结构上的可靠性是确保其功能性得以实现的前提，因此，对于陶瓷材料而言，主要是针对其结构可靠性进行评价。

陶瓷是典型的脆性材料，其断裂强度有很大的分散性和模糊性。材料的可靠性，一方面是指短期力学性能和参数指标的稳定性，通常采用统计断裂力学方法来分析。另一方面是指长期机械性能的可靠性和强度的衰减率问题[1]。由于陶瓷材料一般具有耐高温、耐腐蚀、高硬度、化学稳定性好等优良性能，但同时它的脆性和缺乏塑性变形以及强度对微缺陷的高度敏感是它作为高温结构材料的弱点和屏障。故而陶瓷材料的强度有很大的分散性和模糊性，或者说陶瓷材料的性能指标具有一定的随机性和模糊性，这也就为陶瓷材料或部件寿命预测和使用上带来了更大更多的不确定性。陶瓷材料的寿命预测就是要找出在一定疲劳条件下发生破坏时的临界条件和相应的时间，包括不同载荷方式下寿命之间的关系以及寿命和材料性能的关系，如何能够预测陶瓷材料的破坏临界应力状态，这个问题也越来越为工程材料界所重视。

10.1　强度的离散性与 Weibull 统计分析

作为一种重要的表征材料强度可靠度和脆性材料损伤容限的材料特性参数，威布尔（Weibull）模量对于脆性材料的安全使用和风险评估起着重要的作用。由于陶瓷的脆性及对缺陷的敏感性，从而导致了其强度值具有很大的分散性和相对低的威布尔模量，这也是影响陶瓷在工程应用中的主要障碍因素。

通常，脆性陶瓷在载荷作用下，其应力—应变曲线呈线性关系，直至发生断裂，即在整个受力过程中无明显的塑性变形。由于不同尺寸和不同方向的缺陷会给材料强度造成不同程度的影响，因此其威布尔模量较低，通常在 5～20 的范围内，这对脆性陶瓷是普遍认可的[2,3]。这种低的威布尔模量反映了陶瓷材料较低的可靠性，这也是限制其工程应用的一大阻碍。假如某种材料对缺陷并不敏感，那么它的威布尔模量估计值应当比对缺陷敏感的材料高。通常，影响材料的威布尔模量值有如下两个因素：i) 材料的损伤容限，ii) 材料的均质性。

10.1.1　Weibull 分布函数

基于最弱连接假设（weakest-link hypothesis）的 Weibull 统计理论广泛应用于表征陶瓷的强度分布特征[4,5]。它假设材料像一个由众多圆环串联组成的长链条，其承载能力完全取决于那个最弱一环，无论其他各环有多强。根据断裂力学，固体材料的破坏受应力最大缺陷所支配，缺陷概率越大，材料强度越低。缺陷主要影响因素有缺陷的尺寸、形状、分布位置和方向，且缺陷概率又跟体积成正比。Weibull 分布函数表征的破坏概率为

$$P = 1 - \exp\left[-\int_V \left(\frac{\sigma - \sigma_u}{\sigma_s}\right)^m dV\right] \tag{10-1}$$

式中，P 为在应力 σ 作用下的断裂概率；m 为 Weibull 模数，m 越大，材料越均匀，且材料可靠性越大；V 为试件体积（m^3）；σ_s 为尺度因子，是一经验常数；σ_u 为对应断裂概率为零的门槛应力，是最小断裂强度（MPa）。式（10-1）称为三参数 Weibull 方程。通常认为，三参数 Weibull 分布在操作上存在两个缺点[6]：参数确定较为复杂，形状参数 σ_u 有时会得出负值，故不易推广。由于脆性材料对缺陷非常敏感，如果认为只有不受力时的断裂概率为零，则可令门槛应力 σ_u 为 0，得到工程上常用的两参数 Weibull 方程为[6,7]：

$$P = 1 - \exp\left[-\int_V \left(\frac{\sigma}{\sigma_s}\right)^m dV\right] \tag{10-2}$$

式（10-2）也可写成：

$$P = 1 - \exp\left[-\left(\frac{\sigma_{max}}{\sigma_s}\right)^m V_e\right] \tag{10-3a}$$

式（10-3a）中令 $\sigma_0^m = \sigma_s^m / V_e$，$\sigma_{max}$ 为强度值，仍用 σ 表示，则可化为一种普通形式：

$$P = 1 - \exp\left[-\left(\frac{\sigma}{\sigma_0}\right)^m\right] \tag{10-3b}$$

式（10-3a）中 $V_e = \int_V \left(\frac{\sigma}{\sigma_{max}}\right)^m dV$ 称为有效体积，它是在试样体积中对拉应力的积分值。而压应力和剪应力在这里不考虑（这一点常有争议）。显然不同的受力方式和应力分布所得的有效体积不一样，对于均匀单向受拉，V_e 等于实际体积。有效体积越大，破坏概率越大。这种原理常用来解释强度的体积效应以及拉伸与弯曲强度的差异。但它有时也表现出明显的误差，例如，等值双向拉伸（二维应力）的有效体积为两倍的实际体积，但双向拉伸的断裂强度并不比单向拉伸时的低[8]。在实用中首先需要已知强度的 Weibull 模数 m，另外在材料性能（尤其是陶瓷材料）的评价中，Weibull 模数也常被看做是反映离散性和可靠性的指标。因此确定强度分布的 Weibull 模数对于统计断裂力学应用和脆性部件的可靠性分析是最为基础和重要的。在结构陶瓷的性能评价中，Weibull 模数与弯曲强度和断裂韧性常被视为三大性能指标。如果在强度测试的同时，可较易获得其 Weibull 模

数，这对于工程应用和材料评价是有意义的。

10.1.2　Weibull 模数的评价

一般来说，工程实际中和绝大多数文献上都采用两参数分布进行参数估计。事实上两参数 Weibull 模数若能确定，在一定条件下就能估计出三参数下的 Weibull 模数。Weibull 模数估计的可信度取决于强度测试试件的数量[9]，对于给定的试件数，Weibull 参数估计的方法很多[10]，并各有长短。这里先讨论工程上最常用的两种方法。一种为线性最小二乘拟合法，直接将 Weibull 分布函数用于强度的测试数据。对式（10-3b）整理后两边取对数可得线性方程：

$$\ln\ln\left(\frac{1}{1-P}\right) = m\ln\sigma - m\ln\sigma_0 \tag{10-4}$$

式中，σ_0 为本征强度，对应破坏概率为 0.63 时的强度值。

将该线性方程对强度数据进行最小二乘拟合，求出拟合后直线斜率为 Weibull 模数的估计值，其中 P 的估算有多种方法，最常用的计算有 $P_i = \frac{i-0.5}{n}$，i 为强度从低到高的排列试件数，n 为试件总数。给定一组实验数据，有 n 对（P_i，σ_i）数据，因而很容易由线性最小二乘拟合求出待定常数 m 和 σ_0。

第二种常用的方法为力矩法（The Method of Moments，亦称为快速法），这种方法可以直接从强度数据的平均值和标准差获得 Weibull 模数。对于两参数 Weibull 分布函数，其平均值和标准差的比值 $\bar{\sigma}/S$ 从数学上可以表示为：

$$\frac{\bar{\sigma}}{S} = \frac{\Gamma(1+1/m)}{[\Gamma(1+2/m) - \Gamma^2(1+1/m)]^{1/2}} \tag{10-5}$$

式中，$\bar{\sigma} = \sigma_0 \Gamma(1+1/m)$，$S = \sigma_0 [\Gamma(1+2/m) - \Gamma^2(1+1/m)]$；$\Gamma$ 为伽玛函数。如果材料的强度分布服从两参数 Weibull 分布函数，则强度的 Weibull 模数与平均值和标准差也须满足式（10-5）。由于式（10-5）的逆函数形式很难求得，对应一个已知的 $\bar{\sigma}/S$ 值，不易反过来求出对应的 m 值。因此通常是采用图表的方法，将一系列 m 值代入计算求出一一对应的 $\bar{\sigma}/S$ 值。列成表格或曲线后可查出任何 $\bar{\sigma}/S$ 值对应的 m 值。这种方法的 Weibull 模数可由平均值与标准差之比进行确定，使用比较方便，在陶瓷领域应用广泛。但若没有表格，每次由式（10-5）计算就非常复杂和不便。另外，表格也难以查出介于两数之间的数。将 m 与（$\bar{\sigma}/S$）在式（10-5）的曲线关系用计算机算出，可以发现两者关系非常简单，它们在 $m=5$ 到 $m=30$ 的范围内近似为一条直线关系，而脆性材料的 Weibull 模数一般仅为 $5\sim20$[2]，不超过 $5\sim30$ 的范围。因此完全可以不必通过复杂的式（10-5）来计算 m 值。而可用与之等价的线性函数来计算。这就是说，如果同一段曲线可用多个不同的函数来表示，计算时选用最简单的函数是合理的，尤其是对于工程应用。图 10-1 显示了在一定区间内的 $m-(\bar{\sigma}/S)$ 关系和不同表示形式及误差。

根据大量实验测试数据，可对图 10-1 中的线性函数进行修正，则 Weibull 模数的修正计算式为：

$$m = 1.278(\bar{\sigma}/S) - 0.621 \tag{10-6}$$

上式与式（10-5）代表几乎完全相同的一段直线。因此，可以用式（10-6）直接得到 Weibull 模数。在 $m=5\sim16$ 的范围内，指数形式：

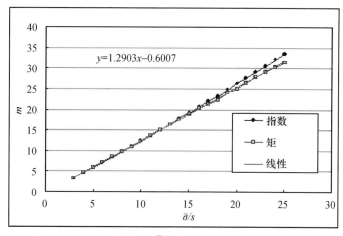

图 10-1　Weibull 模数与 $\bar{\sigma}/S$ 值的关系及不同的函数表示

$$m=\left(\frac{\bar{\sigma}}{S}\right)^{1.091} \tag{10-7}$$

式（10-7）也可用来简便计算 Weibull 模数。

Weibull 模数的估计精度随试样数量增加而提高，故试样数越多，测试结果越精确。但实际试件数量总是有限的。为降低测试成本，在保证一定精度和置信度的条件下，应选取尽可能少的试件来反映总体分布的 Weibull 模数。对于普通材料性能评价，在保证置信水平为 95％和相对误差小于 20％的条件下，最小基本试件数量可选为 36 条[1]。在强度测试时，若想对强度的 Weibull 模数同时也有个估计，可将试样数最小控制在 16 条，测得的 m 值具有一定参考价值。经验表明，当试样数大于 36 时，Weibull 模数估计值的偏差很小，基本上趋于稳定。作为实例，对两种常见的工程陶瓷，粗晶氧化铝和碳化硅弯曲强度的 Weibull 模数进行测试和评估，试件和强度测试方法按国标 GB/T 6569—2006 进行，两种材料的强度数据及用不同方法算出的 Weibull 模数见表 10-1。每组试样为 36 条，先只取前 16 个数据进行计算，然后再用全部 36 条试样计算。

表 10-1　氧化铝和碳化硅陶瓷弯曲强度及其不同方法计算的 Weibull 模数

Al_2O_3		SiC	
试样编号	弯曲强度（MPa）	试样编号	弯曲强度（MPa）
1	163	1	144
2	173	2	162
3	173	3	165
4	178	4	166
5	179	5	169
6	184	6	170
7	185	7	172
8	191	8	178
9	192	9	182
10	194	10	186

续表

Al₂O₃		SiC	
试样编号	弯曲强度（MPa）	试样编号	弯曲强度（MPa）
11	201	11	190
12	205	12	205
13	205	13	206
14	210	14	209
15	213	15	212
16	216	16	219
$\bar{\sigma}=191\text{MPa}$ $s=15.9\text{MPa}$		$\bar{\sigma}=185\text{MPa}$ $s=21.0\text{MPa}$	
$\bar{\sigma}/s=12.01$		$\bar{\sigma}/s=8.81$	
Weibull 模数估计值	Eq. （10-4）：$m=14.1$ Eq. （10-5）：$m=14.8$ Eq. （10-6）：$m=14.9$ Eq. （10-7）：$m=15.0$	Weibull 模数估计值	Eq. （10-4）：$m=10.2$ Eq. （10-5）：$m=10.7$ Eq. （10-6）：$m=10.7$ Eq. （10-7）：$m=10.7$
36 条试样的计算结果	$\bar{\sigma}=195.5\text{MPa}$ $S=17.4\text{MPa}$ $\bar{\sigma}/s=11.24$ $m=14$	36 条试样的计算结果	$\bar{\sigma}=185.7\text{MPa}$ $S=20.4\text{MPa}$ $\bar{\sigma}/s=9.1$ $m=11$

  计算结果表明，用简化式（10-6）计算的 m 值与式（10-5）计算完全等效。与最小二乘线性拟合法有一点差距，比它略大一点。实际上，对于固定的平均值和标准差，试验数据可以有无穷多的变化组合，而数据的变化可以导致拟合曲线的微小变化，因此最小二乘拟合法求出的 Weibull 模数不是由平均值和标准差唯一确定，而是会随试验测试数据变化而发生改变的。例如，对于两组不同的数据，如果它们的 $\bar{\sigma}/s$ 值相等，用式（10-5）或（10-6）算得两组数的 m 必一致，但用式（10-4）拟合得到的 m 却不一定相同。在材料性能评价中，如果只要评价 Weibull 模数而无须求出本征强度 σ_0 时，采用这种简易方法确定Weibull 模数是非常方便的。

  值得注意的是，脆性材料的强度受多种内部和外部的因素影响，如试样尺寸、试验环境、加载速度、缺陷分布等，因此强度分布的 Weibull 模数也受到这些因素的影响。从式（10-6）可以看出，Weibull 模数与强度值本身的高低没有关系，而是与其强度值的分布特征有关，它只是反映了强度的离散性。另外，对于三参数 Weibull 分布，若预先设定一个非零门槛应力值 σ_u，令 $s=\sigma-\sigma_u$，并替代式（10-3b）中的 σ，则也可用相同方法求出对应的 m 值。三参数 Weibull 模数往往比两参数 Weibull 模数的值要低，这是因为 $\bar{\sigma}/s$ 值变低了。通常文献上见到的和工程上提到的 Weibull 模数，如果没有特别说明，均是指两参数Weibull 模数。

  脆性材料强度分布的 Weibull 模数 m 的估计除了用传统的数学统计方法和力矩法进行运算外，在一定的区间（$m=5\sim30$）可用非常简单的线性函数：$m=1.29\bar{\sigma}/S-0.6$ 或式

（10-7）来计算 Weibull 模数，从而使强度测试完成后，Weibull 模数可同时获得。这种方法对工程应用和材料可靠性评价是简单而方便的。对于玻璃、陶瓷和混凝土等脆性材料的强度测试，它可以同时得到相应的 Weibull 模数并与力矩法有一致的精度。如果作为性能评价或仲裁，试样数须大于 36。但对于一般材料 Weibull 模数估计，16 条试样测得的数据即有相当的参考价值。

10.2　裂纹扩展模型进行寿命预测的疑问

确定材料的承载能力和使用寿命对工程设计来说是至关重要的，从材料力学角度来分析，通常是首先对特定形状的结构计算出外载荷与结构中最大应力的关系，然后将最大应力与材料的强度相比较，加上适当的安全系数，当最大应力小于材料强度时，就认为设计合理。然而历史上却多次发生大型结构在低应力情况下的脆断事故。事故的起因在于结构材料中存在的缺陷和微裂纹，由此人们开始对裂纹缺陷予以重视，它促进了断裂力学迅速发展。断裂力学是一门工程学科，它是从应用力学和材料学中派生出来的，就它的基本形式而言，它可用来确定带有不同尺寸和不同位置的裂纹构件的最大承载力的问题，反之当载荷一定时，它可用来预测在疲劳或环境影响作用下裂纹临界尺寸的扩展速率，以及确定防止裂纹快速扩展的条件[11]。

陶瓷是一种典型的脆性材料，因此它的评价显然适合断裂力学理论。陶瓷的断裂通常起源于材料内的一条主裂纹（断裂源），裂纹的发展和断裂评价多采用应力强度因子的概念[12]。由于脆性材料对拉应力最为敏感，断裂主要由模型 I 应力强度因子 K_I 控制[13]。

$$K_I = \sigma \cdot Y \cdot \sqrt{a} \tag{10-8}$$

式中，Y 为形状因子；σ 为垂直于裂纹的应力（MPa）；a 为裂纹的尺寸大小（m）。

裂纹扩展速率是决定寿命长短的关键。二十世纪六十年代初 Paris 等提出裂纹扩展速率只是应力强度因子的函数，并给出一个势函数方程[13,14]。

$$v = \frac{da}{dt} = A \cdot K_I^n \tag{10-9}$$

A 和 n 是材料常数。式（10-9）被广泛用于疲劳裂纹扩展分析。寿命计算可直接对裂纹扩展时间积分。

$$t_f = \int_0^{t_f} dt = \int_{a_i}^{a_c} \frac{da}{v(K)} = \frac{\Delta a_c}{\bar{v}} \tag{10-10}$$

将式（10-8）和（10-9）代入式（10-10）进行积分即可得出静疲劳寿命表达式为[15,16]：

$$t_f = \frac{2}{A(n-2)Y^2 \cdot \sigma_s^2} \left[K_{Ii}^{2-n} - K_{IC}^{2-n} \right] \tag{10-11}$$

式中，t_f 为寿命（s）；a_i 为是原始裂纹长度（m）；a_c 为临界裂纹长度（m）；K_{Ii} 和 K_{IC} 为与它们相对应的应力强度因子；Δa_c 为在给定载荷下慢裂纹扩展的最大容限；$\bar{v}$ 为平均裂纹扩展速度（m/s）。

利用 $K_{Ii} = Y\sigma\sqrt{a_i}$，公式（10-11）又可表示为另一种形式。

$$t_f = \frac{2 \cdot a_i}{A(n-2) \cdot K_{Ii}^n} \left[1 - \left(\frac{K_{Ii}}{K_{IC}} \right)^{n-2} \right]$$ (10-12)

对于任何其他形式的载荷，只要知道载荷与时间的函数关系，均可积分得出寿命表达式。

这种寿命计算方法在理论上较为流行，但在实际应用上似乎意义不大，存在许多自相矛盾和不符实际的问题[17]（特别是对于陶瓷材料）。例如，陶瓷材料中裂纹的尺寸、位置和形状等本就很难确定，即使确定了，它也并非在整个寿命过程中发生慢扩展，有的甚至到寿命的终点才发生裂纹扩展，随后断裂。另外，高温下的慢裂纹扩展测试和阻力特性至今缺乏有效的方法，因而无法获得寿命计算所需的参数 A 和 n。除了以上明显的问题之外，寿命表达式（10-11）或（10-12）还隐含一个与实际相反的结果，即当初始应力强度 K_{Ii} 和断裂韧性 K_{Ic} 已知的情况下，寿命必然跟裂纹尺寸成正比。这种比例关系很难在 验中得到验证。例如，用公式（10-11）或（10-12）计算一块受拉平板的寿命，如果初始应力强度给定，裂纹尺寸为 1mm 的寿命为 t_1，容易验证裂纹尺寸为 10mm 时计算的寿命必然为 $10t_1$。而裂纹尺寸趋于 0 时按式（10-11）计算的寿命也趋于 0。这也许是为什么许多断裂力学书上谈到疲劳寿命问题中存在令人无法解释的矛盾和问题[12,15]。这个问题主要是由于裂纹扩展速度的描述式（10-9）与实际有差距。试验证明，裂纹扩展速率不仅是应力强度因子的函数，也是裂纹尺寸的函数。由于疲劳指数 n 可以受到初始裂纹尺寸的影响，不同的试验可得到不同的 n 值，而 n 值的微小变化可导致预测寿命几十倍的变化[17]，特别是对于脆性材料（n 值较高的材料）。以上这些问题使裂纹扩展模型预测陶瓷的疲劳寿命在实际应用中非常困难。

另外，用断裂力学裂纹扩展模型评价陶瓷的失效和寿命预测也存在试验上无法实现的问题。由于陶瓷材料往往发生突发性脆性断裂，很难在试验中观测到陶瓷的疲劳裂纹扩展，因此断裂力学定义寿命为一个慢裂纹扩展，对于陶瓷似乎并不准确。

10.3　性能退化模型与寿命预测

10.3.1　强度衰减与失效评价

强度是材料所能承受的最大应力，常被看做是代表材料本征性能的材料常数。对于短期破坏准则，只有当外加载荷达到强度水平时才发生断裂。在低于强度的长期载荷作用下，只有当强度缓慢衰减到载荷水平时才发生断裂，否则永远不会发生破坏。因此强度衰减是失效的关键。裂纹扩展是强度衰减的一个重要原因，但反过来强度衰减不一定仅仅是由于裂纹扩展造成的。环境腐蚀、应力腐蚀、蠕变损伤等因素均可导致强度的衰减。这也是为什么有时候材料在没有慢裂纹扩展的情况下也会发生断裂。因此，在失效评价中单一地研究裂纹扩展或某一项可引起强度下降的因素不如研究强度本身的衰减更直接、更有普遍意义。无论这种衰减是由什么因素引起的，如果在一定条件下强度衰减是由环境腐蚀引起，没有裂纹扩展，这时用裂纹扩展速度来评价寿命就会得到错误的结果。

在给定的载荷和环境条件下，如果强度衰减速率已知，就可以很容易地评价寿命。由于残余强度是时间的减函数并且高于外加载荷，它必然要在一段时间后衰减到与外加载荷相等而发生断裂，这个衰减的时间过程即是其服役寿命。当强度和外载荷都是时间的函数时，两条函数曲线的交点为断裂点，这种强度衰减模型如图 10-2 所示。

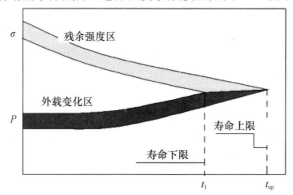

图 10-2　材料疲劳失效的强度衰减模型和寿命评价示意图

强度衰减速率通常与试验条件、作用应力和载荷作用时间有关，可表示为[18]：

$$\frac{\mathrm{d}\sigma}{\mathrm{d}t} = -B \cdot P^N \cdot t^{-m} \tag{10-13}$$

式中，B、N、m 均是非负常数，与材料性能和试验环境有关；σ 为随时间变化的残余强度；P 为外应力。

对于静载荷，材料的强度可看作变量，外加应力是个常数。设材料的原始强度为 σ_0，则有：

$$初始条件 \quad \sigma(t_0) = \sigma_0 \tag{10-14}$$

$$断裂条件 \quad \sigma(t_f) = P \tag{10-15}$$

式中，t_0 是失稳断裂的微小时间量（s）。

积分式（10-13）并考虑初始条件，可得到残余强度为：

$$\sigma(t) = \sigma_0 - B \cdot P^N \cdot \frac{(t-t_0)^{1-m}}{1-m} \quad m \neq 1 \tag{10-16a}$$

$$\sigma(t) = \sigma_0 - B \cdot P^N \cdot \ln\left(\frac{t}{t_0}\right) \quad m = 1 \tag{10-16b}$$

在式（10-16）中考虑断裂条件（10-15），可确定出断裂时的时间。考虑许多陶瓷服从线性损伤积累（$m=0$），并忽略微小 t_0 不计，静载下的寿命表达式可写成[1]：

$$t_s = \frac{\sigma_0 - P}{B \cdot P^N} \tag{10-17}$$

式中，$\sigma_0 - P$ 是试件在破坏时的强度损失。它表明寿命不仅与外载荷有关，还跟原始强度有关。许多陶瓷的疲劳寿命试验结果[19]显示出强度衰减理论计算的寿命比裂纹扩展模型更具有真实性，因为后者仅仅是它的一个特例。陶瓷疲劳载荷形式通常分为三种类型，载荷为常量的静疲劳；载荷匀速慢增长的动疲劳；载荷呈有规律变化的循环疲劳。

对于动载荷和循环载荷，$P(t)$ 是时间的函数，将该函数代入式（10-13）可求得对应的残余强度表达式和寿命方程。例如，动疲劳和三角波循环疲劳的寿命可表示为：

$$T_d = \frac{\sigma_0 - \sigma_d}{B \cdot \sigma_d^N}(N+1) \tag{10-18}$$

$$T_c = \frac{\sigma_0 - \sigma_{max}}{B \cdot \sigma_{max}^N} \cdot \frac{(1-R)(N+1)}{1-R^{N+1}} \tag{10-19}$$

式中，σ_d 和 σ_{max} 分别为动疲劳和三角波循环疲劳中的最大应力，R 是循环疲劳中的应力比。

对热压氮化硅在 1200℃时的三点弯曲疲劳进行测试[20]，测试结果如图 10-3 所示。结果表明，由于氮化硅内存在少量的晶界玻璃相，在静载荷及高温的作用下会发生缓慢蠕变变形和晶界强度下降，从而导致其强度的衰减。由图 10-3 可以看出，氮化硅实际寿命变化较好地符合强度衰减模型式（10-17），1200℃下的寿命-静载荷关系数据通过最小二乘法拟合得到疲劳参数 $B=5.4\times10^{-14}$，$N=5.96$，$m=0$。

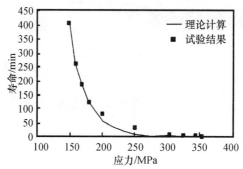

图 10-3　HP-Si₃N₄在 1200℃下的寿命-静载荷关系的理论计算及试验结果

另外，由氮化硅残片断口分析和 X 射线衍射成分分析可知，热压氮化硅的高温失效主要是由于晶界玻璃相的黏滞流动和少量高温氧化的作用，这种高温玻璃相可导致蠕变残余变形，同时使晶界强度下降，产生硬晶粒软晶界现象。对热压氮化硅在高温 1200℃下进行三种疲劳形式（静疲劳、动疲劳、循环疲劳）的试验。其中，动疲劳采用恒速流水加载装置进行加载，循环疲劳采用 MTS 万能材料试验机进行试验。三种疲劳寿命的试验结果及理论计算结果如图 10-4 所示，它们基本上符合式（10-19）所显示的关系，即在相同应力峰值的情况下，静疲劳寿命最短，动疲劳寿命最长。需要强调的是这种关系并非对所有陶瓷材料成立，例如试验表明室温下一些陶瓷材料对循环疲劳要比静疲劳敏感。

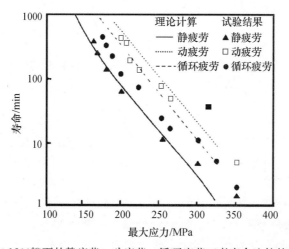

图 10-4　HP-Si₃N₄在 1200℃下的静疲劳、动疲劳、循环疲劳三者寿命比较的理论计算及试验结果

10.3.2　寿命的简单计算方法

无论是裂纹扩展模型还是强度衰减模型,都包含一种运动状态,例如"扩展"或"衰减",而断裂失效是以这种运动从初始值到达某种临界状态为判据。因此,寿命的评价可以简化成一个运动方程,运动的距离是已知的,即一定载荷下裂纹扩展的临界量 Δa 或临界的强度下降量 σ_c-P_b。如果可以通过试验求出平均运动速度,便可很容易算出总的运动时间——寿命。因此寿命计算变成:

$$t_f = \frac{S}{\overline{V}}　　　　　　　　　(10\text{-}20)$$

式中,S 为总运动距离 (mm 或 MPa);$\overline{V}$ 为平均速度 [或是平均裂纹扩展速度 (mm/s),或是平均强度衰减速度 (MPa/s)]。例如,在式 (10-17) 或 (10-18) (10-19) 中,等式右边均可化成 $S/\overline{V}$ 形式。$S=\sigma_0-P$,其余项为分母上的平均速度,这样寿命的计算显得简单和直观,待求的参数只有一个平均速度 $\overline{V}$,而不须求两个参数 A、n,或 B、N。特别是对于有些强度线性衰减的材料,失效预测变得非常简单。只需通过试验求出一定载荷下几个不同时间段的残余强度,便可推算出该载荷下的失效时间 (服役寿命)。这种方法需要通过试验了解强度衰减或裂纹扩展在整个寿命过程中的规律曲线。但可以肯定它比同样需知运动规律的双参数确定方法更为简便。这就好像把一辆车的速度看作几个参量的函数,用试验来确定几个参量不如通过试验直接确定出速度。这种简化的运动寿命方程是将寿命计算的表示形式在数学上简化了,把疲劳参量确定的试验手段简化了。无论什么方式的失效和寿命预测,都可以简化和等效为时间、速度和距离的关系。核心是要确定在不同的条件下相关参数的平均衰减速度。初始条件和临界条件跟服役安全和考核参数有关。功能性的失效和寿命也可以用这种方式来进行寿命预测。

10.3.3　疲劳试验预测寿命

一般来说,陶瓷部件所承受的载荷远低于其强度值,失效时间至少应在几年至几十年左右,但任何疲劳试验都不可能做这么长的时间。因此用短时间的疲劳试验来估算低应力下的失效时间是寿命预测的基本原理。设强度衰减参数 B、N 为与载荷形式有关的材料常数,载荷 σ_2 所对应的寿命为 T_{f_2},试验所用的载荷值为 σ_1 ($\sigma_1 > \sigma_2$),将两个应力值分别代入静疲劳的寿命表达式 (10-17),可得两种应力下的寿命关系为:

$$\frac{T_{f_2}}{T_{f_1}} = \frac{\sigma_0-\sigma_2}{\sigma_0-\sigma_1}\left(\frac{\sigma_1}{\sigma_2}\right)^N　　　　　(10\text{-}21)$$

通过试验求出 T_{f_1} 和 N 值,对于任何实际载荷 σ_2,可算出对应的近似寿命 T_{f_2}。对于其他形式的疲劳载荷,用完全类似的方法均可求出低应力和高应力之间寿命关系,从而用高应力试验来推算低应力下的寿命。

另外,如果疲劳参数 B 和 N 与载荷形式无关,还可以用动疲劳 (载荷速率为常量) 试验来推算静疲劳或循环疲劳的失效时间。前者的载荷随时间线性增加,故寿命试验的时间可人为控制,后者 (静载或循环载荷) 的最大载荷为常数,断裂时间不易预知,甚至可能在该载荷水平下就不会断裂,有时条件只允许做规定时间的疲劳试验,又不知规定时间之内会不会断裂。这种情况用动疲劳较稳妥。

结构陶瓷的失效过程受微观结构、环境腐蚀、载荷条件等众多因素的影响。疲劳断裂的直接原因是强度衰减，而强度衰减的原因包括慢裂纹扩展、晶界强度的退化、化学腐蚀和损伤积累等。直接研究强度衰减速率比研究裂纹扩展或其他间接原因对寿命预测更有普遍意义。

陶瓷的疲劳可定义为：在一定的载荷和环境条件下经历一定时间后材料的强度发生下降的现象，无论这期间有没有慢裂纹扩展。可见慢裂纹扩展失效仅是强度衰减模型的一个特例。

寿命计算可以简化为一个运动方程，$t = \dfrac{S}{V}$，其中距离 S 为已知，只需求出平均速度 $\overline{V}$ 便可算出寿命，而无需确定两个疲劳参数。寿命预测可通过两种应力下的寿命关系，用短时间的高应力疲劳试验来预测低载荷下的寿命。

10.4 失效分析与现场检测

10.4.1 失效分析

失效理论和寿命评价对于结构陶瓷材料的工程应用和产业化进程至关重要。长期载荷下的失效判据、强度衰减机理和寿命表征等问题对于陶瓷材料来说还远没有解决，并引起越来越多的材料和力学工作者的兴趣。

失效问题通常包括断裂失效与变形失效。前者主要涉及强度与断裂，后者涉及构件的刚度和蠕变。对于脆性陶瓷，断裂引起的失效是首要的。失效还可分为短期和长期的失效，短期失效分析只考虑材料在多大载荷下不发生断裂破坏，即强度和断裂韧性评价。长期失效须考虑在一定的载荷和环境条件下多长时间将发生断裂破坏，即寿命预测。显然寿命的定义对寿命的准确评价是一个关键。断裂力学方法认为寿命就是主裂纹或假想的裂纹在一定载荷下从原始尺寸缓慢扩展到临界尺寸所需的时间过程[6]，即

$$t_f = \int_0^{t_f} \mathrm{d}t = \int_{a_0}^{a_c} \frac{\mathrm{d}a}{V}$$

$$V_a = \frac{\mathrm{d}a}{\mathrm{d}t} \tag{10-22}$$

这种寿命定义首先是假设了裂纹扩展是一个连续过程并且从 $t=0$ 就开始了。但许多陶瓷的慢裂纹扩展在现实中很难测定，甚至根本不存在。

几十年来众多的科学家对陶瓷的亚临界裂纹扩展和阻力特性及方法进行了大量的研究和探索，其最终目的是为了寿命预测，但至今也未提出一种可行的寿命预测方法，并发现越来越多的矛盾和问题。实际上只要构件在低于强度的载荷下经过一定时期后发生断裂，它就存在疲劳失效和寿命问题，无论这个过程中有没有慢裂纹扩展。因此，另一种寿命描述是不考虑裂纹的尺寸或扩展过程，将疲劳载荷或一定环境下材料的强度看做是时间的递减函数，当残余强度降到外载荷水平时发生破坏[21]。

$$t_{\mathrm{f}} = \int_0^{t_{\mathrm{f}}} \mathrm{d}t = \int_{\sigma_0}^{\sigma} \frac{\mathrm{d}\sigma_{\mathrm{f}}}{V_{\sigma}}$$

$$V_{\sigma} = \frac{\mathrm{d}\sigma_f}{\mathrm{d}t} \tag{10-23}$$

于是材料强度在一定条件下从原始强度衰减到外载荷水平所需时间便是寿命[22]。一般来说，第二种寿命描述更实用些，特别是对于无法观测裂纹尺寸和扩展过程的一些脆性材料。

材料力学的强度理论是 $\sigma \leqslant [\sigma]$，即使用应力 σ 应小于或等于允许应力 $[\sigma]$，没有考虑材料中裂纹的影响。假定材料是均匀、连续的，这就使得在实际应用中不能解析含有裂纹材料的破坏。

脆性材料的实测强度是其理论强度的十几分之一至几百分之一。这是由于材料内部不可避免地存在各种缺陷和微裂纹所致。于是格里菲斯（Griffit，1920）提出裂纹和材料强度的关系，出现了断裂力学的破坏准则，常用的断裂力学破坏准则有：格里菲斯能量准则、应力强度因子准则和裂纹扩展准则。它们分别以断裂韧度 $K_{\mathrm{I}c}$ 和裂纹扩展阻力 $G_{\mathrm{I}c}$ 作为判别是否失稳或裂纹扩展的条件。其认为，任何构件的断裂破坏都是由裂纹的失稳扩展导致的，即当裂纹尖端的应力场强度 K_{I} 达到或超过了一个临界水平 $K_{\mathrm{I}c}$ 时，构件将发生断裂。

脆性材料的裂纹扩展理论是由 Griffith 开始的，后来又分别出现了最大切向应力扩展理论，总位能减小率最大方向扩展理论，表面层应变能最小理论等。断裂力学中，按裂纹扩展方式或受力情况把裂纹分为如下三种类型：张开型、滑动型、和撕裂型。张开型是裂纹方向与受力方向相垂直，一般称为 I 型裂纹。滑动型是裂纹受剪切力，或受力面与作用力不相垂直，一般称为 II 型裂纹。撕裂型是裂纹平面平行作用力为相反的情况，一般称为 III 型裂纹。裂纹的扩展方向与裂纹方向是不一致的。另外，还要区别裂纹尖端附近开始开裂的方位角。

长期以来一直只有一个原因被用来解释实测强度与理论强度的差异，这是不全面的。事实上，即使是理想无缺陷材料，对于常规测试的杆件试样，其强度也不可能达到理论强度水平。另外，在考虑了构件的原始缺陷后进行的强度设计仍常常发生低应力下的断裂。无论是原始裂纹还是经过亚临界扩展的裂纹，都是引起强度下降和构件意外断裂的主要原因。因此，了解裂纹与强度的关系对陶瓷部件的强度设计和寿命预测以及提高结构防止意外断裂的效能有重要意义。

固体对裂纹的抵抗力或敏感性往往是随材料的脆度而变化的。越脆的材料对裂纹越敏感。脆性的差别对裂纹的敏感程度，金宗哲等用破坏发生区的大小 Δ 值表示。强度、缺陷尺寸 $2a$ 与 Δ 的关系为：

$$\Delta = (p/\sigma_{\mathrm{t}})^2 \cdot B^2 \cdot a \qquad \text{裂纹、菱形孔、方形孔}$$

$$\Delta = 6.92 (1 - \sigma_{\mathrm{p}}/3p)^2 a \qquad \text{圆孔}$$

$$\Delta = 9.2 (1 - \sigma_{\mathrm{p}}/2p)^2 a \qquad \text{球窝} \tag{10-24}$$

式中，B 为形状系数，裂纹附近 $B=2.2$，菱形孔附近 $B=1.6\sim2.0$，方形孔附近 $B=1.6$；p 为试验破坏载荷；$\sigma_{\mathrm{p}} = \sigma_{\mathrm{t}}$ 为抗拉强度。可从 （10-24）中看出。Δ 值越小，强度的影响就越大。且破坏发生区的尺寸大小 Δ 可用来评价材料的脆性和抗冲击性能，Δ 越大，脆性越小。以上的均强度破坏准则是根据强度特性提出的，它比传统的强度准则更具有强度的真实性和可靠性。

对于实际陶瓷部件，裂纹对强度的影响还依赖于裂纹位置、形状、数量等。通常表面裂纹比内部裂纹对强度影响更大，因此陶瓷试件或构件的表面加工、抛光处理很重要。抛光与不抛光试样的强度测试差异可达到 10%～50% 左右。越是精细的陶瓷越敏感，越粗的陶瓷越不敏感。

裂纹尖端的尖端程度对强度影响很大。理论上，裂纹是指自然裂纹，但实际上裂纹往往具有不同的尖端曲率，不同的裂纹形状和裂纹宽度时承载能力有不同的影响。这是由于不同情况下的应力集中程度不一样造成的。在这方面可以参阅应力强度因子手册。

裂纹数量的变化对强度影响不大，关键是裂纹的大小、形状和位置。第一条的裂纹和第十条裂纹引起强度的突变不大一样。第一条裂纹可能导致强度大幅度下降，而后面的裂纹起的作用就小多了。光滑试件上一个微小表面缺陷与试样表面粗糙度等效，其对强度的影响较小。

10.4.2 现场检测技术

陶瓷、玻璃等脆性材料的力学性能预测与评价对材料的工程应用和产品质量检测至关重要。陶瓷力学性能受到众多因素的影响，在何种情况下测试数据偏高，何种情况下数据偏低，何种情况下无效、虚假、测试时须做到心中有数。对于材料研究工作者来说，并非总是需要正规的实验报告和绝对数据，而往往是需要相对数据及其简易的测试评价方法。例如研究过程中比较两种或多种材料的相对性能好坏；比较某一种材料经过工艺改进后的效果和性能提高等等。如果能用简单的方法获得这些数据，也不用标准试样和标准方法，则可以大大提高工作效率，节省经费和时间，同时还可以在线检测，不需要标准试样和标准设备，减少实验室数据与实际应用部件性能的差距。例如，借来或买来一个器件或样品，不能损伤它又希望能知道它的基本性能，可用简易无损性能测试法和比较法获得其多项性能指标。

利用简单的压痕法或带有不同压头的硬度计便可对脆性材料的弹性模量、断裂强度、断裂韧性、脆性、Weibull 模数以及残余应力和耐久性等参数进行现场无损检测。

（1）弹性模量。利用接触应力求弹性模量，设接触球压头的弹性模量和泊松比为 E_1 和 ν_1，半径为 R，在压力 F 作用下与试样的接触圆的半径为 r，如图（10-5）所示。

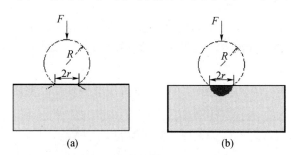

图 10-5　球接触变形和损伤示意图

（a）脆性材料；（b）准脆性材料

则试样表面的弹性模量可由下式近似确定：

$$E = \frac{(1 - \nu^2)}{\dfrac{4r^3}{3F \cdot R} - \dfrac{1 - \nu_1{}^2}{E_1}}$$ (10-25)

注意使用该方法须使卸载后压痕处不产生任何损伤和塑性变形方为有效，否则 E 值将偏低。一般测 10 个点求平均值。

（2）断裂强度。用球形压头对试样（表面抛光）加压直到出现接触环形裂纹，这时对应的载荷为临界载荷 P_c，从表面沿深度 $60\mu m$（许多陶瓷的过程区尺寸）的平均应力作为断裂强度，则强度近似表示为：

$$\sigma_f = [0.0637\ln(r) + 0.1327] \cdot \frac{P_c}{\pi \cdot r^2}$$ (10-26)

式中，r 为接触圆的半径（mm）。

这种方法测得的强度代表材料的局部强度，受缺陷影响小，因而高于一般的宏观强度。试样压痕周边表面的应力峰值为 $\sigma = 0.5(1 - 2\nu)P/(\pi \cdot r^2)$。

（3）断裂韧性。待测试样表面抛光，采用维氏硬度压头进行压痕实验，在压痕的四个顶点处产生预制裂纹，根据所施加的载荷和压痕裂纹扩展长度即可计算出其断裂韧性值。

$$K_c = 0.026 \frac{\sqrt{EP \cdot a}}{c^{3/2}}$$ (10-27)

式中，a 为压痕半对角长（mm）；c 为裂纹的半长（mm）；P 为压应力（MPa）。

（4）脆性。比较两种材料脆度的简易方法可用球压头压痕分析。压出环形裂纹者脆度大，压出一个小坑无开裂者脆度小。单独的断裂韧性值不能反映材料的脆度，只反映材料裂纹扩展阻力。极限应变和裂纹扩展速率反映了材料的脆性，它们与几种材料性能有关。因此可由断裂韧性与强度及弹性模量的比值来评价材料的脆性：

$$B = \frac{\sigma_f \cdot E}{K_c^2}$$ (10-28)

脆度 B 的值越大，抗冲击破坏的能力越差，破坏速度越快。

材料脆性改善判据。设材料原来的性能和改进后的性能比较为：a＝断裂韧性/原断裂韧性；b＝强度/原强度；c＝弹性模量/原弹性模量。则脆性改善判据为：

$a^2 > b \cdot c$　　　　　　脆性降低

$a^2 = b \cdot c$　　　　　　脆性不变

$a^2 < b \cdot c$　　　　　　脆性增大 (10-29)

如果强度或弹性模量提高了，但是断裂韧性没变，实际上是脆性更大了。

（5）表面残余应力。残余应力的测试可用比较法，即用球压痕法测出无残余应力的相同材料的表面局部强度和有残余应力情况下的表面局部强度，它们的差值即为残余应力近似值。也可以用维氏压痕的比较法，但由于残余应力常常是指沿厚度方向非均匀分布，故测得的残余应力代表表面一定厚度上的残余应力平均值。

（6）Weibull 模数。陶瓷的强度数据有较大离散性。Weibull 模数评价的样本数越多越好，至少要用 16 个数据。由于 Weibull 分布的均值和方差比值可表为 Weibull 模数 m 的复杂函数，虽然没有逆函数表达式，但在 $m = 5 \sim 30$ 的区间它们非常近似线性关系，而这个区间基本上涵盖了陶瓷材料 Weibull 模数的分布范围。因此，只要得出强度数据的均值与方差之比，即可由简单的线性方程求得 m 值。

（7）结构陶瓷的高温耐久性。高温耐久性不能只用高温强度来评价，而应考察在一定温度和载荷条件下的强度衰减速率或蠕变速率，它们分别对应于构件的断裂破坏和变形失效。有些材料高温强度虽然不高，但是耐久性和持久强度很好，例如碳化硅陶瓷。

对于断裂失效的情况，在给定的载荷和环境条件下的寿命或耐久性可由下式估测：

$$t_f = \frac{\sigma_f - S}{\bar{v}} \tag{10-30}$$

式中，σ_f 为给定的载荷和环境条件下的初始强度（MPa）；S 为恒定载荷（外加应力）或循环载荷的峰值（MPa）；$\bar{v}$ 为相应条件下的平均强度衰减速率（MPa/S）。对线性衰减的情况，取 3～5 小时的强度衰减速率进行计算即可。蠕变失效的寿命可由式（10-31）进行计算

$$t_d = \frac{\varepsilon_c - \varepsilon_0}{\bar{v}_\varepsilon} \tag{10-31}$$

式中，ε_c 为在给定的载荷和环境条件下的最大允许应变；ε_0 为相同条件下的初始应变；$\bar{v}_\varepsilon$ 为相应条件下的平均应变衰减速率（s^{-1}），它可用稳态阶段的蠕变速率来表示。

材料研究和工程应用中对于材料或构件的各项力学性能指标及其不同材料之间的比较都可以通过简易方法获得，从而可以大大提高工作效率，节省人力、物力和时间。而且不需要特定的实验室设备和试样。对促进材料研究和提高材料性能以及优化设计、在线检测等都有实际意义。但需要指出的是用压痕或接触方法测得的性能仅反映了材料的局部性能，当表面抛光不足时测得性能偏低，因为此时材料表层比其内部的致密性要差。

10.5　陶瓷的性能预测与安全设计

陶瓷材料是典型的脆性材料，其断裂强度有很大的分散性和模糊性。材料性能的可靠性，一是指短期力学性能和指标的稳定性，通常采用统计断裂力学方法来分析。另一是长期机械性能的可靠性和强度的衰减率问题。目前，最广泛应用的断裂强度统计理论是 Weibull 理论，利用 Weibull 理论，只能从数学角度评价强度数据的分散性，反映在一定强度的可靠性。要评价材料在使用过程中的可靠性，还必须考虑强度随时间的变化表现。

对于陶瓷等脆性材料，并非静态强度越高越好，更重要的是看它在使用条件下强度衰减率的大小，例如，材料 A 的原始强度高于材料 B，但如果材料 A 的强度衰减率也大于材料 B，则在相同的疲劳载荷下，A 可能比 B 更快地发生破坏，因为它的残余强度会更快地降至外载荷水平，也就是说它的寿命可靠性不高。因此构件的可靠性包含了使用状态的可靠性和使用寿命的可靠性。即 Weibull 模数高，强度衰减率小，可靠性就好，反之则可靠性差，要注意的是构件的可靠性评价并不等于试样的可靠性评价，其中还要考虑尺寸效应、形状效应等因素。构件的可靠性评价还需要进行实况模拟试验。

改善陶瓷材料的可靠性有以下途径：

（1）采用可靠性分析和无损探伤的方法为高脆性的陶瓷材料提供准确的设计参数，以

保证材料的可靠性。

（2）了解引起强度下降的缺陷的形成和发展，改善陶瓷材料制备工艺，以消除这些缺陷，制备出均匀和高强、高韧的材料。

（3）利用各种增韧方法减少材料对缺陷的敏感性。根据使用条件，选择强度衰减率最低的陶瓷材料为原料。表面抛光、热处理均可提高陶瓷材料的可靠性，高温下还需要考虑刚度和残余变形问题。

10.5.1　基于威布尔模量的可靠性设计

通常，影响材料的威布尔模量值有如下两个因素：i）材料的损伤容限，ii）材料的均质性。正因为如此，我们才致力于提高材料的损伤容限和材料的均质性。

以 Ti_3SiC_2 层状陶瓷的威布尔模量评价为例，说明威布尔模量对强度设计和脆性材料构件可靠度的影响[23]。多晶质 Ti_3SiC_2 陶瓷制备方法如下：将钛（99％通过 300 的网筛）、硅（99％通过 400 的网筛）、石墨（98％通过 200 的网筛）的混合粉末在石墨模具里通过 30MPa，1560℃的氩气氛围中进行 30 分钟热压处理，然后在 1400℃的温度中退火 30 分钟。从 Ti_3SiC_2 块体中通过释电法加工（electrical-discharged machined）成尺寸为 mm：$3 \times 4 \times 36$ 的试样并对其受拉面进行抛光 $1\mu m$，试样个数大于 50。用跨距为 30mm，0.5mm/min 的加载速率进行三点弯曲试验。试验测得的强度范围在 406～471MPa 之间，强度分布范围如图 10-6 所示。采用最小二乘法对测得的试验数据进行分析，图 10-7 是通过式（10-4）得到的线性关系图，从中可以得到这种陶瓷的威布尔模量 $m=29$，特征强度 $\sigma_0=459$MPa。另一方面，可以从 50 个测得的试样强度值计算出平均强度为 436MPa，标准偏差为 18.7MPa，将它们代入式（10-6）得到威布尔模量为 29.37。通过比较，我们发现这两种方法得到的威布尔模量大致相等，但是采用力矩法不能得到特征强度值 σ_0。上面得到的 Ti_3SiC_2 陶瓷的威布尔模量大大高于传统的陶瓷材料（威布尔模量在 5～20 之间）。

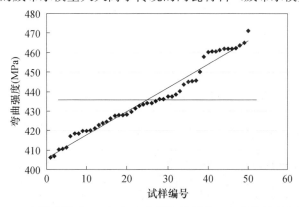

图 10-6　室温环境下 50 个 Ti_3SiC_2 陶瓷试样的三点弯曲强度分布图

为了研究威布尔模量估计值的可靠度及试样数量对它的影响，可用不同的试样尺寸对威布尔模量分别进行了分析计算，方法如下：从 52 个被测试样的强度值中随机地抽取 N（$N<52$，分别为 12、20、30、40、46、50）个数据，然后通过这些数据来估计威布尔模量，并对这一过程重复进行了六次，最后计算出威布尔模量的平均值和标准偏差。通过这六组数据计算的结果见表 10-2。从表中可以看出，随着抽取试样数量 N 的增大，威布尔

模量估计值的标准偏差在减小，其变化关系如图 10-8 所示。同时，我们从 52 个被测得的强度数据中随机抽取 50 个数据来估算威布尔模量，通过六次计算，每次计算的值偏差都很小，如图 10-8 所示，随着试件数量增大，威布尔模量的可靠度在增大。

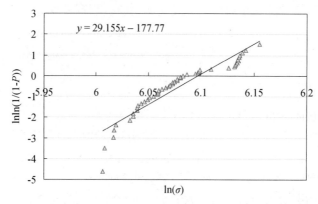

图 10-7　采用最小二乘法分析了 50 个 Ti_3SiC_2 试样的威布尔模量，
计算出威布尔模量值为 29，采用初始失效概率 $Pi = (i-0.5)/N$

表 10-2　威布尔模量估计值及其相应的标准偏差与试样尺寸变化关系表

试样数量 N	第一组	第二组	第三组	第四组	第五组	第六组	$\overline{m}$	标准偏差 s	$s/\overline{m}$（%）
12	35.7	24.8	32.4	37.7	30.4	27.1	31.33	4.96	15.83
20	25.8	28.9	32.1	33.9	31.4	30.4	30.41	2.81	9.24
30	27.8	29.1	31.8	33.5	29.9	28.0	30.02	2.23	7.43
40	28.8	28.9	31.9	28.8	28.6	31.3	29.73	1.49	5.01
46	28.3	29.2	29.4	28.6	29.8	30.2	29.24	0.71	2.41
50	29.3	29.4	29.3	29.4	29.1	29.5	29.35	0.15	0.52

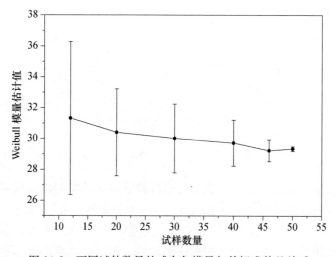

图 10-8　不同试件数量的威布尔模量与其标准偏差关系

为了研究威布尔模量对材料失效风险的影响，我们把材料的特征强度 $\sigma_0=459\mathrm{MPa}$ 作为一固定值代入式（10-3b），然后分析不同的威布尔模量对失效概率的影响并描绘成曲线图形，如图 10-9 所示。这里我们定义相应于失效概率 $P=1\%$ 的应力作为最小应力。从图 10-9 可以看出，虽然对于所有曲线来说特征强度是一常数，但是最小应力却随着威布尔模量的减小而减小。例如，具有高的威布尔模量的层状陶瓷的最小应力与其特征强度相差不大，但是对于威布尔模量低的脆性陶瓷来说它的最小应力却远远小于其特征强度。很显然，在工程设计中，用最小强度值代替特征强度或平均强度值作为设计强度值显得更安全。最小强度与特征强度的差别随着威布尔模量的减小而增大。它们之间的变化关系见表 10-3。从表中可以看出，即使在常规强度设计中安全系数取 2（$K=2$），威布尔模量低的材料仍有断裂的危险，因为此时最小强度值仍可能小于设计的安全强度值 σ_0/K（本试验测得的材料为 229MPa）。因此，我们推荐采用威布尔统计方法中获得的最小强度值来代替平均强度或特征强度作为脆性材料强度设计的安全值。

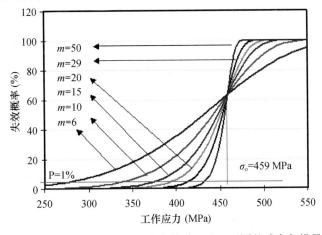

图 10-9　在给定的特征强度下，采用威布尔统计理论，不同的威布尔模量与材料预测失效概率关系，可以看出，在同一工作负载下，威布尔模量越低，则失效概率越高

表 10-3　在特征强度值为 459MPa 条件下，威布尔模量与最小强度值（失效概率为 1% 的强度）的变化关系

m	6	10	15	20	29	50
$\sigma_{\min}$（MPa）	216	292	340	368	392	420

通过对 50 个试样进行弯曲试验，得到了 $\mathrm{Ti_3SiC_2}$ 陶瓷较高的威布尔模量（$m=29$），这主要是因为这种层状陶瓷具有较高的损伤容限和较为均质的结构。证明了随着试样数量的增大威布尔模量估计值的可靠度也增大。在设计陶瓷材料的安全强度时建议采用最小强度（相应于失效概率为 1% 的强度）来代替平均强度或特征强度。因为对低威布尔模量的脆性材料来说，即使在强度设计时使用了安全系数，仍有可能发生断裂危险，因为此时平均强度值除以安全系数仍有可能高于最小强度值。

10.5.2　材料的强度设计

可根据强度与缺陷尺寸 a、破坏发生区大小 Δ 和材料颗粒尺寸 d 间的关系进行强度设计和材料设计。主要包括：①已知 a 和 Δ 选择承载能力，从而设计安全的工作应力；②已知工作应力和 a，选择与韧性/脆性有关的 Δ 和材料；③已知工作应力和 Δ，判别允许的缺陷长度 a_0，或材料颗粒度的大小，进一步进行材料设计和工艺设计，以满足使用要求[1]。

10.5.2.1 选择晶粒尺寸

根据材料强度的要求，在生产工艺上可控制陶瓷材料晶粒尺寸的大小。粒径 d 与强度的经典关系[24,25]为：

$$\sigma_d = kd^{-1/2} \text{ 或 } \sigma_d = \sigma_a + kd^{-1/2} \tag{10-32}$$

上式有一定的适用范围，k 和 σ_a 均为不同的材料常数。Tressler[26]等认为，粒径较大时，材料的强度起主要作用的是微裂纹等缺陷，而不是粒径的大小。另外，对于晶粒细小的材料来说，加工所引起的缺陷对材料的强度起着重要的作用。

如果把材料中的最大颗粒 d 看作一个杂质或缺陷，则粒径与强度的关系可看成裂纹与强度的关系。另外，强度、裂纹与破坏发生区的关系中式（10-24），可把式（10-32）写成：

$$\sigma_d = k\,(\Delta/d)^{1/2} \text{ 或 } d = k^2 \cdot \Delta \cdot \sigma_d^{-2} \tag{10-33}$$

10.5.2.2 强度与微裂纹

在断裂力学中，强度与微裂纹的关系为：

$$\sigma_D = C \cdot \sigma_t \cdot a^{-1/2} \tag{10-34}$$

可根据强度、裂纹与破坏发生区的关系将上式改写为：

$$\sigma_D = \frac{\sigma_t\,(\Delta/a)^{1/2}}{B} \tag{10-35}$$

可根据上式确定材料设计中的允许最大缺陷的范围。

10.5.2.3 强度与气孔率

Duckworth[27]提出含气孔材料的强度为：

$$\sigma_p = \sigma_0 \exp\,(-bp) \tag{10-36}$$

式中，p 为气孔率；σ_0 为 $p=0$ 时材料的强度（陶瓷材料中 $p=2\%\sim5\%$）；b 为常数。

10.5.2.4 强度与微观结构

综上所述，材料强度是粒径、缺陷长度和气孔率的函数，不能由某一单独因素确定。因此，把 σ_d、σ_D、σ_p 都归纳入材料的强度为：

$$\sigma_M = \sigma_t \cdot A\Delta/(ad)^{1/2} \cdot e^{-bp} \tag{10-37}$$

式中，σ_t 为 $p=0$，$d=1\mu m$，$2a \leqslant 0.4\Delta$ 时的抗拉强度或弯曲强度；A 为不同材料的常数。此外，理论强度和实际强度之间关系受到材料本身结构和构件尺寸的影响。

10.5.3 材料的增韧设计

绝大多数陶瓷材料的断裂韧性都较低，其根本原因在于：在裂纹的扩展过程中，除了形成新表面消耗能量之外，几乎没有其他可以显著消耗能耗的机制。低的断裂韧性对于陶瓷材料的工程应用是极为不利的，因此，增韧设计已成为陶瓷材料研究的中心问题之一[28]。陶瓷材料的增韧设计实质上就是通过调整材料的显微结构，以进一步提高材料的裂纹扩展阻力。因此从断裂力学角度对显微结构与裂纹扩展阻力之间的关系进行研究，是无机材料增韧设计的理论基础。增韧的本质实际上是增加能量耗散机制和材料在破坏过程中的总的外力做功。

（1）裂纹偏转增韧。裂纹扩展过程中扩展方向发生变化称为裂纹偏转，由于裂纹偏转而导致的材料断裂韧性提高称为裂纹偏转增韧。对于单相材料，沿晶断裂的特征就是裂纹具有曲折的路径，尽管晶界对裂纹的扩展阻力较晶粒低，但由于其裂纹扩展路径的延长将导致裂纹扩展过程中所消耗的能量增加，因而其表观断裂表面能反而增大，相应地，材料的断裂韧性有所提高。对于两相或多相材料，其中第二相粒子的存在也会导致裂纹偏转，且其裂纹偏转过程与第二相粒子的几何特征、理化性能、与基体热膨胀系数的失配、残余应力等有关，是较为复杂的。

（2）裂纹桥接增韧。裂纹在扩展过程中遇到晶粒或第二相粒子的阻碍时，将发生偏转，偏转只发生在一个方向上；但在某些特殊的情况下，裂纹的偏转会在不同的方向上发生，即裂纹扩展出现了分叉。在陶瓷材料中存在尺寸较大的第二相粒子或晶粒时，裂纹扩展路径将发生变化，较大粒子的存在相当于在两个相对的裂纹面之间架起一座"桥"；随着裂纹的进一步扩展，两个相对裂纹面的间距增大必将受到大粒子的这种"桥架"作用抑制，宏观上表现为提高了材料的裂纹扩展阻力。这种现象就称为裂纹桥接现象，由裂纹桥接导致的材料断裂韧性的提高则称为裂纹桥接增韧。在材料的制备过程中，可通过设计调整材料组成和制备工艺，有意识地在材料中引入大尺寸晶粒、纤维、第二相组元，均能形成裂纹桥接，提高材料的断裂韧性。

（3）微裂纹增韧和相变增韧。其增韧机理类似，表现为：在外力作用下，材料内部裂纹尖端处将发生高度的应力集中；当裂纹尖端处的局部应力达到或超过了原子间结合力时，裂纹将发生扩展；若果裂纹尖端前缘区域存在一些可以导致应力松弛的显微结构因素，使得裂纹尖端的应力集中程度降低，则可提高裂纹扩展阻力。微裂纹增韧即利用了裂纹尖端前缘区域内形成的微裂纹，将消耗一定的能量，使得裂纹尖端处的应力集中程度得到部分缓解，从而提高了材料局部的断裂表面能。相变增韧的典型范例就是 ZrO_2 增韧，其主要表现为相变增韧，即在裂纹尖端应力场的作用下，ZrO_2 粒子发生四方相→单斜相的相变而吸收了能量，外力做了功，从而提高了断裂韧性[29]；且同时存在微裂纹增韧机制和弥散增韧机制。

10.5.4　性能的测试误差分析

陶瓷材料力学性能受到众多因素的影响，在何种情况下测试结果偏高，在何种情况下测试数据偏低，何种情况下测试数据无效，测试时必须做到心中有数。例如强度的测试与试验温度、加载速度、试件尺寸等因素均相关。还有一种不太被人们注意到的误差原因是计算公式或测试方法的适用范围是否满足。

在常规性能测试中，测试方法通常可分为直接测试和间接测试两大类。直接测试不需要引入理论假设和计算公式，直接通过仪器表盘的读数即可得到待测数据结果，例如利用温度计直接测量温度、力传感器直接测量载荷、应变片测量应变、天平测量质量、电感量仪测量位移等。间接测试一般需要一定的假设前提条件、理论计算公式和计算方法，通过直接测量的物理量进行计算可得待测数据结果。因此，它有一定的适用范围，试样条件和试验条件必需满足该适用范围。间接测试受各种因素的影响较大，误差源也较多，间接测试最常见的有强度、弹性模量、硬度、断裂韧性、Weibull 模量等参数。其测试误差的本质是理论与实践相符性的误差[1]。

参考文献

[1] 金宗哲，包亦望．脆性材料力学性能评价与设计［M］．北京：中国铁道出版社，1996.

[2] R. W. Davidge，Mechanical behaviour of ceramics，(Cambridge Univ. Press，London，UK，1979)

[3] Papargyris A D. Estimator type and population size for estimating the weibull modulus in ceramics ［J］．Journal of the European Ceramic Society，1998，18 (5)：451-455.

[4] Weibull W. A Statistical Distribution Function of Wide Applicability ［J］．Journal of Applied Mechanics，1950，13 (2)：293-297.

[5] W. Bergman，How to estimate Weibull parameters. in Engineering with Ceramics 2：edited by R. Freer，S. Newsam，G. Syers (British Ceramic Proceeding No. 39，Dec. 1987)，p. 175.

[6] Mencik J. Strength and Fracture of Glass and Ceramics ［M］．NewYork：Elsevier Science Publishing，1992.

[7] Lawn B. Fracture of Brittle Solid ［M］．2nd Edition，Cambridge University Press，1993.

[8] 包亦望，Steinbrech R W，脆性材料在双向应力下的断裂实验与理论分析［J］．力学学报，1998，30 (6)：682-689.

[9] Evans A G. A general approach for the statistical analysis of multiaxial fracture ［J］．J. Am. Ceram. Soc. ，1978；61 (7)：302

[10] Petrovic JJ. Weibull statistical fracture theory for the fracture of ceramics ［J］．Met. Trans，1987；18A：1829

[11] 孙立，包亦望．工程陶瓷的断裂特性与评价［J］．现代技术陶瓷，1999，20 (4)：17-21.

[12] Anderson T L，Fracture Mechanics ［M］．Second edition，CRC Press，USA，1995.

[13] Munz R N D，Fett D I T. Mechanisches Verhalten keramischer Werkstoffe ［M］．Berlin：Werkstoff-Forschung und -Technik，1989.

[14] Paris A，Erdogan F. A critical Analysis of Crack Propagation Laws ［J］．J. of Basic Engineering，1963；85：528.

[15] Broek D. Elementary engineering fracture mechanics ［M］．4th revised edition，Kluwer Academic Publisher，USA，1986.

[16] Ducheyne PD，Hastings GW. Metal and Biomaterials，Vol. II Strength and Surface ［M］．CRC Press Inc. Boca Raton，Florida，1984.

[17] Ostojic P. Stress enhanced environmental corrosion and lifetime prediction modelling in silica optical fibres ［J］．Journal of Materials Science，1995，30 (12)：3011-3023.

[18] BAO Yiwang，Jin Zongahe，Yue Xiuemei，Lifetime Prediction of Structural Ceramics ［C］．Proc. 5th International Symposium on ceramic Materials & Component for Engines. 1994，Shanghai.

[19] Bao Yiwang，Wang Yimin and Jin Zongzhe，Failure Analysis and Fatigue Behavior of HP-Si_3N_4 Ceramics at High Temperature ［C］．Fatigue' 99，Beijing China，1999；Vol. 3，1497.

[20] 包亦望．氧化铝、氮化硅和碳化硅的疲劳特性与寿命预测［J］．硅酸盐学报，2001，29 (1)：21-25.

[21] 包亦望，王毅敏，金宗哲．脆性材料的亚临界裂纹扩展和双向应力的影响［J］．硅酸盐通报，2000 (1)：20-22.

[22] 包亦望，金宗哲．陶瓷材料的疲劳表征［C］．第七届断裂学术会议论文集．武汉，1993，11.

[23] Bao Y W，Zhou Y C，Zhang H B. Investigation on reliability of nanolayer-grained Ti_3SiC_2 via Weibull statistics ［J］．Journal of materials science，2007，42 (12)：4470-4475.

[24] Knudsen F P. Dependence of Mechanical Strength of Brittle Polycrystalline Specimens on Porosity and Grain Size ［J］．Journal of the American Ceramic Society，1959，42 (8)：376-387.

[25] Carniglia S C. Petch Relation in Single-Phase Oxide Ceramics ［J］．Journal of the American Ceramic Society，1965，48 (11)：580-583.

[26] R. E. Tressler，P. A. Langensiepen，R. C. Bradt. J. Am. Ceram. Soc. ，1974，57 (5)：226.

[27] W. Duckworth. J. Am. Ceram. Soc. ，1953，36 (2)：68.

[28] 关振铎，张中太，焦金生．无机材料物理性能［M］．北京：清华大学出版社，2011.

[29] 闫洪，窦明民，李和平．二氧化锆陶瓷的相变增韧机理和应用［J］．陶瓷学报，2000，21 (1)：46-50.

陶瓷力学性能表征与测试方法索引